2017

广东省科学技术厅 编

SPM 南方出版传媒
广东人民出版社
·广州·

图书在版编目（CIP）数据

广东科技年鉴. 2017年卷/广东省科学技术厅编. — 广州：广东人民出版社，2018.11

ISBN 978-7-218-13258-7

Ⅰ. ①广… Ⅱ. ①广… Ⅲ. ①科学研究事业—广东—2017—年鉴 Ⅳ. ①G322.765-54

中国版本图书馆CIP数据核字（2018）第260303号

GUANGDONG KEJI NIANJIAN（2017 NIAN JUAN）

广东科技年鉴（2017年卷）

广东省科学技术厅 编

出 版 人：肖风华

责任编辑：段太彬
封面设计：李 苹 李 嘉
责任技编：周 杰

出版发行：广东人民出版社
地　　址：广州市大沙头四马路10号（邮政编码：510102）
电　　话：（020）83798714（总编室）
传　　真：（020）83780199
网　　址：www.gdpph.com
印　　刷：广州快美印务有限公司
开　　本：889mm × 1194mm 1/16
印　　张：26.5　　字数：780千
印　　数：1000册
版　　次：2018年11月第1版 2018年11月第1次印刷
定　　价：300.00元

《广东科技年鉴》编辑部（广东省科技创新监测研究中心）
地址：广州市连新路171号3号楼5楼508室
电话：（020）83163346　　网址：www.gdstic.cn

如果发现印装质量问题，影响阅读，请与承印公司（020-61300400）联系调换。

编　辑　说　明

一、《广东科技年鉴》是广东省科学技术厅主编的综合性科技年刊和资料性工具书，其编辑部设在广东省科技创新监测研究中心。该年鉴1992年创刊，每年出版一卷，旨在全面、系统、准确地记录广东省的科技工作、科技进步情况，为各级政府制定科学决策、科研企事业单位制定发展战略提供依据和参考，为广大读者了解和研究广东科技事业提供信息资料和数据。

二、《广东科技年鉴》采用分类编辑法，以篇目、分目、条目组成框架结构的主体部分，2017年卷共设11个篇目。全书条目的标题统一用黑体加【 】表示，个别包含多方面资料的条目则在文内用楷体标题表明各段资料的主题。

三、《广东科技年鉴》（2017年卷）主要载录2016年度广东科技工作的进展，所刊载的内容和资料，由有关省直单位、高等院校、科研院所、企业、各地级以上市科技局、省科技厅机关各处室及厅属各单位撰写，并经撰稿单位和部门负责人审核。

四、本年鉴统计数据均经撰稿单位与统计部门核对，某些对应指标数据在上卷刊出后作了调整的，以本卷刊出的数据为准；标点符号、数字用法、计量单位和各种专业术语等，均依照国家最新编辑出版规范和行业规定。

五、本书编纂得到各有关单位的大力支持，在此深表谢意。本书疏漏之处，敬请读者指正。

《广东科技年鉴》编辑部

2018年10月

《广东科技年鉴》（2017年卷）
编辑委员会

编辑部

目　　录

特　载

科技政策与投入

基础条件建设与科技产出

科技创新体系

科技协同创新

科技成果与知识产权

产业、行业科技发展

科技社团及科技宣传交流

地市科技发展

科技统计资料

大事记

Table of Contents

Special Features

Scientific and Technological Policy and Investment

Basic Condition Construction and Science and Technology Output

Science and Technology Innovation System

Scientific and Technological Coordination and Innovation

Scientific and Technological Achievements and Intellectual Property

Industry and Trade Scientific and Technological Development

Scientific and Technological Associations and Popularization and Exchanges

City Level Scientific and Technological Development

Statistical Materials of Science and Technology

Chronicle of Events

特 载

综　述

【概况】 2016年，全省科技综合实力和自主创新能力稳步提升，区域创新能力综合排名连续9年位居全国第2，跻身创新型省份；科技投入产出持续增加，全省研发（R&D）投入占GDP比重提高到2.58%，发明专利申请量和PCT国际专利申请量同比增长均超过50%；关键核心技术不断获得突破，技术自给率达71%；高新技术产品产值超过5.3万亿元，占工业总产值的39%。

【开放型区域创新体系建设】

珠三角国家自主创新示范区建设　强化顶层设计，印发《珠三角国家自主创新示范区建设实施方案（2016—2020年）》，确立“1+1+7”的区域创新布局和建设国家科技产业创新中心的路线图。健全完善组织领导机制，设立珠三角国家自主创新示范区建设工作办公室。积极开展创新政策先行先试，拟制了先行先试政策清单。

高新区继续支撑引领全省经济发展　加快推进汕头、湛江、茂名、顺德等省级高新区建成国家高新区。高新区建设各具特色的创新型产业集群，协同开展技术攻关和产业化，补强科技创新服务体系，已形成3个国家级试点、2个国家级试点培育，11个省级试点的多层次创新型产业集群建设体系。2016年全省高新区营业收入总额达2.82万元，同比增长5.2%；全省高新技术产品产值超6万亿元，同比增长12%。

专业镇协同创新发展步伐加快　出台促进专业镇协同创新的系列政策措施，从专业镇创新主体、创新机制、创新要素等方面，着力推进全省专业镇协同创新。新建6家专业镇协同创新中心，在促进科技、金融、产业、人才相结合方面进行积极探索。新认定专业镇14家，已建成399个专业镇，实现地区生产总值2.77万亿元，约占全省GDP的27%。

深化省部院产学研合作和国际科技合作

推动广东与教育部、科技部、工信部、中科院和中国工程院签署面向“十三五”的新一轮战略合作协议，“三部两院一省”产学研合作机制进一步深化。建立多层次国际科技合作机制，2016年与以色列、英国兰卡斯特大学、荷兰国家科学基金会、澳大利亚昆士兰科技大学等开展了双边联合资助计划，广东省10项双边多边政府间科技合作项目被列入国家重点研发计划。

科技促进粤东西北振兴发展　加强珠三角与粤东西北地区在创新驱动发展中的协同和联动，创新高新区、专业镇对口合作机制，推动中山市与潮州市、广州市与梅州市、东莞市与揭阳市、珠海市与阳江市等地市进行专业镇对接合作，促进人才、资金、技术、知识等创新资源的流动与共享，实现高新区、专业镇之间的产业互补、产业延伸和产业融合。

【培育发展创新型企业】

实施高新技术企业培育计划　紧紧抓住高新技术企业培育的“牛鼻子”，认真落实高企认定新政策，高标准开展高新技术企业认定和培育工作。2016年高企存量超过1.9万家，比2015年实现大幅增长，存量全国第一。2016年申报高企培育企业10 357家，比2015年增长100%，翻了一番，进入培育后备库企业累计超1.1万家。2016年高企培育共补助经费19.13亿元。

支持企业加强创新能力建设　不断优化财政资金投入，采取企业研发费后补助、高新技术企业培育补助、创新券等方式，加大对企业技术创新活动的普惠性投入。2016年共对3 774家企业发放研发费后补助23.23亿元，平均每个企业的补助金额为61.4万元，引导企业投入研发费用650.33亿元。深入实施大型工业企业研发机构全覆盖行动，支持骨干企业建设工程中心、企业研究院、院士工作站、企业科技特派员工作站等研发机构。

科技型中小企业加速发展　通过中小微企业创新基金、科技创新券后补助等专项资金，以及孵化育成体系、各级生产力促进中心、科技服务机构等公共服务平台，大力扶持科技型小微企业创新创业。2016年获得科技型中小企业创新基金等专项支持的企业中，已有1/3获得高新技术企业认定。

【孵化育成体系】

加快建设科技企业孵化器　深入实施科技企业孵化器倍增计划，推动各地、各类投资主体建设“众创空间—孵化器—加速器”全孵化链条，实现对企业全成长周期的服务。落实孵化器财政奖补政策，2016年全省科技企业孵化器达634家，总数跃居全国第一，提前实现倍增计划，其中国家级孵化器达83家，在孵企业超过2.6万家。

以科技“四众”促进“双创”　大力发展创客空间、创业咖啡、创新工场等一批低成本、便利化、全要素、开放式的众创空间，鼓励大中型企业和投融资机构联合创办专业化、市场化众创空间，形成了“天使投资+孵化”、“创业辅导+天使投资”、创业展示与交流等孵化服务模式。截至2016年年底，全省纳入统计的众创空间达500家，其中178家纳入国家级孵化器管理体系，数量居全国第一。

创新创业氛围更加浓厚　大力发展科技信贷、科技风险投资和科技多层次资本市场。2016年，珠三角地区创业投资机构1 800多家，创业投资基金规模达3 000亿元，上市企业1 500多家。持续举办中国创新创业大赛（广东赛区），参赛企业和团队共4 113个，比2015年翻一番。成功举办广东创新之夜——2016创新创业大赛颁奖典礼，营造了良好的创新创业环境。

【科技创新平台体系建设】

重点实验室体系建设　全年新建省院校重点实验室10家、省企业重点实验室8家。截至2016年年底，广东省建有283家重点实验室，其中省重点实验室211家、省企业重点实验室72家。积极推动省部共建国家重点实验室，2016年推荐的3家单位有望获批省部共建国家重点实验室。依托中山大学等高等院校、科研院所，积极筹备建设海洋科学、环境科学、先进高端材料、再生医学、网络空间5个领域的省实验室。

全省技术创新中心体系建设　省工程中心建设成效明显。2016年，新认定省级工程技术研究开发中心637家，全省目前共有国家级工程中心23家、省级工程中心2 651家，累计研发投入超过558亿元，新产品产值达10 574.3亿元，产生了明显的经济效益。继续组建产业技术创新联盟，新认定联盟82家，累计达204家。

科技服务平台体系建设　在科技成果转移转化、技术交易、科技公共服务、科技企业孵化和创新创业服务等方面持续培育一批重大科技成果产业化基地和科技中介服务机构。依托全省生产力促进中心完善生产力服务体系。广东省重大科技成果转化数据库上线，目前已征集重大科技成果9 000多项，为全省科技成果转化搭建了一个“政产学研金介”融合的综合服务平台。

【实施关键核心技术攻关】

提升原始创新能力　加强基础研究和战略性高技术的前瞻部署，鼓励企业开展基础性前沿性创新研究，着力提升原始创新能力。积极组织实施NSFC—广东联合基金项目。2016年广东获得NSFC—广东联合基金资助的项目比2015年增加61项，增幅达42.4%，吸引了大批省外科学家到广东参与基础研究。

实施重大科技专项　组织实施重大科技专项，完成一批重点领域核心关键技术和重大创新产品布局，其中53项核心关键技术达到国际领先或先进水平，181项达到国内领先或先进水平。全省有效发明专利量和PCT国际专利申请受理量分别增长21%和55%。新组建产业技术创新联盟82家，总数达204家，累计攻克产业关键性、共性技术4 000多项。

培育新型研发机构　全年新认定省级新型研发机构56家，总数达180家，拥有研发人员近4.7万人，拥有单价10万元以上的科研仪器设备原值达到83.4亿元，有效发明专利近7 000件，近3年的成果转化收入达1 538亿元，累计创办和孵化的企业分别为587家和3 174家。

【创新创业人才队伍建设】

引进高端人才智力　实施“珠江人才计划”“扬帆计划”“特支计划”等重大人才工程，培育引进一批产业发展急需的创新型人才和科研团队。其中，第六批“珠江人才计划”引进创新创业团队申报的253个团队中，36个团队项目获风险投资，累计获得风险投资19.18亿元；2016年“扬帆计划”共吸引来自省内外49个科技创新类创新团队申报，汇聚高层次人才249名；“广东特支计划”确定了30名创新领军人才、29名创业领军人才、99名青年拔尖人才的入选名单。

运用省部院产学研合作机制引进人才　新建企业科技派员工作站16个，累计建成198个，在广东的企业科技特派员超过4 600名，共实施650余项产学研结合项目，实现总产值超过500亿元。推动院士工作站建设，新增院士工作站12家，累计121家，吸引全国115名院士来广东开展产学研合作工作。

培育一批优秀青年人才　2016年首次启动引进“海外青年英才团队”，47个团队共271位海外博士参与申报，平均年龄34岁。大力实施省自然科学基金杰出青年培育计划，面向35岁以下青年科学家，5年来共培育遴选基础研究的领军人才和学术带头人196人，受理青年学者申请1 404项，累计投入1.96亿元，省杰青计划已成为广东省高层次人才和学术、技术带头人成长的催化剂。

【深化科技体制改革】

实施“阳光再造行动2.0版”　在前期改革成果的基础上，推进项目审批方式和纵向协同管理改革，加快完善规章制度和内控管理程序，2016年高效科学规范组织实施4 000多项科技计划项目。通过阳光平台，强化省科技计划项目的中后期检查、跟踪和验收，全年完成验收项目2 736个，全年开展实地监督检查计划项目超过1 900项。通过验收的555个重点重大项目共计取得发明专利2 644件，实现产值约210.76亿元，实现税收约12.98亿元。加强科技监督管理队伍建设，实现全年培训3 000人次以上。

重大创新政策出台和落地见效　强化政策执行的督导评估，开展创新型经济发展评价指标体系10项指标的专项督查，狠抓各项政策落地见效。省科技厅组织编写《粤府〔2015〕1号文——黄金十二条实操指南》，累计发放数量2万多本，受到企业的广泛好评。科技立法实现重大突破，修订《广东省自主创新促进条例》，颁布《广东省促进科技成果转化条例》，实现职务科技成果自主处置权、技术入股等成果转化政策实质性突破。

探索科技金融合作新模式　健全科技财政资金与银行、担保、租赁、保险、创投和民间资本的联动机制。开展普惠性科技金融试点工作，创新银行信贷模式，引导银行投入科技信贷资金超过200亿元。开展“互联网+创新创业”试点示范，在佛山市和东莞市开展“互联网+创新创业”示范市试点，选取东莞市常平镇和佛山市南海区桂城街道开展“互联网+创新创业”示范镇建设，打造“互联网+创新创业”生态系统。

深化科研体制改革　全面开展经营性领域技术入股改革。据统计，2016年全省已有37家省属应用研究型科研院所、24所高校开展了经营性领域技术入股改革工作，共促成45项技术入股成功转化案例，产生股份收益3.26亿元。省科学院重组工作圆满完成。

（广东省科学技术厅办公室　陈锡强）

重大会议和科技活动

【全省专业镇协同创新工作现场会】 6月15日，广东省专业镇协同创新工作现场会在东莞举行。中共中央政治局委员、广东省委书记胡春华作重要批示，省长朱小丹出席会议并讲话，副省长袁宝成出席会议。省直有关单位、中直驻粤有关单位的主要负责同志，各地级以上市及顺德区政府主要负责同志及分管科技工作的负责同志，各地级以上市科技局（委）、国家级和省级高新区主要负责同志，各相关专业镇、高校及科研院所主要负责同志、协同创新平台代表参加了会议。

会议总结了近年来广东省专业镇创新发展情况，进一步明确了专业镇在全省创新发展工作的重要作用，推广东莞横沥镇等地区协同创新的经验做法，部署下一阶段全省专业镇协同创新工作，加快全省专业镇创新发展和转型升级。在现场会上，举行了专业镇协同创新中心建设、珠三角与粤东西北专业镇对接项目、专业镇产业技术创新联盟建设等3批专业镇重大项目签约仪式。与会人员参观考察了东莞市横沥镇模具产业协同创新中心、广东机械模具产业创新成果展和东莞市中泰模具有限公司。

胡春华在批示中充分肯定了近年来广东省专业镇应用先进技术、推进产业转型升级取得的成效，要求各地各有关部门认真学习贯彻习近平总书记系列重要讲话精神，深入实施创新驱动发展战略，加强政策支持引导，推动专业镇强化协同创新，大力发展新型研发机构和孵化器创新平台，增强产业关键共性技术攻关和成果转化能力，努力形成一批竞争力强的创新型企业和产业集群，实现创新链、产业链、资金链、政策链有机融合，营造全省创新发展的良好氛围，为加快形成创新型经济格局做出新贡献。

朱小丹指出，为更好地推进全省专业镇新一轮创新发展，各地、各部门要坚持科技创新与现代服务相结合、市场配置与政府引导相结合、统筹规划与分类指导相结合，以深化产学研合作为突破口，以协同创新平台建设为重要抓手，以提高产业核心竞争力为目标，在全省专业镇建立健全协同创新机制，建成一批协同创新服务平台，培育一批新型研发机构，打造较成熟的孵化育成体系，全面推进专业镇协同创新发展。力争到2020年，全省建成省级专业镇500个左右，专业镇GDP总量力争突破4万亿元，专业镇协同创新平台覆盖率达90%以上，专业镇R&D支出占其GDP比重达到2.9%，探索出一条具有广东特色的专业镇创新驱动和转型发展新路子。重点要抓好四个方面的工作。一是突出“引”字，着力集聚创新要素，壮大专业镇创新主体。立足专业镇主导产业，有针对性地引入省内外龙头企业、高校、科研院所等创新主体，建成一批新型研发机构，完善孵化育成体系，加快人才引进与柔性流动。二是突出“专”字，聚焦优势产业，提供精准、贴身、高效创新服务。坚持问题导向，找准产业共性技术需求，围绕企业需求组织合作项目，制定产业技术标准和产业技术路线图，深入实施“一镇一策”，不断提高科技进步对专业镇经济增长的贡献度。三是突出“活”字，强化体制机制创新，提升协同创新效能。统筹发挥政、产、学、研各方面作用，创新完善协同创新平台，形成各类创新主体协同协力的机制，健全各方利益分配机制，完善科研成果转化激励机制。四是突出“优”字，延伸服务体系，优化全产业链集成服务。以公共服务为本位，围绕主导产业建立完善全产业链服务体系，组建产业技术创新联盟，强化金融服务，以“互联网+”推进平台服务模式创新。

（广东省科学技术厅产学研结合处　李　蓉）

（部分截取自《南方日报》）

【全省推进珠三角创新驱动发展培育高新技术企业工作现场会】 8月23日，全省推进珠三角创新驱动发展培育高新技术企业工作现场会在东莞举行。中共中央政治局委员、广东省委书记胡春华出席会议并讲话，强调要把广东建设成为国家科技产业创新中心。省长朱小丹出席会议并作工作部署。省人大常委会主任黄龙云、省政协主席王荣出席会议。省领导马兴瑞、任学锋、邹铭、许瑞生等参加会议。省科技厅厅长黄宁生、副厅长杨军，全省各地级以上市科技局主要负责同志参加了会议。

胡春华指出，推进创新发展，要努力建设国家科技产业创新中心。建设科技产业创新中心，是国家对深圳、珠三角乃至全省的定位和要求，充分考虑了广东科技成果转化能力强的突出优势，也是珠三角经济社会发展的迫切需要。我们要立足这一定位要求，充分发挥优势，突出成果转化应用这个关键，大规模引进各类高层次人才、先进技术和高水平企业，培育壮大新的发展动力，实现创新驱动发展转型。

胡春华强调，建设国家科技产业创新中心，根本任务是把科技成果转化为先进生产力。要以产业发展牵引科技创新、以科技创新支撑产业发展，源源不断催生新企业、新产品、新产业，形成一批引领创新发展的创新型领军企业，打造高技术产业发展高地。要围绕科技成果转化这一根本任务持续推进创新发展各项工作，高校和科研机构要面向经济主战场，创造更多可供转化的应用型科技成果；企业要发挥创新主体作用，加大力度推进技术研发和转化应用；政府要提升服务创新发展能力，营造有利于创新创业的良好政务环境。要进一步发挥我省社会资本雄厚的优势，大力发展风投、创投，促进科技产业金融融合，构建良好的创新生态。

胡春华强调，建设国家科技产业创新中心，要牢牢扭住高新技术企业这个“牛鼻子”，推动高新技术企业培育发展取得更大突破。要严格执行国家评定标准，落实税收优惠政策。抓高新技术企业工作要树立鲜明的导向，全面带动企业技术水平提升，提升高企自主研发能力，集中开展关键核心技术攻关，大力推广应用新技术新产品，形成“研”“用”结合、以“用”促“研”的良性循环。

胡春华强调，广东以制造业立省，要把高技术制造业增加值占规上工业增加值比重超过50%，作为基本形成创新发展格局、实现新旧动力转换的根本性标志。要加快培育新产业新业态，努力形成新的增长点新的生产力。要改造提升传统产业，把更多传统产业存量转化为先进产业增量。

胡春华强调，要着力打造大珠三角经济区。统筹协调珠三角和粤东西北两大板块，努力推动珠三角地区扩面，打造由珠三角九市和环珠三角六市组成的大珠三角经济区，并进一步拓展到粤东、粤西地区。要把珠三角先进生产力延伸布局到环珠三角地区，大力推进产业共建，引导珠三角向外发展的企业优先在粤东西北布局，推动粤东西北实现与珠三角同一水平发展。要谋划推进大珠三角经济区基础设施、政务服务等一体化建设。

朱小丹指出，当前培育发展高新技术企业正面临重要的机遇期和窗口期。全省各地各部门要将思想和行动统一到中央和省委、省政府的决策部署上来，把培育高新技术企业摆在更加突出的位置，紧紧围绕实施创新驱动发展战略，坚持发展数量与发展质量并举、做大增量与做优存量并重，大力培育一批有潜力的科技型企业，集中扶持一批入库培育的科技型企业，突出打造一批高新技术龙头企业，促进全省高新技术企业提质增效、持续壮大。

朱小丹强调，要加强培育、引导增量，加快培育壮大高新技术企业规模，加大对入库企业高新技术研发的投入，支持创新型企业掌握自主知识产权、培养引进科研人才、研发高新技术产品、加强创新能力建设。要多措并举、提升质量，支持引导高新技术企业做大做强，大力提升高新技术企业核心竞争力，发挥高新技术龙头企业辐射带动作用，打造高新技术企业集群、集约发展的重大创新平台，建立高新技术企业协同创新体系。要切实为高新技术企业发展提供更优质政府服务，健全高新技术企业培育公共服务体系，促进金融与科技创新相融合，创新完善科技管理体制机制，完善和落实高新技术企业各项扶持政策。

会上，省委常委、常务副省长徐少华通报全省实施珠三角规划纲要2015年完成情况和评估考核结果，集中回应各市提出需省支持协调事项；副省长袁宝成通报全省2014年以来培育高新技术企业工作情况；珠海、佛山、东莞、中山市主要负责同志作了发言。

现场会上，与会人员前往东莞天安数码城、中科院云计算中心、易事特公司、生益科技等新型研发机构和高新技术企业参观考察。

（广东省科学技术厅高新技术发展及产业化处　郭秀强）

【珠三角国家自主创新示范区建设工作办公室第一次会议】　8月30日，广东省全面深化改革加快实施创新驱动发展战略领导小组国家自主创新示范区建设工作办公室（以下简称省自创办）第一次会议在广州召开，会议总结了前一阶段国家自主创新示范区建设工作推进情况，研究部署了下一阶段工作。广东省副省长、省自创办主任袁宝成出席会议并讲话，省自创办常务副主任、省科技厅厅长黄宁生主持会议。珠三角9市及河源、清远市主要负责同志，省自创办成员单位主要负责同志参加了会议。

会议听取了关于珠三角九市国家自主创新示范区建设专题检查的工作报告。会议充分肯定了各地、各有关部门开拓创新、狠抓落实，共同推动国家自主创新示范区建设所取得的初步成效。一是组织领导不断加强。广东省全面深化改革加快实施创新驱动发展战略领导小组成立广东省国家自主创新示范区建设工作办公室，作为我省国家自主创新示范区建设的常设机构，统筹协调国家自主创新示范区建设工作。珠三角9市均成立了以市委书记或市长为组长的国家自创区建设工作领导小组，统筹协调国家自创区建设工作。二是各部门政策体系逐步完善。省发改委、省科技厅、省住建厅、省自贸办、省地税局等部门结合自身职责、主动作为，全力推进自身工作与国家自主创新示范区建设工作的联动。三是各地政策创新亮点频现。广州、深圳、东莞等市出台一系列加快实施创新驱动发展战略的政策措施，形成覆盖创新全过程的政策链。四是重点任务成效突出。各地市以高新技术企业、新型研发机构、孵化器等为重要抓手推进国家自创区建设。会议强调，各地、各有关部门要将思想和行动统一到中央和省委、省政府的决策部署上来，切实增强做好国家自主创新示范区建设工作的责任感与使命感，认真准确把握新形势、新要求，切实把国家自主创新示范区建设作为推动产业发展、科技创新、制度创新的引领性工程和重大平台，采取扎实有效的措施抓紧抓实抓好，确保国家自主创新示范区建设工作再上新台阶。

会议审议并原则通过了《珠三角国家自主创新示范区发展规划纲要（2016—2025年）》《珠三角国家自主创新示范区空间发展规划（2016—2025年）编制方案》《珠三角国家自主创新示范区先行先试政策制定工作方案》。

会议对下一步广东国家自主创新示范区建设发展提出四点要求。

（一）打造国家科技产业创新中心。一是大力发展高新技术企业，培育壮大科技型中小微企业，建立高水平研发中心，深化产学研协同创新，着力提高企业技术创新能力。二是大力支持各地区围绕制造业创新、产业技术创新等领域建设新型研发机构，推动跨领域跨行业协同创新。三是着力培育一批世界级新兴产业集群，打造战略性新兴产业发展策源地。四是通过加快制造业智能化改造，鼓励企业主导或参与制定修订国际标准、国家标准、行业标准和地方标准等，增强制造业核心竞争力。

（二）营造有利于创新创业的良好环境。一是加强高层次人才引进和培养，建立具有国际竞争力的人才发展制度。二是建设高水平创业载体。鼓励社会资本和企业建设一批专业化创新集聚区、众创空间和孵化基地；重点依托高校、科研机构、大型企业、投资机构、社会组织等建设专业孵化器、加速器；支持孵化载体不断强化服务能力。三要完善创新创业服务体系。构建一批面向创业企业的开放式、服务型、市场化的创业公共服务平台；大力发展创业投资、天使投资，鼓励各地设立种子基金、天使基金、创业投资引导基金和产业基金。四要加强知识产权运用和保护。着力开展国家知识产权综合管理改革试点；鼓励知识产权创造，实施企业知识产权战略；设立知识产权交易中心，推进专利保险试点，构建全链条的知识产权服务体系。

（三）构建珠三角协同创新共同体。一要优化空间布局和功能定位。强化广州、深圳的龙头作用，加快广州构建国家创新中心城市和国际科技创新枢纽，推动深圳率先建成国家科技和产业创新中心；支持珠海、佛山、惠州、东莞、中山、江门、肇庆等市推进国家创新型城市试点城市建设，推动珠三角各市形成各有特色、一体联动的“1+1+7”区域创新格局。二要强化国家高新区核心载体作用。推动高新区在机制、模式、路径和政策方面先行先试；强化高新区创新创业生态圈建设；加快高新区国际化步伐，建立与国际创新前沿的高端链接机制。三要提升珠三角创新一体化水平。构筑纵贯珠三角东西两岸的创新大湾区；统筹区域产业协同发展；支持多方共建跨区域创新型产业集群，打造环珠江口新兴产业发展带。四要辐射带动粤东西北地区振兴发展。建立健全自创区对口帮扶粤东西北地区机制；支持珠三角与粤东西北地区开展新兴产业的区域分工协作，形成特色鲜明、功能互补的产业发展格局。

（四）全面推进创新改革试验。一要加快落实国家、省、示范区政策。积极落实国家向全国推广的“6+4”先行先试政策；落实好广东省关于企业研发准备金、创新券、孵化器建设用地、风险补偿等创新政策。二要鼓励支持珠三角国家自创区在科技金融结合、新型科研机构建设等方面开展科技体制机制改革创新；鼓励各国家高新区结合自身特点和创新需求，积极开展政策创新等。三要深化政府科技管理体制改革。完善科技决策咨询制度；大力推进科研项目审批制度改革，编制科技、知识产权等部门权责清单，制定科技创新负面清单等。四要构建市场导向的科技成果转移转化机制。推进科技成果转移转化管理改革，构建市场导向的科技成果转移转化机制；开展高校院所科研成果使用、处置和收益权改革试点等。五要积极对接广东自贸试验区、国家全面创新改革实验区政策。加快推动广东自贸试验区、国家全面创新改革实验区政策首先在自创区先行先试，实现政策叠加。

（广东省科学技术厅高新技术发展及产业化处　钟士岗）

【2016年创新创业大赛】　2016年，广东赛区报名参赛企业2 373家、团队1 740个，同比均实现翻番，并在全国行业总决赛中获得2个第二名、2个第三名和58家优秀企业、团队的好成绩。港澳台赛区报名参赛企业总数达686家，同比增长28%。2016年11月1日，省科技厅举办了广东创新之夜——2016创新创业大赛颁奖典礼，各有关单位、参赛企业、团队和投资机构、银行和媒体代表共2 000多人参加，集中展示了广东创新创业的浓厚文化、优越环境和优秀典范，阐释了“东西南北中，创新创业在广东”的新时期广东现象。

（广东省科学技术厅规划财务处　田何志）

【全省科技创新平台体系建设工作会议】　11月3日，省政府在广州召开全省科技创新平台体系建设工作会议，总结近年来广东省科技创新平台体系建设情况，研究部署下一步工作。省长朱小丹出席会议并讲话，副省长袁宝成主持会议，省科技厅厅长黄宁生在会上通报了广东省科技创新平台体系建设情况。

朱小丹对近年来全省科技创新平台体系建设取得的成效给予肯定，并要求全省各地、各部门乘势而上，把科技创新平台体系建设与“四众”、新型研发机构、高新技术企业、孵化器建设等专项工作结合起来，坚持目标导向与问题导向相统一，找准着力点，精准发力，把工作抓细抓实抓好，整体推动创新驱动发展核心战略实施。

朱小丹指出，加强科技创新平台建设，是优化整合资源，提升广东省原始创新能力、产业技术创新能力和科技成果转移转化能力的迫切需要，也是增强广东创新发展后劲、增创发展新优势的有力抓手。全省各地、各部门要把思想和行动统一到中央和省委、省政府的决策部署上来，充分认识推进科技创新平台体系建设的重要意义，以实验室体系建设为引领，促进高水平应用基础研究和基础研究，提升原始创新能力，增加源头创新供给；以技术创新中心体系建设为依托，着力解决产业发展所面临的核心共性问题和重大前沿问题，提升产业竞争力；以科技服务平台体系建设为支撑，提升服务质量和水平，助推科技创新和产业转型升级，加快形成全省科技创新平台蓬勃发展新局面。力争到2017年，全省初步形成一个布局合理、结构优化、链条完整、功能互补、质量较高、支撑有力，具有广东特色的科技创新平台体系；到2020年，科技创新平台体系建设实现体制机制灵活、运行高效、国内一流、特色领域国际领先的目标。

朱小丹指出，科技创新平台体系建设是一项系统工程，在推进过程中要把握好加强统筹整合、突出协同创新、注重开放共享三个原则，统分结合、变散为聚，增强平台体系建设的整体性、系统性和协同性。一要加强统筹规划，推进定位科学、层次分明的实验室体系建设，积极筹建和申报国家实验室，集中力量启动广东省实验室建设，稳步落实国家重点实验室倍增计划，推进省重点实验室“提质培优”，创新优化实验室内、外部管理机制，健全科技成果激励机制，提升实验室创新能力和活力，以国家重大科技基础设施为依托，推动实验室体系向更高层次发展。二要加快完善全省技术创新中心体系，统筹推进广东省技术创新中心和工程技术研究中心建设，突出重点行业和行业领军企业创新，加快企业研发机构和新型研发机构建设，推进产业技术创新联盟的建设与发展，突出抓好广东省处于“并跑”“领跑”水平的关键核心技术转化应用，推动广东省产业向中高端攀升。三要加快完善科技服务平台体系，优化科技创新公共服务，促进科技成果转移转化，促进科技金融深度融合，健全孵化育成体系，大力提升科技服务保障能力。朱小丹强调，全省各地、各部门要加强组织领导，完善投入机制，强化人才支撑，加强督查考核，确保科技平台体系建设各项任务落到实处。

与会代表还参观了广东省科技创新平台体系建设成果展。朱小丹与高校、科研机构、科技创新企业、科技服务机构代表亲切交谈，勉励他们坚持高端引领，开展研发创新，发展科技服务，加强市场推广，促进科技成果转移转化，进一步提升广东省产业核心竞争力。

（广东省科学技术厅基础研究处）

【第十八届中国国际高新技术成果交易会】

11月16—21日，第18届中国国际高新技术成果交易会（以下简称“高交会”）在深圳市举行。中共中央政治局委员、广东省委书记胡春华，全国人大常委会原副委员长、中国科学院院士、中国工程院院士路甬祥，中共广东省委副书记、省长朱小丹，中共广东省委副书记、深圳市委书记马兴瑞等出席开幕式。

该届高交会立足于服务创新驱动发展战略，以“创新驱动　质量引领”为主题，总展览面积达15万m^2，有37个国家的3 533家参展商参展，带来的高新技术项目与产品达23 334项，涵盖了AR/VR、物联网、智能制造、互联网+、大数据、节能环保、无人系统、人工智能、智慧城市、航空航天、新能源、新材料、光电平板和现代农业等领域。30个国家和国际组织的43个外国团组参展该届高交会，其中23个“一带一路”沿线国家的33个团组参展“一带一路”专馆。

该届高交会的亮点：一是突出创新驱动，展示战略前沿领域重大突破和创新创业的最新成就；二是突出质量引领，展现战略性新兴产业发展最新成果；三是突出协同发展，服务于政产学研用一体的创新网络；四是突出开放共赢，积极服务国家对外开放新战略；五是突出服务创新，加快打造世界一流展会。

该届高交会设置国家高新技术展、创新与科研展、外国团组展区、“一带一路”专馆、信息技术与产品展、节能环保展、新能源展、智慧城市展、电子新技术及新应用展、光电显示展、航空航天展、高新技术服务区、科技创新型小微企业展区、个人技术创新展区、创客展区、无人系统分会场和高新技术人才与智力交流会分会场。

该届高交会通过观众网上预登记、团体观众邀请、与专业机构合作推出高交会商旅服务等多种方式，吸引了来自97个国家和地区的观众参观了主会场和分会场，总计58.9万人次。大批来自全球的投资商、采购商、经销商、科研人员、技术人员、设计人员、管理人员、市场人员、媒体记者等专业观众出现在高交会会场，专业观众人气指数达到240，即平均每个展位每天接待240位专业观众。

该届高交会共举办各种高层次论坛、专业技术论坛、行业沙龙、技术会议等活动243场，32位外国政府高级官员、诺贝尔奖获得者、院士、国内外知名专家学者、相关领域的机构和跨国公司高层、海内外知名企业家参加论坛并发表演讲。

在该届高交会上还举办了全国创客大赛，很多创客产品都在大赛上得到了展示；同时也举办了小微企业推介活动、采购商洽谈活动、项目配对洽谈等系列活动，为中小企业提供了很好的桥梁和中介作用，一大批小微企业项目在高交会会上得到展示，吸引了一批资金、技术、人才，为后续产品形成产业化起了很好作用。

该届高交会全方位展现我国促进创新创业、引领产业转型升级等方面的成果，积极发挥了推动国际科技交流合作，促进科技与经济深度融合，促进新兴产业的培育和发展，推动高新技术成果产业化的平台作用，在高新技术领域的“行业风向标”“技术风向标”“创新风向标”的作用更加彰显。

（摘自中国国际高新技术成果交易会网站）

【2016中国（东莞）国际科技合作周】 12月9—11日，2016中国（东莞）国际科技合作周举办。该届合作周以“科技引领　开放共享”为主题，专题展馆面积约2万m^2，展出高新技术项目和各类创新产品和服务800多项，设有“科技展览、科技主题论坛、项目签约、项目路演与产品推介”四大专题，期间举办了12场专业技术研讨交流和论坛以及4个专场项目路演与产品推介活动。邀请了众多国内外嘉宾出席，有超过6万人次的观众（听众）参与。合作周促进50多个项目达成初步合作意向。

强化国际科技合作资源整合　一方面在展厅中设立“一带一路大道”，展示来自美国、英国、意大利、以色列、日本等国家以及独联体、东盟的高新技术成果；另一方面举办第二届中拉科技创新与技术转移论坛、第十届国际生物能源会议等多项国际科技论坛活动。

突出“大众创业　万众创新”　在展厅中设立“创新创业走廊”，展示来自专业镇、高等院校、科研机构、科技孵化器、企业的创新创业成果，以及2016年中集智谷杯赢在东莞科技创新创业大赛暨第二届赢在东莞大学生科技创新创业大赛的获奖成果；此外，还在展厅中设立“项目路演和产品推介中心”，提供一个舞台给各参加单位进行项目路演、创新成果展示和科技产品推介。

促进科技与金融的融合发展　发动建设银行、东莞银行、中国银行等银行金融机构和东莞科技金融集团、东莞创新创业种子基金、广东科技金融综合服务中心东莞分中心等本土金融机构参展参会，展示针对科技企业和项目的投融资产品和服务，着力促进科技创新资源和金融资源的有效推介。

实现科技与民生领域的深度结合　针对部分科技展览试行市场化运作，面向有关科技企业、机构进行商业化招商招展，集中展示高新科技在各应用领域的发展成果及带来的各种便利，如智能手机、智能手表、智能汽车、智能佩戴投影机、智能眼镜、穿戴式电脑、智能安防、智能家居娱乐等各类智能产品，以及新型医疗仪器、高科技农产品等。

（东莞市科学技术局　王少波）

【2016年广东省科技成果与产业对接会】 12月28日，由广东省科技厅、经济和信息化委联合主办，中山市政府协办的2016年广东省科技成果与产业对接会在中山举行。副省长袁宝成出席会议并讲话。省直有关部门负责人，珠三角各地级以上市市长、分管副市长，全省各地级以上市经济和信息化主管部门、科技主管部门负责人，省内外高校、科研院所、新型研发机构及相关创新团队负责人，省内有关企业、风投机构负责人约500人参加会议，1 200多家高校、企业进行了科技成果对接。

对接会活动包括了广东省重大科技成果转化数据库启动、重大项目签约、科技成果展、优秀重大成果发布、优秀创新团队及其重大科技成果路演等环节。对接会从广东省重大科技专项、应用型研发专项和近年科技进步获奖项目中筛选发布科技成果800多项，上海地区高校选送优秀科技成果200多项。对接会上，广东省重大科技成果转化数据库上线，数据库共收录科技成果6 000多项，为今后打造线上线下科技成果转化和交易提供了平台。通过这次对接会，19项重大科技合作项目现场签约，涉及核电、石墨烯、电子芯片、城际动车等多个领域。如中山市科技局将与南京工业大学合作，一起共建中山石墨烯应用技术研究院；中国广核集团将与东莞材料基因高等理工研究院合作，共建核电应力工程技术研发中心。

（广东省科学技术厅产学研结合处　李　蓉）

【第二届中国（广东）国际“互联网+”博览会】　10月20日上午，第二届中国（广东）国际“互联网+”博览会在佛山开幕。省长朱小丹、中国工程院院士周济出席开幕式并致辞。该博览会设置智能家居生活展、“互联网+”前沿技术展、智慧城市展、互联网金融展、电子商务展、创新创业展和智能制造展等七大展区，共600多家企业参展，比上年增加45%。现场共有20个项目签约，包括佛山市人民政府与省知识产权局签订“省市共建引领型知识产权强市合作协议”，南海区人民政府与中国以色列商务文化交流中心签订“以色列创新科技中心”、中关村智能制造中心与佛山南方产权交易所签订“广东省智能智造要素配置中心”等。

朱小丹指出，本届博览会以“世界互联，智造未来”为主题，打造展示、交易、交流、招商、合作五大平台，既为互联网企业提供创新解决方案的展示推广平台，也为制造业各行业连接互联网、实现转型升级拓展交流合作渠道，必将为推动互联网与制造业融合创新起到重要促进作用。希望与会各方用好博览会这一重要平台，深化交流合作，实现共赢发展。广东省将竭诚提供优质政务服务和良好创业投资环境，并以本届博览会为契机，全面推进“互联网+”领域的交流与合作，加大力度推动互联网融合创新，进一步激发“互联网+”大众创业、万众创新活力，加速发展新业态新技术新经济，努力将本省打造成为全国互联网经济发展重要基地、网络民生应用服务示范区、网络创业创新集聚地。

周济指出，互联网深刻影响人类社会文明进程，不断改变人们的生产方式和生活方式。党中央、国务院高度重视互联网发展，作出一系列重大决策部署，促进互联网与实体经济深度融合发展，推进供给侧结构性改革。广东是中国制造业大省，佛山是广东重要的制造业基地，积极运用“互联网+”方式推动制造业转型升级，发挥了重要示范作用。中国工程院将发挥技术与人才优势，继续大力支持广东建设制造强省。

（南方网　吴　哲　罗俊杰）

【中国第三代半导体产业南方基地启动发布会】

9月30日，中国第三代半导体产业南方基地启动发布会在东莞召开。科技部原副部长、国家第三代半导体产业决策委员会主任曹健林，广东省副省长袁宝成、省科技厅厅长黄宁生，东莞市市长梁维东，国家第三代半导体产业技术创新战略联盟理事长吴玲等领导出席中国第三代半导体产业南方基地项目启动发布会并见证签约仪式。启动会的召开标志着中国第三代半导体产业南方基地正式落户东莞。

袁宝成表示，半导体产业是电子信息产业的基石，而第三代半导体材料及器件已成为全球半导体产业创新的前沿，“政产学研”共建的商业模式可有效推动第三代半导体的大规模产业化，要把优势力量组织好、运用好，积极引进优秀人才，扎实推进基础工作。同时，他希望各方共同努力，将南方基地当成一项开创性事业来做，争取打造一个世界级科技产业创新的成功范例。曹健林明确表示将大力支持广东第三代半导体产业的发展。

（广东省科学技术厅高新技术发展及产业化处）

科技政策与投入

科技政策法规

【科技体制改革】 推进广东省科学院重组建设。组建广东省科学院是省委、省政府实施创新驱动发展战略、加快产业转型升级的重大战略部署，也是深化广东科研院所管理体制改革的重要探索实践。按照广东省科学院建设领导小组的要求，广东省科学院建设督导组认真履行职责，根据省委、省政府《关于省科学院运行机制改革的意见》和《广东省科学院组建方案》文件精神，加大督导工作力度，先后组织多次集中调研督导，积极协调解决省科学院重组建设中遇到的现实困难和问题，指导督促省科学院加快推进重组工作。省科学院也围绕省委、省政府的重大战略决策部署，突出创新驱动，严格按照省委、省政府制定的组建方案，有序开展重组和建设工作；积极推进组建院学术委员会、探索实施员额制管理、自主评定职称、完善薪酬制度等扩大自主权相关改革举措，着力建立完善产业技术创新联盟，跨区组建科研团队，加强与国内外高校、科研院所和创新机构的交流合作，与地市政府、企业共建新型研发机构，改革创新管理体制机制，加快吸引和集聚创新资源，不断壮大科研实力，初步建立起以骨干院所为主体，以产业技术联盟单位为依托，以分布在全省各地的平台或分院为延伸，以联盟企业技术研发中心为载体，由“产业、区域、企业”三大圈层构成的协同创新体系。

（广东省科学技术厅政策法规处　史利兵）

【科技政策法规研究与制定】

《广东省促进科技成果转化条例》 2016年，省科技厅全面开展《广东省科技成果转化促进条例》的起草制定工作，该条例于12月1日由省十二届人大常委会第二十九次会议表决通过，于2017年3月1日起正式施行。

《广东省促进科技成果转化条例》提出，建立高校、科研机构等单位自主处置权操作规范，进一步深化改革高校、科研机构科技成果自主处置权，细化高校、科研机构等单位成果转化收益的财务管理制度，明确科技成果转化“定价免责”和“投资损失免责”等保障性制度，明确科技成果价值评估前的基准价格确定，允许担任行政职务的科技人员按规定获取奖励和报酬，探索单位与科技人员实施科技成果约定转化制度。

《广东省自主创新促进条例》 2016年，省科技厅积极配合省人大完成了省自主创新促进条例修订工作。3月31日，省第十二届人民代表大会常务委员会第二十五次会议审议通过了《广东省人民代表大会常务委员会关于修改〈广东省自主创新促进条例〉的决定》。

《广东省自主创新促进条例》规定项目人头费最多可占60%，大大松绑科研项目经费相关管理，同时，明确人力资源成本费包括项目承担单位的项目组成员、项目组临时聘用人员的人力资源成本费以及为提高科研工作绩效而安排的相关支出。横向课题经费管理与政府纵向课题分开，努力调动高校、科研机构和科技人员服务社会创新活动的积极性。科技成果转化最低奖励比例提高到60%，全力激发科技人员转化科技成果积极性，有效地处理了国家、单位与个人三者的利益平衡关系。

（广东省科学技术厅政策法规处　陈　玲）

【科技政策法规宣传与落实】 为贯彻落实全省创新发展大会精神，按照省委、省政府总体部署及省主要领导的重要指示，紧紧围绕创新驱动“八大抓手”，以问题为导向，切实打通重大科技创新政策落地最后一公里，省科技厅多渠道深入开展宣传工作。

一是组织专题现场培训会。组织全省地级以上市科技管理部门领导针对企业研究开发省级财政补助政策开展集中专题学习培训，推动各地加快落实政策。二是发动《南方日报》、《科技日报》等权威媒体进行持续跟踪宣传报道。运用传统媒体对高新技术企业政策、新型研发机构政策、科技企业孵化器政策等进行广泛宣传报道。三是开辟网络、微信等新媒体宣传平台。利用“广东科技”“广东科技智库”“广东省科技政策服务平台”“科技Show up”等微信公众号对最新科技政策进行详细解读和广泛推介。四是编印“黄金政策”十二条实操指南。深入研究分析提炼“黄金政策”十二条实操“干货”，降低全社会特别是企业、高校、科研机构及科研人员了解掌握和充分运用创新政策的难度。深入广泛的宣传工作不断提高各项科技创新政策在本省的覆盖面和知晓度，推动企业、高校、科研机构等创新主体运用政策的积极性，加速政策落实落地。

（广东省科学技术厅政策法规处　夏兴林）

科技人才

【珠江人才计划】　2016年，省科技厅组织实施第六批“珠江人才计划”引进创新创业团队评审组织工作，评选出46个海内外优秀创新创业团队，为广东省创新驱动发展、产业转型升级提供良好的人才支持和智力支持。首次在“珠江人才计划”引进创新创业团队项目中增设海外青年英才团队申报类别，要求所有团队成员年龄均不超过40周岁，均为境外引进且具有博士研究生学历，以解决广东省青年人才缺乏、后备梯队不足问题，共选出10个海外青年英才团队。

2016年，省人力资源社会保障厅组织实施第六批领军人才评审引进工作，评选出33名领军人才，均属本省深入实施创新驱动发展战略、推进供给侧结构性改革、构建开放型经济新体系的急需紧缺人才，有望充分发挥“鲶鱼效应”，助推广东省经济、科技、教育、卫生等各项事业加速高端发展。首次实施珠江人才计划—海外专家来粤短期工作资助计划，资助58个专家项目。实施珠江人才计划海外青年人才引进计划（博士后资助项目），引进全球前200名高校海归优秀博士后49名，主要集中在生物医药、信息技术、材料科学工程等关键领域。

【扬帆计划】　2015年9月，第3批“扬帆计划”引进创新创业团队启动申报评审组织工作，截至2016年5月（立项文发布时间），共遴选出10个团队进入最终资助名单。10个团队汇聚高层次人才51人，平均年龄42岁，其中高级职称38人，占74.51%；博士37人、硕士12人，占96.08%，包括“广东省丁颖科技奖获得者”1人，“珠江学者”特聘教授1人，国家技术发明奖二等奖（第一发明人）获得者1人。

2016年，省人力资源和社会保障厅组织实施2015年度扬帆计划“引进紧缺拔尖人才项目”“培养高层次人才项目”“培养高技能人才项目”“博士后扶持项目”。共评出“引进紧缺拔尖人才项目”20名、“培养高层次人才项目”35名、审核通过“培养高技能人才项目”611名，“博士后扶持项目”44名。截至2016年年底，扬帆计划“引进紧缺拔尖人才项目”61名、“培养高层次人才项目”95名、审核通过“培养高技能人才项目”1 766名，“博士后扶持项目”77人次。

【广东特支计划】　2015年9月，第2批“广东特支计划”　科技创新领军人才、科技创业领军人才及创新青年拔尖人才启动申报评审组织工作。截至2016年5月（立项文发布时间），共遴选出158名人选进入最终资助名单，其中科技创新领军人才30名、科技创业领军人才29名、科技创新青年拔尖人才99名。

2016年8月，第3批“广东特支计划”　科技创新领军人才、科技创业领军人才及创新青年拔尖人才启动申报评审组织工作。

2016年，省人力资源和社会保障厅组织实施2015年度广东特支计划“杰出人才”“百千万工程领军人才”“百千万工程青年拔尖人才”项目。共评出广东特支计划“杰出人才”17名、“百千万领军人才”30名和“百千万青年拔尖人才”50名。截至2016年年底，广东特支计划“杰出人才”（南粤百杰）76名、“百千万领军人才”60名和“百千万青年拔尖人才”99名。

（广东省科学技术厅政策法规处　）

（广东省人力资源和社会保障厅　刘德武）

【专业技术人才队伍建设】 2016年，省人力资源和社会保障厅改革完善工程技术高级工程师（教授级）资格评委会设置，对工程技术人才进行分类评价。扩大技工院校正高级教师专业技术职称评审改革试点范围，评审出9名正高级教师。完善以科技创新和业绩贡献为导向的评价标准，加大科技成果转化、专利等创新要素的评价权重，不将职称外语和计算机应用能力作为职称评审的必要条件。推动简政放权，将中小学高级职称评审权下放至地市，向省科学院等企事业单位下放高级职称评审权限，将省直中、初级职称审核确认权转移至相应评委会日常工作部门。

至2016年年底，全省专业技术人才538万人，其中具有高级职称或博士学位以上的高层次人才71万人（含非公企业）。全省在粤工作的两院院士151人（含双聘院士115人）、百千万工程国家级人选150人；国家级专业技术人员继续教育基地2个（华南农业大学、南方医科大学）。首次开展南粤突出贡献奖和创新奖评审工作，共选出南粤突出贡献奖个人（团队）5名、南粤创新奖个人（团队）9名。

博士后工作　2016年，广东省新增博士后创新实践基地96个；全年全省1 596名博士后进站，646人出站，约510人留粤工作，在站博士后4 000多名。出台完善博士后制度11条意见，下放省级博士后创新实践基地审批权。在江门设立全国首个博士后创新示范中心。首次启动实施珠江人才计划海外青年人才引进计划（博士后资助项目），选出优秀海外博士后49名。组织“中国博士后科技服务团广东珠海行”。举办首届中外博士后制度研讨会、“大数据时代下新型智慧城市及全球展望”全国博士后学术论坛、全国博士后香江学者论坛。省人力资源和社会保障厅承办第18届“海交会”“广东省博士后创新青年人才项目展区”。据不完全统计，海交会期间，广东省博士后创新青年人才项目接洽人数300多人，达成初步意向50余人。

10月26日，“第30批中国博士后科技服务团广东珠海行”活动在横琴·澳门青年创业谷举行。此次活动由全国博士后管委会办公室、中国博士后科学基金会、广东省人力资源和社会保障厅主办，珠海大横琴科技发展有限公司承办。受邀的25名博士后年龄在28～45岁之间，分别来自北京大学、清华大学、上海交通大学、北京航空航天大学、广州中医药大学、北京工业大学等高等院校博士后工作站。他们与11家企业的27个项目进行对接，所对接的项目包括基于大数据的人口流动热图信息采集与智能处理系统的研究及应用、“互联网+”横琴时空大数据智慧云平台、无人船的控制平台关键技术等，均是珠海市企业正在研究和攻关的重大项目。

12月11日，2016年首届中外博士后制度研讨会在广东省珠海市横琴新区隆重开幕。150多位来自中、美、英、德、日等国的专家学者和企业代表以及部分省级博士后主管机构负责人出席了此次研讨会。此次研讨会由横琴新区博管会办公室主办、珠海大横琴科技发展有限公司承办，并得到了全国博士后管委会及中国博士后科学基金会的大力指导。此次中外博士后制度研讨会是国内首次专门就博士后制度举办的深层次、大规模的中外研讨会。在为期两天的研讨会上，中外与会代表将围绕“博士后培养工作发展情况及其特点和现实问题”“博士后人员的服务及利益保障”“博士后人员的招收、培养和使用”以及“中外博士后制度比较研究”等内容进行专题发言和交流讨论。

专业技术人才知识更新工程　2016年，省人力资源和社会保障厅组织“一带一路”倡议下广东自贸区建设等4期高级研修项目，免费培训专业技术人员280人。发布专业技术人员继续教育公需科目及66个行业专业科目学习指南并组织实施。实施2016年培训计划329项、培训专业技术人员10万人次，全年组织高级研修、急需紧缺人才培训和岗位培训三类项目分别培训专业技术人员280人、3.2万人次和10万人次。组织全省各级人社部门对全省继续教育基地（施教机构）进行督导检查，共全面检查远程施教机构13家、抽查面授施教机构66家，其中，5家远程施教机构全部整改完毕、1家面授施教机构被取消备案资格；重新备案的省直施教机构72家。

海外高层次人才引进　2016年，广东省评审引进省第6批领军人才33名，全年来粤工作境外专家13万人次，入选人力资源和社会保障部留学回国人员资助项目18个，入选国家外国专家局引进境外技术管理人才项目7个，入选国家“千人计划”外专项目外国专家4名。首次实施珠江人才计划—海外专家来粤短期工作资助计划，资助58个专家项目，入选国家首批“首席外国专家项目”1个，实施省重点高端外国专家项目、引智成果示范推广、海外名师和留学人员创业资助等100多个。开展外国人来华工作许可制度试点，将原“外国人入境就业许可”和“外国专家来华工作许可”两证整合为“外国人来华工作许可”。实施外国专家来华邀请函新政。落实公安部支持广东的16项出入境政策，研究制定外籍高层次人才和港澳台高层次人才认定办法。截至2016年年底，全省有部省市级留学人员创业园56家，其中国家级5家，吸引1.8万名留学人员创新创业，创办企业3 135家。

第6届“外海专家南粤行”活动分别在珠海、中山、东莞、顺德、肇庆、湛江等地举办10场专场活动，达成人才项目合作意向600多个。

为推进高水平大学和高水平理工科大学建设，5月12日，广东高校组团在美国波士顿哈佛大学举办高层次人才专场招聘会。广东高校组团赴美“招贤”，近年来尚属首次。此次招聘共有10多所高校参加，包括中山大学、华南理工大学、暨南大学、华南师范大学等高水平大学建设高校，东莞理工学院等高水平理工科大学建设对象。招聘涉及的学科非常广泛，基本涵盖了各大高校的优势学科，招聘对象以学术带头人、青年拔尖人才、优秀青年学者等高层次人才和团队为主。

5月26日，由广东省“科技成果转移转化与孵化育成”专题研讨班和广东省赴以色列人才交流合作代表团主办、以色列理工学院承办的2016年中国广东—以色列人才智力交流合作洽谈会在以色列特拉维夫市成功举办。为举办好本次人才智力交流合作洽谈会，省委组织部、省人力资源和社会保障厅、省外国专家局广泛发动征集了珠海、中山等市企业，部分高校、科研机构等人才项目需求信息，并将涉及高端新型电子信息、新能源汽车、LED产业、装备制造、新能源、新材料、生物医药等123个人才项目需求信息带到洽谈会进行对接。据统计，活动共接洽各类海外高层次人才130名。其中来自以色列农业、科技领域的专家、学者，孵化器企业家、投资人共72名，来自以色列理工学院、希伯来大学、特拉维夫大学、海法大学的学生和中国留学生58名。推介洽谈会现场达成了项目合作意向51项，人才引进意向84人次。此外，广东参会代表还与以色列理工学院、希伯来大学、巴依兰大学、本古里安大学、特拉维夫大学等5所高校代表以及Bete-0220科技公司和以色列最大的人资源公司Nisha Group等25家公司机构进行了交流对接，为今后广东和以色列开展人才智力交流合作奠定了基础。

（广东省人力资源和社会保障厅　刘德武）

【科技干部教育与培训】　2016年，省科技厅全年共举办各类科技管理培训班36期，培训科技干部、专业技术人员2 011人次。

省科技厅公务员培训　2016年，省科技厅公务员参加由省委组织部、省人力资源和社会保障厅和省直机关工委等单位主办的常规性培训共17人次，其中，包括境外培训2人次、省外培训2人次。全年在全厅系统举办3场“科技学习讲坛”，共计800人参加。采用集中培训、专题研讨、辅导讲座、在线学习等形式进行政治理论学习，并明确要求每人参加学习培训时间不少于5天或40学时。按照公务员队伍专业化的要求，选派专业对口干部参加国家、省有关主管部门举办的各类专门业务知识培训班，包括组工人事、会计、保密、档案工作等专门岗位共计15人次参加了此类培训。派发学习资料，通过自学的形式开展公务员学法活动。

“四链融合与创新驱动发展”专题研究班

该研究班由省委组织部和省科技厅联合主办、省生产力促进中心承办，9月6—9日在广州举行，来自全省各地级以上市（含佛山市顺德区）分管科技工作的领导、科技局局长、高新区管委会主任共70人参加。省科技厅厅长黄宁生出席开班典礼并作《紧密促进四链融合深入实施创新驱动发展》专题报告。研究班还安排了“国家创新驱动发展战略与新时期自主创新示范区建设”“协同创新与产业转型升级”“实施创新驱动，强化技术转移”“创业投资支持科技创新产业发展实务”“深化科技项目与经费管理改革”“珠三角国家自主创新示范区规划与建设实施”和“产业发展与产业技术路线图”等专题讲座，邀请了中国科学院科技战略咨询研究院、台湾中卫发展中心、浙江大学工业技术转化研究院、广东国民创新投资管理有限公司等的专家和领导授课，并组织学员针对“科技创新和政策”“科技金融和创新创业”等主题进行研讨交流。

2016年“创新驱动与三链融合发展”专题研修班　该研修班由省科技厅主办，于6月12—19日在广东省科技干部学院举行，来自全省县（市、区）科技局的领导共49人参加了培训。研修班邀请了省社会科学院、省科技情报所、省科技创新检测中心的专家和联想集团的高级讲师为学员授课，主要专题包括“经济新常态下的广东科技创新发展战略”“推动‘二创’‘四众’的路径、措施”“国家自主创新示范区的探索与珠三角的实践”“广东推进‘三链融合’的科技政策布局”和“管理理念与方法”等。

2016年广东省“三区”科技人才科技创新管理能力提升专题研修班　“三区”科技人才研修班是省科技厅委托广东省科技干学院承担的“广东‘三区’科技人才培训与选派人才专项管理研究”项目的重点工作任务，主要针对广东老、少、边“三区”经济社会科技发展现状和技术推广、创新创业需求，围绕“三区”科技人才服务能力、创新创业能力的目标，设计开发培训课程体系和培训模式。邀请省科技厅有关处室领导和联想集团的高级讲师为学员授课。

3月27日—4月1日第一期研修班于广州开班，在针对“科技创新环境建设”“科技管理创新”“管理理念与方法”等方面对学员进行培训，有来自粤东西北各县（市）科技局的领导共51人参加了为期6天的专题培训。

第二期研修班首次采取“送培上门”的方式，由广东省科技干部学院联合肇庆市科技局开展，4月17—23日在肇庆市委党校举办。研修班针对“科技政策解读”“科技引领：助力肇庆转型升级”“创新驱动发展与知识产权制度”“联想创新管理理念与方法”等方面对学员进行培训。来自肇庆市科技局等市直委办局、各县区科技局及相关科技型企业的领导共58人参加了培训。

2016年西藏林芝市科技管理干部研修班、2016年新疆喀什地区科技管理干部研修班　研修班由广东省科技厅主办，广东省科技干部学院承办，11月20—27日在广州举办，来自西藏林芝市和新疆喀什地区的32位科技管理干部参加了学习。

研修班邀请广东省农业科学院、广东省微生物所、广东省科技情报所等科研院所的专家和广东省科技厅有关处室领导为学员授课，主要专题包括“现代农业科技与特色农业发展”“食用菌优质高效种植与深加工”“推进‘双创’‘四众’及科技企业孵化器建设”“县域科技创新能力建设”和“林业生态工程理论与实践”等，并组织学员赴珠三角高新区和河源高新区和相关创新型企业参观学习。

广东省科技干部学院　2016年，广东省科技干部学院除了承办广东省科技系统干部培训外，还积极配合兄弟省科技厅开展科技干部培训活动。如承办江西省科技厅深入实施创新驱动发展战略加快产业升级专题研修班、贵州省科技特派员服务能力提升培训班、宁夏转制科研院所科技创新能力研修培训班等。全年举办专业技术人员继续教育与培训班27期，累计培训1 640人次。承担星火科技计划项目，指导并协助省级星火培训基地和各星火学校举办培训班和讲座56次，培训6 600多人次。

（广东省科学技术厅人事处　林俊超）
（广东省科技干部学院　曾煜洲）

科技项目

【阳光再造行动】　进一步巩固“阳光再造行动”前期改革成果，不断完善科技计划管理体系，建立健全权力运行机制，优化项目管理工作流程，提升科技管理阳光政务平台功能，使科技业务管理效能大幅提高，创新治理水平明显提升。加快完善规章制度和内控管理程序。印发《关于组织推荐申报2017年国家重点研发计划专项项目的通知》和《关于统一2017年科技计划指南及项目报批审核程序的通知》，进一步明确国家科技项目和省级科技项目报批审核程序及处室分工；制订印发《省级科技计划项目推荐论证制工作规程（试行）》，切实提高省级科技计划体系贯彻中央和省重点工作部署的能力。推进实施"阳光再造行动（2.0版）"，牵头制订印发《省级科技业务管理阳光再造行动（2.0版）实施方案的通知》和重点任务分工推进计划，有序推进各项重点任务实施。

【项目申报与评审根据】　省科技厅会同省财政部门提出专项资金的安排原则、重点支持方向及使用方式等，报省领导批准。协调省财政部门同意安排省科技厅2017年项目资金管理经费4 000万元，为项目资金管理提供保障。

2016年7月面向社会公开征集2017年度省级科技计划项目指南内容及相关建议，并发布两批次项目指南。截至12月21日，第1批次项目已完成网络评审工作，项目立项推荐工作有序推进，准备进入第二轮项目答辩等工作；第2批次项目已开始抽取评审专家进入网络评审阶段。

【科技报告制度建设】　围绕省科技报告制度建设的总体目标，从制度建设、机构设置、平台搭建、先行先试、培训推广等方面着手，强化顶层设计；瞄准呈交、审核、收录和共享等关键环节，强化规范管理，已构建了省科技报告制度的基本框架体系。4月，《广东省科技厅关于科技计划科技报告的管理办法》经省法制办审核，正式发布实施。6月，在科技部的大力支持下，开发了"广东省科技报告服务系统"，已投入运行。截至10月，项目承接单位已上传科技报告2 224份，经过审核改写全部收录入库。

加大宣传推广与业务培训力度。今年两会期间，组织《南方日报》《科技日报》和南方网等多家媒体，在主要版面宣传报道了省科技报告工作的进展情况。全年举办4期广东省科技报告编写培训与实操班，培训来自地市科技部门、高校、科研院所、情报信息机构的科研管理人员180多人，发放培训合格证书150余份，骨干队伍建设初见成效。

【科技计划项目监管】

经费监管　进一步加强科技计划项目实施过程中的监督检查，提高科技计划项目实施质量和科研经费使用效率，采取定期报告、中期检查、巡视检查和专项审计等多种方式进行检查跟踪，对省级科技计划项目的实施进展、经费管理使用和实施绩效等情况进行监督检查。2016年，省科技厅配合审计部门、财政部门开展实地监督检查计划项目超过1 900项，及时发现部分单位存在虚报材料、经费使用不规范、项目管理不到位等问题，并及时下达通知限期整改。

为提高科技监督管理队伍素质，更好开展科技服务工作，省科技厅多次组织开展专题讲座与专场培训，邀请地市科技主管部门人员、中介机构人员、专家、项目承担人员、财务人员参会，宣传科技项目监督管理要求，对科技专项相关政策、项目及经费管理要求进行解读，全年培训3 000多人次。

监理验收　2016年，省科技厅继续统筹协调，抓重点、攻难点，采取多项措施推动省科技计划项目验收结题。2016年完成验收项目2 736个，其中重点重大项目555个。

一是发布《关于做好2016年省科技计划重点重大项目验收结题工作的通知》，做好各项目主管部门动员工作；采取主动联系、保持沟通、服务上门等多种方式和手段，安排专业部门专人跟踪项目验收申请催报审核和组织实施工作，加快验收速度，保障验收质量。

二是注重省市联动协同抓、检查指导重点抓、统筹计划科学抓。先后到潮州、汕头、东莞、珠海、中山等地调研项目验收工作情况，听取各地和有关单位的意见和建议。

三是积极推进省级科技计划项目验收专家网上选取，保障验收工作科学规范、公平公正，各项目主管部门已实现在阳光政务平台选取专家，全年网上共选取专家6 706人次。

四是制定《2016年省科技计划项目终止结题

工作方案》，提出推进省科技计划项目验收工作新举措，要求各地各单位督促有关单位按照相关提示、指引进入终止结题工作程序，实现终止结题、验收结题协调推进和全面覆盖的工作目标，各地各单位已按照工作方案要求，完成联系排查、情况核实、汇总上报等摸底阶段工作，截至2016年年底已有40个项目完成初期评估工作。

五是实行验收工作人员挂证上岗制度，公示姓名身份、公告监督电话，确保相互监督、清正廉洁、规范有序开展项目验收工作。

科研信用管理　为加强科研信用体系建设，按照省委、省政府关于“两建”工作部署，省科技厅扎实推进全省科技系统信用体系与市场监管体系建设工作，改善科技创新环境。

完善重点领域信用主体记录与档案。为加强科技咨询专家的信用管理，充分发挥专家在科技行政管理过程中的支撑作用，《广东省科技咨询专家信用管理实施细则（试行）》于2016年3月1日起正式施行。根据该实施细则要求，广东省科技咨询专家库的专家，须接受信用管理，才能参加省科技厅科技业务管理中的立项评审、结题验收、评估评价等活动。截至2016年年底，专家库中已接受信用管理的专家超过23 000人，实现科技咨询专家痕迹化记录6 000多人次，为后续科技咨询工作的开展奠定了基础。

加强省级科技计划（专项、基金等）项目承担单位、承担人员的信用管理。参照科技部发布的《国家科技计划（专项、基金等）严重失信行为记录暂行规定》，制订《广东省科学技术厅关于省级科技计划（专项、基金等）严重失信行为记录与惩戒的暂行规定》，按程序对省科技计划项目组织管理实施中存在严重失信行为的相关责任主体，主要包括有关项目承担单位、承担人员等失信行为进行客观记录。截至2016年年底，根据省审计厅《广东省科学技术厅2014至2015年省级协同创新与平台环境建设等专项资金管理和使用情况审计调查报告》，以及《广东省重大科技专项实施进展情况的报告》中发现存在虚假申报科研项目、提供虚假审计材料等问题，开展失信行为记录，初步建立了失信记录数据库。

组织落实行政许可和行政处罚等信用信息“双公示”工作。省科技厅严格执行公示时限，在公众网及时更新“双公示”信息，公示率达100%。

绩效考核　为加强省重大科技专项项目过程监管，总结专项实施成效和经验，提高专项组织管理水平，2016年，省科技厅开展了省重大科技专项中期评估工作。该次评估借助工信部电子五所、省技术经济研究发展中心等专业机构的力量，在全国省级层面率先引入技术就绪水平评价方法，组织97位专家，分9个评估小组赴省内13个地市进行实地考察，全面覆盖2014、2015年度立项的280个重大科技专项项目。该次评估共形成了280份专家组综合评价意见、10份中期评估分报告和1份中期评估总报告，对省重大科技专项的实施进展、实施成效和存在问题等进行全面系统的分析，并提出相应的对策建议。中期评估总报告和相关材料上报省政府，获得了省政府领导的批示和肯定。同时，配合省财政厅开展2015年实施创新驱动发展战略相关省级财政资金绩效评价，相关专项资金使用绩效获得好评。

（广东省科学技术厅监督审计处
卢景昌　蒋　毅　郭映琦　王　蓓）

【基础与应用基础研究专项】　2016年度广东省基础与应用基础研究专项资金（省自然科学基金）设研究团队、重大基础研究培育、杰出青年、重点项目、自由申请、博士科研启动、粤东西北创新人才联合培养项目等7个类别，合计受理7 048项，最终资助1 518项。通过研究团队项目资助团结协作、勇于创新、优势互补的优秀科学家群体开展研究；通过重大基础研究培育项目围绕广东省十大重大科技专项和八大战略性新兴产业领域开展基础与应用基础研究；通过省杰青项目资助35周岁以下取得博士学位或副高及以上职称并具备良好科研能力和潜质、协同创新能力强的青年人才开展学术研究；通过重点项目资助围绕本省经济社会发展重要需求开展基础与应用基础研究；通过自由申请项目鼓励自由探索，特别是鼓励青年科学家开展创新研究；通过博士启动项目资助获博士学位不超过3年的青年科研人员开展基础研究；通过粤东西北创新人才联合培养项目支持科研人员围绕粤东西北优势特色创新领域开展基础与应用基础研究。至此，已经形成较全面的多学科基础研究资助体系，为提升广东省原始创新能力奠定了坚实的基础。

（广东省科学技术厅基础研究与科研条件处　邱　莹　段依竺）

【公益研究与能力建设专项】　2016年度软科学研究领域申报指南主要围绕全面深化科技体制改革、加快实施创新驱动发展战略等重大决策需求，兼顾区域创新体系建设、创新创业环境优化等方面的热点难点问题，组织一批立足实践、面向决策的软科学研究项目，为新常态下科技创新支撑引领广东未来发展提供科学决策参考。本专题共设置广东科技决策智库建设、软科学重大项目、软科学重点项目、软科学面上项目和软科学面上青年博士启动项目5个专题。经过形式审查和网络评审、处务会讨论、厅党组会讨论、公示等一系列程序，确定软科学项目立项101项，安排资金1 960万元。

2016年度继续设立省属科研机构改革创新领域专题计划，通过稳定性和竞争性相结合的支持方式，促进省属科研机构提升综合创新能力，不断提高科研成果产出，为本省经济社会转型升级提供科技支撑。其中，稳定性支持专题因一次立项、连续滚动支持3年，2014年度立项的37项稳定性支持类项目，2016年度结转、继续立项，年度安排资金4 969万元。竞争性支持专题重点人才队伍建设项目，共立项28项，每个项目200万元，合计5 600万元。

（广东省科学技术厅政策法规处　史利兵　陈　玲）

【前沿与关键技术创新专项】　2016年该专项在计算与通信集成芯片等9大领域组织实施一批重大科技专项。同时，对2014年已立项的项目拨付第2期经费，包括：广东省自动化研究所的基于多目标优化方法的抛光机器人3D离线编程关键技术研究和系统开发；北京大学深圳研究生院的有机发光关键材料研究和开发应用；中国科学院深圳先进技术研究院的机器人精准感知、识别与复杂信息融合技术及其应；中山市华南理工大学现代产业技术研究院的智能机器人集成的关键技术及应用示范等。

计算与通信芯片领域　2016年围绕面向4G全球移动通信的射频功放芯片或射频收发芯片、轨道交通控制系统的自主国产化芯片、汽车电子专用芯片、多领域专用高性能SoC芯片和SiP、芯片封装及封装材料协同设计等内容，布局4项重大项目，立项资金2 000万元。

新型印刷显示技术与材料领域　2016年围绕印刷显示关键材料技术与产业化、TFT阵列技术与驱动集成、印刷显示屏制备技术、印刷显示装备等内容，布局12项重大项目，立项资金6 000万元。

智能机器人领域　2016年围绕智能机器人核心关键技术研究、智能机器人及其关键零部件研制与产业化、智能机器人集成应用示范等，共立项13个项目，经费共计6 500万元。

增材制造重大专项　2016年围绕高性能3D打印材料及制备、金属3D打印装备及产业化、非金属3D打印装备及产业化、生物医疗3D打印技术及产品研发、面向3D打印的应用示范基地和技术支持中心建设等领域，结合生物、医疗、模具、家电、汽车、航空、航天、创意设计等产业发展需求，布局14项重大项目，立项资金8 200万元，着力突破一批共性关键技术，研发一批专用材料，研制一批高端装备，加快产业转型升级步伐。

“云计算与大数据管理技术”重大科技专项　云计算与大数据是信息技术发展和应用的前沿，对促进国家产业转型升级、国家安全以及科学研究具有重要作用，已成为提升国家核心竞争力的战略手段。广东作为电子信息大省，其软件与信息服务业在国内占有重要地位，云计算与大数据技术和应用起步良好。进一步加强云计算与大数据管理共性关键技术、核心产品的研发，推动大数据开放与交易平台的形成，鼓励产业联盟、行业协会参与，注重基础前沿研究与后续应用研发及商业应用的紧密衔接，注重与国家重大改革创新的结合，加强在智慧城市、创新政府服务与管理等领域的应用示范和推广，对促进广东经济、社会转型和升级发展、提升国际竞争力具有重要意义。

2016年重点支持4个方面：1. 云计算与大数据关键技术、产品研发与应用，包括面向云环境软件开发和规模部署运行、大数据管理和智能处理，重点研究解决大规模云计算环境网络，计算存储一体化，资源动态管理与绿色计算，新型云管理平台，云环境测试和安全，大数据高速采集与融合，NoSQL数据库，大数据智能分析和挖掘等关键技术研究、产品开发及应用等；2. 面向产业的大数据分析、挖掘技术及应用，包括面向基于大数据的创新生产组织和营销服务，重点针对数字媒体、区域物流、互联网服务产业和骨干企业的需求，研究和解决大数据采集、组织与存储，多形式数据管理与检索，领域知识表示、识别和推理，多模式智能处理，大数据可视化展示等技术；3. 面向智慧城市的大数据技术研究与应用，主要面对结构化、半结构化、非结构化的海量城市大数据，重点研究和解决面向智慧城市的大规模计算的体系架构，视频数据高效表达、深度分析与综合利用，基于大数据的智慧教育学习分析技术、行为感知、质量评估研究与产品开发及应用，面向医疗健康大数据分析挖掘的基础理论与关键技术研究及应用，以及基于智慧城市关键技术的其他应用等；4. 面向创新政府服务的大数据技术研究与应用，主要面向市场的创新型政府服务需求，面向政府采购与购买服务、融资担保、上下游协作配套与产业联盟、人力资源、知识产权与成果转化、环境治理、消费安全、信用体系等大数据管理与分析的应用示范，研究解决政府数据的采集与融合，存储技术和标准，针对服务多样性、实体关系复杂性特征的政府数据管理与分析模型，创新性政府数据挖掘分析方法等。

2016年云计算与大数据管理技术领域共分为4个专题，共有22个项目进入第二轮答辩评审，立项17个，年度拨付金额为4 980万元。

移动互联网关键技术与器件专题　2016年度在智能搜索、智能感知、通用安全等关键技术研发，面向车联网应用、智能家居应用、智慧医疗应用等新型产品核心技术研发，面向教育、金融、社会服务与治理等行业应用示范，在产业重点领域发展情况监测、金融行业公共安全、电子商务应用等公共服务支撑平台方面给予了重点扶持。2016年该领域专项共受理项目166项，立项项目31项，共资助金额11 900万元。

（广东省科学技术厅基础研究与科研条件处　段依竺　邱　莹
广东省科学技术厅产学研结合处　李　蓉
广东省科学技术厅高新技术发展及产业化处　文晓芸）

【产业技术创新与科技金融结合专项】　2016年省科技发展专项资金（产业技术开发与科技金融）专项资金，在科技信贷、创投联动和科技金融服务体系之外，增加了财政资金对创新创业大赛优胜企业和团队补贴，引导调动金融机构和社会资本投入科技产业。2016年度共支持项目219项，支持金额为39 905万元。其中，科技投融资风险准备金及风险补偿共立项12项，下达资金为14 800万元；科技金融创投联动共立项18项，下达资金为20 100万元；中国创新创业大赛共立项176项，下达资金为1 760万元；科技金融服务体系建设共立项13项，下达资金为3 245万元。

（广东省科学技术厅规划财务处　田何志）

【协同创新与平台环境建设专项】　2016年协同创新与平台环境建设专项资金技术交易体系与科技服务网络建设领域计划项目，重点支持科技创业服务基地建设、科技服务机构培育、科技服务业关键技术研发与应用、科技服务业发展模式创新等4个方面。共支持立项210项，立项金额总计7 760万元。

科技创业服务基地建设　该专题设立科技服务业集聚区、科技创业服务中心、大学生创业服务中心3个子课题。支持基础较好的地区做好科技服务业集聚区规划与部署，开展科技服务区域试点，建设集互联网+科技服务集成应用、研发设计、检验检测认证、科技成果转化、创业孵化、科技咨询、科技服务外包等科技服务产业聚群区。支持在全省科技园、创意园、留学人员创业基地等创新载体中建设科技创业服务中心，引导社会资本参与建设完善基地设施，提升服务能力，为园区或基地内中小企业创新活动提供便捷、专业的一站式科技服务。支持高等院校（含职业教育院校）、科研机构（含新型科研机构）等牵头建设大学生创业中心、大学生创业园、大学生创业基地、大学生创业学院等创新创业服务机构。该专题共支持立项22项，支持金额1 600

万元。

科技服务机构培育　该专题设立技术转移机构及服务、技术产权及知识产权交易及服务、生产力促进中心建设、粤东西北地区科技服务机构培育4个子课题。支持高等院校、科研院所以市场为导向，组建专业化、规模化的技术转移机构，围绕行业共性科技服务需求，搭建产品研发、中试、产业化等科技成果转化服务平台。支持依托省内技术产权交易机构、知识产权交易中心、股权交易中心等利用大数据和云平台，面向技术供需方搭建科技众包或技术产权交易服务平台，开展科研委托、专利许可、技术转让、技术入股等多种形式的科研对接和技术产权交易，提高科技成果转化和产业化率。支持生产力促进中心围绕地区产业创新需求，集成资源、创新机制，探索科技服务新模式，提升服务层次和水平；支持县区镇等基层生产力促进中心组建支撑本地支柱产业发展的研发设计、检验检测认证、科技咨询、专业技术培训等科技服务平台。围绕粤东西北地区的高新区、产业转移园区和区域特色产业，扶持和培育一批创新创业服务、技术转移、技术产权、电子商务、咨询培训、检验检测认证、知识产权、科技投融资等领域的科技服务机构。该专题共支持立项47项，支持金额1 630万元。

科技服务业关键技术研发与应用　该专题设立工业设计关键技术集成应用、检验检测服务技术研发与应用、公共服务技术集成应用、现代会展技术研发与应用4个子课题。支持面向先进制造、智能装备等领域的研发设计与创意设计关键技术集成应用。开展食品药品安全、节能减排、绿色环保、资源循环利用、水污染处理等领域的关键技术、仪器设备、新型检验方法研发与应用；支持智能检测技术、检测产品、计量工具、计量方法的研发，提高检测精度和检验效率。支持教育、科研、科普、医疗、卫生、文化、创意设计、旅游、居民生活等公共服务领域的技术集成应用。支持科技会展业领域的视觉传达与展示设计技术、融合声、光、电等立体现代技术、虚拟会展技术、会展场馆设计技术、数字展馆、展会材料及道具制作技术等相关支撑技术研发及应用推广。该专题共支持立项125项，支持金额4 030万元。

科技服务业发展模式创新　该专题设立创新方法推广应用、科技服务业发展模式研究两个子课题。支持创新方法推广应用平台建设，开展创新方法核心团队建设、创新人才培育、示范企业培育等。支持广东省经营性领域技术入股改革试点；利用“互联网+”推动科技服务业模式创新研究；技术产权价值评估、交易规范和商业模式等技术产权交易体系研究。该专题共支持立项16项，支持金额500万元。

科技创新创业人才服务领域　2016年度继续设立科技创新创业人才服务领域专题旨在深入贯彻落实国家和广东省中长期人才发展规划纲要精神，推动国家、省重大人才工程实施，发挥政府宏观引导作用，培育社会力量开展高质量、专业化科技创新创业人才服务，提升科技人才综合素质和创新能力，营造良好创新创业环境。2016年，该专题共设置3个子专题：科技重大人才工程支撑平台能力建设、科技创新创业人才培训服务建设、科技创新创业人才服务基地建设。2016年度共立项23项，立项金额50万元/项（包含1个定向委托项目，立项金额200万元），合计立项金额1 300万元。其中，科技重大人才工程支撑平台能力建设专题立项5项，科技创新创业人才服务基地建设专题立项5项，科技创新创业人才培训服务建设专题立项13项。

高新区及孵化育成体系建设领域　该领域分为2个专题，共有158个项目进入评审，共立项76个项目，本年度资助金额为13 205万元。

2016年重点支持6个方面：1. 高新区创新型产业集群建设：支持高新区建设和培育创新型产业集群，开展集群规划与路径构建、产业或技术联盟的组建、新型共性技术研究机构建设、技术转移和成果转化平台建设、技术检验检测平台的建设、标准的研究制定与推广、产业集群的国际化水平提升和品牌建设等；2. 高新区创新发展能力建设：国家级高新区创建国家自主创新示范区，园区现代治理能力建设，园区间合作与帮扶建设，园区创新服务体系建设；3. 新增孵化面积建设补助：2012—2015年期间获得地级以上市（含顺德区）新增孵化面积补助的孵化器，专项再按不超过市级（含顺德区）补助额的50%给予后补助；4. 孵化育成体系专项建设：研究全省孵化育成体系建设规划，配合开展全省孵化器绩效评价工作，开展我省孵化育成体系建设的相关政策研究，建设全省孵化器创业服务平台和省内外孵化器交流对接活动平台；5. 孵化器倍增计划：支持各地建设一批孵化器，重点支持新建孵化器服务能力建设；6. 众创空间建设：支持各地建设专业化、品牌化、规范化、规模化、平台化方向发展的众创空间。

（广东省科学技术厅科技服务与管理处　严军华
广东省科学技术厅政策法规处
广东省科学技术厅高新技术发展及产业化处
文晓芸）

【应用型科技研发专项】　为紧贴广东省各地科技和产业发展实际，确保推荐项目质量，2016年度专项项目申报采取按地市、部门限项推荐的方式，在数量相对均衡的前提下，适当向高水平建设大学和高新技术企业数量较多的地区倾斜。经组织申报、形式审查、网上评审、会议答辩等环节，最终从1 011个申报项目中择优筛选了160个予以立项。2月，评审结果提交省应用型科技研发专项部门联席会议研究，获得一致通过，并得到省分管领导的高度评价。经与省财政厅协调，本年度7.9亿元专项财政资金已全额下达各有关单位。

2016年，该专项在应用型高端装备制造领域，围绕增材制造（3D打印）技术、数控机床、工业机器人、重要基础件，布局20项重大项目，立项资金10 500万元，包括深圳大宇精雕科技有限公司的面向3C行业高效智能一体化机器人精雕机研发与产业化项目、东莞鸿图精密压铸有限公司的轻量化机器人关键部件压铸技术开发及产业化项目、广东省工业技术研究院机电工程研究所的大型高效柔性压铸单元关键技术研究与应用项目、广东锻压机床厂有限公司的大型高端数控成形冲压设备关键技术研究与产品开发项目等。

应用型新材料领域　2016年，围绕新型印刷显示技术与材料、高性能有机高分子材料与复合材料、先进金属材料、新型无机非金属材料等内容，布局24项重大项目，立项资金12 200万元，包括广东达华节水科技股份有限公司的高寒地区节水灌溉用高性能塑料管材管件的开发项目、嘉宝莉化工集团股份有限公司的多用途高固体含量羟基聚丙烯酸酯树脂及水性双组分工业涂料项目、广州奥翼电子科技股份有限公司的印刷柔性TFT技术及柔性电子纸关键技术研究项目、揭阳市宏光镀膜玻璃有限公司的大面积电致变色智能窗纳米薄膜制备关键技术及产业化应用示范项目等。

全面推进节能、环保、绿色技术发展　2016年应用型专项节能环保领域立项31个、支持经费1.38亿元，新能源领域立项6个、支持经费2 800万元，重点推动水污染防治、大气污染防治、固废处理、节能等技术领域和太阳能、风能、生物质能的关键共性技术研发和应用示范。

高端新型电子信息领域　2016年度在新型芯片和关键元器件、行业专用软件与信息安全产品、移动互联应用和服务、智能设备与装备、云计算与大数据规模化应用等领域给予重点扶持，要求以先进、成熟的技术实现规模化应用。2016年该领域专项共受理项目238项，立项项目35项，共资助金额19 500万元。

（广东省科学技术厅产学研结合处　李　蓉
广东省科学技术厅社会发展与农村科技处　陈毓君
广东省科学技术厅高新技术发展及产业化处
文晓芸）

基础条件建设与科技产出

基础研究

【国家自然科学基金委员会—广东省人民政府自然科学联合基金】 2016年是国家自然科学基金委员会—广东省人民政府联合基金（以下简称“NSFC—广东联合基金”）项目第三期协议实施的第1年，根据第三期NSFC—广东联合基金协议的精神，通过NSFC—广东联合基金引导社会科技资源投入基础研究，重点解决广东省及周边区域经济社会、科技发展战略的重大科学问题和关键技术问题，带动广东省的科技发展和人才队伍的建设，提升在广东地区高等院校与科研院所的自主创新能力和国际竞争力，NSFC—广东联合基金战略定位从“立足广东，面向全国”上升为“立足广东、辐射华南，面向全国”。

项目申报与资助情况 2016年NSFC—广东联合基金正式接收项目申请共计209项，涉及17个省市自治区的66个依托单位，其中广东省内依托单位申请项目138项，占总申请项目数的66.03%。共资助重点支持项目29项，集成项目1项，直接经费为8 100万元，其中广东牵头18项，广东牵头与外地合作5项，省外牵头与广东合作10项（见表3-1-1）。

“利用内源性干细胞再生功能性晶状体——细胞介导修复晶状体” 项目由中山大学中山眼科中心刘奕志教授团队承担。项目团队利用自体内源性干细胞实现晶状体原位再生，用于治疗婴幼儿先天性白内障。研究发现晶状体存在内源性上皮干细胞，并证明Pax6和Bmi1是维持其自我更新和分化能力的关键因子，发现目前常规的白内障手术囊袋破口大，损伤内源性上皮干细胞，无法再生晶状体。项目团队创建了一种全新的超微创白内障术式，将病变组织清除，保护利于细胞生长的基底膜和再生微环境，在新西兰兔和食蟹猴中首次成功原位长出透明晶状体。在临床试验中12名2岁以内的先天性白内障患儿接受了这种新术式，术后再生出功能性晶状体，后发障发生率降低20倍以上，临床试验证实了新术式在治疗先天性白内障中的安全性和有效性。该研究为白内障治疗提供了全新的策略，并开辟了组织再生及干细胞临床应用的新方向，原创论文于2016年3月9日在《自然》（*Nature*）杂志上发表。

表3-1-1 NSFC—广东联合基金资助项目情况表
（2012—2016年）

年份	立项总数（项）	由广东牵头的项目				由外地牵头的项目			
		立项数（项）	占立项总数（%）	与外地合作项目数（项）	占广东牵头项目数（%）	立项数（项）	占立项总数（%）	与广东合作项目数（项）	占外地牵头项目数（%）
2012	32	28	87.5	18	57.1	4	12.2	3	75.0
2013	32	24	75.0	11	45.8	8	25.0	7	87.5
2014	32	19	59.4	7	36.8	13	40.6	11	84.6
2015	27	22	81.5	13	59.1	5	18.5	3	60.0
2016	30	18	60.0	5	27.8	12	40.0	10	83.3

*Nature Medicine*称“使用内源性干细胞（endogenous stem cells）进行组织修复是再生医学的一个主要目标，这可有效避免免疫排斥及外源性干细胞引入导致的肿瘤形成。眼部疾病修复就是再生医学的一个重要领域，由于此前已经发现了晶状体内皮前体细胞（LECs），而促进LECs的增生是治疗白内障的有效方法。”

该成果被*Nature Medicine*评为2016年全球再生医学领域最重要的突破性成果，这是自2010年*Nature Medicine*盘点生命科学七大领域突破性进展以来，唯一由中国科学家领衔团队的研究。

“稀疏信号盲源分离的关键理论与新方法”

由广东工业大学谢胜利教授团队承担。作为现代信号处理领域的关键技术之一，盲信号分离具有重要的理论意义和应用价值。经过近30年国内外大量学者的不懈努力，其基本理论已经逐步成熟。然而，实际应用中经常遇到的统计相关信号的盲分离问题、弱稀疏信号欠定盲分离问题仍面临巨大挑战。该项目针对这两大关键难题展开系统、深入的研究，以信号的稀疏性为基础，建立了一系列新的理论与方法，获得如下主要成果：（1）建立了用于欠定盲信号分离“源信号数目估计”和“快速聚类”的全新理论框架和方法，有效地解决了日本学士院院Amari等提出的“低稀疏度欠定盲辨识问题”；（2）为突破美国两院院士Jordan所提出的统计相关源盲信号分离的瓶颈问题，建立了统计相关盲分离新理论与新方法；（3）完善并证明了美国两院院士Sejnowski等提出的“自然梯度理论”，为盲分离自适应方法奠定了严格的理论基础；（4）提出了非负张量/矩阵分解两步法通用框架，显著提高了非负分解算法的效率、规模可伸缩性和鲁棒性，大大增强了非负分解算法的实用性；建立了高阶张量分析的“降阶理论”，为超高阶张量的基础理论分析与高性能算法设计提供了重要工具。

项目团队在理论研究的基础上，以盲分离技术为核心，研发了新型胎心电检测仪产品和新型电子听诊器。该心电图仪已通过国家医疗器械质量监督检测中心检测，并走向产业化。

在国内外主流刊物上发表SCI收录论文92篇，发表论文被SCI引用1 826次，被Google Scholar引用3 840次，其中10篇代表作被SCI他引382次，总他引628次；3篇论文入选ESI前1%高被引论文，1篇论文被选为IEEE计算智能社区“焦点论文”。研究成果获授权发明专利6件，写入2项国家标准。

该研究先后获得了12项国家自然基金（其中重点基金1项，重大仪器专项1项）支持，培养了教育部新世纪优秀人才2名、国家优青3名、广东省杰青1名、广东省优秀博士学位论文获得者3名、全国百篇优秀博士学位论文提名奖2名等优秀人才，1人获珠江学者特聘教授，项目组团队获“教育部创新团队”。

【国家自然科学基金】 2016年，广东省获国家自然科学基金项目数为2 780项，资助经费超过14.62亿元，位居全国第4位。其中，广东省新增国家自然科学基金重点项目38项，位居全国第4位；新增国家杰出青年基金获得者9人，位居全国第7位；新增国家自然科学基金优秀青年科学基金获得者30人，位居全国第4位。全省共获得国家基金重大项目3项，中山大学蔡鑫伦教授、杨崧教授、华南理工大学邱学青教授分别获得资助；共获国家基金创新群体项目3项，中山大学宋尔卫教授、中国科学院广州地球化学研究所彭平安研究员、华南理工大学朱敏教授分别获得资助。此外，中山大学获得国家基金资助经费664项，资助总经费为3.8亿元，位居全国第3位（见表3-1-2）。

表3-1-2　广东省获国家自然科学基金项目TOP20依托单位名单（2016年）

排序	依托单位	项目数	直接经费（万元）
1	中山大学	669	38 164.30
2	华南理工大学	223	17 412.82
3	南方医科大学	215	10 734.10

（续上表）

排序	依托单位	项目数	直接经费（万元）
4	深圳大学	201	6 789.00
5	暨南大学	154	7 492.80
6	华南农业大学	124	5 409.50
7	广东工业大学	117	4 911.40
8	广州医科大学	110	4 672.40
9	华南师范大学	70	4 229.00
10	广州中医药大学	68	2 742.50
11	中国科学院南海海洋研究所	60	5 881.00
12	中国科学院深圳先进技术研究院	59	4 225.70
13	中国科学院广州地球化学研究所	55	5 147.96
14	广州大学	50	2 557.00
15	南方科技大学	49	2 889.00
16	汕头大学	32	1 331.00
17	北京大学深圳研究生院	31	2 080.00
18	中国科学院华南植物园	31	1 725.00
19	广东医科大学	28	923.80
20	中国科学院广州能源研究所	27	849.00

【广东省自然科学基金】

近年来，广东省结合经济社会需求，通过基础研究资金，加强重点学科和学术带头人的培养，经过长期努力，广东省自然科学基金已成为广东省原创优秀青年人才脱颖而出的最有力“引擎”：2000年以后广东省新增“两院院士”、国家“973”首席科学家、国家自然科学杰出青年基金获得者、长江学者等高端人才90%以上受到过省自然科学基金前期多次强有力资助（海归人才除外）。如2015年广东新当选“两院院士”的王迎军、吴清平、屈良鹄研究员均为广东省自然科学基金研究团队协调人，充分体现了广东省自然科学基金对科研领军人才培养的前期培育与引导作用。

项目申报与资助　2016年，按照“科技业务管理阳光再造行动”精神要求，省自然科学基金项目参与筛选的申报项目共7 060项，正式受理申报7 048项，其中研究团队82项，重大培育178项，杰青340项，重点项目351项，自由申请4 041项，博士启动1 917项，粤东西北139项。项目总经费2.5亿元，共资助项目1 572项（包括滚动支持），其中研究团队39项（包括滚动支持23项），重大培育20项，省杰青项目81项（包括滚动支持30项），重点项目54项，自由申请861项，博士科研启动466项，粤东西北项目51项（见表3-1-3）。立项项目中自由申请资助项目较2015年下降了4.33%，博士科研启动资助项目较上年下降了12.57%，2015年未设粤东西北项目；其他类别项目资助项目数基本与2015年持平；资助率为21.55%，较2015年略有下降。

广东省自然科学杰出青年基金　2016年是广东省杰出青年基金启动第5年，广东省自然科学基金杰出青年项目从2012年启动以来，受到社会各界的高度重视，引起高校和科研院所的高度瞩目。朱小丹省长在科技创新大会上对省杰青工作充分肯定：实施好省自然科学基金杰出青年培育计划，重点培养一批院士后备人才及青年科技领军人才。

表3-1-3 广东省自然科学基金资助项目情况（2016年）

计划类别	立项数（项）	经费（万元）	资助率（%）
研究团队（包括滚动支持）	39（包括滚动支持23项）	3 210	19.51%
重大培育	20	1 400	11.24%
杰出青年	81（包括滚动支持30项）	4 470	15.00%
重点项目	54	1 620	15.38%
自由申请	861	8 670	21.31%
博士启动	466	4 660	24.31%
粤东西北	51	510	36.69%

2016年，广东省自然科学基金杰出青年项目共受理340项，比2015年增加了17.24%。他们当中99%具备博士学历，85%以上具有高级职称。综合评审会上，来自21个不同单位的65名青年杰出人才参加了答辩，经过大评委决议，评审委员会最终推荐资助51人。

受广东省自然科学基金资助论文情况　根据Science Citation Index Expanded（SCIE）数据库统计，2016年受广东省自然科学基金（以下简称“省基金”）资助的SCI收录论文共计4 692篇，比2015年净增1 303篇，增长率高达38.41%，是2009年以来，增速最快的一年。2016年受省基金资助的SCI收录论文被引频次总计8 025篇次，篇均被引次数为1.71，h指数为22，论文最高被引频次为87次。论文数排名前10的学科依次为：化学、材料科学、工程学、科技其他主题、物理学、肿瘤学、计算机科学、生物化学与分子生物学、细胞生物学和数学。合作发文量排名前10的国家和地区依次为：美国、澳大利亚、英格兰、加拿大、新加坡、日本、德国、法国、中国台湾和爱尔兰。SCI收录论文数排名前10的研究机构依次为：中山大学、华南理工大学、中国科学院、暨南大学、南方医科大学、华南师范大学、深圳大学、广东工业大学、华南农业大学和深圳大学城。

2016年广东省科研机构作为第一或通讯作者在*Nature*、*Science*上共发表9篇论文，比2015年增加了2篇。其中，在*Nature*上发表论文8篇，中山大学发表3篇，深圳大学、佛山科技学院、暨南大学、南方医科大学各发表1篇，中国科学院南海海洋研究所和深圳华大基因合作发表1篇；在*Science*上发表论文1篇，为深圳第三人民医院发表。

根据CNKI中国期刊网全文数据库统计，2016年受广东省自然科学基金资助发表的中文文献共有3 193篇，与2015年的2 998篇相比，增长了6.5%。论文数排前六的学科依次为计算机软件及计算机应用、肿瘤学、中药学、生物学、环境科学与资源利用、临床医学。中文文献的研究层次主要集中在工程技术（自科）和基础与应用基础研究（自科），其份额分别占43.8%和38.6%。论文数排前10的研究机构依次为：中山大学（含附属医院）、广东工业大学、华南理工大学、南方医科大学（含附属医院）、暨南大学（含附属医院）、华南农业大学、华南师范大学、广州中医药大学（含附属医院）、广州大学、广州军区广州总医院。

优秀项目选介　由唐辉武、刘耀光等为主要完成人的研究成果获广东省自然科学基金（项目名称：水稻线粒体类WA352基因的功能研究）及国家自然科学基金（项目名称：水稻野败型细胞质雄性不育及其恢复性的分子遗传基础）的资助。该研究首次提出了植物线粒体基因组的“动态重组—原基因形成—序列和拷贝数变异—功能基因生成”的新基因起源进化模型。该成果将有助于进一步了解CMS基因和恢复基因协同进化和互作的分子机理；同时，该研究成果为植物线粒体新基因的起源和功能化研究提供理论依据，这些新CMS基因的发现将大大扩展杂交稻育种的种质资源。

新基因起源演化是物种分化和生物多样性的关键因素。在前期研究中，刘耀光团队克隆了在杂交稻广泛利用的野败型细胞质雄性不育（Cytoplasmic Male Sterility，CMS）基因WA352，发现该基因是由多个功能未知的线粒体基因片段重组而成，并揭示出WA352通过与细胞核编码的线粒体蛋白COX11互作导致花粉败育的分子机制。为了阐明植物线粒体新基因的起源进化机制，该研究对800多份野生稻和栽培稻材料的线粒体基因组进行序列分析，发现了11种与WA352相关的重组结构。通过对这些重组结构的序列相似性比较，转基因功能分析以及回交转育验证，以及蛋白互作分析，重构了这些重组结构复杂的起源进化路径，发现了3个新的CMS基因WA352a，WA352b和WA314。证明这些CMS新基因是由2个结构相似但没有CMS功能的原基因通过序列变异和自然选择，获得了与COX11的互作能力即功能化演化而来。

【大科学工程】 2016年，落户广东的国家大科学工程建设取得重大突破。“大亚湾反应堆中微子实验发现的中微子振荡新模式”荣获2016年度国家自然科学奖一等奖，填补了我国在中微子基础物理研究领域的空白，提升了我国物理学家的国际影响力。

除了基建之外，江门中微子实验项目的设计和各项实验设备的研发工作也正按计划进行。例如，2016年11月25日，国内首条年产7 500支的20吋微通道板型光电倍增管（MCP—PMT）的生产线建成并运行，在未来两年内将为江门中微子实验提供15 000支该产品。

东莞散裂中子源工程于2011年10月正式开工，截至2016年年底，土建工程已经竣工，各工艺设备正在紧张安装调试中，其中直线加速器首段成功完成调束，快循环同步加速器各系统已开始调试。同时，预计于2017年9月输出第一束实验中子束、2018年3月建成验收后将成为我国最大的大科学装置，为我国生命科学、新材料科学、新型核能开发等提供先进、强大的科研平台。

（广东省科学技术厅基础研究与科研条件处 邱 莹 段依竺）

科技基础条件

【实验室体系】　2016年，广东省以加快省重点实验室建设、提高省重点实验室质量为抓手，不断强化投入、完善保障，优化实验室发展环境，适度汇聚资源稳步推进建设，着力打造定位科学、功能完善、层次分明的广东省实验室体系。省科技厅按照“动态管理，分类建设”的原则，实施“整合一批、淘汰一批、升格一批、新建一批”工作步骤，在2016年省重点实验室的考核评估中，淘汰了6家严重未能达到建设目标的省重点实验室，新建10家院校类省重点实验室和8家省企业重点实验室。2016年，全省各类重点实验室达303家，其中在粤国家重点实验室26家（含院校国家重点实验室12家、企业国家重点实验室12家、省部共建国家重点实验室2家）位居全国第5，省重点实验室多达277家。2016年全省重点实验室运行经费再上新台阶，高达1.8亿元，有力保障了重点实验室日常的运行，推动了广东省重点实验室继续健康稳步发展。

（广东省科学技术厅基础研究与科研条件处　余　亮
广东省科技基础条件平台中心　李　莎）

【生物种质资源】　自然科学种质资源是生物科学研究的重要基础，是人类生存和社会经济可持发展的战略性资源，是保护生态环境的重要支撑，更是我国生命科学可持续发展和科技创新的根本保障。截至2016年年底，66个生物种质和实验材料资源库，拥有科研用房面积331 021m^2，固定资产66 109.2万元，科研仪器设备13 686.63万元，资源保藏种类38 158种，资源保藏总量1 452 326份（株/号）；2016年度提供资源总份数57 231份（株/号），年提供资源总份次70 744次，年提供服务收入1 008.13万元，其中，对外单位服务的资源总份数15 222份（株/号），年提供资源总份次16 558次，对外单位年提供服务收入983.13万元；66个生物种质和实验材料资源库的科技活动人员队伍中固定人员996人，按照职称划分包括正高136人、副高236人、中级288人，按照学历划分包括博士学位243人、硕士学位265人，其中专职的实验技术人员280人。

（广东省科学技术厅基础研究与科研条件处　余　亮
广东省科技基础条件平台中心　林　珠）

【实验动物管理】　2016年，省科技厅继续完善行政审批标准化管理，在完成省政府对广东省实验动物生产许可办事指南、广东省实验动物使用许可办事指南、广东省实验动物生产许可业务手册、广东省实验动物使用许可业务手册编制的合规性审查后，又完成了合法性审查。积极加强行政执法管理标准化工作，启动实验动物监督检查、实验动物行政处罚的工作规范编写，制定完成了实验动物行政处罚自由裁量权规定和自由裁量标准规范性文件，并在省政府公报上公开。积极配合省政府在全省推广一门式一网式政府服务模式改革的实施，6月份开通了实验动物行政许可网上业务办理和审批工作，统一进驻省网上办事大厅开展行政审批服务。这些制度的完善与实施，有效推进了广东省实验动物的法制化管理，规范了行政权力的运行，优化了审批服务，提高了审批效率。全年受理行政许可事项47件，办结率100%，承诺审批办结时间20天，实际办结时间平均13天，审批效率提高了35%，未出现1份行政审批延时现象。

截至2016年年底，全省共发放149个实验动物许可证，其中生产许可证30个，使用许可证119个，实验动物单位主要分布在医药企业、医院、检测机构、科研院所、高校等部门，对广东省的生命科技创新及医药产业的发展起到了积极的促进作用。全年开展实验动物行政处罚事件3

个，其中投诉举报事件2个，检查中发现的违法事件1个。经过调查取证，责令整改要求，3个违法事件得到有效控制，未造成社会公共安全。根据“广东省实验动物公共服务平台”的统计数据，2016年全省生产哺乳类实验动物85.86万只，禽类实验动物10.44万只，生产许可环境总面积11.59万m^2，与2015年度基本持平。2016年全省使用实验动物总量69.23万只，完成动物实验1.64万次，使用许可环境总面积7.05万m^2。与2015年度相比，新增实验动物使用许可面积7 000m^2。

（广东省科学技术厅基础研究与科研条件处　余　亮
广东省实验动物监测所　邓少嫦）

【大型科学仪器共享平台】 为贯彻落实《国务院关于国家重大科研基础设施和大型科研仪器向社会开放的意见》和《广东省人民政府促进大型科学仪器设施开放共享的实施意见》，推进开展大型科研设施与仪器向社会开放试点省工作，探索区域性开放共享服务管理模式。

政策制度逐步完善　颁布的《广东省人民政府关于印发广东省科技创新平台体系建设方案的通知》明确加强重大科技资源开放共享为重点任务之一。完善科技资源开放共享管理体系，通过实施“创新券”“后补助”“以奖代补”等措施，建立科技资源开放共享的激励引导机制，支持各科技创新平台对外提供有偿开放共享服务，鼓励和支持非涉密和无特殊规定限制的科技资源向全社会开放和共享，全面推进广东省大型科学仪器共享服务。鼓励企业研发机构依托政府搭建的科技服务平台，通过“政府购买”或“服务委托”等方式对外开放，服务中小企业。

试点工作逐步深入　广东省按科技部的要求积极开展试点工作，2016年遴选了13家“供”方试点单位（高校4家、科研院所5、企业4家），选择了若干自主创新示范区、高新园区和农业园区、专业镇和部分地市作为“需”方试点单位。通过试点工作，探索适应市场经济条件下和引导全社会创新的开放共享规律，推动各试点单位所有符合条件的科研设施与仪器纳入网络管理平台，推动各仪器管理单位建立专业技术团队，不断提高服务质量和开放水平。通过试点省工作，中山大学和暨南大学在鼓励仪器机组人员积极参与开放共享上有较大突破；电子五所根据科研和检测的需求，创新了科研设施与仪器开放共享服务模式，提出“人才+仪器+技术”的共享服务方式；金域医学检测根据市场需求，采用外包检测仪器共享服务模式为社会提供开放共享服务；健康院通过仪器共享，带动集制度、人才、技术与一体的区域中心共享；省科学院将仪器共享与创新创业相结合，为广大创新创业者提供基础设施的共享服务，目前实现了试点单位在线服务平台与省级网络管理平台的对接工作。试点项目为广东省全面开放共享提供了宝贵经验。

平台市场化与标准化　2016年广东省按照科技部制定的《管理单位在线服务平台建设标准规范》和《纳入国家网络管理平台科研设施与仪器数据标准规范》，完成了广东省科研设施与仪器网络管理平台（简称省级网络管理平台）建设和科技基础条件资源共享与服务平台（作为省级在线服务平台，简称“科享网”）建设，实现了省级网络管理平台与国家网络平台、省级网络管理平台与管理单位在线服务平台的数据对接，实现检验检测、仪器租赁、预约专家、科技咨询等服务。广东省网络管理平台主要包括统计分析、综合管理、评估考核等功能模块。科享网以“物理上合理分布、逻辑上相对统一”为基本原则实现科技资源信息的统一与共享。

（广东省科学技术厅基础研究与科研条件处　余　亮
广东省科技基础条件平台中心　方少亮）

【科技文献共享】 2016年，广东省科学技术情报研究所拥有商业数据库、专利分析数据库、战略情报数据库、文献计量分析系统、创新创业培育数据库、特色自建数据库、国内外文献数据库7大类近30种国内外科技信息资源数据库的网络使用权以及一批图书音像资料，科技情报信息资源总量超过20TB，本地镜像记录数达2.1亿条。

2016年，基于广东省科技文献共享平台、广东省科学决策支撑平台、国家科技图书文献中心（NSTL）广州服务站、广东省文献资源共建共享协作网和高新区文献平台分中心等知识服务平台向社会各界提供了大量公益性的科技文献信息服务。2016年文献平台服务量达60多万人次，文献下载量达58万余篇，其中，国家科技图书文献中心（NSTL）广州服务站全年浏览检索人数达6.59万人/次，文献全文请求（下载）量达1.18万篇，服务量继续保持在全国各服务站前列。由于成效突出，广东省科学技术情报研究所信息资源中心2016年荣获NSTL全国服务站“优秀服务三等奖”和“特殊贡献奖”两个全国性的行业集体荣誉奖、2人获得全国性的行业个人荣誉奖、1人获得全省性的行业个人荣誉奖，取得了良好的社会效益。

（广东省科学技术情报研究所　何　静）

科技创新体系

科技创新平台

【珠三角国家自主创新示范区】 2016年是珠三角国家自主创新示范区（以下简称“珠三角国家自创区”）建设开局之年。一年来，珠三角国家自创区以建设国家科技产业创新中心为核心任务，精准聚焦创新驱动发展“八大抓手”，顶层设计不断完善，协同创新体制机制不断健全，创新创业环境不断优化，珠三角国家自创区“1+1+7”创新格局加速形成，创新驱动发展能力明显增强。2016年，珠三角国家自创区实现地区生产总值6.7万亿元，R&D研发经费支出超1 900亿元，占地区生产总值比重超2.83%，实现高新技术产业主营业务收入占规上工业企业主要业务收入比重超50%，高新区内高新技术企业占纳入统计企业比重超50%。

建设进展总体情况 组织领导和工作机制不断健全。省委、省政府召开了2016年创新驱动发展大会和工作推进会议，系统部署和推进自创区建设。省全面深化改革加快实施创新驱动发展战略领导小组第五次会议决定，在领导小组下设立珠三角国家自创区建设工作办公室，加强对自创区的指导和协调。珠三角各地市也加强组织领导和统筹协调，均成立了以市委书记或市长为组长的自创区建设工作领导小组，设立了专职机构。8月底，珠三角国家自创区建设工作办公室召开第一次办公室工作会议，重点针对珠三角国家自创区发展规划、空间调整和先行先试政策等进行了研究。7月、11月，袁宝成副省长和省政府专项督查组分别赴珠三角各地市检查、督查珠三角国家自创区建设进展，确保各项工作落到实处。

珠三角国家自创区顶层设计日趋完善。4月，省政府印发了《珠三角国家自主创新示范区建设实施方案（2016—2020年）》，明确了珠三角国家自创区建设的各项目标任务。按照国务院要求，广东省加紧制定《珠三角国家自主创新示范区规划纲要（2016—2025年）》，截至2016年年底已经省全面深化改革加快实施创新驱动发展战略领导小组审议，修改完善后将提交省政府常务会议审议。为科学规划空间布局，使得创新政策更多更好地惠及珠三角各地市创新资源集聚区域，形成各有特色、一体联动的“1+1+7”区域创新格局，广东省启动了《珠三角国家自主创新示范区空间发展规划（2016—2025年）》编制工作，截至2016年年底已经完成前期空间规模和区块划定工作。研究起草了“三部两院一省”共同推进珠三角国家自创区建设战略合作协议。

先行先试政策有序推进。11月，省自创办和省自贸办联合印发了《珠三角国家自主创新示范区与中国（广东）自由贸易试验区联动发展的实施方案（2016—2020年）》，提出19条“双自联动”重点举措，明确了14条试点任务，推动改革和创新双轮驱动发展，实现“1+1>2”放大效应。研究起草了珠三角国家自创区先行先试政策清单，正按有关程序积极争取国家有关部委的支持。同时珠三角各地市不断加大创新驱动发展支持力度，推出系列创新政策和新举措。深圳市出台《关于促进科技创新的若干措施》《促进创客发展的若干措施》等一系列新举措，广州市出台《关于加快实施创新驱动发展战略的决定》及9个配套政策，东莞市印发《东莞市人民政府支持东莞松山湖建设国家自主创新示范区的政策措施》。6—8月，广东省针对“粤12条”和“原国家自创区6+4”政策开展专项评估，显示各项扶持政策的普及落地成效明显。

协同高效的区域创新格局基本形成。跨区域创新发展协调机制初步形成。“广佛肇”“深莞惠”“珠中江”三大经济圈内的各城市已基本建立以市长联席会议为代表的区域发展协调机制，促成了重大创新平台建设、创新资源开发共享、科技成果相互转化、知识产权保护、创新人才联合培养等方面的合作。科技创新平台共享开放进程明显加快。以共建共享公共服务平台为突破口，继续推进广佛肇、深莞惠、珠中江三大创新圈产业公共服务平台的共建共享，推进国家和省重点实验室、工程技术研发中心、新型研发机构、科技企业孵化器、公共科技创新服务平台等建设，着力打造多主体、多类型、多层次的科技创新平台体系。产业共建带动粤东西北地区振兴发展。加快构建珠三角与粤东西北地区沟通协调机制，形成了“广佛肇+清远、云浮”、“深莞惠+汕尾、河源”“珠中江+阳江”等新的区域合作格局。

重点工作进展　高新技术企业增长强劲。珠三角各市将高新技术企业作为实施创新驱动发展战略的“牛鼻子”，深入实施高新技术企业培育计划，着力提升高新技术企业的规模和质量。珠三角地区高新技术企业存量达18 870家，比2015年新增8 310家，增长78.69%，其中广州、东莞、中山等市高新技术企业存量实现100%以上快速增长。广州市深入实施“科技创新小巨人企业及高新技术企业培育行动”，建立起“创业—初创—成长—成熟期”全覆盖的企业政策链，高新技术企业存量达4 739家，新增2 819家，增长146.82%，增幅排名珠三角地区第1，形成了高新技术企业总量大、后备企业数量多的良好局面。东莞市深入实施高新技术企业“育苗造林”计划，把高新技术企业培育作为镇街年度工作考核的重要指标，其中松山湖高新区依托孵化器、新型研发机构等培育发展高新技术企业，成功引进华为增资项目、华为大学等一批投资规模大、带动能力强的优质项目。珠海、佛山、惠州、江门等市高新技术企业也实现80%以上快速增长。

新型研发机构建设稳步发展。2016年，珠三角地区新增省级新型研发机构48家，总数达161家，比2015年增长42.5%，孵化企业数量达4 589家，服务企业数量超5万家。深圳、东莞等地市围绕新型研发机构促进创业孵化和集聚创新人才，取得明显效果。东莞市建有新型研发机构32家，吸引了10个省创新科研团队落户，延伸建立了松湖华科产业孵化园、松山湖国际机器人产业基地等，引进孵化了近200家科技企业，吸引了王立军院士“大功率半导体激光器及相关仪器设备产业化”、侯洵院士“垂直结构大功率半导体照明芯片产业化”等一批重大科技成果到东莞转移转化。珠海、佛山、中山等地市发挥新型研发机构产学研合作机制灵活优势，强化产业关键共性技术攻关，支撑本地产业转型升级。佛山市组建了广工大数控装备协同创新研究院、华南智能机器人研究院等智能制造类新型研发机构，引领本地制造业转型升级。广工大数控装备协同创新研究院代表本省参加国家“十二五”科技创新成就展，得到了李克强总理的充分肯定。

工业企业技术改造加速推进。珠三角各市充分结合当地产业发展需求，以新一轮技术改造为主要抓手，促进产业转型升级。2016年珠三角地区实现技术改造投资额2 440.47亿元，实施技术改造规上工业企业数量5 237家，呈现工业向高端化、智能化、绿色化加快迈进态势。佛山市作为珠三角唯一的制造业转型升级综合改革试点城市，积极推动智能化改造和设备更新，全年完成工业技术改造投资553.6亿元，同比增长43%，约占全省的1/5，仅佛山高新区核心园区在建超500万元技改项目就达93个。江门市出台了“机器人应用”“技改事后奖补”等专项资金实施细则，在技改投资已连续2年增长超100%的基础上，2016年全市完成技改投资184.39亿元，增长64%。肇庆市规上工业企业新一轮技术改造覆盖面达25.8%，其中高新区规上企业技术改造覆盖面高达65.4%。

孵化育成体系建设成效明显。珠三角各市围绕主导产业已基本形成“众创空间—孵化器—加速器”全孵化链条，龙头企业、投资机构、高校科研院所等成为孵化育成体系建设的主力军。2016年珠三角地区科技企业孵化器达608家，占全省比重95.9%，70%的区（县）实现孵化器全覆盖，其中国家级79家。珠三角各市纳入统计的众创空间434家，其中纳入国家级孵化器管理体系的众创空间165家，占全省的92.7%。广州、深圳等市形成了以政府投入为引导、企业投入为主体的孵化器发展模式，实现孵化器个体向集群的转变。广州高新区打造了华南地区面积最大的孵化器集群，建成孵化器40家，总孵化面积达340万m^2，建设了中欧创新孵化中心、中欧岭南创新创业科教园孵化器、中以生物产业孵化基地等一批新型孵化器。惠州市积极探索“异地孵化、惠州加速”模式，在北京中关村、美国波士顿等地设立异地孵化器。东莞、佛山等市积极推动旧厂房、闲置楼宇等改造为孵化器。

高水平大学建设初见成效。珠三角各市全面深化高等教育综合改革，紧密对接国家一流大学和一流学科建设计划，大力推进高水平大学建设。高水平大学参建高校的约40个学科跻身ESI全球排名前1%，中山大学农业科学、化学和临床医学等18个学科领域进入ESI前1%，前1%学科领域数仅次于北京大学，与浙江大学并列国内高校第2位。深圳市积极打造深圳大学、南方科技大学、香港中文大学（深圳）等高水平大学，加快推进深圳北理莫斯科大学、清华伯克利深圳学院等一批专业化、开放式、国际化特色学院建设。广州市出台了《中共广州市委　广州市人民政府建设高水平大学的实施意见》，在政产学研协同创新、科研经费管理、成果转化等方面加快体制机制改革，激发高校自主创新活力。东莞市出台了《加快推进东莞理工学院高水平理工科大学建设的实施意见》，5年投入35亿元，以超常规举措支持东莞理工学院创建高水平理工科大学。惠州学院创办了SMT、专利代理、双创管理等一批当地经济发展急需的新专业。

核心技术攻关稳步推进。珠三角各市通过部门协同、省市联动实施重大科技专项，加强与国家重大科技专项的对接，鼓励企业加大研发投入，加快开展重点领域核心关键技术布局。2016年，珠三角地区获发明专利授权37 363件，比2015年同期增长15.7%，其中佛山市同比增长55.8%；珠三角地区PCT专利申请23 431件，比2015年增长35.7%，其中广州和东莞均同比增长100%以上，企业自主创新能力明显提升，一批核心关键技术达到全国乃至国际领先水平。2016年珠三角地区创新投入稳步增长，地方财政科技投入667亿元，占本级财政支出平均比例达7.3%。广州市连续5年每年安排1亿元，支持健康医疗领域核心技术攻关，研发出全国首个埃博拉病毒检测试剂盒。深圳市组织实施414个重大技术攻关项目，资助金额13亿元，在4G及5G技术、基因测序、超材料、石墨烯、3D显示等领域创新跻身世界前沿。东莞市在计算与通信集成芯片、智能机器人、移动互联关键技术与器件等重点领域的核心技术攻关成效显著，一批重大创新产品在珠三角地区脱颖而出。

创新创业人才队伍建设扎实推进。珠三角各市通过推动人才结构战略性调整，深入实施“珠江人才计划”“广东特支计划”等重大人才工程，加大创新人才培养和引进力度。2016年新增引进博士2 793人，培养高级职称专业技术人员近1.4万人。东莞、惠州等地市积极实施人才引育“一揽子”计划，取得明显效果。东莞市出台了人才子女入学、特色人才住房补贴申领等13个配套办法和细则，开展“高层次人才活动周”“千人计划”东莞行等引智活动，大力引进省创新科研团队；惠州市推出了“人才双十行动”“天鹅惠聚工程”“东江学者”“拔尖人才”“首席技师”培养工程等系列行动，实现优秀人才队伍引育全覆盖。珠海市加大海外招才引智力度，在巴黎、东京、硅谷等地建立11个引进海外高层次人才工作站，积极举办“海外专家南粤行”“海外专家高端对接洽谈会”等人才项目对接活动，集聚归国创新创业留学人员超6 500人。

科技金融融合发展局面加速形成。珠三角各市将科技金融作为加快科技成果转化和培育战略性新兴产业的重要抓手，打造服务创新驱动的金融服务体系，推进科技与金融深度融合创新。2016年珠三角备案创业投资机构2 007家，备案创业投资管理资本规模达11 737亿元。广州市自2015年至2016年年底，市财政在科技金融方面投入7.8亿元，引导了近200亿元社会资金，放大了25倍，全部投入到以战略性新兴领域为主的实体经济，有效缓解科技型企业融资难、融资贵的问题。佛山市大力推进省金融科技产业融合创新综合试验区建设，在全省率先探索出“主导产业+主题园区+创新平台+科研院所+孵化器+基金（资金）”的“六个一”金科产融合新路径，组建了珠西装备制造按揭中心，获授信总额100亿元。惠州市积极筹备“惠州仲恺国家自主创新示范区恺炬母基金”和“惠州仲恺国家自主创新示范区高新技术产业引导基金”。

（广东省科学技术厅高新技术发展及产业化处　钟士岗）

【高新技术产业开发区】

大力实施高新区创新发展战略提升行动　在科技部的大力支持下，广东省高新区建设取得积极进展，汕头高新区成为粤东地区第一家国家高新区。2016年，全省23个省级以上高新区继续保持快速、健康的发展势头，全省高新区实现营业收入29 606亿元，同比增长14.8%，实现利润2 090亿元，同比增长26.4%，实际上交税费1 445亿元，同比增长17.9%。

加强创新型产业集群的培育　大力支持各类园区建设和培育各具特色的产业集群和高新技术产业化基地，围绕产业链，布局创新链，引导高新区产业集群开展技术攻关并产业化，补强科技创新服务体系。推动与集群、基地产业链相关联的研发设计、创业孵化、技术交易、投融资和知识产权等服务机构，以及科研院所等机构的建设，完善科技创新平台体系。截至2016年年底，广东省已形成3个国家级试点、2个国家级试点培育，20个省级试点的多层次创新型产业集群建设体系。2016年，国家级产业集群实现营业收入7 298亿元，同比增长6.3%，其中技术收入809亿元，同比增长35.87%，实现利润526亿元，同比增长13%。

（广东省科学技术厅高新技术发展及产业化处　钟士岗）

【专业镇】　2016年，广东省继续开展专业镇建设，并取得显著成效。专业镇经济规模和影响力不断壮大，总量稳步增长，对居民就业、财政收入和经济可持续发展的贡献明显；专业镇科研能力不断提升，成为全省科技成果产出的重要基地，成为广东省科技创新的新高地和地方产业发展的重要抓手。专业镇通过实施创新驱动发展战略、积极发展实体经济、促进产业集聚，构筑产城互动的城镇化发展新格局，大大提高了当地居民的生活水平。同时，专业镇以产业化为目标，大力发展新型农业经营体系，带动农业专业镇向城乡统筹、城乡一体、产城互动、节约集约、生态宜居的新型城镇化迈进。专业镇已成为广东新型城镇化发展主战场。

创新创业环境建设　6月15日，广东省专业镇协同创新工作现场会在东莞顺利召开，中共中央政治局委员、广东省委书记胡春华专门就专业镇协同创新工作批示，省长朱小丹出席会议并作重要讲话。会议全面总结15年来广东省专业镇发展情况，进一步明确了专业镇在全省创新发展工作的重要作用，推广东莞横沥镇等地区协同创新的先进经验和做法，部署下一阶段全省专业镇协同创新工作。

以省专业镇协同创新工作现场会为契机，推动了专业镇系列政策措施出台，为专业镇协同创新发展营造了良好的政策环境。在原有《技术创新专业镇管理办法》的基础上，5月3日，印发《广东省科学技术厅关于加强专业镇创新发展工作的指导意见》，为新时期专业镇认定、建设、评价、复核、管理工作提供与时俱进的政策依据和工作指导。9月13日，印了发《广东省科学技术厅关于推进协同创新促进专业镇发展的实施意见》，从创新主体、创新机制、创新要素等多方面，着力推进全省专业镇协同创新，明晰了专业镇新时期以协同创新工作为抓手，推进专业镇发展的具体目标和路径。

产学研用金协同创新　一是建设专业镇协同创新中心。2016年，在全省选择了6个专业镇建设协同创新中心，每个支持200万元。通过协同创新中心的建设，促进科技、金融、产业、人才相结合，为专业镇的可持续发展提供源动力。二是推动粤东西北与珠三角专业镇的对接合作。通过人员和经验的交流、技术和投资的互动、资源与产业的融合，探索区域之间合作的新机制和新模式，实现专业镇双方的产业互补、产业链延长和产业的融合发展。2016年，共选择了12对专业镇进行交流合作，探索新的合作模式，并在全省专业镇协同创新工作会议上举行了签约仪式。三是新认定一批省级专业镇。经过组织发展及专家评审，14个镇被认定为省级技术创新专业镇。四是开展专业镇区域交流活动。依托省专业镇发展促进会进一步扩大与山东、浙江、内蒙古等省区的镇域经济、县域经济交流活动，推动专业镇经验走出广东，并与多个省份建立了常态化的联络机制和交流互访机制，不断拓展活动的深度和广度，产生了较强的较强影响力和品牌效应。

专业镇认定与培育　2016年，广东省技术创新专业镇协同创新工作进程加快，全年共新增省级技术创新专业镇14个，总数达到413个。全省专业镇产业规模不断扩大、结构不断优化、综合实力持续提升。2016年，广东全省专业镇实现地区生产总值（GDP）29 168.0亿元，较上年增长1 457.2亿元，占广东全省GDP总量的比例达36.7%；工业总产值68 004.5亿元，同比增长6.9%；镇均GDP为70.6亿元，工农业总产值超千亿元的专业镇达11个，超百亿元的专业镇达146个，分别比上一年度增加2个、5个。

表4-1-1 新认定广东省专业镇一览表（2016年）

序号	专业镇名称	特色产业
1	潮州市潮安区江东镇	蔬菜及农副食品
2	河源市源城区源南镇	电子电器
3	河源市紫金县好义镇	三黄胡须鸡
4	惠州市博罗县长宁镇	旅游
5	惠州市惠阳区永湖镇	精细化工
6	惠州市龙门县平陵镇	建材
7	惠州市龙门县永汉镇	养生旅游
8	江门市台山市大江镇	传统家具
9	揭阳市普宁市南径镇	蔬菜
10	梅州市梅县区松口镇	金柚
11	梅州市五华县华城镇	生态农业
12	梅州市五华县潭下镇	油茶
13	梅州市兴宁市径南镇	茶叶
14	肇庆市端州区城西街道	旅游文化

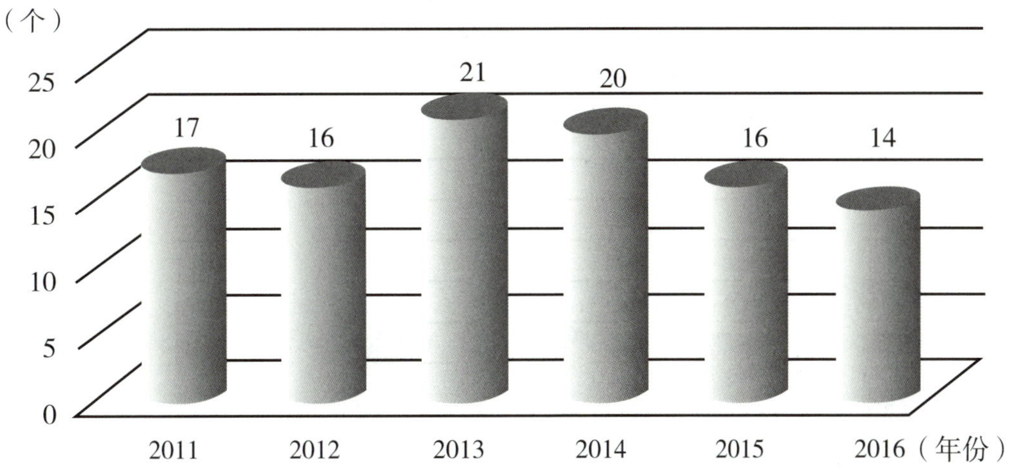

图4-1-1 广东省“十二五”以来新增省级专业镇数量（2011—2016年）

表4-1-2　广东省专业镇基本情况表（2016年）

地区	专业镇（个）	常住人口（人）	GDP（亿元）	工业总产值（亿元）	出口值（亿元）	企业（家）	高新技术企业（家）	规模以上企业（家）
全省合计	413	44 824 805	29 168.02	68 004.49	15 527.60	696 271	4 805	30 666
广州市	6	1 213 068	630.54	909.22	168.23	11 226	53	826
韶关市	14	457 297	65.40	100.20	2.88	2 326	2	80
珠海市	6	621 508	501.17	1 351.03	695.84	3 547	195	549
汕头市	29	2 583 570	1 666.66	2 871.14	292.84	24 286	111	1 270
佛山市	41	7 696 857	8 380.94	22 724.40	2 993.36	197 239	1 297	10 163
江门市	24	2 588 880	2 146.50	4 027.51	851.94	35 087	259	2 040
湛江市	18	1 878 325	387.47	464.36	36.55	11 657	25	311
茂名市	16	1 531 938	400.83	429.75	25.69	33 955	13	255
肇庆市	22	1 439 840	671.75	1 128.61	82.04	10 206	71	803
惠州市	21	1 694 318	1 123.79	3 936.87	1 706.94	15 607	175	1 107
梅州市	45	2 372 115	534.92	177.19	78.54	8 398	13	237
汕尾市	8	852 149	305.19	596.44	36.75	5 438	10	127
河源市	20	777 611	237.74	210.54	7.91	2 194	6	120
阳江市	15	1 033 741	648.22	1 365.90	83.27	5 358	15	376
清远市	9	739 696	168.99	850.41	52.10	1 440	27	209
东莞市	34	9 493 721	6 874.57	16 075.53	6 280.05	227 951	1 799	7 193
中山市	18	2 431 681	2 449.09	6 534.08	1 707.11	57 444	651	2 811
潮州市	20	1 669 631	629.03	1 279.62	133.76	19 297	45	695
揭阳市	22	2 204 290	917.34	2 207.69	217.26	13 011	24	1 037
云浮市	25	1 544 569	427.89	763.99	74.53	10 604	14	457

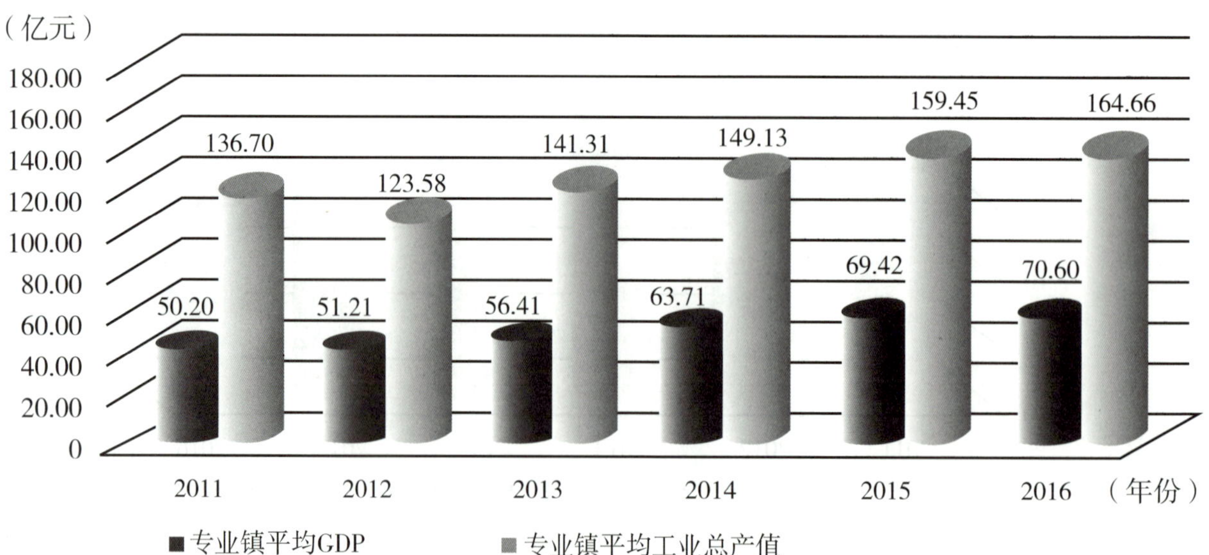

图4-1-2　广东省“十二五”以来专业镇平均GDP和平均工业总产值（2011—2016年）

建设成效　专业镇产业规模不断壮大，对地方经济带动作用明显。截至2016年年底，经省科技厅认定的省级专业镇达413个，专业镇内规模以上企业数达3.11万家，全省工农业总产值超千亿元的专业镇达11个，超百亿元的专业镇达146个。2016年，全省专业镇地区生产总值达2.92万亿元，占广东全省地区生产总值的比例已达36.7%；佛山、东莞的专业镇经济贡献度均超过90.0%，江门、汕头、中山等地市的专业镇经济贡献度超过75.0%；潮州、云浮、梅州等地市的专业镇经济贡献度超过50.0%。

专业镇产业集聚效应明显，推动产业协同创新活动蓬勃发展。2016年，全省专业镇平均企业集聚度达1 718家/镇，其中珠三角企业平均集聚度达3 265家/镇；全省专业镇名牌名标总数3 707个，集体商标数和原产地商标数216个，共参与制定修订行业标准1 729件；参与产学研合作企业数为2 131家，与大学、科研院所共建科技机构数共851个；创新服务平台完成和参与的成果转化项目674项，成果转化项目产值达36.43亿元。截至2016年年底，全省形成了电子信息、家电家具、纺织服装等特色优势产业集群基地，涌现出顺德家电、古镇灯饰、横沥模具、虎门服装、澄海玩具等大批区域品牌。

专业镇科技创新水平逐年提升，引领传统产业转型升级。2016年，全省专业镇的全社会科技投入达430.53亿元，同比增长8.9%；共拥有134.06万名科技人员，占专业镇各类产业职工总数的8.5%；R&D人员共29.86万人，每万人口中的R&D人员数达67人；专利申请量和授权量分别达180 948件和98 943件，总量占比分别占全省的35.8%、38.2%；专业镇镇内高新技术企业4 823家，高新技术企业工业总产值达15 696.04亿元。

专业镇科技创新载体建设已成规模，成为广东区域创新体系的重要组成部分。2016年，专业镇的创新服务机构共3 039个，公共创新服务平台覆盖率达90%以上，共培训人员达24.59万人次，对外服务企业达6.14万家，创新载体形式多样，形成省市县镇多级创新平台服务体系，成为专业镇转型升级的重要法宝。

（广东省科学技术厅产学研结合处　李　蓉
广东省专业镇发展促进会　苏　炜）

孵化育成体系

【科技企业孵化器】 近年来，广东省高度重视科技孵化育成体系建设工作，在完善科技企业孵化器支持政策体系，加大科技孵化育成体系建设财政支持，建立全链条孵化服务体系上取得系列成效，全省孵化载体发展势头迅猛。截至2016年年底，全省科技企业孵化器达634家，数量位居全国第1，比2014年增长172.1%，在孵企业达到2.6万家，累计毕业企业超1.1万家；其中国家级孵化器总数达到83家；全省纳入统计的众创空间500家，纳入国家级孵化器管理体系的众创空间共178家，各项指标居全国第1。全省地级以上市实现了科技企业孵化器全覆盖，珠三角多个地市70%的区（县）实现覆盖。

广东省孵化器紧密围绕创新驱动发展需要，以孵化器为平台促进创新链、资金链和产业链的有机融合。截至2016年年底，全省孵化器吸纳就业人数超20万人，2016年新增毕业企业达3 877家，其中毕业当年收入超过1 000万元的企业达30%以上，上市（新三板挂牌）企业超过100家。建立了2 000多人的创业辅导队伍，新增国家火炬创业导师73人，数量居全国第2位。全省的80%以上国家“千人计划”创业人才落户孵化器，使孵化器成为国家“千人计划”创业类人才的主要聚集地与高层次创业人才的集聚地和培育战略性新兴产业领军人才的摇篮。

完善支持政策　2016年，出台了《广东省人民政府办公厅关于加快众创空间发展服务实体经济转型升级的实施意见》和《广东省科技孵化育成体系建设“十三五”专项规划》。1月，省科技厅召开全省科技“四众”平台建设推进工作会议。9月，省委、省政府召开了全省科技“四众”促进“双创”工作现场会暨“双创”活动周部署会，会上朱小丹省长对加快发展科技“四众”促进“双创”工作进行了部署，有效促进了众创、众包、众扶、众筹等平台快速发展，激发创业创新活力。各地市也出台了相应的孵化器扶持政策，全省完善的孵化器政策体系基本形成。

建设创新创业载体　2014年以来，省科技厅设立了孵化育成体系专项资金，每年安排资金不低于1亿元，设立了新增孵化面积建设补助、孵化育成体系专项建设、孵化器倍增计划、众创空间建设等子课题。2016年重点支持新增孵化面积建设补助、孵化育成体系专项建设、孵化器倍增计划、众创空间建设等5个方向，共资助项目76个，大部分项目资助金额达200万元。

探索具有广东特色的孵化育成体系建设模式

近年来，广东省积极支持综合型、大型及专业化孵化器建设发展，孵化器多元化投资、专业化运营、网络化服务和国际化发展格局基本形成，一大批龙头企业、投资机构、高校科研院所等成为科技企业孵化器投资建设的主力军。腾讯、金发科技、达安基因等龙头企业均建立产业孵化器；中大、华工、华农等高等学校均建立了服务教师、大学生的创业服务平台；广东华中科技大学工业技术研究院、佛山广工大协同创新研究院等新型研发机构均建成国家级科技企业孵化器。

设全孵化链条的服务体系　广东省积极引导各地、各孵化机构建设“众创空间—孵化器—加速器”全孵化链条，实现对企业全成长周期的服务。通过整合全省各类计划项目，大力支持科技企业孵化器建设技术研发、技术转移、成果推广、科技金融、知识产权、国际合作、创业导师等公共服务平台，提升了全省孵化服务能力。截至2016年年底，中大创新谷、小聪情投平台、大连机床（东莞）研发中心等一批众创、众包、众筹、众扶等平台和服务机构迅速兴起，形成了“天使投资+孵化”“创业辅导+天使投资”、创业展示与交流等孵化服务。

【新型研发机构】 新型研发机构作为在广东省创新“土壤”上成长起来的科技“新业态”，其培育与发展受到省委、省政府的高度重视。从2014年起，省科技厅在“广东省协同创新与平台环境建设专项资金”中，增设了新型研发机构扶持专题，对新型研发机构初创建设、科研仪器购置、加大研发投入和创业孵化等给予专项资金支持，有力促进了新型研发机构的发展和壮大。

2016年以来，全省新型研发机构进入了一个快速发展的阶段。经过大范围高强度的宣传和培育，各地市掀起了一股新型研发机构建设热潮。广州、佛山、东莞等13个地市针对新型研发机构出台了专项政策文件，15个地市设立了专项资金支持新型研发机构发展。

2016年，经省政府批准新认定56家省级新型研发机构。截至2016年年底，全省共有180家省级新型研发机构，有研发人员近26 300人，拥有单价10万元以上的科研仪器设备原值达到986 912.7万元，有效发明专利近7 000项，累计创办和孵化企业3 983家，其中高新技术企业991家。从已获批的机构来看，新型研发机构在遵循市场与创新规律、破除体制弊端，充分利用产学研合作机制、加速创新人才集聚方面起到了良好的模范带头作用，充分释放了创新活力，成为我省实施创新驱动发展的新动力。

2016年，省科技厅在省内7次调研和3次专家座谈会的基础上，起草制定《广东省新型研发机构管理暂行办法》。从机构的发展定位、申报、认定、管理、评估、权利、义务等方面提出规范的流程与举措，为新型研发机构未来的发展提出明确的定位。

【创新创业新业态】

提升创业载体国际化发展水平 广东省积极搭建国际合作与交流平台，坚持“请进来”与“走出去”相结合，积极参与国际合作和竞争，不断提升本省创新创业载体参与全球竞争的能力。截至2016年年底，广东省已建成了广州国际生物岛生物医药孵化器、中德（揭阳）金属新材料孵化器、中以（东莞）水处理孵化器等国际孵化平台；多个孵化器通过“走出去”，在美国、以色列、匈牙利等国家建立孵化和交流平台，集聚了一批国际创新资源。如广东物联天下孵化器积极对接国外资源，吸引了一批以色列、匈牙利等国家的创业人才和科技成果；惠州仲恺科技创业服务中心已在海外设立多个异地孵化基地，吸引了全球高端创业项目和团队落户惠州。

持续优化创新创业生态环境 2016年，广东继续营造“大众创业、万众创新”的社会氛围，成功举办了中国创新创业大赛（广东赛区）活动，有效提升了广州、深圳、珠海、佛山、东莞、中山、惠州等分赛区办赛水平，一批优秀参赛项目获得社会各界的支持。充分发挥广东省和广州、深圳、东莞等科技企业孵化器协会等行业组织作用，加强孵化器自律管理，搭建行业交流合作平台。2016年，广东省协会举办多场“双创”论坛活动，其中包括国际孵化器高峰论坛——创新创业大潮中孵化器的机遇与挑战、中国创业孵化发展现状与趋势研讨会，2016粤东西北孵化器建设高峰论坛、天使投资与众创空间论坛等精品活动等。此外，协会组织会员赴山西、河南、浙江杭州、重庆调研外省市孵化器建设情况，促进行业交流，营造了良好创新创业文化。

【粤东西北区域协调发展】 深入贯彻落实省委、省政府《促进粤东西北地区振兴发展2016年重点工作任务》和《加强科技创新促进粤东西北地区振兴发展重点工作方案（2015—2020年）》精神，2016年，省科技厅在全省粤东西北地区振兴发展考核评估中排名第6，连续第2年获得年度考核优秀。粤东西北地区科技发展能力大幅增强，切实享受到科技促进发展的实惠。2016年支持粤东西北地区可经费达3亿元，研发费用抵扣税额达7.9亿元。现代产业体系建设、科技园区建设、科技创新平台建设、创新环境建设成效显著，12地市实现省级高新区全覆盖、农业园区全覆盖，已经培育河源、清远2家国家级高新区，河源、汕头、湛江3家国家级农业科技园区。汕头、湛江、茂名、韶关4家国家级高新区申报工作进展顺利。已经建设重大创新平台8个，国家级众创空间试点单位4家，科技企业孵化器达46家，高新技术企业在孵企业1 130家，累计毕业企业198家。大力支持粤东西北地区建设省级重点实验室和省级工程中心，总数达到345家。

【可持续发展实验区】 广东省可持续发展实验区水平不断提升，截至2016年年底，已建立10个国家级实验区和23个省级实验区。配合科技部社发司推出“国家可持续发展创新示范区”相关扶持政策，收集上报广东省10个国家级实验区创新能力监测数据调查表。

省科技厅在历年的省级科技计划中均设置了可持续发展实验建设专题，引导人才和技术持续向实验区聚集和应用，大力支持实验区发展，该做法得到了上级部门的高度肯定。为进一步调动实验区当地部门的积极性，引导高校、科研院所的优势科技资源投入到实验区，2016年的可持续发展实验建设专题申报指南明确优先支持实验区所在地有关部门联合省内高校、科研院所及有关行业协会等机构联合申报。

（广东省科学技术厅高新技术发展及产业化处　文晓芸

广东省科学技术厅产学研处　李　蓉

广东省科学技术厅社会发展与农村科技处　刘世伟　陈毓君）

企业技术创新

【企业研究开发省级财政补助资金】 2015年，广东省提出通过企业研发经费补助方式引导企业普遍建立研发准备金制度，开创了全国率先引导企业建立研发准备金制度的先河，将有效引导企业持续稳定加大研发投入，加强研发活动强度，通过不断创新提升企业核心竞争力。该项政策实施后得到企业广泛好评，2016年1月，《南方日报》以《广东去年补12亿助1 494企业研发》《粤今年投24亿助力企业研发》为题作了专门报道。

补助实施2年来，获资助的企业普遍建立了研发准备金制度或研发经费管理制度，引导获补助企业研发投入1 047.55亿元，财政资金的引导作用达到1：30，撬动企业研发持续投入效果显著，在全国范围内产生巨大反响，云南、浙江、重庆、江苏等多个兄弟省市纷纷效仿学习广东省做法。

政策及配套文件制定 《广东省人民政府关于加快科技创新的若干政策意见》提出鼓励企业建立研发准备金制度的政策，要求对已建立研发准备金制度的企业实行普惠性财政补助，引导企业有计划、持续地增加研发投入。为贯彻落实好该项政策，省财政厅、省科技厅于2015年相继出台了《广东省激励企业研究开发财政补助试行方案》《广东省省级企业研究开发财政补助资金管理办法》，以及由省科技厅、省财政厅、省经信委、省国税局、省地税局和省统计局联合印发了《广东省省级企业研究开发财政补助政策操作指引（试行）》等政策配套实施文件。上述配套文件对企业研发财政补助政策的实施做出明确规定，包括补助资金的来源、补助对象、操作程序和监管追责等内容。

工作机构建设 为落实好这项工作，2015年8月，成立了由省科技厅、省财政厅、省经济和信息化委、省国税局、省地税局和省统计局6个省直部门组成的工作联席会议制度，协调相关工作，并由省科技厅会同省财政厅负责资金管理和日常事务性工作。

企业研发财政补助管理系统开发 2015年下半年，省科技厅组织开发人员在省科技业务管理阳光政务平台上，按照企业研发财政补助政策相关文件的要求和业务流程开发了相应的管理系统。企业注册、备案、申报和管理部门的审核、复核和立项等所有流程都在省科技业务管理平台上完成，企业只需要提交1份书面材料即可。2016年，针对省研发补助申报系统中发现的新问题和新需求，对备案和申报系统进行改善优化，进一步明确了地市在审核中的主体责任，在系统中设定地市初审的7个审核步骤，进一步简化了企业申报材料，增加反馈意见和退回修改的功能，全面实现了网上申报和审核。

工作进展 企业研发省级财政补助工作于2015年下半年开始实施，并于2015年年底完成了2014年度企业研发费省级财政补助资金的备案、申报、下达工作。2014年度，全省申报企业研发费用补助的企业为1 583家，经过各地市相关部门联合初审，省科技厅、省财政厅等联席会议成员单位审核，全省共有1 494家企业获得了财政补助，总金额12.11亿元，平均每家企业获得财政补助81.08万元，其中有27家企业获得了500万元的最高补助额。

2016年企业研发省级财政补助资金的预算为29亿元。2016年7月15日，启动2016年的企业研发省级财政补助资金申报工作，共有3 875家企业在省科技业务阳光政务平台提交申报材料，与2015年同比申报企业数量增加1.4倍。共有3 770家企业获得省研发财政补助，总金额23.15亿元，平均每家企业资助强度为61.41万元，其中47家企业达到了封顶补助金额500万元。

成效亮点　企业研发费用通过所得税加计扣除政策可以抵扣12.5%的成本，加上5%～10%省研发补助，企业研发经费投入的17.5%～22.5%可由政府财政资金给予了报销，如果是高新技术企业还可以继续享受15%的所得税优惠政策。企业建立研发准备金（或研发管理）制度，每年有研发计划和研发投入；企业在税务部门申请研发费用税前加计扣除，享受所得税税收优惠政策；省财政依据企业研发费用税前加计扣除额，给予企业研发省级财政补助资金支持。企业建立研发准备金制度、企业研发费用税前加计扣除和企业研发省级财政补助，三者前后相连形成一个政策链，产生的协同效应有力地支撑了企业的创新活动。

普惠性后补助政策，是广东省企业研发财政资助方式的重大探索。普惠性后补助政策与传统的科技计划项目立项资助存在显著区别，补助门槛较低，具有很强的普惠性，不需要立项竞争性评审，也不需要结题验收，是对企业上年度研发投入和研发活动的补助，进而引导企业下一年度的研发投入策略。该资助方式简单可靠，对企业微观研发活动的干预较小，受到企业的普遍欢迎。普惠性后补助政策，是广东省立项资助、科技金融、风险补偿、税收减免及优惠等资助方式的有益补充，进一步完善了当前广东省财政资金支持企业科技创新的资助方式。

（广东省科学技术厅政策法规处　斯　恒）

【规模以上企业科技创新】　2016年，广东规模以上企业科技创新投入和能力继续增强，创新质量得到提高，与东部沿海和发达省市相比，其优势得以继续保持。

创新投入　2016年，广东科技创新人力投入仍以工业企业为主体，并持续增长。全省从事R&D活动人员73.5万人，其中，工业企业R&D活动人员为58.5万人，比上年增长7.9%。工业企业R&D活动人员占全省R&D活动人员的比重达79.6%。全省R&D人员折合全时当量为51.6万人年，其中，工业企业R&D人员折合全时当量为42.4万人。

2016年，广东R&D经费内部支出2 035.14亿元，其中，工业企业R&D经费内部支出1 676.27亿元，比上年增长10.2%。工业企业R&D经费内部支出占全省R&D经费内部支出比重达到82.4%。

2016年，企业当年研发用仪器设备投入力度不减。规模以上工业企业当年研发用仪器设备投入为127.0亿元，比上年增长10.1%（见表4-3-1）。

创新实力　2016年，广东以工业企业为创新主体的态势得到继续发展，创新主体实力得到增强。全年，广东工业企业开展R&D项目（课题）5.07万项，较2015年增加35%。2016年，广东工业企业发明专利申请6.82万件，较上年增长33.4%；广东工业企业新产品产值29 230.4亿元，新产品销售收入达28 671.4亿元，分别比上年增长26.8%和26.6%（见表4-3-2）。

表4-3-1　广东R&D投入情况（2013—2016年）

指标	2013年	2014年	2015年	2016年
R&D人员（万人）	65.2	67.5	68.0	73.5
R&D人员全时当量（万人年）	50.2	50.7	50.2	51.6
R&D经费内部支出（亿元）	1 443.45	1 605.45	1 798.17	2 035.14
工业企业R&D经费内部支出（亿元）	1 237.48	1 375.29	1 520.55	1 676.27
工业企业当年研发用仪器设备投入（亿元）	118.3	124.3	115.4	127.0

表4-3-2 规模以上工业企业创新实力情况

年份	R&D项目/课题数量（万项）	发明专利申请量（万件）	新产品产值（亿元）	新产品销售收入（亿元）
2013	4.69	4.72	17 981.2	18 013.7
2014	4.29	5.56	20 057.0	20 313.3
2015	3.73	5.16	23 056.2	22 642.5
2016	5.07	6.82	29 230.4	28 671.4

区域优势 珠三角地区工业企业科技活动投入水平和科技活动质量在省内继续保持优势。2016年，珠三角地区9市工业企业R&D经费支出1 583.33亿元，占全省工业企业R&D经费的84.5%；开展R&D项目4.67万个，占全省工业企业的91.9%；发明专利申请6.65万件，占全省工业企业的97.57%；新产品产值27 872.6亿元，占全省工业企业的95.4%。

广东工业企业创新投入仍处于全国前列。工业企业R&D经费投入总量连续2年超过江苏，位居全国首位，R&D人员投入多年来位居全国之首。

（广东省统计局 吴 娱）

【创新方法推广应用】 2016年，广东省持续推动全省创新方法企业应用工作，多部门协同合作，注重创新方法顶层规划，一方面完善推广应用工作平台体系建设，优化工作团队和专家队伍，省市基地联合并强化地市级基地的支撑服务作用；另一方面加大培训推广力度，尤其是注重企业创新方法人才团队培养，通过企业方法导入应用与示范培育，强化企业应用成效的宣传，进一步扩大社会对创新方法的认知度。通过深入推进创新方法的企业应用工作，全力支撑区域创新驱动发展和企业转型升级进程。

创新方法体系建设 2016年，广东省进一步优化了创新方法工作机制，制定了各种工作制度（草案），依托广东省创新方法研究会、创新方法推广应用研究中心、创新方法与决策管理系统重点实验室以及地市级创新方法推广应用基地为主要支撑的“网络化、全覆盖”的省创新方法推广应用与服务基地得到加强，四维工作模式“引·育·导·联”持续发挥作用。通过产学研合作、创新导师等工作方式，形成中心与外部优势资源的合作共赢机制，合力推进广东创新方法研究与推广应用工作。

2016年，广东工业大学和华南理工大学分别依托重点实验室建设项目顺利通过验收。重点完成了3大类工作：（1）以TRIZ为代表的创新理论与方法研究，以及产—学—研机制设计、新兴技术预测与创新战略管理、绿色供应链与服务运作管理等为代表的理论和应用研究；（2）面向广东省企业创新能力的提升培养了一支优秀的创新方法师资队伍；（3）基于TRIZ为代表的创新方法的计算机辅助创新与企业创新能力提升服务。依托实验室软件资源，积极开展创新方法和决策管理系统的培训和推广应用，不仅为在校本科生、研究生设置了大量创新方法必修选修课程，而且面向中小微企业提供了创新思维与创新方法的专业化培训与咨询服务。

广东省创新方法研究会持续开展创新方法宣传工作，编印发放《创新与方法》3期，共3 000册；利用广东创新方法网广泛、及时宣传报道广东省创新方法工作情况与成效，并组织本土师资开展创新方法学术研究和工作研讨、参加国内外高水平创新方法学术论坛。

广东省创新方法推广应用研究中心继续做好科技部和省科技厅下达的创新方法研究与推广应用工作总体任务，合理规划、布局、监督、管理创新方法培训和企业推广应用试点工作；继续加强培训与咨询师资队伍培育建设，组建了15人的培训与咨询专家团队，可以提供10天以上的系列培训和咨询课程，持续为企业提供创新方法服务，为推广应用工作提供人才保障。

创新方法试点及培训 广东省创新方法推广应用研究中心组织本土创新方法师资在广州、

佛山、东莞、韶关、深圳、云浮等地为企业开展了创新方法普及培训和创新工程师培训工作，为企业培养创新工程师团队，全年累计组织开展创新方法培训近60期，其中创新工程师培训5期，累计参训人数近10 000人次。在企业传播创新方法，扩大创新方法的受众群体，有效推进了创新方法的应用。

创新方法推广应用　2016年创新方法推广应用企业试点示范培育工作中，通过培训帮助试点企业应用创新方法解决实际技术难题7项，产生并提交专利211项（其中发明专利80项）。在省内优秀的创新方法推广应用试点企业中，国家级创新方法标杆培育企业广州无线电集团有限公司和国家级创新方法示范培育企业广东威创视讯科技股份有限公司、广东生益科技股份有限公司、广州杰赛科技股份有限公司、广东格兰仕集团有限公司持续发挥标杆示范的引领作用。比亚迪集团有限公司迅速应用创新方法，在企业内部培养了近百名创新方法骨干人才；广州金升阳科技有限公司在企业内部培养企业讲师，将创新方法与企业技术研发全面融合，获得了技术突破。这些优秀的企业将创新方法紧紧围绕各自企业实际需求，与人才团队建设、知识产权管理、专利保护策略、项目管理等不同角度紧密结合，产生了较好成效。

（广东省科学技术厅科技服务与管理处　严军华）

【工程技术研究中心】　2016年度新认定省级工程技术研究中心637家。截至2016年年底，广东省共有国家级工程中心23家，省级工程中心2 651家；共承担科研项目超过34 967项，其中国家级项目2 456项，承担或参与制订国家标准、行业标准3 732项。2016年，全省工程中心的研发投入超过753亿元，获受理专利申请69 237件，专利授权41 461件，新产品产值达13 688.6亿元。

（广东省科学技术厅产学研结合处　李　蓉）

高等院校科技创新

【高校主要科研指标】

科研人力资源　2016年全省普通高校从事教学与研究人员总数为115 856人，其中理、工、农、医类（以下简称“科技”）人数为65 470人，人文社会科学类（以下简称“人文社科”）人数为50 386人。

2016年全省普通高校从事教学与研究人员中，具有高级职称（正高和副高职称之和）的人数为38 321人，其中科技类高级职称有22 988人，人文社科类有15 333人。具有博士学位者共25 208人，其中科技类有17 082人，人文社科类有8 126人。

科研活动经费　2016年，全省普通高校当年投入科研经费总额为160.39亿元，其中科技类经费为143.1亿元，占总经费的89.22%；人文社科类经费为17.29亿元，占总经费的10.78%。

2016年全省普通高校当年政府投入的科研经费为114.04亿元，占全省普通高校当年投入科研总经费的71.10%；其中投入至科技类的经费为104.52亿元，占科技类总经费的73.04%；人文社科类为9.52亿元，占社科类总经费的55.10%。

2016年全省普通高校当年企事业单位投入的科研经费为29.29亿元，占全省高校当年投入科研总经费的18.26%；其中投入至科技类经费为25.19亿元，占科技类总经费的17.60%；人文社科类的经费为4.09亿元，占人文社科类总经费的23.69%。

2016年全省普通高校当年其他经费投入的科研经费为17.05亿元，占全省高校当年投入科研总经费的10.64%；其中投入至科技类经费为13.39亿元，占科技类总经费的9.36%；人文社科类的经费为3.66亿元，占人文社科类总经费的21.21%。

研究机构　2016年，全省普通高校共拥有上级主管部门批准的研究机构1 151个。其中科技活动机构860个，包括国家级机构49个，省部级机构629个，其他主管部门机构182个；人文社科研究活动机构291个，包括国家高端智库2个，教育部重点研究基地10个，省部共建基地2个，省级基地72个，省级实验室11个，其他主管部门机构194个。

科研项目　2016年全省普通高校投入项目经费合计106.20亿元，占全省普通高校当年投入科研经费的66.21%。在研项目75 284项，其中当年新立项项目27 009项，当年新立项项目投入经费72.87亿元。

科技类项目当年投入经费97.18亿元，在研项目44 184项，其中新立项项目18 407项，新立项项目当年投入经费64.27亿元。

人文社科类项目当年投入经费9.02亿元，在研项目31 100项，其中新立项项目8 602项，新立项项目当年投入经费8.60亿元。

科研成果　2016年全省普通高校共发表学术论文87 373篇，其中在国外发表学术论文25 571篇。全年发表科技类学术论文63 291篇，其中在国外发表学术论文24 578篇，三大索引（SCI，EI，ISTP）收录论文254 44篇。发表人文社科类学术论文24 082篇，其中在国外发表学术论文993篇。

2016年全省普通高校出版各类图书2 552部，其中出版科技类图书834部，人文社科类图书1 718部。2016年全省普通高校出版专著934部，其中科技类专著出版194部，人文社科类专著740部。

2016年全省普通高校签订技术转让合同378项，合同金额27 135.6万元，当年实际收入16 032.5万元。

2016年全省普通高校专利申请15 333件，其中发明专利9 210件，占专利申请总数的60.07%；

专利授权7 459件，其中发明专利2 886件。据报表，截至2016年年底，全省高校拥有专利24 445件，其中发明专利11 349件。

2016年全省普通高校科技类项目中共有131项国家级重大、重点项目验收。其中，“973计划”项目32项，国家科技支撑计划项目12项，“863计划”项目7项，国家自然科学基金重大、重点项目59项，军工项目21项。全省普通高校人文社科类项目中，国家级项目结项120项，教育部人文社会科学研究项目结项267项。全省普通高校科技类成果中共有110项成果进行了鉴定。其中，鉴定结论为国际水平的22项，国内首创的15项，国内先进的63项。

根据各校统计报表汇总，2016年全省普通高校共获得各类成果奖218项。其中，科技领域获得国家级二等奖以上奖励12项，省部级二等奖以上奖励120项；人文社科领域获得部级奖21项。

学术交流　2016年全省高校在开展科技类学术交流方面，合作研究共派出2 911人次，接受2 200人次；出席国际学术会议8 513人次，交流论文4 657篇；主办国际学术会议152场次，国际学术会议特邀报告1 165篇。

在开展人文社科类学术交流方面，合作研究共派出704人次，接受684人次；出席国际学术会议2 285人次，交流论文1 802篇；主办国际学术会议136场次。

（广东省教育厅　吴宝榆）

【中山大学】　2016年，中山大学（以下简称“中大”）以提升科研竞争力和学术影响力为主题，立足“三个面向”，坚持“谋划、服务、管理”三位一体，进一步创新科研机制体制，以“科学分析”为基础、以“三大建设”为抓手、以“建章立制”为保障，推动各项工作取得显著进展。

科研项目与经费　2016年，中大科技项目进账经费达23.66亿元；获国家自然科学基金立项689项，总资助经费达3.94亿元，获资助项目数、经费数分别排名全国高校第3和第6位；获国家重点研发计划立项20项，居全国高校第6；获批省市科技计划项目创历史新高，获资助经费超3.6亿元，其中广东省科技计划立项238项、合同经费合计2.08亿元；获广州市科技计划项目立项195项、合同经费合计1.52亿元。

科研成果　中大作为第一完成单位获得3项2016年度国家科学技术奖，其中朱熹平教授研究团队获国家自然科学二等奖，汪建平教授研究团队、徐瑞华教授研究团队分别获得国家科学技术进步奖二等奖。据教育部科技发展中心统计，中大以第一完成单位获2016年度国家科学技术奖（通用项目）3项，在全国高校排名第9。此外，苏薇薇团队与孟跃中团队的两项专利获第18届中国专利奖优秀奖，获奖数排名全国高校第8位。

2016年，中大作为第一完成单位发表CNS及其子刊论文共计16篇；专利申请883项，专利授权399项；专利成果作价3 300万元技术入股两家公司，涉及总股本达6.4亿元。

科研平台建设　2016年，中大获准建设国家国际科技合作基地1个，国家工程实验室（共建）1个，广东省重点实验室2个，广东省工程技术研究开发中心12个（见表4-4-1）。

表4-4-1　中山大学新增省部级以上科研平台（2016年）

序号	建设单位（院/系）	名　称
1	中山大学孙逸仙纪念医院	长非编码RNA与重大疾病国际合作基地
2	电子与信息工程学院	AMOLED工艺技术国家工程实验室（共建）
3	环境科学与工程学院	广东省气候变化与自然灾害研究重点实验室
4	中山大学附属第一医院	广东省骨科学重点实验室
5	物理学院	广东省绿色电力变换及智能控制工程技术研究中心
6	化学学院	广东省环保功能油墨工程技术研究中心

（续上表）

序号	建设单位（院/系）	名称
7	化学工程与技术学院	广东省先进热控材料与系统集成工程技术研究中心
8	环境科学与工程学院	广东省土壤重金属污染修复工程技术研究中心
9	中山大学附属第三医院	广东省细胞治疗工程技术研究中心
10	中山大学孙逸仙纪念医院	广东省乳腺肿瘤精准诊断和治疗工程技术研究中心
11	中山大学孙逸仙纪念医院	广东省康复与养老工程技术研究中心
12	中山大学肿瘤防治中心	广东省肿瘤精准医学工程技术研究中心
13	中山医学院	广东省媒介生物防控工程技术研究中心
14	中山医学院	广东省法医学转化医学工程技术研究中心
15	中山医学院	广东省精准医学大数据工程技术研究中心
16	中山医学院	广东省基因操作与生物大分子产物工程技术研究中心

由中山大学牵头的中国引力波探测工程“天琴计划”将以引力波研究为中心，开展空间引力波探测计划任务的预先研究，制定中国空间引力波探测计划的实施方案和路线图，并开展关键技术研究。“天琴计划”将分4阶段实施，完成全部4个子计划，大约需要20年的时间。“天琴计划”重大科技基础设施建设稳步推进，已得到科技部、教育部、国家基金委、广东省和珠海市多个单位的大力支持，获得资助经费超过3 000万元，“天琴计划”已作为后备项目进入国家发改委《国家重大科技基础设施“十三五”规划》。

6 000t级海洋综合科考实习船项目的可研报告已获教育部批复，进入正式建设阶段，预计2019年年底下水，2020年上半年正式启用。与此同时，中大出资租船，在2016年夏季启动首次南海科学考察。从2016年开始，到科考船建成之前，学校每年将租船开展两次南海科考。

南海研究院大科研平台建设方案已获得广东省领导批示，由广东省政府与中大共同牵头，联合各方力量，建设南海研究院，培育国家实验室，广东省将每年给予稳定的建设经费投入。

在精准医学方面，2016年中大投入4 500万元，建设精准医学大数据中心和3个样本库示范库，样本库建设已取得阶段性进展；获批5项精准医学重点研发计划，批准经费4 860万元，同时获省科技厅批准认定为省工程技术研究中心。

国家超级计算广州中心2012年落户中大后，在大科学、大工程、新产业方面进行了一系列布局，在超算应用方面取得重要进展，领域涵盖了天文宇宙科学研究、大气海洋环境研究、工业设计制造、新能源新材料开发利用、生物医药与健康医疗、智慧城市等，在支撑学校科研、服务广东创新驱动发展的作用日益突显。截至2016年年底，超算中心服务用户数达到1 692家，全系统利用率约84.5%。

科技人才 2016年，中大宋尔卫教授团队获国家自然科学基金创新研究群体；栾天罡教授、石明教授获国家自然科学基金杰出青年科学基金资助；宋亮副教授等14人获优秀青年科学基金资助。

产学研工作 2016年，中大积极与省发改委等省直机构、各市区建立合作关系，推进与广东省人大常委会办公厅、阳江、湛江、中山、东莞、广东中烟、珠海和田集团、海格集团等校地校企合作。

9月9日，中大与广州市海珠区政府共建中大国际创新谷启动区、海珠湿地生态科学园合作框架协议签约仪式在海珠区举行。启动区首期场地已选定，总面积约10 000m^2。

10月17日，中大与广东省发改委联合共建广东创新驱动发展研究院揭牌仪式在中大举行。广东创新驱动发展研究院是省发展改革委、中大贯彻落实省委、省政府创新驱动发展工作部署的具体行动，近期的重点工作是要抓紧建设广东创新驱动发展数据库、编制《2015年广东创新蓝皮书》以及开展创新驱动发展前瞻性研究。中长期要汇聚一大批创新型人才，打造政校合作新亮点，成为省委、省政府创新驱动发展的重要思想库和智囊团，为广东省创新驱动发展战略提供智力支持和决策服务。

11月16日，光明新区管理委员会与中大签订了《全面推进产学研合作框架合作协议》。光明新区将依托中大的人才与智力资源，在科技及成果转化领域、决策咨询服务领域、人才培训领域等三大领域开展合作，通过建立产业联盟、共建科技成果转化基地和创新创业基地、开展相关发展战略和政策研究、建设学生创新创业基地、开展人才继续教育与培训工作等途径开展多种形式的合作。惠州研究院获得2016年中国产学研合作创新奖（个人和单位），被授予中国产学研合作创新示范基地的资格。深圳研究院申报的广东省健康生活工程技术研究中心被正式认定为广东省工程技术研究中心。顺德太阳能研究院与德国莱茵公司正式建立战略合作关系。花都研究院被正式认定为广东省新型研发机构。至此，中大所有在运行的地方研究院全部获得新型研发机构资格。

（中山大学　徐　静）

【华南理工大学】　2016年，华南理工大学（以下简称“华南理工”）紧密围绕建设高水平研究型大学的目标，以国家、广东省重大科技需求为导向，开拓创新，加大了重大项目、重要奖励、重点基地和高层次人才争取工作的组织策划力度，科技创新能力进一步增强，科研综合实力进一步提高。

科研项目与经费　2016年，华南理工新增科研项目超过2 800项，到校科研项目经费超过21亿元。在基础研究方面，华南理工获国家自然科学基金项目231项，资助总经费超过2亿元，其中获批国家自然科学基金创新研究群体项目1项；在工材学部三大材料学科获项目经费2 842万元，居全国高校第1；获批国家重大科研仪器研制项目3项，在全国高校排第2位。在应用研究方面，牵头承担2016年度国家重点研发计划项目4项，课题21项，经费超过2.5亿，处于全国高校前列。牵头承担各类省市科技项目超200项，经费超2亿元，其中牵头承担省级重大科技项目（应用型科技研发专项、前沿与关键技术创新专项等）经费超1亿元，位居广东高校首位。在横向科技合作方面，承担企事业单位委托项目超过1 300项。

科技队伍建设　截至2016年年底，华南理工拥有中国科学院院士4人，中国工程院院士5人，双聘院士24人，国家教学名师5人，“长江学者”特聘教授26人，“973计划”首席科学家7人，国家杰出青年科学基金获得者37人，国家优秀青年科学基金获得者17人，国家中青年科技创新领军人才12人，“广东特支计划”科技创新领军人才11人，“广东特支计划”科技创新青年拔尖人才38人，广东省自然科学杰出青年基金获得者31人；国家自然科学基金创新研究群体2个，科技部重点领域创新团队1个，教育部创新团队10个，广东省创新科研团队3个，广东省自然科学基金团队25个。

科研成果　2016年度，华南理工获部省级以上自然科学类科技奖励34项（见表4-4-2）。其中获国家科学技术奖3项，其中自然科学奖、技术发明奖、科技进步奖各1项；获高等学校科学研究优秀成果奖（科学技术）5项，其中一等奖3项、二等奖2项；获2016年度广东省科学技术奖突出贡献奖1项，这是华南理工获得的第3个广东省科学技术奖突出贡献奖；获2016年度广东省科学技术奖17项，其中一等奖6项、二等奖5项、三等奖6项；获2016年度广州市科学技术奖8项，其中二等奖5项、三等奖3项。

表4-4-2　2016年度华南理工部分获奖项目

序号	项目名称	负责人	获奖类别
1	复杂表面热功能结构形貌特征设计与可控制造关键技术	汤　勇	国家科技进步奖二等奖
2	工程结构抗灾可靠性设计的概率密度演化理论*	吴建营	国家自然科学奖二等奖
3	木质纤维生物质多级资源化利用关键技术及应用*	许　凤	国家技术发明奖二等奖

（续上表）

序号	项目名称	负责人	获奖类别
4	基于复相结构的低成本高性能镍氢动力电池负极材料	朱　敏	高等学校科学研究优秀成果奖（科学技术）一等奖
5	再生混合混凝土结构关键技术及工程应用	吴　波	高等学校科学研究优秀成果奖（科学技术）一等奖
6	介质谐振器天线的理论与应用技术*	潘咏梅	高等学校科学研究优秀成果奖（科学技术）一等奖
7	吴硕贤		广东省科学技术奖突出贡献奖
8	地域文化与绿色技术交融的建筑创新理论与实践	何镜堂	广东省科学技术奖一等奖
9	脑信号分析算法与非侵入式脑机接口研究	李远清	广东省科学技术奖一等奖
10	金属有机骨架材料的改性及其催化应用基础研究	李映伟	广东省科学技术奖一等奖
11	高白度日用玻璃陶瓷制品的关键技术及产业化*	彭　诚	广东省科学技术奖一等奖
12	中草药活性多糖快速筛选、制备关键技术及产业化应用*	赵谋明	广东省科学技术奖一等奖
13	钢桥面高性能铺装关键技术研究及工程应用*	张肖宁	广东省科学技术奖一等奖

注：*表示华南理工为非牵头单位

据2016年中国科学技术信息研究所公布结果显示，华南理工有2篇SCI收录论文入选2006—2016年我国高被引论文中被引次数最高的10篇论文，被引次数分别排名第1及第7位，成为全国唯一1所入选2篇论文的高校；1篇SCI收录论文入选“2015年中国百篇最具影响国际学术论文”；2015年发表“表现不俗”论文（即论文发表后的影响力超过其所在学科的一般水平）994篇，占SCI收录论文总数的44.8%，该比例在表现不俗论文数前30名的高校中排名第8。2015年度华南理工被SCI、EI和CPCI-S索引收录论文5 165篇，其中SCI索引收录2 219篇，比2014年度增长15.8%，在全国高等院校中排名第22；EI索引收录2 750篇，在全国高等院校中排名第8位。曹镛、叶轩立、吴宏滨、黄飞、马东阁等5人以华南理工为第一单位入选2016全球高被引科学家（Highly Cited Researchers 2016），入选人数在内地高校排名第4位，其中材料领域入选高被引科学家数量居全国第1位。

产学研工作　2016年，华南理工积极拓宽渠道，进一步提升服务地方产业能力，企业委托科研项目数、经费数、科技成果应用及转化率，稳居广东高校榜首，在《2016中国高校创新发展报告》中位列“中国高校产学共创排行榜”第12位。2016年，华南理工选派了59名科技特派员参与到企业的科技创新工作；与5家行业重点企业共建智能装备工程、精密减速器理论与应用、超细高分子粉体复合材料等5个校企联合实验室；联合美的集团、明阳风电、赛莱拉、电科院等行业龙头企业新建干细胞与精准医疗、增材制造、特殊环境电力装备等领域的15个广东省产业技术创新联盟；与株洲时代新材料科技股份有限公司、株洲中车时代高新投资公司合作推进芳纶纸项目产业化，华南理工科技成果作价6 684万元、占总股份的25%，学校所持股份的80%直接奖励成果完成人团队。

2016年，华南理工进一步深化校地合作，依托校地联合创新平台与广州、东莞、珠海、中山等地市政府在人才培养、成果转化、企业孵化等领域继续加强交流与合作。广州现代产业技术研究院建成了9个研发中心、4个示范基地及13条中试生产线，孵化21家科技型企业，其中1家已经在新三板上市；华南协同创新研究院获批广东省博士后创新实践基地和东莞市科技成果转化实施试点单位；珠海现代产业创新研究院获批建设“国家级众创空间”“广东省新型研发机构”“广东省众创空间试点单位”及“广东省生物医学传热工程技术研究中心”等4个创新或创业平台；中新国际联合研究院一期将围绕新能源、污染控制与环境修复、生物医药、建筑与智慧城市建设、食品与安全等领域搭建五个研发与产业化平台；中山市华南理工大学现代产业技术研究院继续推进智能机器人等五大研发平台建设，获“中山市产学研合作优秀奖”“中山市新型研发机构优秀奖”“广东省联合培养研究生示范基地”等荣誉、称号。

知识产权工作　2016年，华南理工的“一种LED集中式直流供电系统及其运行方法”“一种高磺化度高分子量木质素基高效减水剂及其制备方法”和“一种羟基聚丙烯酸酯水分散体的制备方法及含有羟基聚丙烯酸酯水分散体的水性涂料”等3项专利荣获第18届中国专利奖。自2009年以来，华南理工获得中国专利奖数量达21项（金奖1项），获奖总数位居全国高校首位。此外，专利“超声协同养晶的果汁冷冻浓缩方法与设备”荣获广东专利奖金奖，专利“一种LED集中式直流供电系统及其运行方法”“一种多效合一水性无机—有机杂化建筑涂料及其制备方法”获广东专利优秀奖。2009年以来，华南理工共获广东专利金奖7项，优秀奖7项，广东发明人奖2项，均排名全省高校首位。

2016年，华南理工申请专利3 323件，其中发明专利2 342件；申请国际专利（PCT）73件；授权专利2 020件，其中发明专利1 107件。截至2016年年底，华南理工的有效发明专利达3 770件。2016年，发明专利公开量位居全国高校第3位，PCT申请量、发明专利授权量和有效发明专利拥有量均排名全国高校第6位。据广东省知识产权局统计数据显示，2016年该校专利授权量和发明专利授权量分别占全省大专院校授权量的26.1%和37.1%，均排名全省高校首位。

科研平台建设　2016年，新增23个部省级以上科研机构，使得该校部省级及以上自然科学类科研机构增至132个。其中，组建“挥发性有机物污染治理技术与装备国家工程实验室”等3个国家级科研机构，使得该校自然科学类国家级科研机构增至21个；新增19个广东省工程技术研究中心。

表4-4-3　华南理工大学新增省部级以上科研平台（2016年）

序号	校内建设单位	名称
1	环境与能源学院	挥发性有机污染物污染治理技术与装备国家工程实验室
2	环境与能源学院	农田土壤污染防控与修复技术国家工程实验室
3	食品科学与工程学院	食品营养与健康学科创新引智基地
4	材料科学与工程学院	广东省先进储能材料工程技术研究中心
5	建筑学院	广东省建筑节能工程技术研究中心
6	土木与交通学院	广东省亚热带道路工程技术研究中心
7	建筑学院	广东省可持续建筑与城市设计工程技术研究中心
8	化学与化工学院	广东省先进涂层工程技术研究中心
9	食品科学与工程学院	广东省冷链食品智能感知与过程控制工程技术研究中心
10	电力学院	广东省能源高效低污染转化工程技术研究中心
11	环境与能源学院	广东省环境纳米材料工程技术研究中心
12	设计学院	广东省人机交互设计工程技术研究中心
13	电子与信息学院	广东省人体数据科学工程技术研究中心
14	经济与贸易学院	广东省供应链金融工程技术研究中心
15	机械与汽车工程学院	广东省特种焊接技术与装备工程技术研究中心

（续上表）

序号	校内建设单位	名称
16	机械与汽车工程学院	广东省机器人及系统集成工程技术研究中心
17	自动化科学与工程学院	广东省无人机系统工程技术研究中心
18	电力学院	广东省智能能源网微自动化工程技术研究中心
19	化学与化工学院	广东省创新制药工艺和过程控制工程技术研究中心
20	轻工科学与工程学院	广东省过滤与湿法无纺复合材料工程技术研究中心
21	广州华工信息软件有限公司	广东省交通电子支付工程技术研究中心
22	华南理工大学珠海现代产业创新研究院	广东省生物医学传热工程技术研究中心
23	电子与信息学院	广州市人体数据科学重点实验室

科技交流与合作　2016年，华南理工主办或承办13次大型国际学术会议、17次全国性大型学术会议。

5月14—15日，2016年智能科学与大数据工程国际会议在广州召开，会议由IScIDE执委会、中山大学和华南理工大学共同主办，由华南理工大学承办，包括中国科学院院士、“长江学者”特聘教授、杰青等在内的260多位专家学者参加。会议共收到学术论文130余篇，邀请了10多位国内外智能科学与大数据领域的专家，围绕信息理论和贝叶斯方法、概率图模型、神经网络和神经信息学、生物信息学和计算生物学、模式识别和计算机视觉、信号处理和图像处理、生物医学信号处理、机器学习和人工智能、数据挖掘和信息检索、语音识别和自然语言处理、大数据分析和脑机接口等主题作了相关报告。

6月26日—7月1日，2016年国际合成金属科学与技术会议在广州召开。会议由华南理工大学发光材料与器件国家重点实验室主办，来自35个国家和地区的高等院校和科研院所的1 430位专家学者与科技人员出席，其中国外的参会人数比例约40%。大会围绕“有机光电功能材料与器件——能源信息科学的明日之星”主题，分为12个议题，基本上涵盖了关于有机功能材料的所有研究热点。会议安排12场大会报告，143场邀请报告，153场口头报告，展出墙报668篇。

10月15—17日，2016中国转化医学大会在深圳召开。会议由中国转化医学联盟、中国精准医学学会（筹）主办，华南理工大学医学院和广东省转化医学学会等联合承办，来自国内外的专家学者、政府领导、行业协会/学会负责人、医务工作者、企业代表、投资人和媒体嘉宾等近1 500名代表参加。大会以“转化·精准·创新·创业”为主题，旨在探讨转化医学未来发展路径，加强我国基础和临床应用之间的合作交流，逐步完善成果转化的市场推动机制。会议汇集主题报告、高峰论坛、项目对接座谈会、产品展览、优秀论文评选和专利技术展示六大板块，共安排了11个大会学术报告、2个卫星报告、4个分论坛33个专题报告讲座，论文交流250多篇。国际转化医学协会主席、美国国立卫生研究院（NIH）FRANCESCO M. MARINCOLA教授，中国科学院院士、南方医科大学姚开泰教授等13位海内外知名专家学者分别从国内国外医学转化推进工作的重要影响，转化医学当中临床医学与基础研究的关系和重要性，癌症免疫反应及分子机理、精准医学及高通量测序在癌症诊断中的应用、生育研究等方面进行了报告演讲。

11月7—9日，第五届制浆造纸新技术国际研讨会暨第三届造纸与环境国际会议在广州召开。会议由华南理工大学、天津科技大学和南京林业大学联合主办，来自美国、加拿大、日本、芬兰、瑞典、韩国、伊朗、马来西亚等国家和地区以及国内高校和科研院所及企业共500余名专家学者参会。会议针对国际制浆造纸领域的最新科学技术进行交流和讨论，主题涵盖造纸技术、植物纤维化学、纸张涂布、废水处理、印刷技术、生物质精炼技术及纳米纤维素功能材料等。大会共设3个分会场，近90个学术报告集中展示了制浆造纸科学与技术领域的最新研究成果，会议收录论文共336篇。

11月11—13日，第五届传热与节能国际研讨会暨2016年中国工程热物理学会多相流学术会议在广州举行。会议由中国工程热物理学会主办，华南理工大学承办。来自中国、加拿大、日本等国内外的150多位代表参会。会议主题为传热节能与多相流，议题涵盖强化传热技术、新型换热器、传质强化与能源材料、空调制冷、蓄能等。除两场大会报告外，共设有17个口头报告分会场及2个展板报告会场。其中第五届传热与节能国际研讨会口头报告33项，展板报告62项；国家自然科学基金进展交流口头汇报10项，展报交流51项；多相流学术会议交流论文335篇，包括口头报告交流227篇，展板报告交流108篇。此外大会评选推荐了“青年优秀论文奖”10项。

12月15—17日，第四届亚洲机构与机器科学暨2016中国机构与机器科学国际会议在广州举行。会议由华南理工大学承办，来自美国、德国、印度、日本、以色列等国家和地区的204名专家学者参加。会议设4个报告厅，22个分会场，接收论文123篇，内容涵盖机器人的路径规划、机械臂的设计、并联机器人、工业机器人、机构设计、可重构机构、运动学、动力学、传感器、驱动器以及铰链的设计、柔顺机构、关节间隙以及齿轮传动等研究热点。与会代表针对机构与机器科学领域相关理论、分析、设计、系统、历史以及教育等方面展开广泛深入的研讨与交流。

（华南理工大学　杨　军）

【暨南大学】　2016年，暨南大学（以下简称“暨大”）继续围绕“搭大平台、组大团队、拿大项目、出大成果”的发展思路，以“高水平大学建设”为抓手，以服务创新驱动发展战略为导向，通过创新科研管理体制、优化资源配资、以重大项目为牵引组建交叉学科群、扎实推进科研工作，取得多项突破。

科研项目与经费　2016年，暨大科研项目经费4.72亿元，国家自然科学基金立项项目156项，获经费7 591.3万元，其中，重点项目3项、重大研究计划重点支持项目3项、优秀青年科学基金2项；获批国家重点研发计划课题4项，资助金额为1 883万元；广东省自然科学基金78项，经费1 600万元，其中团队项目1项、杰出青年基金5项、重点项目4项；广东省科技计划项目54项，经费7 030万元，其中获批应用型科技研发及重大科技成果转化项目5项，每项经费800万元；国家“万人计划”科技创新领军人才项目2项、“广东省特支计划”科技创新领军人才项目3项、“广东省特支计划”科技创新青年拔尖人才资助项目5项；广州市科技计划项目科学研究专项项目25项、民生专项10项、对外科技合作项目8项、珠江科技新星9项，总获资助经费3 170万元；获批其他厅局级项目经费285.5万元；中央高校基本科研业务费1 710万元；签订横向项目204项，总经费1.2亿元。

科研平台建设　截至2016年年底，暨大共有省部级及以上重点实验室（工程中心）55个，境外联合实验室14个。2016年，该校平台建设有了新的突破：（1）与香港中文大学联合共建的“再生医学教育部重点实验室”顺利通过教育部验收，正式挂牌运行；（2）获批高性能金属耐磨材料技术国家地方联合工程研究中心（广东）；（3）新增“广东省中药药效物质基础与创新药物研究重点实验室”“广东省环境污染与健康重点实验室”等2个广东省重点实验室，共获批600万元；（4）新增“广州市真空薄膜技术与新能源材料重点实验室”“可见光通信工程技术重点实验室”等2个广州市重点实验室，共获批400万元；（5）获批12个广东省工程研究中心。

产学研工作　暨大新建2个地方研究院：惠州暨南大学研究院、肇庆暨南大学绿色发展研究院。东莞暨南大学研究院被认定为广东省新型研发机构，已孵化成立了2家公司，发起成立了“松山湖国际生物医药产业基金”，相关团队在2016年第5届中国创新创业大赛（广东·东莞赛区）中获得了总决赛冠军和亚军。该校与宁国市政府签署了合作协议，共建“高性能金属耐磨材料技术国家地方联合工程研究中心宁国分中心”；与佛山顺德、南海签订了产学研合作协议；与梅州市农业局合作共建“世界富硒长寿产业联盟”；与汕尾、汕头等地方科技局达成科技成果转化联盟合作；还与广西投资集团和广州城发基金等2家企业签订战略合作协议，分别联合成立“暨南大学-中恒集团健康产业研究院”和“暨南大学城发基金城市发展投融资研究院”。

人才团队建设　2016年，暨大通过机制创新，包括人才引进政策、特区建设政策、考核评价政策和有效的资源配置，引导学科集群发展，在优势学科领域和方向上，形成具有较强特色和优势的科研组团和团队。较有代表性的有资源环境团队、创新药物团队、光电信息与传感技术团队、生物材料团队等，这些团队已成为该校争取重大重点项目的中坚力量，特别是团队中的青年人才成长迅速。青年人才作为科技发展重要的力量，暨大尤其重视对青年科技人才培育，在暨南大学科研培育与创新基金中设立了“青年基金”和“杰出人才培育项目”对该类人才进行重点培养，2人获国家自然科学基金优青；2人入选国家“万人计划”中青年科技创新领军人才；3人获“广东省特支计划”科技创新领军人才，5人获“广东省特支计划”科技创新青年拔尖人才资助；9人获珠江科技新星项目资助。

科技成果与专利　暨大获得了2016国际创新创业博览会高校科技成果转化示范奖，并获得2016年度的国家科技进步二等奖1项，中国专利奖优秀奖1项，广东省科学技术奖二等奖4项、三等奖1项。2016年专利申请188项，比2015年增长20.5%，授权专利108项。

科技交流与合作　为加强科研工作者的交流与沟通，促进创新思维和学科交叉，继续为老师搭建学术交流平台，暨大在2016年统筹组织了一系列学术沙龙活动（共177场），其中承办了第三届中国智能技术与大数据会议（CITBD）、珠三角光电产业与真空科技创新论坛暨广东省真空学会2016年学术年会、2016年中国细胞生物学学会免疫细胞生物学分会年会等，为科技工作者提供交流和沟通的平台。

（暨南大学　岑施颖）

【华南师范大学】　2016年，华南师范大学（以下简称“华南师大”）科技工作继续以高水平大学建设规划为引领，紧密围绕学校“三重一促”工作部署安排，加强重大项目、重大平台、重要成果奖励培育和产学研合作促进工作，在新形势新常态下积极探索科技创新发展的新思路、新方向和新举措。

科研项目与经费　2016年，华南师大获科技项目经费2.107亿元，经费连续2年突破2亿元。其中科技纵向项目经费1.8 756亿元，其中学校作为第一承担单位获批经费约1.61亿元；合作经费2 500多万元。横向实到科技经费2 314.59万元。国家自然科学项目共获批立项73项，经费4 668万元。首次获批国家国际科技合作基地1项；国家级重大重点项目获批连创佳绩：首次以首席单位获批国家重点研发计划项目1项，获批经费3 500万元；获批国家自然科学基金重点项目2项；获批国家重大科研仪器研制项目1项；获批重点国际（地区）合作研究项目1项；获批国家自然科学基金委与奥地利科学基金会合作研究项目1项；获批重点研发计划国际重点合作专项1项。

科研成果　华南师大获2016年度广东省科学技术奖二等奖1项、三等奖2项。其中，李伟善教授牵头完成的“纳米材料的可控合成、结构及其能源领域的应用”获得2016年度广东省科学技术奖二等奖，李丰果教授参与的“家用可移式LED灯具关键性能指标设计、评估及产业化”、黄瑞旺教授团队参与的“基于多模态磁共振影像技术探索药物成瘾的大脑功能和结构改变的系列研究”获2016年度广东省科学技术奖三等奖。

全校以第一单位发表三大索引收录论文1 405篇，其中SCI收录论文761篇、EI收录论文509篇、ISTP收录论文135篇。

知识产权工作　2016年，全校共申请专利454项（其中PCT国际专利5项，国内发明398项，实用新型47项，外观设计4项），同比增长27.5%；获得授权专利202项（其中国际专利授权2项，国内发明专利授权134项，实用新型61项，外观设计5项），同比增长23.2%；获计算机软件著作权80项。组织开展“知识产权贯标动员大会暨知识产权专员聘任仪式”和“知识产权专题讲座及知识展览”等系列活动。

产学研工作　2016年，华南师范大学与肇庆市人民政府签订共建“肇庆市华师大光电产业研究院”。研究院将紧密结合肇庆市产业经济发展规划和现实需求，依托该校现有的高端科技平台、人才、成果和产业等优势资源，进行先进光电技术集成开发、成果中试和企业孵化，逐步建成国家级或省部级高层次科研平台。研究院占地共2万m^2，土地2.67hm^2，安排启动费2 000万元，5年运行经费4 000万元。

该校在云南省设立周国富专家工作站，挂靠云南师范大学，获批资助经费180万元。2016年，该校与广东省8家高新技术企业共建产学研结合示范基地，共签订协议合同超过400万元；派出企业科技特派员近50名，为50家科技企业输送科技咨询、技术培训、技术开发等服务。

科研平台建设　2016年，新增广东省工程技术研究中心3个（广东省教育测评大数据工程技术研究中心、广东省光电智能信息感知工程技术研究中心、广东省药食生物资源加工及综合利用工程技术研究中心），广州市重点实验室2个（广州市特种光纤光子器件重点实验室、广州市亚热带生物多样性与环境生物监测重点实验室）。

科技交流与合作　2016年，华南师大主办“睡眠与心身健康国际会议、第六届全国临床心理科建设与发展论坛”“2016广东省人力资源研究会年会暨互联网+HR高峰论坛”等大型学术活动47场，其中9场新世纪论坛。

11月12日，由广东省人力资源研究会、华南师大主办的2016广东省人力资源研究会年会暨互联网+HR高峰论坛在华南师大隆重举行。广东省人力资源研究会年会是年度行业盛会，本次会议结合人力资源政策发展热点与方向，深入把握当下互联网与人力资源管理与服务的融合，来自广州、深圳、佛山等地的500多名领导、知名学者、企业高管、人力资源服务者、嘉宾和会员代表出席了大会，包括广东省20多所高校以及100余家企业和社团组织。

11月19—20日，由华南师大中国睡眠研究会、中国医师协会精神科医师分会睡眠医学工作委员会、中国睡眠研究会睡眠与心理卫生专业委员会、广东省心理健康协会、广东省精神卫生中心、广东省人民医院共同主办的2016年“睡眠与心身健康国际会议、第六届全国临床心理科建设与发展论坛”在华南师大召开。来自中国以及美国、德国、法国等国家和地区的20多位专家学者以及来自全国各地的心理学和睡眠医学的工作者300余人参加了本次会议。本次国际会议秉承严谨创新、有容乃大的学术精神，立足心理学与睡眠医学，涵盖心身医学、及社会心理学领域，通过大会报告、专题论坛、主题讲座、卫星会等多种形式，带来了最新的睡眠研究进展、扎实的专业技能展示，力求推动我国精神和心理卫生工作向前发展，促进各地心理学和睡眠医学交流与合作。

（华南师范大学科技处　张　雯）

【华南农业大学】　2016年，华南农业大学（以下简称“华农”）以满足国家重大需求为目标，以服务农业和广东社会经济发展为立足点，不断深化科研体制机制改革，科技创新能力和服务社会的能力进一步增强。

科研经费和项目　2016年，到位经费共计5.95亿元，创历史新高。自然科学类到位科研经费5.04亿元，其中，纵向项目经费40 206.84万元，横向项目经费9 522.01万元。

全年新增纵向科技立项项目549项，合同经费44 893万元；牵头承担国家重点研发计划项目3项，获批主持课题14项，获资助经费超2亿元。国家自然科学基金立项数创历史新高，共立项125项，获资助经费5 584万元。农业部转基因生物新品种培育重大专项获得滚动支持，合同经费3 084.73万元；获批农业部各类项目51项，合同经费4 669.5万元；获批省科技计划项目96项，合同经费3 345万元，其中广东省应用研发专项和前沿与关键技术创新各获批1项，立项经费800万元。

全年共签订横向科技合同535项，合同金额9 357.17万元，其中，合同金额500万元及以上的3项、合同超过300万元的4项；签订技术转让及专利许可实施合同28项、技术合同认定21项、共建合作平台7个。

科技平台和团队建设　2016年，华农科研平台建设及国家标志性人才数量取得新突破。由国家“千人计划”特聘专家兰玉彬教授牵头与美国农业部农业航空应用技术研究所共建的“精准农业航空施药技术国际联合研究中心”获得科技部立项，实现该校国家级国际合作平台零的突破。同时，“木本饲料研发中心”和“兽药安全评价与创新研发中心”获得广东省农业厅创新平台立项。是年，华农新增7个省部级以上平台，分别为：畜禽产品精准加工与安全控制技术国家地方联合工程研究中心（广东）、国家精准农业航空施药技术国际联合研究中心、农业部人畜共患病重点实验室、广东省蔬菜工程技术研究中心、广东省家具工程技术研究中心、广东省农田土壤污染防控工程技术研究中心、南方水稻生产全程机械化科研基地。

3人入选国家“万人计划”科技创新领军人才，1人获批“国家杰出青年科学基金”，1人获批“国家优秀青年科学基金”，3人入选广东省产业技术体系首席专家，30人入选广东省产业技术体系岗位专家。“农业智能装备与全程机械化”和“农产品质量安全”2个共性关键技术创新团队首次获批建设。

科技成果　2016年，华农共获得各级科技奖励41项。华农主持的26项获奖项目中，获2015年度广东省科学技术奖一等奖1项、二等奖2项、三等奖6项，获2015年度高等学校科学研究优秀成果奖二等奖1项，获2014年度广东省农业技术推广奖一等奖3项、二等奖5项，获2015年广州市科学技术市长奖1项、广州市科学技术奖二等奖2项、三等奖1项，获全国农牧渔业丰收奖一等奖2项，二等奖1项，获国家地理信息科技进步奖二等奖1项。

共发表各类论文4 460篇，其中SCI、SSCI、EI三大索引收录论文1 374篇。在*Chemical Society Reviews*、*Lancet Infect*、*Advanced Materials*、*Cell Research*、*ACS Nano*、*Nature Microbiology*等JCR 1区且影响因子大于10以上的高水平学术刊物上发表论文8篇。

知识产权工作　2016年，华农共申请并获得受理的知识产权718件；获得知识产权授权338件，其中发明专利授权173件、实用新型专利授权54件、外观设计授权7件、软件著作权登记104件；获得植物新品种权13件；通过审定的植物新品种20个。

产学研工作　2016年，华农构建了华农（肇庆）生物产业技术研究院，这是由肇庆市政府、华南农业大学和大华农公司三方共建，华农参与建设的第一个新型研发机构。华农根据研究院的发展需求在技术成果、人员派驻和政策保障等方面给予大力支持，进一步推动科技成果的转化应用，激发科技创新活力和发展动力，努力将研究院建设成为立足肇庆、服务全省乃至全国，集科技研发、技术创新、成果转化和企业孵化于一体的国内一流公共平台。

构建了华农（潮州）食品研究院。10月9日，潮州市人民政府与华南农业大学产学研合作签约仪式暨广东展翠食品股份有限公司与华南农业大学合作共建“华农（潮州）食品研究院”签约仪式在潮州市举行。华农（潮州）食品研究院将坚持立足潮州、服务全省乃至辐射全国，共同推动研究院建设，努力将研究院建成集科技研发、技术创新、成果转化和企业孵化于一体的开放性公共平台。

构建了华农中合三农产业技术研究院等新型研发机构。11月28日，中合三农（广东）集团有限公司与华南农业大学举行签约仪式在华南农业大学举行，“农中合三农产业技术研究院”正式揭牌成立。华农与中合三农（广东）集团将加快合作步伐，真正发挥产业技术研究院的作用，融合双方优势，凝练一批项目，合力做好服务三农、精准扶贫等工作。

组建了群体微生物研究中心和中英环境科学研究中心（国家联合实验室）。7月6日，英国兰卡斯特大学、中国科学院广州地球化学研究所与华南农业大学合作共建的中英环境科学研究中心（国际联合实验室）签约暨揭牌仪式在华南农业大学举行。国际联合实验室将依托华南农业大学的农业资源与环境、林业生态学等学科，兰卡斯特大学环境中心和中国科学院环境地球化学学科优势力量，围绕国际农业环境热点问题，以土壤、水环境、绿色采矿和新能源技术为重点，以建设国家级农业环境平台为目标，组织中英高层次科学家，深入开展科研、教学和平台建设。

组织该校科技成果参加了第十九届中国北京国际科技产业博览会、第二届中国创新科技成果交易会、国家“十二五”科技创新成就展等11次展览。该校于5月成立华南农业大学技术成果转移转化中心，负责统筹推进全校技术成果的转移转化工作。

科技交流与合作　2016年，华农共举办学术会议260多场。

6月20日，由广东省科学技术协会、广东院士联络中心和华南农业大学共同主办，华南农业大学科协、华南农业大学海洋学院共同承办的第76期广东院士讲坛——“海洋生物资源保护与利用”在华南农业大学召开。该论坛邀请了37位国内外海洋生物资源保护与利用方面的知名专家学者出席。会上，华南农业大学海洋学院举行了揭牌仪式，同时还举行了华南农业大学海洋学院与新加坡国立大学热带海洋研究所、香港科技大学海岸海洋研究室共建国际联合实验室合作框架协议签字仪式。

组织参加第六届国际硒研讨会暨世界富硒长寿产业联盟大会、2016中韩（广东）科技发展战略及管理创新研讨会、2016天河区创新创业大会等，推动技术成果与产业有效对接；华农食品学院成功申报广东省科协首批海智计划工作站，为该校集聚国际化人才和海外创新资源搭建了新平台；加强与广东省、广州市科协的交流与合作，申报“中国科协科学道德和学风建设宣讲教育示范活动”项目并获立项资助。

（华南农业大学科技处　毛苑菁　谢洁芬）

【南方医科大学】 2016年，南方医科大学紧紧围绕高水平大学建设目标，实施创新驱动发展战略，在国家级重大项目、国家科技奖励、公共科技服务平台、获授权发明专利等方面取得新突破，科技综合实力显著增强。

科技创新环境建设　强化科技创新制度建设，制定了《南方医科大学深化科研体制机制改革实施方案》，把体制机制创新作为学校科技发展的源动力，重新修订和制定规范性管理文件，完善学术委员会运行机制，弘扬科学精神。着力抓好创新源头培育，实施“国家自然科学基金项目申报专家帮扶计划”和“科研启动计划”，在“科研启动计划”中设立青年科技人员培育项目、基础研究前期启动项目、创新驱动项目、留学回校人员扶持类项目等4个类别，在创新链的起始端做好培育扶持。积极推进基础临床深度融合，出台《关于实施“附属医院科研能力提升计划”的决定》，实施了附属医院临床研究启动计划和基础公共科研平台建设奖补计划等一系列举措。加强和规范科研项目经费管理，出台了《南方医科大学科研项目间接费用管理办法》，提高间接费用使用效益，充分调动教职工从事科技创新的积极性。

科技项目和经费　2016年，该校获各类科研项目600项，经费5.384亿元，承担项目数和经费数创历史新高。获国家自然科学基金立项217项，在全国高校中排名28位，在全国独立医科大学排名中位列第4，在广东省高校中位列第2。牵头承担了首批国家重点研发计划项目2项，累计承担国家级重大、重点项目15项，省部级重大重点项目13项；新增国家杰青、国家优青各1名。

科技平台建设　投入资金近1亿元，组建了约3 000m^{2}的中心实验室，搭建了大型仪器资源共享网络平台，均已对外开放运行。中心实验室涵盖了物质结构分析技术、蛋白质技术、细胞学技术、形态学实验技术、医学成像技术等五大技术功能，为全校的科技创新提供强有力的技术支撑。SPF级动物实验中心运行良好，占地面积1 080m^2，设有实验室21间。2016年，该校新增省级科研平台7个；共有14家广东省重点实验室参加了广东省重点实验室考评，其中优秀等级2家，良好等级5家，合格等级7家，考评成绩位于广东省高校前列，获得运行经费2 400万元。承担建设的2个省级协同创新中心在绩效考评中分别获得优秀和良好。组建了精神健康研究院、骨科研究院医学转化中心、医学3D打印研究所等重点研究平台，汇聚科技资源，使这些科技平台成为在区域内组织高水平科学研究、聚集和培养优秀科研人才的重要基地（见表4-4-4）。

表4-4-4　南方医科大学获批组建的科研平台（2016年）

序号	名称	类别
1	广东省肿瘤免疫治疗研究重点实验室	广东省重点实验室
2	广东省交通事故鉴定工程技术研究中心	广东省工程技术研究中心

（续上表）

序号	名称	类别
3	广东省重大疾病临床快速诊断生物传感工程技术研究中心	广东省工程技术研究中心
4	广东省电子数据证据服务工程技术研究中心	广东省工程技术研究中心
5	广东省实验小型猪种质资源建设暨检定用小型猪培育工程技术研究中心	广东省工程技术研究中心
6	广东省数字医学临床工程技术研究中心	广东省工程技术研究中心
7	广东省医学3D打印应用转化工程技术研究中心	广东省工程技术研究中心
8	广东省微创外科工程技术研究中心	广东省工程技术研究中心
9	广东省医学图像大数据深度挖掘工程技术研究中心	广东省工程技术研究中心
10	广东省医用放射成像系统工程技术研究中心	广东省工程技术研究中心
11	广东省中西医结合肝病工程技术研究中心	广东省工程技术研究中心
12	广东省心血管疾病生物医学工程技术研究中心	广东省工程技术研究中心
13	广东省医学大数据融合应用工程技术研究中心	广东省工程技术研究中心

科技成果与专利产出 2016年度，南方医科大学获得国家科技进步奖2项，广东省科学技术奖5项，其中，侯凡凡院士团队申报的“慢性肾脏病进展的机制及临床防治研究”获2016年度国家科技进步奖二等奖，高天明教授团队申报的“抗抑郁新靶点和新手段的研究”获得2016年度广东省科学技术一等奖（见表4-4-5）。侯金林教授获第七届全国优秀科技工作者称号。

专利申请数量保持稳定，2016年全校共申请专利154件，授权专利101项，其中授权发明专利63件，比2015年度增长28.6%，截至2016年年底，该校拥有的授权发明专利总数达261项。根据2016年中国科技信息研究所公布的资料，2015年该校发表的SCI收录论文1 098篇，在全国高校排名第55名。作为通讯作者、第一作者单位发表影响因子大于10的SCI收录论文16篇。

表4-4-5 南方医科大学获2016年度省级以上科技奖励项目情况

序号	项目名称	负责人	奖励类别
1	慢性肾脏病进展的机制和临床防治	侯凡凡	2016年度国家科技进步奖二等奖
2	慢性乙型肝炎诊疗体系的创新及关键技术推广应用	侯金林	2015年度国家科技进步奖二等奖
3	抗抑郁新靶点和新手段的研究	高天明	2016年度广东省科学技术奖一等奖
4	齿科氧化锆陶瓷材料的颜色调控技术及应用	邵龙泉	2016年度广东省科学技术奖二等奖
5	基于膜性概念的神经外科手术理论和实践	漆松涛	2016年度广东省科学技术奖二等奖
6	新型健康管理服务模式的集成创新与应用	戴　萌	2016年度广东省科学技术奖二等奖

科技交流与合作 该校先后承办了2016年中国腹腔镜胃肠外科研究组临床研究国际研讨会（CLASSIC 2016）、中国生物医学工程联合学术年会高层论坛等高层次学术会议，邀请了包括20余位两院院士在内的国内知名专家来校讲座交流50多场，进一步提升了学校的学术地位和影响力。《南方医科大学学报》荣获“2016年中国国际影响力优秀学术期刊”，荣获中国科技期刊最高荣誉奖——“百种中国杰出学术期刊”，综合评价得分位列全国医药大学学报类期刊第1，广东省所有学科学术期刊第1，中国各学科6 734种中英文期刊第10。

（南方医科大学　陈金源）

【广州中医药大学】 2016年，广州中医药大学在广大科研人员的共同努力下，科技工作取得了一定成绩，科研综合实力稳步提高。

科计划技项目　共获得国家自然科学基金资助68项，直接经费合计金额达2 742.5万元。其中，周华教授项目获得国家自然科学基金海外及港澳学者合作研究基金项目立项，邱士军教授项目获国家自然科学基金重大研究计划项目立项。共获得省自然、省科技计划立项51项，合计资助金额达1 525万元。另外，市科技计划获立项25项，经费1 150万元；省中医药局科技项目获立项115项，经费1 850万元。2016年共计承担横向合作项目74项，金额达1 388万元。

科研投入　2016年全校共投入8 047万元用于科研创新、科研平台和团队建设。在高水平大学和创新强校经费支持下，广州中医药大学在科研公共服务平台建设上大力投入，获得了跨越式的发展，截至2016年年底，共拥有六大公共服务平台：华南针灸研究中心、国际中医药转化医学研究所、中西医结合基础研究中心、创新中药研发公共服务平台、岭南医学研究中心、广东省中医药科学院。在学校科研平台的强大支撑下2016年组建11个科研团队，该校合计投入经费1 000万元，其中“国际中国医药转化医学研究”“中药资源创新研究”两个团队获得省教育厅2016年创新团队项目立项。

科研环境　为了创造良好的科研环境，广州中医药大学在制度建设、人才队伍培养、和科研平台管理方面积极拓展，锐意创新。为保障科研工作的持续发展，2016年学校完善了公共服务平台建设，实施公共服务平台的课题负责人（PI）制度和公共服务平台的助研岗位管理制度。截至2016年年底，已有19位PI入驻平台开展工作，与此同时科研平台的内涵建设也逐步展开，随着《广州中医药大学科研平台课题组负责人制度暂行管理办法》《公共服务平台仪器设备共享暂行办法》等管理办法的草拟和实施，该校优良的科研环境和浓烈学术氛围业已形成。

2016年度，广州中医药大学国际转化医学研究所、岭南医学研究中心与澳门科技大学合作申报了教育部“中医药防治肿瘤转化医学研究国际合作联合实验室”通过专家评审，获得立项建设。联合实验室现已组建成一支高水平的国际化人才队伍，形成了8个课题组，培养出一批高水平人才，已拥有教育部“长江学者”2名、海外杰青2名、国家外专局高端人才5名，“珠江学者”3名，青年“珠江学者”1名、广东省特支计划领军人才1名，广东省高等学校千百十国家级培养对象1名。

学术成果及转化　2016年，全校共申请专利51项，授权专利10项，1项版权专利。2016年度，该校在国内核心期刊发表论文1 760篇，其中SCI收录论文568篇，编写专著58部。2016年共组织成果鉴定5项，登记5项；申报国家科学技术奖2项，教育部高校优秀科学技术成果奖励2项，广东省科学技术奖5项，中华医学会科学技术奖励4项，教育部高校科学研究优秀科技成果奖励申报4项。第一附属医院冼绍祥教授获广东省丁颖科技奖；第二附属医院卢传坚教授团队“‘靶-效’关联多向药理学方法研究中药治疗难治性疾病的整合效应”项目获中华中医药学会科学进步奖三等奖；中药学院周联研究员参与的“中草药活性多糖快速筛选、制备关键技术及产业化应用”项目获广东省科学技术奖励一等奖，第二附属医院卢传坚教授团队“基于临床疗效的中药复方多成分多靶点多层次整合效应研究”项目获广东省科学技术奖二等奖。2016年，底紫花温肺颗粒获得国家中药新药临床批件并签订转让意向协议经费800万元，温胆片成功转让获得经费600万元。

产学研合作　广州中医药大学创新能力与科技水平近几年呈跨越式发展，为服务社会经济、服务地方发展做出了科研院校应有的担当。截至2016年年底该校与康美药业有限公司等企业达成全面战略合作协议，并在此基础上起草了共建康美研究院、康美康复医院等系列合作协议；另外，与广州市药材公司达成共建岭南中药炮制规范工程技术研究开发中心，与国家中成药工程技术研究中心（沈阳）达成共建国家中成药工程技术研究中心南药研发实验室，与广东丸美生物技术股份有限公司达成共建联合研发中心等多个校企联合实验室协议，与宝安区政府联合打造中医药创新之都及国家中医药综合改革试验区合作框架协议，与中山市华南现代中医药城开展中药产业协同创新框架协议，目前正在与赛莱拉干细胞公司开展科技合作项目。在为地方服务方面，该校与广州市工商联签订战略合作框架协议，与广州市科学技术协会达成广州科普一日游系列服务协议，为佛山市人民政府地方志办公室开展了佛山中医药历史文化研究整理服务。

学术交流活动　2016年广州中医药大学共举办各类学术讲座100余场，承办了“《广州大典》学术交流活动”“百名法学家百场报告会第二十七讲”等学术交流活动。

在国际学术交流方面，广中医代表团远赴南非等地开展交流、提供培训、弘扬中医药文化。最值得一提的是学校宋健平教授领衔的抗疟科研团队作为中国中医药与世界交流的一张名片，在国际医学舞台上持续为中医药发声。青蒿素因为诺奖的颁发而名声显赫，实际上，学校多年来一直坚持与东南亚国家、非洲国家合作开展抗疟研究，学校研制的复方青蒿素已被当作“国礼”赠送给许多非洲国家，在科摩罗国合作实施青蒿素复方快速清除疟疾项目，有效地遏制了当地疟疾流行，实现了该国历史上第一次疟疾零死亡，得到了世界卫生组织的充分肯定。2016年广州中医药大学抗疟科研团队继续奋战在科摩罗、柬埔寨等抗疟第一线，该团队将与圣多美和普林西比民主共和国、马拉维等国家进行学术交流提供科学援助。

（广州中医药大学　荣　嵘　蔡晓燕）

【广东工业大学】　2016年，广东工业大学围绕“高水平大学”建设的总目标，努力开拓科研发展新局面，在科研创新、平台团队建设、人才培育、社会服务及学术交流与合作等方面取得了多项突破。

科研项目和经费　2016年，广东工业大学到校科研经费6.3亿元，其中纵向经费3.8亿元，横向到校科研经费0.7亿元，校地协同创新科研经费1.8亿元。获国家自然科学基金立项114项，在全国排名83位，排名首次进入全国“百名榜单”；首次获得国家自然科学基金大数据科学中心项目，立项经费超500万元。获得国家社科基金项目7项，其中，首次获得国家社科基金重点项目；获得教育部人文社会科学研究一般项目11项，全国高校排名第44位；获广东联合基金项目1项，面上项目49项，青年基金55项。

科研平台和团队　2016年，“智能制造信息物理融合系统集成国家地方联合工程研究中心”获国家发改委批复立项建设。截至2016年年底，该校国家级创新平台数量达到4个；新增广东省工程技术研究中心18个，新增数量位居全省高校第1，总数位居全省高校第2。首次获得人文类省级重点实验室“工业企业大数据战略决策实验室”建设项目。省级协同创新中心“广东3C电子产品制造装备协同创新中心”中期绩效检查考核优秀；“广东省微纳加工技术与装备重点实验室”和“广东省物联网信息技术重点实验室”经考核为优秀。该校2016年度获批广东省引进创新团队3个，均为技术研发产业化团队，该类别立项数位居全省第1。引进国家、省级高层次人才24人，其中：共享院士1人，“国家杰出青年基金”获得者2人、教育部“长江学者奖励计划”入选者3人，中组部“千人计划”专家4人，中组部“千人计划”青年学者4人，“国家优秀青年基金”获得者2人，珠江学者7人，省杰青1人。

科研成果和专利　2016年，广东工业大学累计发表SCI收录论文726篇，其中SCII、II收录区论文327篇，约是2015年的1.5倍。公开发明专利申请1 256件，位居全国高校第15位。在科技成果奖励方面，该校获得2016年高等学校科学研究优秀成果奖（科学技术）自然科学一等奖2项；获2016年度广东省科学技术奖一等奖1项（连续4年获得广东省科学技术奖一等奖）；获第十八届中国专利优秀奖2项；获第四届广东专利金奖1项。科研成果“一种绝对光栅尺的滑车固定装置”以专利许可使用方式转让给企业，成果转化收益500万元，成为广东省经营性领域技术入股改革实施方案落地以来首个先试先行案例。

产学研合作　12月30日，广东工业大学与肇庆市端州区政府联合共建的端州广工大协同创新研究院正式揭牌成立，成为该校继与广州、东莞、佛山、惠州等地后第5个与地方联合共建的协同创新平台。该校与地方共建的协同创新同平台建设取得新进展：佛山市南海区广工大数控装备协同创新研究院和广州星海集成电路基地有限公司分别获得2015年度国家级科技企业孵化器认定，东莞华南设计创新院的“粤迪孵化器”和河源广工大协同创新研究院的“河源市创业孵化基地”获2016年度国家级科技企业孵化器培育单位认定。广东工业大学创客空间、河源广工大协同创新研究院的“河源广工大众创空间”和惠州市广工大物联网协同创新研究院有限公司的“智惠创客工场”等3个单位获得国家级众创空间认定；惠州市广工大物联网协同创新研究院有限公司的“智惠创客工场”获认定为2016年度广东省众创空间试点单位；广东华南工业设计院获首批“省级工业设计中心”认定。该校东莞华南设计创新院与粤科金融集团等合作成立总规模1亿元的创新基金，并与东莞市中小企业协会合作共建“机器换人”工程推进中心。

此外，广东工业大学先后与阳江市、云浮市高新区等签订战略合作协议，建立科技合作关系；响应国家科技入滇战略，与云南省科技厅、云南省工信委签订共建智能装备研究院合作协议，成为全国“科技入滇”的30所高校和科研院所之一。与广东省机器人协会、广东省生产力促进协会、东莞石龙镇商会等协会组织近10场校企合作对接；与东信车模、广州科密汽车电子、红鹏无人机等多家企业开展产学研合作对接，并与30多家高新技术企业签订了校企产学研合作基地和联合实验室等。该校2016年度横向科研项目经费7 110万元，组织申报广东省应用型科技研发项目获批6项，立项经费4 300万元，立项经费位居全省高校第2位。该校获得2016年广东省首届“产学研合作杰出贡献奖”。

军民融合　2016年，广东工业大学通过国家军工二级保密资格认证，成为全省第4个具有此资格的高校。该校与航天科技集团十二院携手共建的“广东国防科技工业技术产业化应用推广中心”获得省政府批复同意支持建设，省财政资助经费2亿元。

科技交流与合作　2016年，广东工业大学推荐200多项科技成果参加中国国际应用博览会、广东省科技成果对接会、揭阳科研成果对接会等大型成果交流活动20余场次；新增企业科技特派员80余人次，截至2016年年底，该校科技特派员总人数近800人次。主办或承办国际学术交流活动4场，参会总人数达1 500多人次。

（广东工业大学　华恩顺）

【汕头大学】　2016年，汕头大学以高水平大学建设和国际合作办学为重要抓手，“化学与材料学”“感染性疾病研究与防治”和“绿色海洋产业技术学科群”3个高水平重点学科项目建设取得积极成效，学校总体科研创新竞争力持续提升。12月5日，汕头大学与以色列理工学院合作创办的广东以色列理工学院获教育部批准正式设立，开启国际化办学新里程。

科研项目与经费　2016年度，汕头大学共获批科研项目333项，经费总额1.758亿元（不含自筹科研经费），其中国家自然科学基金项目36项。“基于多模态分子影像技术的乳腺癌精准医疗”获批广东省自然科学基金研究团队项目，“高强度铝合金关键数控成型装备及自动产线的研发”和“基于云计算的下一代上网行为管理技术研发及产业化”获批广东省应用型科技研发专项资金项目。

科研平台建设与产学研工作　2016年，汕头大学新增教育部国际合作联合实验室1个（病毒学与新发传染病国际合作联合实验室）及广东省工程技术研究中心1个（广东省机器视觉智能检测装备工程技术研究中心）。同时，该校围绕社会经济发展需求，加强跨学科平台培育和建设，着力推进产学研合作和成果转移转化。2016年度新成立汕头大学练江流域综合治理创新中心，是对接以色列先进的水处理技术，与地方政府、企事业单位共建的集基础理论研究、关键技术研发、装备开发、产业示范与推广的技术创新和产业孵化平台。该校整合新闻与传播、工商管理、行政管理和计算机与网络等学科的研究力量，新组建高端智库——汕头大学国际互联网研究院，致力开展围绕G20互联网国别研究、大数据实验室研究，2016年的研究成果已有5篇分别被《人民日报》作为内参用稿或被《新华文摘》全文转载，研究院发布的《G20国家互联网发展研究报告》以及创办的期刊《汕头大学学报·网络空间研究》受到业界学界广泛认可。该校新成立汕头大学·香港大学联合病毒学研究所，重点开展新发传染性病毒病生态学研究、相关疫苗研制和诊断试剂开发，力求在准确诊断出新发传染病病原体，迅速研发出相关疫苗和抗病毒药物等方面实现重大突破。

科研成果　汕头大学获2016年度广东省科学技术奖三等奖5项。根据2016年中国科学技术信息研究所发布的数据，2015年该校被科学引文索引扩展版（SCIE）收录第一作者单位论文435篇，SCI学科影响因子前1/10的期刊论文收录54篇，在全国高等院校排名中名列第58名。2016年，在国际顶级学术期刊《新英格兰医学杂志》发表禽流感相关研究成果，揭示了H7N9突变株可能引发人与人之间的传播，为禽流感后续监控和预防打下了基础；在《美国科学院院刊》发表胃癌靶点研究成果，表明生长激素释放激素受体（GHRH-R）可作为判断胃癌预后的标志物和药物治疗的靶点。

知识产权工作　2016年，汕头大学进一步加强知识产权工作，不断提升知识产权创造、管理与运用能力。2016年，该校共申请专利97件，获授权专利76件。依托广东省知识产权培训（汕头大学）基地、知识产权远程教育平台，举办“汕头市知识产权专家高级培训班”“外观设计专利申请与授权条件培训班”“专利保护和成果转化”“知识产权纠纷处理应对策略”等系列知识产权专题培训，培训高校师生及企事业单位人员逾1 400人次；同时，围绕世界知识产权日、中国专利周举办校内外大型活动，面向高校师生和社会公众开展知识产权知识宣传，取得积极成效。

科技交流与合作　汕头大学紧抓中外合作办学契机，持续深入开展与以色列理工学院在环境工程、大数据、纳米科技、人类健康等多个领域的科研合作，进一步提高国际化办学水平。2016年，在李嘉诚基金会资助下，双方启动了“汕头大学—以色列理工学院合作研究项目”，亚洲高危人群食管癌遗传背景研究、环境卫生与疾病预防研究等相关成果已在*Gastroenterology*、*Cancer Medicine*等国际知名期刊上发表。

汕头大学“病毒学与新发传染病国际合作联合实验室”获批准立项建设，成为该校首个教育部国际合作联合实验室，该实验室与香港大学长期合作，致力于流感病毒、冠状病毒及其他新发病毒的进化生态、流行病学和免疫学研究，在*Nature*、*Science*、*NEJM*、*Lancet*等国际权威学术杂志发表了一系列具有创新性、先导性的研究成果。

2016年，有逾450名境外专家学者莅临汕头大学参与学术会议、学术报告等179场次，该校还举办了9场具有国际或区域影响力的学术会议，包括全科医学国际高峰论坛、几何与方程研讨会、第一届以色列理工学院与汕头大学双边研讨会、第五届全国全纯函数空间学术会议、第二十届全国远程医疗教育研讨会等。

7月1—3日，首届全科医学国际高峰论坛暨粤东第四届全科医学研讨会在汕头大学成功举行，论坛主题为“全科医学发展的新视界与新挑战”。主论坛由中国工程院巴德年院士做主旨演讲《推荐健康中国建设，全科医学的使命和作用》，围绕重点对健康中国建设与全科医学的作用和使命做了深入阐释。来自全国各地全科规培专业基地负责人、综合医院全科医学科负责人、基层医疗机构和社区卫生服务中心负责人，以及临床一线的全科医生和护理人员，约600多人参加了该次研讨会。

12月1—4日，第五届全国全纯函数空间学术会议在汕头大学举办，来自全国高校和美国、南非及澳门的共116位专家学者及研究生参加了会议。与会学者介绍了最新研究成果和前沿进展，会议扩大了全纯函数空间等相关领域在国内外的学术影响力。

（汕头大学科研处　罗英光）

科研院所科技创新

【中国科学院广州分院】 2016年，中国科学院广州分院共有在职职工4 339人，其中科研人员3 020人。科研人员中具有正高专业技术职称469人、副高专业技术职称783人、中级专业技术职称1 259人、初级专业技术职称542人，具有博士学位1 557人、硕士学位1 009人。有中国科学院院士1人，中国工程院院士3人，国际欧亚科学院院士2人。依托该院的国家重点实验室4个（其中之一为合建）、国家工程实验室2个（其中之一为合建）、国家地方联合工程实验室4个（其中之一为合建）、中国科学院重点实验室14个、广东省重点实验室15个、湖南省重点实验室1个、海南省重点实验室2个、广东省工程实验室2个、广东省工程技术研究中心19个、广西区工程技术研究中心1个。有野外科学试验站13个，科学考察船4艘，植物、岩矿、海洋生物标本馆各1个。有博士学位培养点39个、硕士学位培养点52个、专业性硕士点21个、博士后科研流动站8个。

科研项目　2016年，该院所属各单位新增各类科研项目1 535项，新增合同经费23.71亿元，其中，国家自然科学基金307项，总经费2.38亿元。国家科技计划项目（含课题）103项，经费6.03亿元，中国科学院广州地球化学研究所主持的国家重点研发计划项目“燕山期重大地质事件的深部过程与资源效应”经费7 763万元。中科院项目166项，总经费7.92亿元，中国科学院南海海洋研究所主持A类战略性先导科技专项“南海环境变化”，2016年度合同总经费2.08亿元；中国科学院广州地球化学研究所主持B类战略性先导科技专项“地球内部运行机制与表层响应”，合同总经费2.20亿元。广东省科技计划项目100项，总经费0.92亿元。此外，新增广东省“杰青”项目4项，广东省“团队项目”3项。

中科院A类战略性先导科技专项“南海环境变化”项目由中国科学院南海海洋研究所牵头承担，专项经费总预算约13亿。该专项面向国家“经略南海”和“建设21世纪海上丝绸之路”的重大战略需求，针对南海关键海域的地质稳态、生态保护、海洋环境观测和可持续发展等方面的重大科技前沿问题，以南海的国土建设和环境变化为主要研究对象，通过整合优势力量，开展综合性的协同研究，在军地双方的共同努力下，推动既有成熟技术的优化与应用示范，同时进行更深化的系统应用性研究，借此推动南海国土建设与深远海科学研究工作，维护国家深远海的战略安全与权益，支撑深远海战略性资源的开发与利用等。

中科院B类战略性先导科技专项“地球内部运行机制与表层响应”项目由中国科学院广州地球化学研究所牵头承担，专项总经费约2.2亿元。专项聚焦地球内部结构与物质组成、地球内部层圈相互作用与物质循环、地球深部过程的地表响应三大相互关联的研究方向，围绕地球内部特征、运行机制和层圈相互作用研究中的基础和前沿科学问题，通过多学科的交叉合作，阐明地球内部结构与物理化学性质，揭示物质和能量在核、幔和壳之间，以及在板块俯冲过程和地幔柱活动中的传输规律，了解挥发份在地球各层圈中的分布、迁移和效应，建立地球深部过程与地球表层岩石圈、大气圈、水圈和生物圈之间耦合关系的新理论，为揭示重大地质事件的形成机制，预防和降低重大灾害性事件的影响提供科学的指导。

科研成果　2016年，该院在国内外核心期刊发表论文3 380篇，其中SCI收录论文2 120篇，在*Nature*、*Cell*及其子刊等重要期刊上发表论文6篇，其中“海马基因组特征及其环境适应进化机制”在*Nature*以封面论文形式发表。出版专著37

部，共1 233万字。授权专利793件，其中发明专利695件。PCT国际专利申请55件，授权13件。依托大亚湾中微子实验站开展的“大亚湾反应堆中微子实验发现的中微子振荡新模式”研究成果获2016年度国家自然科学奖一等奖。此外，获2016年度国家自然科学奖二等奖2项（其中1项为参与），广东省科学技术奖一等奖3项，湖南省科学技术奖一等奖2项，中国专利优秀奖1项，广东省专利金奖2项。

项目名称：猪氨基酸营养代谢和生理功能的基础研究

获奖情况：2016年度国家自然科学奖二等奖

主要完成单位：中国科学院亚热带农业生态研究所

该项目围绕猪氨基酸代谢与生理功能调控机制开展研究，揭示了精氨酸、亮氨酸等功能性氨基酸在猪肠道高效利用的规律及其对营养沉积分配和孕体发育等功能的调控机制，可为人类营养代谢与健康研究提供参考，推动功能性氨基酸在猪生产中的应用，产生了显著的经济和社会效益。成果发表在本领域Top期刊并被广泛引用，完成人印遇龙因此连续2年入选世界“高被引科学家”。成果列入了中科院科技创新案例和国家自然科学基金委资助成果典型创新案例。

项目名称：超高压下矿物的变化特征

获奖情况：2016年度广东省科学技术奖一等奖

主要完成单位：中国科学院广州地球化学研究所

该项目在矿物和岩石冲击效应、中国陨石坑地质构造、矿物高压相转变特征和规律等方面取得了一系列新发现和新认识，证实了中国第一个陨石坑，发现新矿物谢氏超晶石、涂氏磷钙石等，及钙钛矿等结构相变。岫岩陨石坑的证实被国家自然科学基金委员会指出填补了我国该类型地质构造的空白，被中国科学院列入全院2009年度基础前沿研究重要进展，入选广东省改革开放以来取得的“全国率先”的科研成果。谢氏超晶石等的发现被美国*PNAS*发表专题文章高度评价，入选中国地质学会2008年度十大地质科技成果。

项目名称：常绿阔叶林生态系统群落稳定性与土壤固碳对环境变化的响应机理

获奖情况：2016年度广东省科学技术奖一等奖

主要完成单位：中国科学院华南植物园

该项目发现常绿阔叶林群落结构变化趋势和演替方向、阐明了该地带性森林生态系统土壤有机碳积累机理，发现并首次阐明地带性常绿阔叶林演替方向及其变化机制，从三个方面进一步阐明了成熟常绿阔叶林土壤持续积累有机碳的机理。（1）随着森林生态系统的进展演替，系统的碳贮存由生物量碳的积累逐步转向于土壤有机碳的积累，表现在森林残体分解过程中，分配到土壤中的比例越来越高，从而导致土壤有机碳的来源越来越丰富。（2）气候变化引起的水热环境改变降低了土壤有机碳的分解速率，延长了土壤有机碳的周转期。（3）区域性N沉降上升降低了成熟森林土壤有机碳的分解速率。该成果在理论上将推动生态系统生态学非平衡理论的建立，丰富全球变化生态学理论。

项目名称：中国南海岛屿植物多样性研究及产业化

获奖情况：2016年度广东省科学技术奖一等奖

主要完成单位：中国科学院华南植物园等

该项目基本查清了我国南海岛屿的植物资源，对一些重要的经济植物进行了评价和利用。发现一批新种和新纪录，系统开展了海南岛民族植物学和岛屿植物传播机理等方面的研究。对岛屿的高温、高盐、风大、浪大等不利条件开展岛屿植物的评价与筛选、边坡修复和垂直绿化关键技术的研究，解决了岛屿植物移植困难、成活率低、品种单调等关键技术难题。共出版专著11部，获授权专利16项和国家授权新品种4个。通过自身研发的专利、品种和关键技术的推广应用，实现了产业化，产生了良好的社会、生态和经济效益。

项目名称：一种采用固体酸催化剂和活塞流反应器连续生产生物柴油的方法

获奖情况：2016年度中国专利优秀奖

主要完成单位：中国科学院广州能源研究所

该专利针对不同的原料油脂提出了一种采用固体酸催化剂和活塞流反应器连续生产生物柴油的方法。通过固体酸催化剂在填充式固定床反应器完成高酸值废油脂的预酯化，耦合管式活塞流反应器在碱催化下完成预处理后废油脂的转酯化反应，再分离甘油、水、甲醇，实现生物柴油连续生产的技术。

科技创新平台建设　2016年，该院新增国家工程实验室1个：畜禽养殖污染控制与资源化技术国家工程实验室（中国科学院亚热带农业生态研究所）。新增国家地方联合工程实验室1个：先进电子封装材料国家地方联合工程实验室（中国科学院深圳先进技术研究院）。新增中国科学院重点实验室1个：中国科学院深海极端环境模拟重点实验室（中国科学院深海科学与工程研究所）。新增广东省重点实验室2个：广东省生物医药计算重点实验室（中国科学院广州生物医院与健康研究院）和广东省机器视觉与虚拟现实技术重点实验室（中国科学院深圳先进技术研究院）。新增海南省重点实验室1个：海南省海底资源与探测技术重点实验室（中国科学院深海科学与工程研究所）。新增广东省工程技术研究中心6个、市级重点实验室和工程实验室4个。

畜禽养殖污染控制与资源化技术国家工程实验室由国家发改委批复建设，拟新增总投资5 264万元，其中国家安排投资1 600万元。该实验室包括养殖污水处理与污染控制技术与装备研发平台、畜禽粪便资源化技术与装备研发平台、沼液沼渣和恶臭无害化处理与资源化技术与装备研发平台、畜禽养殖与有机农业种植配套技术研发平台和1个信息服务站。实验室以技术原始创新为主线，目标是研发出能够满足规模化养殖场和分散型养殖户畜禽废弃物“高处理效率、高处理质量、高循环利用、低运行成本”的系列技术与装备，解决当前养殖业“环境污染严重、设施设备落后”两大瓶颈问题，以集成创新实现畜禽废弃物综合治理与资源化利用，为养殖业实现可持续发展的循环经济模式提供具有国内领先、国际先进的技术支撑。

科技交流与合作　2016年，该院接待国外和地区的专家或科技人员共425批、1 167人次，向国外和地区派出科技人员621批、1 142人次；主持国际（地区）会议17次，参会达300人以上的会议5次，新签国际科技合作协议65项。

第九届广州国际干细胞与再生医学研讨会于12月19—21日在广州举行，由中国科学院广州生物医药与健康研究院承办，主题是“纪念诱导多能干细胞技术发明十年”。来自海内外的专家学者300余人参加会议，围绕干细胞、遗传学和表观遗传学、iPS细胞重编程和疾病模型、转化医学等问题，共同探讨干细胞与再生医学的最新科研进展。

第六届亚太可再生能源论坛于11月9—12日在广州举行，由中国科学院广州能源研究所和广东工业大学承办，主题为“新能源和可再生能源的发展、挑战和前景”。来自中国、韩国、日本、加拿大、蒙古、法国等国家和地区的中外学者近600人参加会议，就可再生能源的诸多领域进行了充分探讨与交流，并就进一步以多渠道多样化形式促进亚太地区新能源和可再生能源发展等方面达成共识。亚太可再生能源论坛旨在为亚太地区可再生能源的研究学者提供分享交流的平台，探索解决能源问题的方法，是促进亚太地区新能源和可再生能源发展的重要平台。

（中国科学院广州分院　夏建军）

【广东省科学院】　2016年，广东省科学院直属独立法人单位共23个（其中科研机构22个）。研究和支撑服务领域涵盖生物与健康、材料与化工、资源与环境、装备与制造、电子与信息、智库与服务六大板块，基本覆盖全省八大战略性新兴产业。

2016年年底，全院职工总数2 993人，其中：中国科学院院士1人，中国工程院院士2人，俄罗斯科学院外籍院士1人，“南粤百杰”2人；科研人员2 340人，具有正高专业技术职称210人、副高专业技术职称513人、中级专业技术职称648人、初级专业技术职称969人；博士学位322人、硕士学位686人。

2016年，全院建有博士后科研工作站5个，在站博士后23人。联合培养招收研究生72人，其中博士研究生8人、硕士研究生64人，在读研究生229人。

科研项目及产出　2016年，全院共执行纵向科研课题（活动）1 027项，课题总经费10.08亿元。另外，广东省科学院自主部署的“实施创新驱动发展能力建设专项”，共立项资助108项，合同总经费为3.2亿元。

2016年全院完成科技计划项目141项并通过验收，其中科技部7项（含“863计划”“973计划”、支撑计划、工信部的强基工程项目、国际合作项目等）、广东省科技计划项目112项、广州市科技计划项目22项。

2016年，全院获颁各类科技成果奖励及专利奖励35项。其中，2016年度国家科技进步奖二等奖1项（第二完成单位）；2016年度广东省科学技术奖二等奖4项；2016年度广州市科学技术奖一等奖1项；广东省专利金奖2项。

2016年，全院共发表论文852篇，其中外文论文266篇，SCI收录论文212篇，EI收录论文57篇；出版专著13种（总字数233.6万字）。全院新申请专利380件，较2015年增长19.5%，其中发明专利283件；获授权专利175件，较2015年增长23.2%，其中发明专利106件；新增PCT专利13件；软件著作权85件。有效专利总数达655件，转让专利5件，转让金额778.59万元；转让软件著作权1件，转让金额12.27万元。编制国家及行业标准49件。

科研创新平台建设　2016年，全院共新增各级各类平台15个，包括：广东省生态环境研究所参与共建的“农田土壤污染防控与修复技术国家工程实验室”获国家发改委批准；广东省生物资源应用研究所与企业共建的“药物非临床评价研究中心”获得国家食品药品监督管理总局（CFDA）药物GLP全项认证和国际AAALAC认证资质；广东省科学院成为广东首批省级双创示范基地。

10个省级工程技术研究中心获认定，分别是：广东省遥感大数据应用工程技术研究中心（依托广州地理研究所）、广东省金属材料短流程加工工程技术研究中心（依托省材料与加工研究所）、广东省抗微生物材料与抗菌检测工程技术研究中心（依托省微生物研究所）、广东省环境微生物工程技术研究中心（依托省微生物研究所）、广东省微生物资源工程技术研究中心（依托省微生物研究所）、广东省酶制剂与生物催化工程技术研究中心（依托省生物工程研究所）、广东省甘蔗遗传改良工程技术研究中心（依托省生物工程研究所）、广东省水环境污染在线监测工程技术研究中心（依托省测试分析研究所）、广东省矿产资源综合利用工程技术研究中心（依托省资源综合利用研究所）、广东省野生动物调查监测与生态修复工程技术研究中心（依托省昆虫研究所）。

依托广东省焊接技术研究所的“广东中国—乌克兰现代焊接技术国际合作基地”获批建设；广东省测试分析所在韶关新建的广东省质量监督紧固件检验站获省质量监督局批准。

截至2016年年底，依托于广东省科学院院属机构建设的各类科技创新与服务平台达136个，包括：专利菌种国际保藏中心1个，国家重点实验室2个，国家工程技术研究中心3个（其中1个为参与共建），国家工程实验室2个（其中1个为参与共建），国家专利菌种保藏中心1个，国家产品质量监督检验中心4个，其他国家级服务平台4个；国家部委授予的基地、台站、检验中心7个，广东省公共实验室8个，广东省重点实验室14个，广东省工程中心18个，广东省工程实验室2个，广东国际合作基地2个，广东省重点科研基地8个，省种质资源库4个，省质量监督检验站6个，其他省级各类研发、服务平台23个；广州市重点实验室2个、广州市工程中心6个；其他平台19个。

2016年，全院积极推进大型仪器设备共享工作，开放价值10万元以上可共享的仪器共517台，总值2.2亿元。全年新增横向技术服务320项；孵化企业5家；技术入股组建企业1家；技术成果转让14家。为企业提供技术服务、技术咨询1 562家，为企业提供分析检测服务8 909家，合计10 471家。

产学研协同创新　新增与湛江市、茂名市政府签订全面战略合作协议，继续推进与广州市、中山市、东莞市、河源市、阳江市、肇庆市、汕头市等地方政府合作，通过平台建设、项目合作、企业孵化、人才输出、技术转移等方式，全年与企业或地方政府共建研发机构和平台共计57家，该院对地方产业发展的支撑、引领、辐射和服务功能进一步增强。2016年，承办了全国科学院联盟文献情报分会年度工作会议；与深圳中国科学院知识产权投资公司开展了知识产权运用及技术转移合作；作为首批发起单位加入中科院发起成立的全国科研院所科技成果转化联盟（副理事长单位）。

由广东省科学院与南方报业传媒集团携手主办，《南方日报》、南方新闻网联合协办的全国首个权威创新创业服务总平台——南方双创汇于10月20日正式上线开通。南方双创汇由一网、一端（APP客户端）组成，将打造广东创新驱动发展成就传播平台、科技创新资源开放共享平台、线上线下的创新创业成果展示与科技成果转移转化交易平台。广东科技成果转移转化市场交易平台是南方双创汇的核心功能平台，首批纳入交易平台提供的技术服务近2 000项，入驻服务机构19家、专家超过600人、企业超过200家。.

11月25日，“南方海谷”产业孵化中心入驻单位签约活动在湛江“南方海谷”项目园区举行。在该仪式上，广东省科学院与湛江市人民政府签署了合作框架协议。根据协议，双方将围绕湛江市的优势产业方向进行科技研发合作，集聚国内外高层次人才、科技和产业化资源，通过引进产业化创新团队，开展项目合作，建立科技创新公共服务平台，建设孵化器、中试基地和产业园区等创新载体，促进湛江市战略新兴产业培育和传统产业转型升级。

12月28日，在茂名市创新驱动发展大会上，广东省科学院与茂名市政府签署了合作框架协议。根据协议，双方将围绕茂名市在新能源、新材料、中药现代化、节能环保、电子信息和矿产资源、现代农业等科技问题，重点在石油化工、农产品深加工、中药现代化等方向集聚国内外高层次人才、科技和产业化资源。通过引进产业化创新团队，开展项目合作，建立科技创新公共服务平台，建设孵化器、中试基地和产业园区等创新载体，促进茂名市战略新兴产业培育和传统产业转型升级。

国际科技交流与合作　2016年，该院与美国、英国、乌克兰、德国、法国、澳大利亚、俄罗斯、泰国、马来西亚等30多个国家和地区持续开展国际科技合作。扎实推进与乌克兰共建的广东省中乌院建设，与韩国共建广东省科学院—韩国电子部品研究院（GDAS—KETI）联合研究中心；与英国伯明翰大学联合申报了7项广州市对外合作专项，并协商共建广州先进制造创新中心；与德国弗劳恩霍夫协会和比利时IMEC协商共建研发平台。

2016年，该院共派出90批185人次赴国（境）外开展合作项目研究、专业培训和参加国际学术会议，接待97批191人次外国专家来访与开展合作。

（广东省科学院　王定军　周舟宇）

【广东省农业科学院】　该院设有水稻研究所、果树研究所、蔬菜研究所、作物研究所、植物保护研究所、动物科学研究所、蚕业与农产品加工研究所、农业资源与环境研究所、动物卫生研究所、农业经济与农村发展研究所、茶叶研究所、环境园艺研究所、农业科研试验示范场、农业生物基因研究中心和农产品公共监测中心共15个科研机构；建有博士后科研工作站1个；建有中国农业科技华南创新中心、畜禽育种国家重点实验室、省部共建国家重点实验室培育基地——广东省农产品加工重点实验室、热带亚热带果蔬加工技术国家地方联合工程研究中心、中国轻工业华南农产品加工重点实验室以及农业部重点实验室7个和农业部科学观测试验站5个；建有广东省重点实验室12个，广东省工程技术研究（开发）中心13个，广东省产业技术创新联盟12个；建有国家及农业部种质资源圃8个，省市共建种质资源圃（库）9个；收集保存国内外种质资源4万多份；建有占地133.33hm^{2}的现代农业科技园区——广东广州国家农业科技园区，是国家级农业科技创新与集成示范基地。

截至2016年年底，广东省农业科学院共有在职职工1 757人，其中，具有高级专业技术资格科技人员391人，博士295人；享受国务院政府特殊津贴在职专家24人，拥有入选国家“百千万人才工程”国家级人选4人，“全国杰出专业技术人才”1人，入选“百名南粤杰出人才培养工程”2人，国家“万人计划”2人，入选国家创新人才推进计划3人，入选农业部杰出青年农业科学家1人，入选广东省特支计划科技创新青年拔尖人才2人，1人获得广东省丁颖科技奖；有22位专家担任国家现代农业产业技术体系岗位科学家或综合试验站站长，有32位专家担任省现代农业产业技术体系创新团队成员。全年引进博士58人，硕士59人。设立“金颖之光”“金颖之星”、青年研究员与副研究员、优秀博士等人才项目，截至2016年年底，已遴选出“金颖之光”项目培养对象5名。加强学科团队建设，遴选出攀峰学科团队5个、优势学科团队8个、特色学科团队12个、培育学科团队10个。

科研项目　全年新获各级立项科研项目615项，立项及到位总经费分别是3.51亿元、3.3亿元，科研经费与“十二五”时期最高的2015年基本持平。主持承担国家自然科学基金项目22项、国家重点研发专项20项、国家转基因重大专项课题3项。

科研成果　全院获得各级科技奖励63项，其中，2016年度国家科学技术发明奖二等奖1项（参与），2016年度国家科技进步奖二等奖2项（参与），2014—2016年度全国农牧渔业丰收奖3项，2016年度广东省科学技术奖7项（见表4-5-1）。全年获得授权专利83件，其中发明专利65件；育成通过审定登记品种76个，获得植物品种权24个，同比增加140%；发表科技论文共883篇，其中SCI收录论文147篇。

表4-5-1　广东省农业科学院2016年度部分获奖科技成果

序号	项目名称	项目负责（参与）人	项目类别	备注
1	南方低产田水稻土改良与地力提升关键技术	杨少海	国家科技进步奖二等奖	参与
2	农药高效低风险技术体系创建与应用	孙海滨	国家科技进步奖二等奖	参与
3	玉米重要营养品质优良基因发掘与分子育种应用	胡建广	国家技术发明奖二等奖	参与
4	水稻三控施肥技术体系的建立与应用	钟旭华	全国农牧渔业丰收奖二等奖	主持
5	高产、广适、耐热甜玉米品种粤甜16号及配套技术应用	胡建广	全国农牧渔业丰收奖二等奖	主持
6	优质高效生态茶园栽培关键技术集成与应用	唐劲驰	全国农牧渔业丰收奖三等奖	主持
7	早中晚兼用型广适性优质稻新品种黄华占的选育及其应用	周少川	广东省科技进步奖一等奖	主持

项目名称：南方低产田水稻土改良与地力提升关键技术

获奖情况：2016年度国家科技进步奖二等奖

主要完成单位：中国农业科学院农业资源与农业区划研究所、湖北省农业科学院植保土肥研究所、广东省农业科学院农业资源与环境研究所、浙江大学、华中农业大学、四川省农业科学院土壤肥料研究所、中国水稻研究所

该成果以黄泥田、白土、潜育化水稻土、反酸田、冷泥田等南方五大典型低产水稻土为研究对象，以破解低产障碍为目标，研究阐明了我国南方低产水稻土资源状况及养分特征，建立了低产水稻土质量评价指标体系；研发了黄泥田有机熟化、白土厚沃耕层、潜育化水稻土排水氧化、反酸田和酸性田酸性消减及冷泥田厢垄除障等改良技术；研创了用于低产水稻土改良的高效秸秆腐熟菌剂、精制有机肥、生物有机肥、酸性土壤改良剂、及低产水稻土水稻专用肥等新型产品；集成了土壤改良、高效施肥、水分管理、适宜品种选择、高产栽培等技术模式，形成了低产水稻土改良与地力提升技术体系，实现了规模化应用。该成果共发表研究论文173篇，其中SCI收录论文60篇，出版专著1部；获授权发明专利10项，软件著作权2项。近3年累计示范推广382万hm^2，新增纯收入131.9亿元。该成果总体上达到国际领先水平，是土壤肥料领域的重大科技成果。

项目名称：农药高效低风险技术体系创建与应用

获奖情况：2016年度国家科技进步奖二等奖

主要完成单位：中国农业科学院植物保护研究所、农业部农药检定所、中国农业大学、全国农业技术推广服务中心、江苏省农业科学院、中国农业科学院蔬菜花卉研究所、广东省农业科学院植物保护研究所

该成果针对我国农药成分隐性风险高、药液流失严重、农药残留超标和生态环境污染等突出问题，率先提出农药高效低风险理念，创建了以有效成分、剂型设计、施用技术及风险管理为核心的农药高效低风险技术体系，将风险控制贯穿农药研发、加工、应用及管理全过程，取得系列创新与突破。创建了农药有效成分的风险识别技术；率先建立了手性色谱和质谱联用分析方法，成功实现了腈菌唑等大宗使用的手性农药对映体分离，为高效低风险手性农药的研发、应用及风险控制提供了技术指导；率先建立“表面张力和接触角”双因子药液对靶润湿识别技术；通过水基化技术创新、有害溶剂替代、专用剂型设计、功能助剂优化，研发了10个高效低风险农药制剂并进行了产业化；研发了“科学选药、合理配药、精准喷药”高效低风险施药技术；提出了以“风险监测、风险评估、风险控制”为核心的风险管理方案。项目获国家授权专利13件、农药新产品登记证书10个，出版著作4部，发表科技论文108篇（其中SCI收录论文60篇），培养博（硕）士研究生45名。成果推广应用面积1.200万hm^2，新增农业产值149.9亿元，新增效益107.0亿元，经济、社会、生态效益显著。

项目名称：玉米重要营养品质优良基因发掘与分子育种应用

获奖情况：2016年度国家技术发明奖二等奖

主要完成单位：中国农业大学、华中农业大学、广东省农业科学院作物研究所、中国农业科学院作物科学研究所

该成果发现74个影响总油份和脂肪酸组分及比例的基因，验证了ZmFatB、LACS等基因的功能，开发了相应功能标记。克隆了控制玉米维生素E含量的基因ZmVTE4，开发了提高维生素E含量的功能标记，研制了高维生素E的甜玉米新品种5个。克隆了控制维生素A原的crtRB1优良等位基因，开发了6个功能标记，创制了高维生素A原的新材料。在国内外高水平期刊上发表论文37篇，其中*Nature Genetics*期刊论文2篇，总引用次数803，其中他引602次。获得发明专利2项，品种权1项，培育了8个营养品质优良的玉米新品种和1个新品系。培育的甜玉米新品种2013—2015年累计推广23.61万hm^2，农民累计新增产值28.3亿元，企业累计新增利润4 424.4万元。该成果总体上达到国际领先水平。

项目名称：水稻三控施肥技术体系的建立与应用

获奖情况：2014—2016年度全国农牧渔业丰收奖二等奖

主要完成单位：广东省农业科学院水稻研究所

该成果针对广东水稻生产中化肥农药过量施用，环境污染严重，种稻成本高、效益低等突出问题，2007—2015年，广东省农科院水稻所和广东省农业技术推广总站联合全省各级农技推广部门，开展了水稻“三控”施肥技术这一高效、省肥环保新技术的推广应用。通过制定因种因地的个性化操作规程，开展对比试验、连片示范、培训指导、现场观摩、媒体宣传等措施进行推广，应用面积年递增30%以上。举办培训班1 100多场，培训12万多人次，发放技术资料330多万份。平均增产10.2%，节省氮肥20%，倒伏和病虫害大幅减轻，每季少打农药1～3次，每亩增收节支180元。累计推广526.92万hm^2，新增纯收益142.02亿元，总经济效益89.37亿元，减少氮肥损失20.2万t，大大减轻了环境污染。通过项目实施，实现了技术标准化，成为广东省地方标准，应用面积连续8年稳居广东第一位，并辐射到华南、西南和长江流域。建立示范基地，采用“参与式试验法”，建立推广网站，研发手机App，现代技术与传统方法有机结合，大大提升了推广效率。

项目名称：高产、广适、耐热甜玉米品种粤甜16号及配套技术应用

获奖情况：2014—2016年度全国农牧渔业丰收奖二等奖

主要完成单位：广东省农业科学院作物研究所

该成果在国家玉米产业技术体系广州综合试验站，农业科技跨越计划和广东省农业科技项目的资助下，根据甜玉米产业特点和成果推广的需要，组建了来自科研、推广单位、企业的专家和基层农技人员组成的推广团队，制定推广计划，系统开展了育苗移栽与地膜覆盖技术、简化施肥技术，玉米螟生物农药防治技术、叶斑病前移防治技术、种子质量快速检测技术的研究与推广应用，采用技术培训会、现场观摩会、种业博览会和国家鲜食玉米学术研讨会等平台，宣传、展示粤甜16号品种的丰产性、广泛适应性和抗逆性，在示范基地进行品种和配套技术集成，建立示范基地20多个，组织培训和现场观摩会200多场次，参与培训农民3万多人次，发放技术资料3.5万份。经过多年不懈努力，粤甜16号及配套技术的推广范围覆盖到广东全境及我国华南、西南等甜玉米主要产区，2008—2015年，在广东、福建、浙江、湖南、云南、四川6个省累计推广应用18.85万hm^2，合计新增纯收入19.38亿元，成果投入产出比为1：25.5，总产值130.13亿元，经济、社会和生态效益均十分显著。

项目名称：优质高效生态茶园栽培关键技术集成与应用

获奖情况：2014—2016年度全国农牧渔业丰收奖三等奖

主要完成单位：广东省农业科学院茶叶研究所、广东鸿雁茶业有限公司

该成果主要推广优质高效生态茶园栽培关键技术。筛选出适合华南低磷土壤的磷高效大豆华春2号、华夏3号，并建立了幼龄茶园间作大豆技术规程；筛选了适合茶园间作的遮阴树、景观树20多种，建立了生态茶园景观多样性构建技术；利用蚯蚓对土壤结构的改善作用和对有机物的消化分解作用，建立了土壤生物有机培肥技术；基于生态茶园栽培模式，建立了病虫害生态防控技术，禁用农药，恢复天敌与病虫害的自然平衡关系，加强水肥管理、调节茶树采摘、修剪制度和采用物理防治措施（灯光诱杀、粘板诱杀），将病虫害的为害控制在经济损失水平以下。在广东茶区及云南西部茶区，依托核心示范企业建立技术示范点14个，并与市县农业部门协作，通过示范点组织培训、观摩活动和发挥辐射带动作用，进行大面积推广应用。近3年来，累计应用项目技术的茶园近1.1万hm^2，新增纯收益1.61亿元，总经济效益3.73亿元，培训茶叶技术人员3 165人次，带动农户1 125户，获得绿色食品认证、有机产品认证的茶园面积占全省总认证面积的89.4%和81.8%。

科技创新平台建设 2016年全院新立项“农业部华南都市农业重点实验室”“中国轻工业华南农产品加工重点实验室”等国家及省级条件平台15个。“广州国际种业种质资源库建设”项目入选广州国际种业中心“三年行动计划”重点项目建设规划。承担建设的10个农业部重点实验室和观测站在“十二五”考评中，有3个重点实验室和1个观测站获评“优秀”等级；11个广东省重点实验室在年度考评中有2个获得良好。

科研成果推广与服务 2016年，该院继续实施地方分院建设，分别在河源、梅州、韶关、湛江、茂名建设省农科院地方分院，截至2016年年底，全院共建有佛山、河源、梅州、韶关、湛江、茂名6个地方分院。为了提升地方与企业的科技创新能力，大力推动新型研发机构建设，分别与广州市共建现代农业科技创新中心，与江门市、惠州市共建现代农业促进中心，与韶关市共建粤北落叶果树研究所，与企业合作共建广东海纳农业研究院、广东新会陈皮研究院、广东和利农种业研究院、河源国柠现代农业研究院、中山市花木产业研发中心等研发平台。

2016年，该院与省农业厅联合举办广东省现代农业科技创新成果与龙头企业对接系列活动，吸引500家企业和1 000多名代表参加，达成合作协议45项。同时，深化对接活动成果，依托地方分院和促进中心，在相关地市及省第七届农博会举办科企对接活动，参加企业累计1 200家，院企签订合作协议项目130多项。为了加速院企对接，该院与华南农业大学、粤科金融集团等合作，筹建农业科技企业孵化器。积极引入农业龙头企业进驻该院创新大楼，打造农业科技成果转

化服务平台。截至2016年年底，已有17家企业入驻。全院全年签订成果转让、技术入股、技术服务合同477项。

2016年，该院42个品种、15项技术入选广东省农业主导品种和主推技术，分别占主导品种的60%，主推技术的57%。充分发挥该院农业科技服务专家团作用，承担国家重大农技推广项目、省级现代农业“五位一体”示范基地项目，建立示范基地30多个，推广新品种、新技术320多项。以产业扶贫为重点，实施土鸡庭院养殖项目，启动安全饮水、村委会改造等工程，积极开展对口雷州市企水镇洪排村的精准扶贫工作。该院在农产品质量安全方面，完成监测任务共25项，累计检测样品2 600余个，培训检测学员近1 400人次；开展农业面源污染监测、农田土壤重金属污染监测和治理修复试验示范；建立动物疫病检测技术平台，开展畜禽疫病流行病学调查监测和诊断检测服务。

科技交流与合作　2016年，该院获得新立项国际科技合作项目8项，立项经费约288万元。全年全院共派出38批101人次开展国际合作研究、访问、学术交流；协助邀请和接待16批103人次专家、学者、官员来院开展学术交流、合作研究及访问。2016年，与该院水稻研究所合作的国际水稻研究所（IRRI）高级科学家Roland Joseph Buresh博士荣获2016年度中国政府“友谊奖”。

继续落实“中国—东盟农业科技协作网”秘书处任务，8月23—26日，在广州召开“第一届中国—东盟农业科技协作网理事会暨第十届香大蕉协作网年度会议”，来自东盟国家等16个国家或地区的26位代表参加了会议，会议重点就香蕉枯萎病亚热带4号生理小种对全球香蕉产业的持续威胁及相应的应对方案进行了探讨，并对东盟及相关国家香蕉产业及热带果树产业发展方向进行了规划，进一步加强与东盟国家在农业科技领域的交流。

（广东省农科院　邹文平）

【深圳清华大学研究院】　深圳清华大学研究院（下称“研究院”）是深圳市政府和清华大学于1996年12月共建的、以企业化方式运作的正局级事业单位，是一个高层次、综合性、开放式的产学研相结合的实体，实行领导小组领导下的院长负责制。研究院现有员工322名，研发人员288人。汇集了一批教授、博士、高级研究人员和海归学者，其中“973计划”首席科学家5人，深圳高层次人才17人，南山区领航人才11人，广东省创新团队1个，广东省自然科学基金研究团队1个，深圳市海外高层次人才创新创业团队3个。现拥有9个深圳市重点实验室，8个深圳市工程实验室，4个深圳市公共服务平台，1个国家级研发服务中心，2个广东省重点实验室，4个广东省工程技术研究中心，1个省部产学研示范基地，2个国家重点实验室（工程实验室）深圳分室，与企业成立联合实验室26家，发起成立各类产学研创新联盟7个，每年投入科研开发和实验室建设费用超过6 000万元。

科技成果与产业化　研究院先后投入6亿元组建研发平台，建成了宽带无线通信研究所、电子信息技术研究所、新材料与生物医药研究所、光机电与先进制造研究所、新能源与环保技术研究所和航空航天技术研究所，共14个实验室和18个研发中心，集聚了由200多名教授、博士、高级研究人员和海归学者组成的科研团队。截至2016年年底，研究院获国家技术发明奖二等奖1项，国家科技进步奖二等奖2项，中国产学研合作创新奖2项，环境保护科学技术奖三等奖1项，广东省科学技术奖特等奖1项，广东省科技进步奖特等奖1项，深圳市科学技术市长奖1项等国家省部市级奖20余项；申请专利400多项，其中70%以上是发明专利；承担了包括国家“863计划”“973计划”、国家重大专项、科技支撑计划、国家重点研发计划、国家自然科学基金重点项目、广东省教育部产学研重大专项等重点课题；成为深圳市首批、第四批孔雀计划引进团队，广东省第三批引进创新科研团队的承担单位。

截至2016年年底，研究院先后与350多家企业签订技术合同，促进了一批科技成果的产业化：组织实施了单晶蓝宝石纤维、高端半导体激光器、盐碱地治理改造、数字电视与多媒体、石英晶体力敏传感器、红外快速体温检测仪、RPIR快速生化污水处理、电力线载波通信芯片等300多项科技成果转化。

高新技术企业孵化与科技金融　截至2016年

年底，引进和孵化了1 600多家高科技企业，培育企业市值超过1 500亿元，其中有20家在A股成功上市，33家在新三板挂牌。基于技术与资本结合的成功经验，研究院致力于金融助力的科技成果转化，借力于科技特色的金融体制创新，强化科技与金融的结合，已在前海发起设立的力合金融控股公司已与多家银行开展合作，包括国开行、建行、浦发、招行等银行，获得授信额度超过12亿元，形成了包括科技担保公司、科技小贷公司、融资租赁公司为支撑的金融产业链，构建了综合金融服务平台。

创新基地建设　研究院立足深圳，辐射珠三角，不断拓展园区基地，形成了一系列高新产业园区和服务机构。截至2016年年底，已建成清华信息港（深圳）、清华科技园（珠海）、力合（佛山）科技园、东莞创新中心等。

人才培养　截至2016年年底，研究院的博士后科技工作站，累计招收博士后近80名，累计开设各类型培训班千余期，服务于珠三角地区各行业领军企业及政府内训项目。

国际合作　研究院坚持走国际化的道路，国内与海外互为支撑，以此形成了“一部五中心”的国际合作网络，致力于国际技术转移、跨境投资并购和海外团队引进三大目标，成立了一支主要从事跨境科技投资的国际创新猎投基金，探索跨境投资与产业升级双重增值模式，不断在国际技术转移领域开拓创新。

2016年，研究院从美国硅谷引进了由清华校友田晖博士领衔的新一代分子诊断及测序技术创新团队，其在分子诊断与测序技术方面的设计方案处于世界领先水平，填补国内空白，所形成的产品具有芯片化、高性能、普适性等优势，应用范围极广，其中仅基因测序部分在中国就有千亿元的疾病监测市场。团队将帮助中国跻身基因测序产业链上游，做出具备国际市场竞争力的第四代测序设备，参与国际产业生态布局。该团队已获得深圳市孔雀团队立项。

公共技术研发平台建设　光机电与先进制造研究所从事光机电一体化、传感器技术、LED照明、先进制造、超精细表面加工、半导体激光芯片技术及应用、微机电系统等方向前沿技术、应用基础和应用研究的综合性、开放型研究。2016年，该研究所共发表文章15篇，其中SCI收录论文4篇，取得授权发明专利12件，申请发明专利8件，参加起草地方标准7件。在研国家级重大研究项目7项，所承担的“973计划”项目研究顺利结题。

电子信息技术研究所研究领域包括面向电子系统、视频广播和通信三大应用的电子设计自动化领域中的方法学，设计/工具流程，以及高端模拟、射频、面向应用的数字芯片和系统芯片的前/后端设计；数字电视技术，包括数字电视的技术和应用开发，系统级设计，工程实验服务。2016年，研究所重点攻关的PLC+VLC超高速联合通信技术，达到国际先进水平，并荣获教育部科技进步奖二等奖；突破了超低功耗体音/体电信号采集芯片和超低功耗双频段无线收发芯片中各项关键技术，新增1项深圳市基础布局项目；图数据存储与处理性能等关键技术进一步优化和提升，新增1项深圳市孔雀技术创新项目；5G移动通信中非正交多址接入关键技术取得重大进展；海量智能终端快速接入数字网络技术成果成功实现专业化。

宽带无线通信研究所研发领域包括空间飞行器平台测控数传一体机技术、磁检测技术，信道编码、宽带无线通信技术及系统。2016年，研究所重点围绕灵巧通信卫星测控数传、遥测遥控、姿控分系统的设计及实现，致力于研发基于COTS小卫星软件无线电模块，以加快微小卫星星载模块的研究与产业化开发；完成了UWB传输技术等两期国家重大专项计划中核心芯片的研发；“高精度磁强计关键技术研发”课题获得深圳市技术攻关项目立项；与企业合作开发的道闸检测器、交通断面流量检测系统进入产业化推广阶段。

截至2016年年底，新材料与生物医药研究所通过广东省和深圳市批准搭建了广东省生物医用材料及植入器械工程技术研究中心、深圳高端生物医用材料产业化技术开发公共服务平台、深圳可降解生物活性材料工程实验室、深圳锂离子电容器工程实验室及深圳清华大学研究院分析测试中心等公共服务平台。2016年，该所重点产业化成果——双层人工皮肤项目已完成临床试验，进入申请产品注册证阶段；首款国产椎间盘通过国家型式检验，进入临床试验，开展对比实验；腰椎精准运动康复项目，进入临床试运行；天然调血脂药物研究领域取得突破性进展，CCS系列活性化合物进入临床前研究。

新能源与环保技术研究所以节能减排为目标，先后承担了国家、省、市、粤港合作等纵向课题100余项，发表论文160多篇。2016年，该所重点攻关锂离子电池材料、太阳能电池材料、电子封装材料、散热材料、环保颜料等领域，先后获得NSFC—广东省联合基金、广东省科技应用型专项、深圳市应用示范等多项资助。自主创新技术——RPIR快速生化污水处理技术荣获2016年度广东省科学技术奖三等奖、首届深圳市党建杯创新大赛产品创造组一等奖等荣誉，承接工程总额达600万元，获得双汇、温氏等大型企业的认可。自主研发的铅锌氧化矿浮选技术成功应用于湖南某矿山企业，为企业增加近三成收益。为企业量身定做的填充床电解法处理技术方案效果显著，进入市场推广阶段。

航空航天技术研究所拥有自主知识产权的高精度三坐标测量机，突破误差建模与修正、微动精密传感、智能控制和智能测量软件等多项关键技术，达到国内领先、国际先进，打破了国外在此领域的长期垄断；无人直升机系统技术实验室重点研发无人机飞行控制与导航测试系统、旋翼动力学测试系统等关键技术，打破国际垄断，孵化的XV-2植保机试飞成功。

（深圳清华大学研究院　李文波）

【中国科学院深圳先进技术研究院】　2016年是中国科学院深圳先进技术研究院（以下简称“先进院”）建立的第10个年头。10年来，先进院一直秉承“多学科交叉、学术引领、应用牵引、集成创新”的办院宗旨，布局前沿学科方向，凝练高水平科研队伍，扎根南粤地区，服务珠三角产业发展，10年累计到账经费37.02亿元；专利申请总量4 400余件，居全国第2位，全省第1位；累计孵化企业502家，持股187家，产值过亿27家，新三板挂牌3家。

人才团队建设　先进院人员规模日趋稳定，2016年新增201人次入选各类人才计划，获批人才项目合同经费1.06亿元。截至2016年年底，全院总计2 243人，其中员工1 283人、海归人员501人。2016年度新引进“青年千人”4人、中国科学院“百人计划”技术英才1人、深圳市“鹏城学者”特聘教授4人。中青年人才影响力持续增长，年度新入选“万人计划”中青年领军人才2人，中国科学院特聘研究员3人，中科院技术支撑人才1人，广东省特支计划领军人才2人、青年拔尖人才10人，省杰青1人。新增“孔雀计划”技术创新项目8项。新获批深圳市孔雀人才30人次、深圳市高层次人才18人次，累计326人次，占博士生员工总数的近70%。

依托深圳市“孔雀计划”和广东省“珠江人才计划”，在医用仿生植入材料、PET分子影像、仿生触觉等领域瞄准国际科学前沿，引进创新创业团队，截至2016年年底，已有1支团队获批。全院各类创新团队累计达到20支（含省市双入选团队3支），团队数量居广东省第1位。引进创新团队研发成果丰硕，有3个团队从全省500多个团队和重大项目中脱颖而出，受邀参加广东省优秀创新团队及其成果对接路演（全省13个），并获得全部投资人40%的投资意向票。

11月19日，深圳市与中国科学院大学签署《深圳市人民政府中国科学院在深合作办学备忘录》。双方将依托中国科学院深圳先进技术研究院合作建设中国科学院大学深圳校区，为区域经济社会发展培养“国际化、产业化、复合型”人才，致力于建设世界一流的应用研究型大学。国科大深圳校区将面向区域经济社会发展需求，发挥科教融合与协同创新优势，在生命健康、智能工程、先进制造、新能源、新材料等领域设立学科专业，形成理、工、医等多个门类的人才培养体系，以研究生教育为主，同时开展本科教育，并面向企业高端人才开展科技创新创业非学历教育培训。

与中科院华南植物园、中科院西安光机所、广东工业大学在生物、光机电和材料学科方面签署联合培养协议，开展共同招收博士后工作。截至2016年年底，已培养博士后165人，在站博士后达175名。

科研成果　2016年，先进院新增纵向科研项目479项，总额44 505万元，其中，国家级11 152万元、中科院3 685万元、广东省2 584万元、深圳市27 084万元。获国家自然科技基金项目60项，获国家重大科研装备研制项目1项。新增专利申请965件，新增发表论文1 018篇，在*Nature*子刊发表论文6篇（其中2篇以第一单位发表），在*PNAS*发表2篇（其中1篇以第一单位发表），在*Stroke*发表1篇，其中SCI收录论文528篇，JCR一区论文293篇，论文质量显著提升。新增国际（地区）合作交流项目19项，获批经费1 593万元，在生物医学、新能源、新材料、信息技术、大数据、人工智能等领域的国际科技交流合作实现了与国际学术前沿的深度结合。主办的学术期刊《集成技术》发行6期，累计28期，年度合计出版7 600余册并入选JST中文数据库来源期刊。

2016年，深圳先进院在“一三五”重点领域和方向取得丰硕成果。

（1）重点突破领域。2016年深圳先进院在“高端医学影像技术与装备”方面取得了新的突破，包括与上海联影联合研制的中国第一台3T磁共振成像系统已实现销售装机20余台，高分辨率PET-MRI成像系统已完成核心部件LYSO探测器研发，二维弹性超声系统初步完成样机正在申请国家医疗器械注册证并与乐普公司进行产业化准备、碳纳米管新型X射线和静态CT成像也取得了阶段性成果。在人才建设方面培养和引进并重，3人分别获得国家“万人计划”、中科院“百人计划”和中科院拔尖青年科学家，同时引入3名“千人计划”青年项目，形成了一支包含高级职称35人和青年骨干80人的多学科稳定团队。2016年度新增国家重点研发计划2项，以及包括国家重大科研仪器研制项目在内的36项国家科研项目，年度合同经费近7 000万元。

在“低成本健康”领域进展顺利。新增国家数字诊疗重点专项重大装备研发课题、广东省工程中心和深圳市工程实验室等，科研实力进一步增强。“三微一大”集成技术逐步完善，成功研发了基于自主IC和MEMS集成的柔性可穿戴、微流控循环肿瘤细胞检测、碳纳米管X线源等核心部件，并在公共卫生大数据分析、微小RNA均相快速检测和介电谱血糖无创监测等创新技术方面取得阶段突破。无扰式睡眠健康监测仪、便携式微量血生化检测仪、一体化内镜摄像系统和低剂量C臂X光机等基层医疗适宜设备的产业化进程良好。海云工程在全国多个省级行政区进入常态化运营，继续保持村卫生室专用设备细分市场占有率全国第1。在解决方案方面，新增与黑龙江卫计委合作的居家健康服务示范、与罗湖医院集团联合的医养融合运动健康技术转化和与鄂尔多斯生命健康基地合作的慢病特色管理。在“科技援非”取得实质进展的基础上，与曼谷医疗集团、宋卡王子大学签署三方协议，在“一带一路”沿线国家进一步拓展低成本健康。

在医用机器人与功能康复技术方向，在核心技术和系统取得了新突破。自行研发了多功能仿生智能假肢及控制系统，分别为前臂截肢者和上臂截肢者设计了低成本、轻量化的多功能仿生假肢，实现了假肢的“直觉”控制。针对下肢假肢控制中存在的行走意图识别精度低、步态控制稳定性差等问题，重点开展了行走意图精确识别、假肢步态智能控制及高性能假肢关节设计等研究；进行了关于带金属伪影的口腔CT图像中牙冠分割方法研究，相关结果发表在《IEEE信号处理快报》封面文章（*IEEE Signal Processing Letters*）；脊柱手术机器人为了解决患者生理呼吸对脊柱手术的影响，建立了脊柱生理运动模型，实现了生理动态环境下脊柱手术机器人的实时跟踪和运动补偿，完善了基于音频信号的术中感知方法，与力信号融合，提高了机器人对内层皮质骨的术中感知识别率；研制了基于虚拟现实技术的血管介入手术模拟训练系统填补国内空白；言语康复方向在汉语言的脑认知方面取得重要发现：母语为普通话和母语为英文的语音理解脑机制有所不同，母语为普通话的说话人由于声调的运用，更多的脑功能区参与到语言理解这一高级任务，研究成果发表在*PNAS*（IF=9.6）；康复外骨骼机器人在临床实验、轻量化设计、步态研究等方面均取得重要突破，成功实现4例截瘫病患站立行走，通过优化设计与采用轻型材料将本体机构的重量减为1/2，步态研究的成果在ICIA国际会议上获最佳学生论文奖。广东省机器人与智能系统重点实验室在新一轮评估中获得优秀，深圳智能机器人工程实验室获得提升支持，获国家自然科学基金—深圳联合重点基金项目3项。

（2）重点培育领域。在城市大数据挖掘方面，“973计划”项目“面向智能城市管理的大数据智能分析关键技术研究”在城市大数据挖掘方面取得了一大批原创性的研究成果，针对城市数据的特点开发出了一系列理论性和实用性并重的算法，高质量研究成果频出，并顺利通过中期检查。在沿海城市的环境监测方面，成功获批深圳海洋环境信息大数据分析与应用工程实验室，在城市近海环境研究方面建立坚实的基地，研究水平上了新台阶。加强与深圳市气象局合作，建立台风登陆引发深圳地区强风暴雨的统计模型，极大提高了登陆台风引发深圳地区强风暴雨的预报准确度，结果优于欧洲台风预报数据。在“智能云服务机器人核心关键技术研发”方面取得了突破性进展，构建了通用的云机器人系统框架模型，利用云平台开发了智能机器人的核心算法，打造了具有自主智能的服务机器人服务平台，并获得第十八届中国国际高新技术成果交易会优秀产品奖。在大数据系统研制方面，所研制的基于磁盘的大数据处理中间件基于内存的大数据处理中间件以及半结构化数据库中间件都达到了世界领先的性能，大力促进了基于大数据的城市精细化管理。

在脑科学方面，在国家杰青项目、中科院脑科学先导专项、广东省创新团队及深圳市孔雀团队等项目支持下，高水平科研成果不断。发表3篇*Nature*子刊、1篇*Neuron*与1篇*PNAS*文章，申请专利40件，8件获得授权，光遗传技术累计辐射到境内外近400家实验室；组织了国内第一次“NATURE情感神经环路国际研讨会”，提升了先进院在脑科学领域的影响力；同时建立了符合国家标准的非人灵长类繁育和研究基地，被*Nature*杂志报道。

先进电子封装材料方向针对摩尔定律失效以及产业链重心向中后道延伸，大力发展满足先进电子封装技术的关键材料与成套工艺。围绕先进电子封装关键材料的电、热、力学性能以及微观表面界面作用机制方面开展了较为深入的研究，形成具有自身特色的研究体系，获批国家发改委的“先进电子封装材料国家地方共建工程实验室”。其中，面向晶圆级封装的聚合物基绝缘层材料、临时键合胶材料已完成中试和终端客户验证，完成技术转移和成立量产材料公司，并实现对国内先进封测企业的小规模供应，有望在华为下一代旗舰智能手机上实现应用；面向透明导电膜的高长径比银纳米线材料完成中试放大实验并实现技术转移，成立合资公司；完成了埋入式电容材料的规模化生产并通过用户验证；其他自主开发的新材料还包括高导热石墨烯膜（纸）、埋入式电阻材料、高导热绝缘复合材料以及相变合金热界面材料等。

在肿瘤精准治疗技术方面，发展了一系列肿瘤微环境响应的近红外一区/二区荧光分子探针，探针不仅可以对肿瘤进行靶向多模成像，同时还具有高效的光学治疗效果；研发突破了同源靶向的仿生纳米颗粒和具有载氧功能的纳米人工红细胞，实现了肿瘤的精准诊疗。成功设计和研制了具有肿瘤靶向、影像诊断引导和光学治疗功能的肿瘤诊疗设备，填补国内外小动物肿瘤纳米光学诊疗一体化相关仪器空白。创新设计并合成了吡咯-咪唑类系列小分子多肽药物，针对PLk1启动子序列，有效抑制PLK1基因的转录及其PLK1蛋白表达，从而导致肿瘤细胞生长抑制或凋亡。抗肿瘤抗体药物DR5和CART细胞治疗技术基本完成前期临床前研究。

在合成生物器件及关键技术方面，在“973计划”“863计划”、中组部青年千人计划和深圳市孔雀团队等项目的支持下，在综合性科学顶级期刊《美国国家科学院院刊》（*PNAS*）发表论文，进一步提升了先进院在合成生物学领域的影响力；组建了一支PI平均年龄为33岁的多学科交叉前沿创新团队并获批深圳市“人工诊疗微生物自动化合成工程实验室”；团队负责人担任“合成生物学青年学者协会”创会会长。在国际上首次利用合成生物学方法研究DNA复制与细胞分裂如何相互协调这一困扰科学家60年的生物学基本问题，发现细胞通过控制DNA复制的起始来协调细胞个体的大小，二者之间的关系可以用一个简单的数学公式来描述。基于该理论，结合合成基因回路，人们可以理性设计建造出特定尺寸的人工生命体（于*PNAS*发表）。在国际上首次发现了长链非编码RNA能够在无蛋白质参与的条件下使DNA发生分子间相互作用，改变DNA的物理特性，提示了长链非编码RNA对维持染色体结构和功能有重要作用（相关成果发表于NAR，IF=9.1）。在合成细菌治肿瘤研究中，率先设计构建了低免疫原性但保留实体肿瘤靶向性的安全细菌载体，该类载体可以作为实体瘤治疗通用载体，应用广泛，为下一步临床前研究提供了新的方案。

产研结合　2016年度先进院横向到款总金额超1.07亿元，新增有效合同超过200个。在重点领域与企业新建联合实验室16个，合同额超6 000万元；新增以企业为主体的产学研合作项目101项。2016年10月28日，与珠海市人民政府签订共建珠海先进院合作协议，获地方财政资助1亿元。

（1）生命健康领域产业化。健康与医疗领域，先进院与国内高端水产饲料的龙头企业——深圳市澳华农牧有限公司共同组建了“高效环保水产养殖联合实验室”，快速推进了乳酸菌及抗菌肽资源的产业化开发，建立对虾等经济动物的高效养殖及病害防控技术。在该团队推动下，无抗养殖的虾蟹在2016年11月举行的第十八届高交会上成为市民关注的焦点之一，充分体现了高科技成果在市民日常生活的有效应用。此外，在2016年，先进院还与上海申友生物技术有限公司、深圳易瑞生物技术有限公司、上海格朗生物有限公司分别建立联合实验室，促进科研成果在产业上发挥作用。

在低成本健康领域，先进院孵化的中科强华接连中标重庆、河北、河南、湖南、内蒙古等省市区中央补助村卫生室医疗设备项目——国家卫计委省级农村采购项目共约40 000台，占据了30%以上的市场份额，占有率达到全国第1，标志着低成本健康网底工程在全国市场化覆盖初步获得成功。在科技服务和企业合作中，先进院低成本健康在穿戴式技术、大数据技术和老年防跌倒技术等方向取得重要进展，与罗湖医院合作建设养老健康基地。

在医学转化科技服务方面，生殖研究团队围绕生殖健康，致力于辅助生殖（试管婴儿）治疗不孕不育技术的研发，2016年10月29日与深圳艾维艾夫集团联手成立了生殖健康联合医学转化中心，以解决不孕不育症和提高试管婴儿的成功率，合作开展的“复发性流产”和“卵子体外激活技术临床应用研究”项目，面向社会重大需求，具有较大应用前景。在国际合作方面，影像引导治疗技术、微创手术技术、高端核磁共振成像技术、口腔CT、Car-T技术等于2016年9月11日与泰国普吉曼谷医院集团成立了第一个国际联合实验室，将逐步开展多方面的深入合作。

（2）大数据服务民生。在气象大数据方面，与深圳市气象局在7年长期合作的基础上深入合作，将成果融入预警预报业务系统中，有关台风风雨预报的研究成果已转化成预报产品，填补了台风风雨定量预报空白，处于国内先进水平，大幅度提高台风预报的时间、空间精度，协助深圳气象局在2016年4号强台风“妮坦”来临时依据科研结果，在第一时间果断对市民发出了深圳建市历史上第一个台风红色预警信号，最大限度地减少了经济损失，该项目组的工作受到了国家气象局的称赞。

在交通大数据方面，与深圳公交集团等开展战略合作，每天为深圳各企事业机构提供百万次以上的时空大数据服务，2016年3月，北斗院和巴士集团共同成立了全国首个以纯互联网方式运营公交和城际线路的公交企业运营平台——优点巴士，并于9月推出了利用移动互联网及大数据分析技术改变传统公交运营模式的定制化的巴士，现已开通线路百余条，日均乘客近千人。10月，随着地铁7、9号线的开通，北斗院为地铁三期线路开发的清分算法系统和为深圳地铁PCC平台开发的线网实时运营状态发布系统正式上线运营，实现线网运营状态实时监控的同时，在国内首次提供地铁站内实时客流信息播报，引导市民选择出行路径，规避拥堵区间。

（3）机器人产业创新发展。机器人方面，与华为、腾讯、新松等龙头企业开展了计算机视觉、深度学习等企业委托重大项目，协助市科创委建立了深圳机器人自然科学研究基金项目，组织科研人员与企业开展产学研合作。其中视觉识别团队获得华为600万元的横向合同；人机控制团队为腾讯的智能硬件提供关键智能技术服务，支持腾讯公司完成广东省“面向智能硬件的云服务平台”建设，获240万元横向经费，共建“虚拟现实/增强现实技术与应用国家工程实验室”，对VR/AR产业共性关键问题开展协同创新。2016年，巡逻机器人实现在万科集团等多家企业的批量应用，孵化高科技企业5家，培训技术人员2 000余名。

科技交流与合作　2016年，先进院接受了来自美国、英国、德国、法国、澳大利亚等50多个国家的大学、科研机构、政府部门、企业科技代表团及我国港澳台代表团的来访34批次，近480人次。先进院科研人员出访国外参加科技学术交流202批次，总数达276人。

9月11日，先进院与泰国曼谷医疗集团南部集团、宋卡王子大学签署了“中泰健康医疗科技联合计划”，该计划不仅被中国—东盟技术转移中心列为中国与东盟重点科技合作项目签约之一，同时也是“中科院东盟（曼谷）创新中心”建设计划的一项重要内容，三方将组建国际联合实验室，深化高端医学影像、影像引导治疗技术、CAR-T技术、复方植物酵素等领域的合作。举办诸如“智能呼唤未来2016机器人与智能系统国际院士论坛”“非人灵长类脑科学未来发展态势国际研讨会”“情绪神经回路国际研讨会”“2016第一届功能材料与界面国际学术会议”“第26届骨关节可注射生物材料与临床应用国际会议等7场国际会议”等各类高端国际会议，国际交流及海外影响力进一步提升。

科普宣传工作　2016年，先进院微信粉丝数达15 000人，较2015年增长50%，全年发文206篇，微信阅读量12.0 548万次，转发7 222次。网站新闻发布超过210篇。媒体报道199篇，中央电视台《新闻联播》《朝闻天下》、凤凰卫视、科技日报社等重要媒体均关注先进院在各方面的工作进展。

先进院与南山区教育局实现共建先进院实验学校于9月1日开学，15位博士作为“博士课堂”任课老师进入学校，为学校和社会提供高水平的科普教学力量，先进院科普课程体系目前已自行开发和征集校外机构课程近300节，直接合作厂家10余家，已经在9所学校开设长期课程，覆盖上课学生近800名，并与中国科学院行政管理局、南科大实验学校共同举行夏令营。

5月14日，“2016年深圳全国科技活动周”开幕式暨“2016中国科学院深圳先进技术研究院公众科学日”在先进院举行，并在南山少年创新院中山公园基地举行了分会场活动，接待了千余科普爱好者。与南山区教育局、团队共建的少年创新院挂牌分院达到20所，并举行了“小院士”选拔、无人机大赛、创客节等活动。

（中国科学院深圳先进技术研究院　卢　群）

【广东华中科技大学工业技术研究院】　广东华中科技大学工业技术研究院（以下简称“华中科大工研院”）是按照“事业单位、企业化运作”新模式组建的公共科技创新平台。经过几年发展，已经快速成为我国制造领域知名的新型研发机构。

平台建设　华中科大工研院建设了1.8万m^2的研发基地，投资建设了4.3万m^2松湖华科产业孵化园，投入运营和正在建设加速器及产业园超过50万m^2，构成了“研发基地—孵化器—加速器—产业园”的成果转化链条。受广东省政府委托，华中科大工研院牵头建设广东省智能机器人研究院，打造了“两院一城”3+X创新体系。积极推动科技平台建设，由“地方队”向“国家队”迈进，截至2016年年底，华中科大工研院先后建设了2个国家级平台、3个省级平台，建设了1个市级平台（东莞市智能制造重点实验室）。

团队建设　截至2016年年底，华中科大工研院建立了一支600余人的研发团队和1 000余人的工程化成果转化团队，其中包括国家“长江学者”7人、国家杰出青年6人、海外创新人才70多名、东莞市特色人才22名（在全市特色人才中占比10%）。先后引进香港科技大学李泽湘教授（世界机器人大会主席、深圳大疆创新董事长）牵头的运动控制省创新团队，美国乔治亚理工学院李国民教授（COGNEX公司第一代工业相机发明人）牵头的智能感知省创新团队，香港中文大学王钧教授（IEEE计算智能大会总主席）牵头的无人艇省创新团队，华为前高级副总裁李晓涛牵头的工业大数据省创新团队，马修泉研究员牵头的大功率激光器市创新团队。截至2016年年底，共获批4支广东省创新团队、1支东莞市创新团队，在东莞市省创新团队中占比13%。2016年，李泽湘牵头的创新团队顺利通过验收，成为该批验收团队中仅有的2个获评优秀的团队之一。

技术创新　截至2016年年底，华中科大工研院围绕运动控制技术、智能感知技术、数字化工艺与成形加工技术、精密检测与机器视觉技术、激光装备与核心器件等方向研发了十几类行业关键装备，累计申请各类知识产权524项，相关成果获得2013年度国家技术发明奖二等奖，参与起草了云制造，射频，车间制造执行数字化通用要求等标准35项，其中15项国家标准，1项军用标准。在《自然》杂志子刊*Nature.Physics*等国内外核心期刊上发表高水平论文120余篇。

华中科大工研院在我国制造领域三次重大战略中发挥了重要作用。华中科大工研院发起全国数控一代示范工程，并牵头承担了首批国家科技支撑计划项目；与珠海格力、美的集团、大族激光、东莞劲胜、吉利汽车、中国航天设备总厂等龙头企业合作，承担一批全国智能制造示范项目，并成为2016年全国智能制造试点示范交流会的唯一示范现场；在全国电机能效提升工程中占有重要市场份额，并被选为全国注塑机伺服节能改造唯一现场示范点，与横沥镇联合建设协同创新中心模式探索，“东莞横沥镇模具产业协同创新体系的建设与实践”获得了2016年度广东省科技进步特等奖，也得到了李克强总理重要批示，并在2016年全省专业镇协同创新工作现场会作为典型进行推广。

技术服务　华中科大工研院建立了五大集中式技术服务中心，获得CNAS、CMA、EPA、CPSC等国内外检测资质887项，为10 000多家企业提供了产品设计、产品检测、精密测量、激光加工等高端技术服务。设计服务中心多次获得“红点奖”“省长杯”“东莞杯国际工业设计大赛”国内外重量级工业设计大奖，为哈威无人机、科硕、上海百芬、大可智能等企业提供了整合型工业设计解决方案。测量技术中心是美国GKS Global Services在中国唯一授权的合作实验室和服务机构，是全球尺寸测量网络重要节点，为劳斯莱斯、奥迪、宝马、广汽等知名品牌提供了服务。检测中心累计资质居东莞市第1位，2016年服务企业达4 000余家。

产业孵化　华中科大工研院积极延伸公共科技服务平台服务范围，通过自我造血建设的松湖华科产业孵化园，是东莞首家获批国家级科技企业孵化器的企业。截至2016年年底，连续3年享受免税资格的国家级孵化器（东莞唯一），连续2年被科技部评为A类的国家级孵化器（东莞唯一），也是东莞首个国家小型微型企业创业创新示范基地。2016年，与大连机床集团合作的研发中心和孵化基地，获批国家首批“专业化众创空间”。与此同时，华中科大工研院全面转移松湖华科国家级科技企业孵化器建设和运营经验，打造了“华科城”系列孵化器，截至2016年年底，已经在大岭山、道滘、石碣、厚街、韶关等地建设了7个孵化园区，建成国家级科技企业孵化器1家、省级科技企业孵化器2家、市级科技企业孵化器5家，国家级众创空间3家，合计孵化面积超过30万m^2。目前已累计孵化企业300余家，其中自主创办企业53家。累计孵化国家高新技术企业总数超过50家（其中华科城·松湖华科培育孵化高新技术企业35家，占比松山湖19%），新三板挂牌企业7家，新三板股改企业2家（占比松山湖17%），上市后备企业3家（占比松山湖16%）。

人才培养　华中科大工研院建设了教育发展院，截至2016年年底，通过学历学位教育，接收大学实习生，举办企业骨干技术培训班等方式，培训各类技术人才5 000多人次。此外还积极支持学生创新创业，无偿赞助华中科技大学、东莞理工学院等高校举办创新创业大赛，已支持20余支团队创新创业。

体制创新　华中科大工研院虽是事业单位，但实行的是企业化运作，在发展过程中形成了协同创新体制机制，其特色为“三无、三有”，即“无级别、无编制、无运行费”，但是“有政府支持、有市场盈利能力、有激励机制”。华中科大工研院的性质为“事业单位、企业化运作”。“事业单位”既保障了政府初期投入建设经费的合法性，又保障了科技平台的公益性。“企业化运作”则减少了政府固定运行费负担，又提高了面对市场竞争的决策灵活性。正是因为有了体制设计的优势，华中科大工研院在协同创新方面取得了较快的发展。尤其是在工程化开发和转化方面，提出的“苹果论”（将高校和传统科研机构开发的“青苹果”转化为企业喜欢的“红苹果”）形成了广泛的影响。华中科大工研院上述工作在产生较大的经济效益和社会效益的同时，也形成了良好的社会影响，被《人民日报》、中央电视台《焦点访谈》等誉为全国新型科研机构的典型代表。国务院原副总理刘延东批示：“华中科大面向区域重大需求与广东、东莞合作，推进高端制造业发展，这些经验值得推广。”

（广东华中科技大学工业技术研究院　黄丽华）

科技协同创新

产学研合作

【产业技术创新联盟】 截至2016年年底，广东省共组建产业技术创新联盟204家，涉及电子信息、新材料、生物医药、装备制造、化工材料、能源环保、资源与环境、农林畜牧、传统优势产业、现代服务业等产业领域，成员单位包括北京大学、清华大学等高校127所，中科院及国内各类科研院所92个，省内各类企业2 000多家。截至2016年年底，联盟累计攻克产业关键、核心、共性技术2 000多项，新增利税超过4 300亿元，申请专利超过1.7万件，累计承担省部级以上科技项目1 200多项，建立省部级以上各类平台200多个，为企业培养了5 000多名高层次技术和管理人才。

【产学研合作重要活动】 2016年，省科技厅产学研结合处共主办5场产学研对接活动，组织广州、中山等地市的140余家企业赴西安交通大学、北京化工大学、华中科技大学、哈尔滨工业大学等10多所重点院校开展项目与人才对接。据不完全统计，2016年度达成合作意向企业占比60%以上，达成合作项目100余项，签订合作协议20余项，引进特派员、博士后、博士等高层次人才50余名。

2016年11月18日，由省科技厅和省发改委、广州市科创委支持指导，广东省产学研合作促进会、广东省生产力促进中心主办的“2016广东国际应用科技交易博览会”在广州国际采购中心开幕，现场共有200多家科技创新型企业和800多项科技创新成果展示，6场主题论坛和12个创新科技创业项目路演，并搭建应用科技交易社交平台。

【院士工作站】 截至2016年年底，依托省部省院合作大平台，广东省共建设121家院士工作站，获得专项经费支持总计1.24亿元，分布于广东省各地市，吸引了全国115名院士来广东开展产学研合作，其中84名为中国工程院院士、29名为中国科学院院士、2名为双院院士。2016年度共建设12家院士工作站，获得专项经费支持1 200万元，主要分布于广州、深圳、顺德、东莞、珠海、云浮、汕头等地市，引进了包括沈家骢、侯凡凡、支志明、颜德岳等中国科学院院士及周福霖、龚晓南、姚新生、张文海、方滨兴、詹启敏、陈焕春、张改平等中国工程院院士，广泛涉及新材料、化工、智能制造、电子信息、生物医药、新能源与节能环保等战略性新兴产业领域。

2016年，通过开展院士工作站建设，引进院士团队核心技术人员150多人，为企业、地方或行业制定技术及产业规划40多项，突破核心技术260多项，为企业培养各类科技人才近1 000人，转化各项成果300多项，实现经济效益60多亿元，有力推动了企业技术创新和区域产业发展，促进国家重点高校、科研机构创新资源和高层次人才向广东集聚，加速了重大科技成果在本省的转移转化，加快推动了院地、院企形成稳定发展的产学研合作长效机制。

【科技特派员工作站】 2016年，依托省部省院合作大平台，广东省继续开展企业科技特派员及特派员工作站建设。

2016年全年共受理特派员派驻协议签订与备案527份。截至2016年年底，全国参与广东省部产学研合作的高校、科研院所多达263所，特派员派驻企业超过5 000家，共有来自全国各地的4 533名专家教授及科技人员成为企业科技特派员，累计服务企业超过7 700余人次。

2016年，新建特派员工作站16个，共获得800万元专项经费支持。这16个新建工作站的分布情况是：广州5个，河源3个，佛山2个，梅州2

个，珠海、清远、汕尾、湛江各1个；涵盖的技术领域包括先进制造、电子设备及元器件、生物医药与医疗器械、新材料、农业技术、计算机与软件技术、节能环保等；参与工作站建设的省内外高校及科研院所有37所。本年度通过工作站建设，共引进100余名科技特派员及特派员助理进驻广东省各类科技型企业，共实施近40项产学研合作项目，为企业培养各类科技型人才260余人，完成各类科技成果转化达100余项，实现经济效益超过25亿元。

截至2016年年底，在全省共建设了195个特派员工作站，建站单位覆盖先进制造、新材料、生物医药与医疗器械、节能环保、新能源等12大专业技术领域，吸引了来自全国近110所高校、科研院所的600多名企业科技特派员参与产学研合作，共实施650余项产学研结合项目，实现总产值超过500亿元，新增利税超过80亿元。

（广东省科学技术厅产学研结合处　李　蓉）

科技金融

【产业与金融对接】 大力推进科技“四众”平台建设，省科技厅分别于1月和10月召开全省科技四众平台建设推进工作会议和全省科技“四众”促进“双创”工作现场会，部署全省今后一段时期科技“四众”促进“双创”总体工作，加快科技众创、众包、众扶、众筹广泛应用，在更大范围、更高层次、更深程度上推进大众创业、万众创新，推动本省形成新的产业业态和经济增长点。

全省科技四众平台建设推进工作会议　为加快推进“四众”（众创、众包、众扶、众筹）平台建设，大力发展“互联网+创新创业”，1月7日，省科技厅在东莞召开2016年全省科技四众平台建设推进工作会议。会上，宣读了获国家和省认定的第一批众创空间单位名单及《关于在佛山、东莞开展“互联网+创新创业示范市”建设工作的通知》，省科技厅黄宁生厅长部署了“四众”工作，举行了东莞市“互联网+创新创业示范市”启动仪式。会议还邀请了中国人民大学法学院、广东省粤科金融集团有限公司、氪众创空间等进行了“四众”主题演讲。分“众筹、众包、众扶政策解读及实践”“省众创空间建设工作”两个主题，各地市科技主管部门和省优秀四众平台单位代表进行了座谈交流。

“互联网+创新创业”试点示范　2015年9月，《广东省“互联网+”行动计划（2015—2020年）》（以下简称《行动计划》）出台。《行动计划》提出，到2017年，全省互联网与传统行业加快渗透融合，互联网大众创业万众创新活力进一步增强，经济社会各领域互联网应用逐步普及，电子商务、云计算、物联网、大数据等新业态快速发展。“互联网+创业创新”是其中重要内容之一。《行动计划》提出，要推动广州、深圳、珠海、佛山、东莞、惠州、汕头、揭阳等市依托互联网产业优势，建设互联网创新园区和研究院，创建互联网经济创新示范区。2016年1月，东莞市“互联网+创新创业示范市”启动仪式举行。

在佛山市和东莞市开展“互联网+创新创业”试点的同时，东莞市常平镇和佛山市南海区桂城街道开展“互联网+创新创业”示范镇建设，推进互联网+创新创业区域化、链条化发展，打造互联网+创新创业生态系统。

广东省科技金融促进会　为贯彻落实全省科技金融工作会议精神，促进广东科技金融事业的规范与健康发展，在省科技厅的倡导下，由广东省生产力促进中心、广东省粤科金融集团、中国建设银行广东省分行、广东金融学院等12家联合发起成立广东省科技金融促进会，通过搭建全省科技金融多方联动协同平台，加强科技金融机构之间交流互动，推动科技、金融、产业和政策四链融合。

【科技金融服务体系建设】 全省建成29家科技金融综合服务中心，通过打造科技和金融资源的“一站式”平台，为各地企业提供多层次、多维度的投融资服务。广州创业大街科创咖啡通过省、市、区联动，打造一站式科技金融服务平台，为科技企业及创业项目提供成长过程中所需的金融服务和支持。佛山分中心与16家创业投资、银行、小贷公司和33家商企协会进行对接洽谈并签订战略合作协议，吸引近万家企业加入分中心对接平台。珠海高新区分中心打造的科技金融广场，聚集了银行、担保、VC、PE、券商等45家各类金融机构进驻，全年为企业发布融资需求项目累计396个，项目需求金额81亿元，成功对接项目349个，实现融资28亿元。

（广东省科学技术厅规划财务处　田何志）

【风险投资行业发展】　2016年，在“大众创业、万众创新”大潮的推动下，我国创业投资行业继续保持着良好的发展势头，在机构数量、资本总量、投资金额等方面都呈现了较好的增长势头，在促进科技成果转化、发展创新型企业、培育新新兴产业等方面发挥了重要作用，逐步形成了具有中国特色的发展模式，成为建设创新型国家的重要推动力量。

对于广东省风险投资行业，从投资阶段来看，早期投资市场，2016年广东省天使投资机构新成立13支基金，共募集27.93亿元，单支基金平均募集金额为人民币2.15亿元，延续了自2012年以来的上升趋势；发生268起投资案例，披露案例金额约为14.19亿元，投资数量与金额都呈现小幅下降趋势；发生24起退出案例。在创业投资市场，新募基金99支，披露金额为723.95亿元，发生575起投资案例数，披露投资金额共计171.54亿元，互联网、IT和生物技术/医疗健康是投资的热点行业，新三板挂牌退出、IPO和股权转让退出是主要退出方式，分别占57.1%、22.0%和9.2%。

从投资区域来看，2016年广东风险投资市场发展势头良好，保持较快增长。放眼全国，综合基金规模、投资金额等指标来看，目前广东省在风险投资行业处于第一梯队靠后位置，落后于京沪，领先于其他省市。相比依领先的北京，广东的差距较为明显，2016年北京共发生1 106起风险投资案例，披露投资金额458.78亿元，分别相当于广东的1.92倍和2.67倍。省内来看，深圳市独占鳌头，在早期投资和创业投资两个市场均优势明显。深圳早期投资的募集金额和投资金额分别占全省的93.9%和66.5%，创业投资的投资案例和投资金额分别占全省的64.7%和66.0%。其次是广州市，起步较晚但增长较快，2016年创业投资的投资案例和投资金额分别占全省的24.5%和21.2%。珠三角其余城市中，东莞、珠海、佛山、惠州等城市也有一定的发展。

【广东省粤科金融集团有限公司】　创业投资业务　2016年，广东省粤科金融集团有限公司（以下简称“粤科集团”）围绕“募、投、管、退”4个关键环节，积极发挥受托管理省财政资金的引导作用，调动社会各方有利因素，重点推进母基金层面的组建工作，加强项目投资运作。在创投领域的行业评选中获得多项荣誉，“粤科”创投品牌的影响力日益扩大。一是资金募集和运作成效明显。2016年，新增受托管理财政资金12.01亿元，募集设立5支子基金合计8.28亿元。利用受托管理的100亿元省财政资金发起设立产业型、并购型和区域型母基金，募资总规模222.33亿元。招商银行以同股同权方式向母基金增资10亿元已全部到位。二是投资管理水平不断提升。通过自有投资平台、合作投资平台，新增创业投资项目38项，新增投资子基金23项。投资企业赛福天、华锋股份、红墙股份成功上市，实现今朝时代等8个项目成功登陆新三板。推动项目投管系统上线，全面提升项目管理的系统性、规范性和有效性。三是投后项目管理全面得到加强。全面加强项目投资布局与管理，定期举办在投项目汇报会，分析项目整体运作情况，对在投优质项目进行系统梳理，明确增值退出方式，力争创造更高投资效益。投资企业珠海奈电公司通过上市公司风华高科并购退出，还有一批投资项目通过挂牌转让退出。粤科京华、珠海瓦特、科力公司等三家企业转制退出正在加紧推进。

科技金融业务　粤科集团着力解决科技型中小企业融资难问题，建设多层次科技金融服务平台，不断做强小额贷款、融资担保和融资租赁等科技金融业务，并积极申请互联网小贷、银行、保险等牌照，初步形成了覆盖科技型中小微企业不同发展阶段的科技金融业务体系。一是申设金融牌照有所突破。省政府明确粤科集团作为主发起人筹建“粤科科技保险有限公司”，已正式向中国保监会提交设立申请材料，参与申筹的前海华业养老保险公司也正式向保监会报送申请材料；出资6亿元参与筹建广东第二家省级地方资产管理公司。二是科技金融板块业务稳健发展。粤科租赁公司出资1.65亿元（占55%）与省航运、南沙产投共同发起设立“粤科港航融资租赁有限公司”，实现当年赢利；粤科小贷及其子公司累计发放贷款22.33亿元，同比增长98.3%；粤科担保公司新增业务发生额约6亿元。三是科技金融服务途径得到拓展。围绕科技型中小企业及创业者发展需求，开发债务融资综合解决方案，支持符合条件的科技型中小企业发行企业集合债、私募债或申请创业者贷款。

科技园区业务　粤科集团按照开展“四众”促“双创”的要求，努力探索科技园区和孵化育成体系的开发建设，形成了线上平台与线下实体结合的孵化链条。建设粤科融易孵创业空间、粤科天河互联网金融孵化器、粤科海珠区检测技术装备园孵化器等一批结合产业发展需求的垂直型孵化器，入孵企业105家。全省首个互联网创业孵化服务平台“融易孵”入驻项目3 220个。协助省科技厅完成全省518个科技成果项目评估，完成2016广东科技成果与产业对接会入选项目的评估筛选和路演辅导工作。设立“粤科众包”平台，以“互联网+”模式促进科研组织管理方式转变，已进驻800个科研人才，成为省科技厅200家产业联盟的活动入口和链接平台。粤科科技金融大厦建设已完成设计招标和工程造价招标等工作。

【广东省风险投资促进会】　2016年广东省科技金融促进会（以下简称“促进会”）积极开展行业交流，构建广东省风险投资行业沟通平台。先后承办广东省科技金融促进会年会暨2016广东省科技金融论坛、2016年第十八届中国风险投资论坛、广东省创投企业备案工作宣讲会等大型会议活动，主办“国际孵化器运营与管理高峰论坛”，协办2016年广东省科技成果与产业对接会优秀创新团队及其重大科技成果路演活动。

经过近1年的调查研究，促进会与暨南大学朱卫平教授团队、副理事长单位广东正中珠江会计师事务所（特殊普通合伙）完成《2016年广东省创业投资行业发展报告》，获得创投行业的热烈关注和高度评价。

2016年3月，联合广东省沃土企业成长研究院、美国风险投资学院中国分院主办“天使投资与孵化器管理研讨会”。4月，主办“目标成果转化的澳大利亚国家创新与科学政策”讲座。7月，促进会举办了首期“创业投资精英培训”。

继续做好广东省创业投资企业备案管理服务工作，顺利完成广东省备案企业年检初审及新增申请备案管理初审工作；中标广东省发展和改革委“广东促进新兴产业创业投资发展政策研究”课题采购项目并开展系列工作。

（广东省粤科金融集团有限公司　柳士安）

技术交易体系与科技服务网络建设

【科技服务机构及平台】　2016年，纳入全省科技服务业统计调查的1 794个科技服务机构，办公总面积达到1 777.61万m^2；从业人员总数达到31.59万人，其中，从事科技活动人员13.49万人，从事生产经营人员13.26万人，按学位分，拥有博士学位人员达到8 009人，拥有硕士学位3.45万人，拥有学士学位10.87万人；全年收入合计2 327.25亿元，其中，从政府部门取得收入174.13亿元，政府科研项目拨款54.14亿元；全年发布科技论文2.37万篇，其中，国外发表9 165篇，出版科技著作563种；全年专利申请受理2.25万件，其中，发明专利1.23万件；全年专利授权数1.38万件，其中，发明专利6 060件，国外授权438件，累计拥有发明专利达到3.70万件；承担各级政府项目1.22万项；全年科技成果登记数量达到1 453个；新产品开发4 108个；全年科技服务项目数达到428.56万个，全年科技服务项目金额668.98亿元；全年技术市场成交合同2.57万个，技术市场成交合同金额127.91亿元；全年获得科技成果奖884个，其中，国家级科技奖励成果42个，省级科技奖励成果393个。

生产力促进中心　截至2016年年底，广东省共有生产力促进中心142家，生产力促进中心总数位居全国第1，初步形成上下联动、协同合作、地域分布覆盖省内主要地市县和专业镇的四级生产力促进服务体系。2016年，全省纳入统计的生产力促进中心在岗职工达到3 390人，服务企业50 095家，总服务收入16.23亿元，为企业提供管理咨询服务5 432次，为企业提供技术咨询4 401次，开展技术培训25 683次，培训人员达到94 213人次，为企业增加销售额27.91亿元，增加利税4.73亿元，引进国际及港澳台合作项目71项，项目金额超过780万元。

技术产权交易平台　2016年，广东省已培育建成广州产权交易所、深圳联合产权交易所、广东金融高新区股权交易中心、广州知识产权交易中心等为代表的具有区域影响力和示范性的技术产权交易平台，成为广东省促进科技成果转移转化的重要桥梁。其中，2016年广州交易所集团实现科技股权类交易9项，成交金额1.08亿元，技术合同认定登记62份，合同登记金额4.63亿元，技术交易额3.96亿元；开展知识产权价值分析认定4项，认定金额3.33亿元。2016年广州知识产权交易中心有限公司促成技术转移项目成交数量1 805项，交易金额合计5.32亿元。

国家技术转移机构　2016年，广东省经科技部批准认定的国家技术转移示范机构总数达到33家，国家技术转移示范机构积极促进知识流动和技术转移，对技术信息进行搜集、筛选、分析、加工，进行技术转让与技术代理，广泛提供技术标准、测试分析、技术咨询、技术评估、技术培训、技术产权交易、技术招标代理、技术投融资等服务。2016年全省33家国家技术转移示范机构促成技术转移项目成交数量超过13 014项，促成技术转移项目成交金额169.91亿元，组织技术交易活动700次，服务企业数量69 851家。

科技服务平台机构培育　2016年，依托技术交易体系与科技服务网络建设科技计划，支持各类科技公共服务平台建设项目达到70项，其中，支持广州、深圳、珠海、东莞、佛山、江门、云浮、肇庆、湛江、汕头10个地市共22个科技创业服务基地建设；支持广州、深圳、珠海、中山、佛山、云浮、湛江、汕头、韶关、梅州、河源、潮州、茂名、阳江14个地市各类科技服务机构培育项目48项，范围涵盖技术转移、成果转化、知识产权、人才培训、技术创新、检验检测、生产力促进、电子商务等科技服务业领域。

（广东省科学技术厅科技服务与管理处　严军华）

【技术转移与技术市场】 2016年，全省技术市场共认定登记技术合同17 480项，合同成交总金额789.68亿元，其中技术交易额766.50亿元，较2015年分别增长0.78%、19.01%和17.93%；平均每项技术合同交易额451.76万元，较2015年增长18.09%；合同成交额在全国位居第5（仅次于北京、湖北、上海、陕西），技术交易额在全国位居第3（仅次于北京、上海）。

2016年，全省共认定登记技术开发合同13 484项，成交额277.31亿元，较2015年增长17.52%，占全省成交总额的35.12%；共认定登记技术转让合同1 277项，成交额345.33亿元，较2015年增长18.11%；共认定登记技术咨询合同476项，成交额1.3亿元，较2015年下降23.72%，占全省技术合同成交总额的0.16%；共认定登记技术服务合同2 243项，成交额165.74亿元，占全省技术合同成交总额的20.99%，较2015年增长24.16%，增幅居4类合同首位。

在13 484项技术开发合同中，委托开发成交12 977项，成交额267.47亿元，较2015年增长16.43%，占技术开发合同成交额的96.45%；合作开发合同成交507项，成交额9.84亿元，较2015年增长57.96%，占技术开发合同成交额的3.55%。技术转让合同中，专利实施许可转让为最主要的交易方式，合同成交额184.65亿元，较2015年增长近400%，占技术转让合同的53.47%；技术秘密转让合同成交额151.79亿元，占技术转让合同的43.95%；专利权转让合同成交额4.98亿元，占技术转让合同的1.44%。各类技术服务合同中，一般性技术服务为主要形式，共认定登记2 240项，成交额165.73亿元，较2015年增长24.28%，占技术服务合同的99.99%。

2016年，全省涉及知识产权的技术合同共认定登记11 443项，成交额530.19亿元，占全省成交总项数和总金额的65.46%和67.14%。其中，技术秘密合同4 781项，成交额340.88亿元，占全省成交总额的43.17%；计算机软件著作权合同登记项数有所下降，但成交金额有所上升，成交65.65亿元，较2015年增长11.8%；专利合同成交额大幅增长，达到118.87亿元，较2015年增长近327%，其中，发明专利成交额达116.89亿元，增长近340%。

（广东省科学技术厅科技服务与管理处 严军华）

【经营性领域技术入股改革】 2016年，按照《广东省经营性领域技术入股改革实施方案》规定，担任厅级以上（含厅级）领导职务的科技人员参与技术入股报联席会议审批。为规范担任行政领导职务的科技人员参与技术入股，发挥联席会议审议机制作用，保障担任行政领导职务科技人员成果转化合法收益，7月，省科技厅提请召开了广东省经营性领域技术入股改革工作联席会议第一次会议。会议由袁宝成副省长担任召集人，由省科技厅、省教育厅、省财政厅、省人力资源和社会保障厅、省审计厅、省人民政府国有资产监督管理委员会、省工商局、省知识产权局8个省直部门作为会议成员单位。会议审议并原则通过了广东药科大学郭姣教授以“一种治疗高脂血症的药物”专利成果参与技术入股、广东工业大学陈新教授以“一种绝对光栅尺的滑车固定装置”专利成果许可使用的申请。9月，中共广东省委全面深化改革领导小组办公室印发《广东省各领域改革全面评估报告》，提出经营性领域技术入股改革将在全省复制推广。

（广东省科学技术厅科技服务与管理处 严军华）

科技成果与知识产权

科技成果与奖励

【科技成果登记】 2016年，广东省对符合科技成果登记条件的1 963个项目进行了成果登记（见表6–1–1）。

2016年全省核准登记的成果中，应用技术成果仍占据主要地位，有1 805项，占登记总数的91.95%；基础理论成果140项，占登记总数的7.13%；软科学成果18项，占登记总数的0.92%。这些登记的成果中，已获授权专利数3 913件，其中3 103件专利为企业取得，占79.30%，由此看出，企业申请专利积极性相对较高，知识产权保护意识较强。电子信息、生物医药与医疗器械、先进制造、现代农业等高新技术领域成果1 373项，占应用技术类成果登记总数的76.07%。

在这1 963项科技成果中，企业完成1 151项，占58.63%；医疗机构完成298项，占15.18%；科研院所完成248项，占12.64%；高等、大专院校完成173项，占8.81%；其他项目93项，占4.74%。企业仍是科技成果研发的主体（见表6–1–2）。

在应用技术类成果中，原始性创新成果达到1 385项，占应用技术类成果的76.73%，其中企业的原始性创新成果达到919项，是原始性创新成果的主体，达到66.35%。

另外，从应用技术类成果所处阶段看，1 237项成果已到达成熟应用阶段，占应用技术类成果的68.53%；255项成果处于中期阶段，占14.13%；313项成果处于初期阶段，占17.34%。

从成果的应用情况看，产业化应用项目数达999项，小批量或小范围应用项目数为562项，试用项目数为133项，应用后停用项目数3项，未应用项目108项。广东省应用技术类成果产业化达55%以上。

对应用技术成果进行经济效益统计显示，创造净利润316.53亿元，实交税金300.92亿元，出口创汇80.52亿元，节约资金107.92亿元，合作转化收入428.78亿元（见表6–1–3）。

表6–1–1　全省已登记重大科技成果基本情况（2015—2016年）

项目	2015年		2016年	
	项目数（个）	比重（%）	项目数（个）	比重（%）
一、成果完成单位类型				
1. 独立研究机构	180	8.44	248	12.64
2. 大专院校	158	7.41	173	8.81
3. 企业	1 390	65.17	1 151	58.63
4. 医疗机构	304	14.25	298	15.18
5. 其他	101	4.73	93	4.74
合计	2 133	100	1 963	100
二、成果类别				
1. 应用技术	1 990	93.29	1 805	91.95
2. 基础理论	126	5.91	140	7.13

（续上表）

项目	2015年		2016年	
	项目数（个）	比重（%）	项目数（个）	比重（%）
3．软科学	17	0.80	18	0.92
合计	2 133	100	1 963	100
三、成果水平				
1．国际领先	102	4.78	120	6.11
2．国际先进	223	10.46	222	11.31
3．国内领先	802	37.60	697	35.51
4．国内先进	426	19.97	361	18.39
5．国内一般	88	4.12	74	3.77
6．未评价	492	23.07	489	24.91
合计	2 133	100	1 963	100
四、基本情况				
1．鉴定项目数	1 047	49.08	928	47.27
2．验收项目数	710	33.29	753	38.36
3．评审项目数	42	1.97	49	2.50
4．行业准入数	91	4.27	30	1.53
5．评估项目数	24	1.12	31	1.58
6．机构评价数	183	8.58	141	7.18
7．结题项目数	36	1.69	31	1.58
合计	2 133	100	1 963	100

表6-1-2　全省重大科技成果登记完成单位情况（2012—2016年）

单位：项

项目	2012年	2013年	2014年	2015年	2016年
合计	1 799	1 809	1 748	2 133	1 963
企业	1 033	1 037	1 062	1 390	1 151
科研院所	129	134	197	180	248
高等、大专院校	132	147	82	158	173
医疗机构	323	357	292	304	298
其他	182	134	115	101	93

表6-1-3 全省已登记重大科技成果应用及经济效益（2016年）

应用情况		经济效益情况	
项目	合计	项目	合计
产业化应用（项）	999	经济效益项目数（项）	877
小批量或小范围应用（项）	562	净利润（万元）	3 165 349
试用项目数（项）	133	实交税金（万元）	3 009 226
试用后停用（项）	3	出口创汇（万元）	805 261
未应用（项）	108	节约资金（万元）	1 079 237
已转化（项）	643	合作转化收入（万元）	4 287 802

（广东省科学技术厅科技服务与管理处 王雅文）

【国家科学技术奖】 广东省共获得2016年度国家科学技术奖33项（通用项目）。其中，自然科学奖4项、技术发明奖6项、科技进步奖23项，广东省为第一完成单位（第一完成人）的共有8项，有企业参与的项目达20项。

表6-1-4 广东省获国家科学技术奖项目（2016年度）

表6-1-4-1 自然科学奖

序号	编号	项目名称	主要完成人（所属单位）	奖励等级
1	Z-101-2-04	Ricci 流理论及其几何应用	朱熹平（中山大学） 陈兵龙（中山大学） 邓少雄（中山大学） 顾会玲（中山大学）	二等奖
2	Z-103-2-07	具有重要生物活性的复杂天然产物的全合成	杨　震（北京大学深圳研究生院） 陈家华（北京大学） 唐叶峰（北京大学） 龚建贤（北京大学深圳研究生院）	二等奖
3	Z-102-1-01	大亚湾反应堆中微子实验发现的中微子振荡新模式	王贻芳（中科科学院高能物理研究所） 曹　俊（中科科学院高能物理研究所） 杨长根（中科科学院高能物理研究所） 衡月昆（中科科学院高能物理研究所） 李小男（中科科学院高能物理研究所）	一等奖
4	Z-109-2-02	工程机构抗灾可靠性设计的概率密度演化理论	李　杰（同济大学） 陈建兵（同济大学） 陈　隽（同济大学） 吴建营（华南理工大学）	二等奖

表6-1-4-2 技术发明奖

序号	编号	项目名称	主要完成人（所属单位）	奖励等级
1	F-301-2-03	玉米重要营养品质优良基因发掘与分子育种应用	李建生（中国农业大学） 严建兵（华中农业大学） 杨小红（中国农业大学） 胡建广（广东省农业科学院作物研究所） 陈绍江（中国农业大学） 王国英（中国农业科学院作物科学研究所）	二等奖
2	F-302-2-02	多肽化学修饰的关键技术及其在多肽新药创制中的应用	王　锐（兰州大学） 袁建成（深圳翰宇药业股份有限公司） 方　泉（兰州大学） 马亚平（深圳翰宇药业股份有限公司） 刘　建（深圳翰宇药业股份有限公司） 张邦治（兰州大学）	二等奖
3	F-305-2-03	木质纤维生物质多级资源化利用关键技术及应用	孙润仓（北京林业大学） 彭万喜（中南林业科技大学） 程少博（山东龙力生物科技股份有限公司） 袁同琦（北京林业大学） 许　凤（华南理工大学） 肖　林（山东龙力生物科技股份有限公司）	二等奖
4	F-30901-2-05	多界面光-热耦合白光LED封装优化技术	刘　胜（华中科技大学） 罗小兵（华中科技大学） 陈明祥（华中科技大学） 裴小明（深圳市瑞丰光电子股份有限公司） 王　恺（广东昭信企业集团有限公司） 郑　怀（武汉大学）	二等奖
5	F-30902-2-01	支持服务创新的可扩展路由交换关键技术、系统及产业化应用	徐　恪（清华大学） 尹　霞（清华大学） 甘玉玺（中兴通讯股份有限公司） 何均宏（华为技术有限公司） 吴建平（清华大学） 赵有健（清华大学）	二等奖
6	F-310-2-03	地铁环境保障与高效节能关键技术创新及应用	李安桂（西安建筑科技大学） 李国庆（北京城建设计发展集团股份有限公司） 潘展华（广东申菱环境系统股份有限公司） 耿世彬（中国人民解放军理工大学） 尹海国（西安建筑科技大学） 孟　鑫（北京城建设计发展集团股份有限公司）	二等奖

表6-1-4-3　科学技术进步奖

序号	编号	项目名称	主要完成单位	主要完成人	奖励等级
1	J-204-2-03	《全民健康十万个为什么》系列丛书		钟南山、李大魁、唐　芹、蔡皓东、代　涛、周颖玉、邸泽青、章静波、肖　鲁	二等奖
2	J-216-2-05	复杂表面热功能结构形貌特征设计与可控制造关键技术	华南理工大学、广东精艺金属股份有限公司、佛山市国星光电股份有限公司、佛山神威热交换器有限公司、广东新创意科技有限公司、广东三雄极光照明股份有限公司	汤　勇、李　勇、万珍平、陆龙生、王清辉、袁　伟、李宗涛、张占柱、李　程、陈创新	二等奖
3	J-233-2-04	慢性肾脏病进展的机制和临床防治	南方医科大学、香港中文大学、东南大学、山东大学、中国科学院昆明植物研究所、广东医学院	侯凡凡、蓝辉耀、刘必成、易　凡、廖禹林、陈志良、宾建平、程永现、周丽丽、白晓春	二等奖
4	J-233-2-06	结直肠癌个体化治疗策略创新与应用	中山大学肿瘤防治中心、复旦大学附属肿瘤医院、中山大学附属第一医院	徐瑞华、万德森、李　进、罗俊航、贾卫华、谢　丹、黄文林、陈　功、李宇红、管忠震	二等奖
5	J-25301-2-05	基于肛门功能和性功能保护的直肠癌治疗关键技术创新与推广应用	中山大学附属第六医院、广东省胃肠病学研究所	汪建平、兰　平、王　磊、吴小剑、邓艳红、黄美近、汪　挺、杨孜欢、方乐堃、王　辉	二等奖
6	J-220-2-01	新一代立体视觉关键技术及产业化	清华大学、清华大学深圳研究生院、凌云光技术集团有限责任公司、中源智人科技（深圳）股份有限公司、深圳市环球数码科技有限公司	戴琼海、王好谦、索津莉、张永兵、范静涛、杨　艺、黄道权、申优桦、王兴政、金　欣	二等奖
7	J-236-0-01	第四代移动通信系统（TD-LTE）关键技术与应用	中国移动通信集团公司、工业和信息化部电信研究院、电信科学技术研究院、华为技术有限公司、中兴通讯股份有限公司、展讯通信（上海）有限公司、北京电信技术发展产业协会、宇龙计算机通信科技（深圳）有限公司、北京邮电大学、清华大学、东南大学、北京星河亮点技术股份有限公司、上海创远仪器技术股份有限公司、联想移动通信科技有限公司	曹淑敏、王晓云、徐学兵、陈山枝、张　平、赵先明、黄宇红、王志勤、杨　骅、魏丽红、边燕南、王映民、邓爱林、向际鹰、吴　迪、沈　嘉、杨　光、刘光毅、汪恒江、魏贵明、邢宏涛、蒋　远、徐　菲、孙晓南、万　蕾、徐慧俊、刘迪军、高全中、张万春、聂宇田、蔡亚莉、段晓东、李文宇、	特等奖

（续上表）

序号	编号	项目名称	主要完成单位	主要完成人	奖励等级
				魏　然、李　星、孙韶辉、白　欣、柏燕民、张玉胜、肖善鹏、周世东、果　敢、王东明、王　可、江立红、张诗壮、李　斌、蔡月民、熊　兵、邱　刚	
8	J-236-1-01	DTMB系统国际化和产业化的关键技术及应用	清华大学、中国普天信息产业股份有限公司、北京海尔集成电路设计有限公司、北京北广科技股份有限公司、云南无线数字电视文化传媒有限公司、北京数字电视国家工程实验室有限公司、四川长虹电器股份有限公司、青岛海信电器股份有限公司、深圳创维－RGB电子有限公司、高拓讯达（北京）科技有限公司	杨知行、潘长勇、宋　健、王劲涛、戴书胜、黄浩东、叶　进、余　雷、张　超、杨　昉、王　军、王昭诚、彭克武、张　彧、骆训赋	一等奖
9	J-202-2-02	三种特色木本花卉新品种培育与产业升级关键技术	北京林业大学、中国林业科学研究院亚热带林业研究所、广东省林业科学研究院、丽江得一食品有限责任公司、棕榈园林股份有限公司、泰安市泰山林业科学研究院、长兴东方梅园有限公司	张启翔、李纪元、张方秋、潘会堂、吕英民、程堂仁、孙丽丹、蔡　明、潘卫华、王　佳	二等奖
10	J-210-2-01	南海北部陆缘深水油气地质理论技术创新与勘探重大突破	中海石油（中国）有限公司、中海石油（中国）有限公司湛江分公司、中海石油（中国）有限公司深圳分公司、中海油研究总院、中国地质大学（武汉）、中国石油大学（北京）、中国科学院南海海洋研究所	朱伟林、谢玉洪、刘再生、米立军、施和生、王振峰、庞　雄、孙志鹏、朱　明、张功成	二等奖
11	J-211-2-03	造纸与发酵典型废水资源化和超低排放关键技术及应用	广西大学、江南大学、广西博世科环保科技股份有限公司、广东理文造纸有限公司、青岛啤酒股份有限公司、广西农垦明阳生化集团股份有限公司	王双飞、阮文权、宋海农、覃程荣、李文斌、樊　伟、缪恒锋、黄福川、陈国宁、潘瑞坚	二等奖
12	J-219-2-01	用于集成系统和功率管理的多层次系统芯片低功耗设计技术	西安电子科技大学、杭州士兰微电子股份有限公司、成都启臣微电子有限公司、深圳国微技术有限公司	杨银堂、朱樟明、刘帘曦、吴建兴、唐　波、王良清、顾华玺、刘　毅、丁瑞雪、周端	二等奖

（续上表）

序号	编号	项目名称	主要完成单位	主要完成人	奖励等级
13	J-220-2-06	高性能系列化网络设备研制与应用	中国人民解放军国防科学技术大学、深圳市风云实业有限公司、中国人民解放军信息工程大学	苏金树、卢泽新、王宝生、孙志刚、张晓哲、汪斌强、吕高锋、李　韬、刘亚萍、黄　杰	二等奖
14	J-221-2-05	广州塔工程关键技术	上海建工集团股份有限公司、广州市设计院、广州大学、广州市建筑集团有限公司、广州新电视塔建设有限公司、香港理工大学、上海市机械施工集团有限公司	吴欣之、谭　平、周　定、高俊岳、龚　剑、倪一清、滕　军、崔晓强、吴浩中、吴树甜	二等奖
15	J-233-2-05	中国脑卒中精准预防策略的转化应用	北京大学第一医院、深圳奥萨制药有限公司、安徽省生物医学研究所、安徽医科大学、连云港市第一人民医院	霍　勇、李建平、徐希平、张　岩、秦献辉、唐根富、何明利、陈光亮、刘　平、王滨燕	二等奖
16	J-234-2-02	中草药DNA条形码物种鉴定体系	北京协和医学院、中国中医科学院中药研究所、湖北中医药大学、盛实百草药业有限公司、广州王老吉药业股份有限公司、澳门大学、四川新荷花中药饮片股份有限公司	陈士林、宋经元、姚　辉、王一涛、韩建萍、庞晓慧、石林春、李西文、朱英杰、胡志刚	二等奖
17	J-25101-2-02	农药高效低风险技术体系创建与应用	中国农业科学院植物保护研究所、农业部农药检定所、中国农业大学、全国农业技术推广服务中心、江苏省农业科学院、中国农业科学院蔬菜花卉研究所、广东省农业科学院植物保护研究所	郑永权、张宏军、董丰收、高希武、黄啟良、陈　昶、刘　学、蒋红云、束　放、杨代斌	二等奖
18	J-25101-2-03	南方低产水稻土改良与地力提升关键技术	中国农业科学院农业资源与农业区划研究所、湖北省农业科学院植保土肥研究所、广东省农业科学院农业资源与环境研究所、浙江大学、华中农业大学、四川省农业科学院土壤肥料研究所、中国水稻研究所	周　卫、李双来、杨少海、吴良欢、梁国庆、徐芳森、秦鱼生、何　艳、张玉屏、李录久	二等奖
19	J-25103-2-02	油料功能脂质高效制备关键技术与产品创制	中国农业科学院油料作物研究所、无限极（中国）有限公司、嘉必优生物技术（武汉）股份有限公司、大连医诺生物有限公司、西安中粮工程研究设计院有限公司、湖南大三湘茶油股份有限公司、武汉轻工大学	黄凤洪、邓乾春、汪志明、马忠华、吴文忠、曹万新、刘大川、郑明明、赖琼玮、杨　湄	二等奖

（续上表）

序号	编号	项目名称	主要完成单位	主要完成人	奖励等级
20	J-25202-2-02	有色金属共伴生硫铁矿资源综合利用关键技术及应用	昆明理工大学、北京矿冶研究总院、云南冶金集团股份有限公司、铜陵化工集团新桥矿业有限公司、江西铜业股份有限公司德兴铜矿、南京银茂铅锌矿业有限公司、深圳市中金岭南有色金属股份有限公司凡口铅锌矿	文书明、贺　政、周廷熙、刘恒亮、项拥军、缪建成、李茂林、姚　曙、张　健、罗仙平	二等奖
21	J-25301-2-04	心脏病微创外科治疗新技术及临床应用	中国人民解放军第四军医大学、东莞科威医疗器械有限公司	易定华、俞世强、杨　剑、徐学增、左　健、刘金成、段维勋、易　蔚、金振晓、梁宏亮	二等奖
22	J-21702-2-02	新能源发电调度运行关键技术及应用	中国电力科学研究院、南京南瑞集团公司、合肥工业大学、国电联合动力技术有限公司、深圳市禾望电气股份有限公司、阳光电源股份有限公司	王伟胜、刘　纯、薛　峰、黄越辉、丁　明、冯双磊、董　存、盛小军、潘　磊、陶　磊	二等奖
23	J-212-2-01	支持工业互联网的全自动电脑针织横机装备关键技术及产业化	浙江师范大学、宁波慈星股份有限公司、顾高科技（深圳）有限公司	朱信忠、孙平范、李立军、吕　恕、赵建民、吴启亮、徐慧英、胡跃勇、龚小云、刘　越	二等奖

（广东省科学技术厅科技服务与管理处　王雅文）

【广东省科学技术奖】　2016年广东省共评出省科学技术奖项目239项，其中突出贡献奖2人、特等奖1项、一等奖28项、二等奖66项、三等奖142项。华南理工大学吴硕贤院士和中山大学中山眼科中心刘奕志教授获省科学技术奖突出贡献奖，“东莞横沥镇模具产业协同创新体系的建设与实践”项目获省科学技术奖特等奖。在2016年省科技奖的获奖成果中，自然科学类26项、技术发明类16项、技术进步类218项。2016年广东省科学技术奖获奖成果主要有三方面特点。

企业已成为创新主体　近5年来，企业参与获奖项目数量均超过50%，2016年度企业获一等奖的数量大幅度提高，显示企业的创新水平不断提高。2016年度获得省科学技术奖的549个单位中，企业独立承担或参与完成的有245家，占获奖单位总数的44.6%；企业以第一完成单位完成的项目有129项，占获奖项目总数的54.0%。这些获奖企业通过自主研发核心技术，打破国外技术壁垒，正逐步向“中国创造”迈进。

推动产业转型升级　近年来，广东省重点围绕发展八大战略性新兴产业和推动传统产业转型升级，给予持续研发支持，取得了一大批核心技术，有力推动了相关产业迅速发展。2016年的获奖项目中，属于八大战略性新兴产业领域的有121项，占51.1%。同时，也出现了诸多推动传统产业升级的成果。

科技成果惠及民生　民生福祉是政府工作的根本所在，广东省科技创新工作历来将社会民生事业作为重要的支持方向之一。2016年的获奖项目中，有82个获奖成果涉及农业科技、疾病防治、食品安全、公共服务、环境保护等领域，占获奖项目总数的34.6%。

表6-1-5 2016年度广东省科学技术奖突出贡献奖、特等奖、一等奖获奖项目

表6-1-5-1 突出贡献奖获奖人

序号	姓名	工作单位	推荐单位
1	吴硕贤	华南理工大学	广东省教育厅
2	刘奕志	中山大学中山眼科中心	广东省卫生和计划生育委员会

表6-1-5-2 特等奖获奖项目

序号	编号	项目名称	主要完成单位	主要完成人
1	B18-特-01	东莞横沥镇模具产业协同创新体系的建设与实践	东莞市横沥镇人民政府 上海交通大学 东莞理工学院 东莞市横沥模具科技产业发展有限公司 上海市教育委员会科技发展中心 广东华中科技大学工业技术研究院 广东工业大学 东华大学 上海第二工业大学 广东省科学技术情报研究所 广东省机械模具科技促进协会 东莞市中泰模具股份有限公司 北京航天智造科技发展有限公司 东莞市机械模具产业协会 东莞台一盈拓科技股份有限公司 广东中创工业科技股份有限公司 广东银宝山新科技有限公司 广东东方亮彩精密技术有限公司 广东正茂精机有限公司	

表6-1-5-3 一等奖获奖项目

序号	编号	项目名称	主要完成单位	主要完成人
1	A01-1-01	功能薄膜的物性与机理研究	中山大学	包定华 李树玮 杨国伟 吴曙翔 陈心满 张洪宾 胡 伟 秦 霓 周 洪 阮凯斌
2	A02-1-01	超高压下矿物的变化特征	中国科学院广州地球化学研究所	陈 鸣 谢先德 肖万生 谭大勇 王德强
3	A03-1-01	常绿阔叶林生态系统群落稳定性与土壤固碳对环境变化的响应机理	中国科学院华南植物园	周国逸 莫江明 张德强 刘菊秀 鲁显楷 张 炜 黄文娟 刘 蕾 方 华 唐旭利 张倩媚 李跃林 刘世忠 褚国伟

（续上表）

序号	编号	项目名称	主要完成单位	主要完成人
4	A04-1-01	抗抑郁新靶点和新手段的研究	南方医科大学	高天明　朱心红　曹　雄 陈永君　严华成　陈　明 毕琳琳　李树基　孙丽荣 方莹莹　李晓文　李亮萍 张　猛　王　倩　王　珏
5	A05-1-01	脑信号分析算法与非侵入式脑机接口研究	华南理工大学 清华大学	李远清　吴　畏　龙锦益 高小榕　潘家辉　余天佑 俞祝良　顾正晖
6	A06-1-01	金属有机骨架材料的改性及其催化应用基础研究	华南理工大学	李映伟　李　忠　傅志勇 肖　静　刘宏利　马德运 袁碧贞　尹标林
7	B011-1-01	早中晚兼用型广适性优质稻新品种黄华占的选育及其应用	广东省农业科学院水稻研究所 广东省农业科学院植物保护研究所	周少川　李　宏　黄道强 朱小源　卢德城　李康活 周德贵　司徒志谋　赖穗春 王重荣　陈　深　胡学应 王志东　吴基党　裴树珍
8	B011-1-02	水稻生物育种技术体系创新与新品种创制应用	华南农业大学	陈志强　王　慧　郭　涛 刘永柱　肖武名　张建国 陈　淳　梁克勤　唐湘如 黄翠红　罗文龙　周丹华 黄　明　王加峰　陈立凯
9	B012-1-01	中国南海岛屿植物多样性研究及产业化	中国科学院华南植物园 深圳市铁汉生态环境股份有限公司 棕榈生态城镇发展股份有限公司 华南农业大学 湛江市神州木兰园林有限公司 中国医学科学院药用植物研究所海南分所	邢福武　王发国　陈红锋 赵强民　刘德荣　秦新生 朱开甫　易绮斐　郑希龙 刘东明　张荣京　付　琳 杜林峰　赵珊珊　木　楠
10	B021-1-01	重要动物源性人兽共患病防控关键技术研究与应用	华南农业大学 中国兽医药品监察所 广州市华南农大生物药品有限公司 天津瑞普生物技术股份有限公司	廖　明　亓文宝　蒋桃珍 焦培荣　冯忠泽　张建民 袁子国　梁昭平　李旭东 罗开健　吴　涛　宁章勇 贾伟新　徐成刚　任　涛
11	C03-1-01	SSF超快过程分幅扫描同时成像记录仪	深圳大学 中国科学院西安光学精密机械研究所 中国工程物理研究院流体物理研究所	李景镇　龚向东　惠　彬 肖　川　孙凤山　刘宁文
12	B03-1-01	高白度日用玻璃陶瓷制品的关键技术及产业化	广东健诚高科玻璃制品股份有限公司 华南理工大学 潮州市陶瓷行业协会	詹建怀　彭　诚　詹奕纯 黄振豪　蔡键烯　张存浩 蔡彦英　章培彬　柳茂春 王少华　吕　明　江湘辉 蔡佳才　陈荣光　谢树煌

（续上表）

序号	编号	项目名称	主要完成单位	主要完成人
13	B03-1-02	中草药活性多糖快速筛选、制备关键技术及产业化应用	无限极（中国）有限公司 华南理工大学 中国科学院上海药物研究所 广州中医药大学 西北大学	马忠华 赵谋明 丁 侃 周 联 王仲孚 秦垂新 姚松君 游丽君 唐 健 林恋竹 李 捷 李德灵 马方励 黄生权 胡明华
14	B05-1-01	新型小型化多系统共用基站电调天线系统产品及关键技术	京信通信技术（广州）有限公司 西安电子科技大学 北京邮电大学	卜斌龙 薛锋章 刘培涛 龚书喜 彭木根 孙善球 赖展军 段红彬 刘 英 傅德民 李 勇 游建军 陈礼涛 马泽峰 王 强
15	B06-1-01	第8.5代薄膜晶体管液晶显示器件产业化项目	深圳市华星光电技术有限公司	
16	B07-1-01	分布式海量云存储平台的关键技术创新和应用	中兴通讯股份有限公司	屠要峰 高 洪 韩银俊 黄震江 郭 斌 张家明 甘玉玺 王兆政 范建明 刘 洋 林 健 李丽彬 黄升旗 朱 鹏 郑跃杰
17	B08-1-01	海洋石油自升式钻井平台升降系统	广东精铟海洋工程股份有限公司	吴平平 陆 军 李光远 马振军 陈 峰 张静波 邓达紘 刘会涛 兰秀国 张帅君 于亚勇 李国庆 陈刚强 万丽娟
18	C08-1-01	面向电子装备点位操作的高速精密运动规划与测量技术及应用	广东工业大学 深圳市大族电机科技有限公司 广东万濠精密仪器股份有限公司	陈 新 王 晗 杨志军 陈新度 王光能 李克天 刘 强 高 健 高云峰 巫孟良 王素娟 丁 兵 朱照杨 白有盾 朱自明
19	B11-1-01	大流量、低水头、低弗氏数水利枢纽水力学及泥沙关键技术研究与应用	广东省水利水电科学研究院	黄本胜 刘 达 邱 静 谭 超 黄智敏 王 珍 赖冠文 王丽雯 刘中峰 邱颂曦 陈卓英 李 伦 付 波 彭晓春 朱红华
20	B11-1-02	钢桥面高性能铺装关键技术研究及工程应用	广东省长大公路工程有限公司 华南理工大学 广东省公路建设有限公司	王中文 张肖宁 吴玉刚 杨东来 徐 伟 涂常卫 曹晓峰 毛 磊 赵文声 曾利文 尹敬泽 熊 锋 李 卫 胡 强 徐永钢

（续上表）

序号	编号	项目名称	主要完成单位	主要完成人
21	B11-1-03	地域文化与绿色技术交融的建筑创新理论与实践	华南理工大学 华南理工大学建筑设计研究院	何镜堂 肖大威 郭卫宏 倪 阳 冒亚龙 张振辉 吴中平 黄 骏 包 莹 郑少鹏 丘建发 窦建奇 陶 金 梁玮健 何炽立
22	C12-1-01	红壤区农田镉砷污染阻控关键技术	广东省生态环境技术研究所 中国科学院亚热带农业生态研究所 中国农业科学院农业资源与农业区划研究所 华南农业大学 佛山市铁人环保科技有限公司 湖南隆平高科耕地修复技术有限公司	李芳柏 黄道友 马义兵 李永涛 刘传平 刘承帅 朱捍华 易继财 陈世宝 刘同旭 于焕云 朱奇宏 陶 亮 王向琴 崔江虎
23	B14-1-01	肝癌多学科治疗策略优化的研究与应用	中山大学肿瘤防治中心	陈敏山 徐 立 石 明 郭荣平 李升平 王辉云 张耀军 林小军 劳向明 彭振维
24	B14-1-02	乙肝肝衰竭发病机制的理论创新及相关新疗法的研究与应用	中山大学附属第三医院 中山大学	高志良 彭 亮 柯伟民 王一鸣 林炳亮 谢冬英 张晓红 谢仕斌 谢 婵 郑玉宝 赵 强 黄湛濂 邬喆斌 赵绮毅
25	B15-1-01	公民身后器官捐献的支撑技术创新与推广运用	中山大学附属第一医院	何晓顺 焦兴元 王长希 郭志勇 巫林伟 韩 明 王东平 袁小鹏 陈国栋 陈茂根 朱晓峰 鞠卫强 马 毅 胡安斌 王小平
26	B16-1-01	中药和天然药物的三萜及其皂苷成分研究与应用	暨南大学 中国药科大学 丽珠集团利民制药厂 广州康和药业有限公司	叶文才 张冬梅 王 英 张晓琦 范春林 汪 豪 殷志琦 张庆文 王 磊 李满妹 刘东来 裴 红 李药兰 王国才 黄晓君
27	B16-1-02	中药大品种复方血栓通胶囊基于多学科核心关键技术的研究及推广应用	广东众生药业股份有限公司 中山大学	龙超峰 苏薇薇 刘 宏 谢称石 吴 忠 刘孟华 生书晶 梁洁萍 王锦旭 陈 思 陈小新 李沛波 王永刚 彭 维 刘忠政
28	B17-1-01	高端血液细胞分析系统	深圳迈瑞生物医疗电子股份有限公司	李朝阳 叶 燚 代 勇 滕 锦 刘右林 许文娟 祁 欢 李乐昌 熊文超 郭文恒 仝文俊 叶 波 詹应键 许华明 闫华文

【突出贡献奖获得者】

获奖者：吴硕贤

工作单位：华南理工大学

吴硕贤于1970年获清华大学建筑学学士学位。1984年，获清华大学城市规划与设计博士学位，同年就职于浙江大学。1998年后就职于华南理工大学，首任华南理工大学亚热带建筑科学国家重点实验室主任。2005年当选中国科学院院士，是我国建筑技术科学领域唯一的中国科学院院士。

吴硕贤创造性地推导出多车道多车种随机车流量噪声预报公式、部分车辆成组的车流噪声计算机仿真及交通噪声对临街建筑影响的计算机仿真方法以及用人工神经网络预测噪声等。首次阐明声学虚边界原理，并据此原理推导出混响场车流噪声简洁公式，较好地解决了国际上20多年未能解决的难题，获国际学术界高度评价。他创造性地将建筑学与声学有机结合，在室内声学和厅堂建筑音质理论方面也开展了一系列原创性的研究，提出厅堂响度评价新指标和计算公式，以及用模糊集理论进行厅堂音质评价的新方法，指导并与合作者共同提出对室内扩散声场仿真的新计算模型和界面声能扩散系数的改进测量方法与计算公式，完成首例将计算机辅助建筑设计软件CAD与声学分析程序链接以分析室内音质的工作。在国际上率先将虚拟可视化与可听化技术相结合，开展三维视听一体化技术研究，实现基于三维视听一体化的厅堂座位选择系统，并在厦门国际会议中心音乐厅实现。吴硕贤主持开展了中国民族乐器发声特性和民族音乐厅堂音质理论的研究，首次对乐器声功率进行科学测定，获得重要的基础科学数据。开展厅堂声学缩尺模型实验技术的研究，使该技术能相当准确地预测厅堂音质参数，改变了过去该技术仅能检查声学缺陷的状况。

吴硕贤及其团队在国内较早开展声景学研究，率先研究中国古典园林声景及声景图制作技术以及从文化典籍中研究声景。他将上述研究成果应用于重大工程实践，承担北京人民大会堂音质改造声场三维计算机仿真，广州大剧院声学缩尺模型实验研究与测试，白云国际会议中心岭南大会堂、广东粤剧院、珠海歌剧院、深圳南山剧院，中山文化中心大剧院等70多座观演与体育建筑的声学设计与研究，其中，广州大剧院被国际上评为亚洲唯一入选世界十大歌剧院的剧院建筑，白云国际会议中心在世界首届建筑节上获唯一的公共建筑大奖。

吴硕贤还在国内较早开展建成环境评价方法体系和使用后评价研究，建立了人居环境评价的科学架构。吴良镛、彭一刚等著名学者评价此项研究“开拓了建筑学研究的新途径”，是我国建筑科学与绿色建筑的积极倡导者。

吴硕贤学风严谨，师德优良，先后获评全国先进工作者、全国优秀科技工作者、全国师德标兵、广东省劳动模范和广州市十大优秀留学回国人员。他是我国建筑学领域首个教育部创新团队、首个广东省创新团队和首个111引智创新基地的负责人。

获奖者：刘奕志

工作单位：中山大学中山眼科中心

刘奕志从事眼科学致盲眼病防治工作32年，是我国开创并发展白内障微创手术的著名专家之一，现任中山大学中山眼科中心主任、眼科医院院长、眼科学国家重点实验室主任、中华医学会眼科分会副主任委员、广东省医学会眼科分会主任委员。

刘奕志针对我国和全球重大致盲眼病亟待解决的临床问题，进行了系列的基础和临床研究：发现WNT7A是维持角膜上皮透明的关键因子，可将皮肤上皮细胞诱导分化为透明的角膜上皮细胞，解决了角膜干细胞衰竭引起致盲的难题，成果发表在《自然》（共同通讯作者，2014年）。他发现羊毛甾醇合成酶基因突变可引起白内障，滴用羊毛甾醇眼液可治疗动物的白内障，可望实现药物治疗白内障替代手术疗法，成果发表在《自然》，并被《自然》和《科学》杂志评价为“白内障药物治疗的新曙光”。他还制定了眼科检查技术标准，发表在*N Eng J Med*《新英格兰医学期刊》，为全球眼科和全科医生提供了检查和诊断的规范。

刘奕志最突出的贡献是历经18年的研究，针对小儿白内障这一疑难眼病。刘奕志团队建立了全球首个数据共享的研究平台，引领中美多个研究团队，创建白内障超微创新术式，介导自体晶状体干细胞实现功能性晶状体再生，在临床上用于治疗婴幼儿白内障，开拓了利用自体干细胞治疗人体疾病的新方向。该成果以原创论文发表在《自然》杂志，《自然》同期评价“这是再生医学迄今最好成就之一”，并被生命科学权威期刊*Nature Medicine*列为“2016年度全球生命科学8大突破性进展之一”，为提高全球致盲眼病防治水平、提升我国医学的国际影响力作出了重大贡献。

刘奕志在《自然》《科学》《新英格兰医学杂志》《柳叶刀》和《英国医学杂志》等SCI收录期刊发表文章81篇；在全球最大出版社之一（Spinger）主编出版英文专著1部。刘奕志担任中山眼科中心主任和眼科学国家重点实验室主任以来，以国际视野创新性地进行学科建设，成效卓著，组建了多个高水平国际化团队，SCI收录论文总量和高被引论文数已达到国际一流水平。他带领的中山眼科中心专科声誉和科技排行历年都稳居我国眼科第1。

刘奕志推动中国眼科国际学术竞争力的提升。2015年，与其他国家地区经过激烈的竞争，他领导的团队终于把亚太眼科（APAO）总部永久落户在中国广州，这是第一个总部设在中国的国际医学学术组织，时任APAO主席Martin认为：“这将令亚太眼科学迎来一个跨越发展的新纪元”，这对我国眼科的发展具有里程碑式的重要意义。

【特等奖获奖项目】

项目名称：东莞横沥镇模具产业协同创新体系的建设与实践

完成单位：东莞市横沥镇人民政府、上海交通大学、东莞理工学院等

横沥镇的模具产业始于20世纪90年代，当时技术含量低，无法形成规模优势。横沥镇经济社会水平一直处于东莞下游位置。横沥镇还面临土地容量逼近极限、人力资源严重不足、基础设施薄弱、企业自主创新能力差等瓶颈问题。为了解决这些问题，横沥镇政府提出了以协同创新理念为指导，以科技创新政策为保障，以政府引导、多主体协同联动、科技创新组合拳和多平台协同作战为手段，打造政产学研协同创新服务平台等协同创新思路和方法，促进了产业、科技、金融、人才深度融合，带动了产业向高端发展，取得以下创新成果：1. 成立模具产业协同创新中心，形成专业化、精准化和系统化的发展格局；2. 建立政府引导、理事会治理和市场化运作的协同机制，形成良性发展氛围；3. 政校企协四方联动，搭建政府服务、技能培训、市场拓展、产业发展等平台，形成良好产业服务环境；4. 与银行共建“金融综合服务一体化平台”，开展广东省专业镇金融信用体系建设试点工作，推动金融与产业的融合；5. 打造包括技能人才、应用型人才、创新团队到领军人才的层次分明、结构优化的人才生态圈，促进人才与产业融合；6. 协同研发与技术孵化相结合，促进高校研究成果产业化，激发起企业的创新活力；7. 助推高校和企业共建协同创新服务自平台和研发中心（联合实验室），实现高校和企业的深度融合，解决了高校技术转移和企业创新能力互补问题。

通过实施制度创新与科技创新的双轮驱动，实现要素驱动向创新驱动的转变；通过强化创新供给与创新需求的双向对接，提升协同创新的效能。通过创新技术转移与成果转化的双转机制，畅通科技成果孵化的渠道；通过优化大众创新与万众创业的双创环境，营造协同创新的氛围。创新特色体现在协同创新组织上，多主体协同联动；协同创新平台上，多校企联合共建；系统创新做法上，多要素融合创新；协同创新运作上，精准创新与服务。

横沥镇协同创新工作有效推动了社会经济发展。全镇模具企业从2011年363家增加到现在的1 142家，集群集聚程度明显提高；规模以上的模具企业从2011年13家增加到2016年的74家，企业规模体量显著增强；全镇R&D经费投入比2011增长了350%；模具行业总产值增速连续3年均在20%以上；GDP增速连年保持在10%以上；在东莞市32个镇街综合实力排名大幅跃升，其中2014年比2013年排名上升了10名。横沥镇作为模具制造专业镇，其协同创新的探索走出了一条面向传统产业集群实施协同创新的、可复制的新路子，为广东省专业镇转型升级起到了示范带动作用，具有广阔的推广应用前景。

（广东省科学技术厅科技服务与管理处　王雅文）

知识产权

【概况】 2016年，全省专利申请受理量505 667件，同比增长42.07%，比全国平均水平高16.85个百分点，其中，发明专利申请受理量为155 581件，同比增长49.68%；全省专利授权量259 032件，同比增长7.40%，比全国平均水平高5.40%，其中，发明专利授权量38 626件，同比增长15.38%；截至2016年年底，全省有效发明专利量168 480件，同比增长21.32%，连续7年居全国各省市第1位；万人发明专利拥有量15.53件，比去年同期增加2.58件；全省PCT国际专利申请受理量23 574件，同比增长55.19%，占全国PCT国际专利申请受理量的55.90%，连续15年保持全国第1位。在第18届中国专利奖评选中，广东获中国专利金奖4项，中国外观设计金奖2项、中国专利优秀奖120项、中国外观设计优秀奖16项，获奖数再创新高。2016年广东专利奖评选出金奖项目15项、优秀奖项目55项，发明人10人。

【知识产权政策法规】 6月，省政府印发《广东省建设引领型知识产权强省试点省实施方案》，部署了打造知识产权改革创新引领省、构建知识产权大保护工作格局、打造知识产权推进产业转型升级引领省、打造知识产权服务外向型经济引领省、打造知识产权服务业发展示范省等五大重点任务。6月，省政府办公厅印发《关于知识产权服务创新驱动发展的若干意见》（以下简称“《意见》”）。《意见》包括建立重点产业和重点市场知识产权保护机制，建立重点企业知识产权保护直通车制度，加快建设完善知识产权维权援助机制，推进知识产权提质增量等九大部分内容，极大地调动社会创新主体特别是广大企业的发明创造和知识产权保护热情，有力推动全省专利申请数量和质量的全面提升。同时，省知识产权局牵头，联合省政府知识产权办公会议各成员单位组织编制了《广东省知识产权事业发展“十三五”规划》（以下简称“《规划》”）。《规划》经省政府知识产权办公会议审议通过，并于12月底印发实施。《规划》提出，到2020年，广东要成为具有世界影响力的知识产权创造中心和知识产权保护高地，基本建成引领型知识产权强省；提出了推进知识产权综合改革、严格知识产权保护、推进知识产权转化运用等7大主要任务和知识产权海外维权、知识产权强企等9项重点工程。

【知识产权高层次战略合作】 2016年，国家知识产权局与广东省政府共同启动以“打造知识产权强国建设先行地”为主题的第三轮知识产权高层次战略合作。6月，在中共中央政治局委员、广东省委书记胡春华同志见证下，省政府与国家知识产权局签署了第三轮高层次战略会商合作议定书，未来5年，双方将围绕广东创新驱动核心战略实施，深化知识产权领域改革，加强知识产权运用和保护，深度会商合作，联手推进广东知识产权强国先行地建设。到2016年年底，会商合作的知识产权综合改革、重点企业知识产权保护直通车制度、知识产权快速维权、知识产权运营和金融发展等12项工作均取得实效。

启动引领型知识产权强省建设 在国家知识产权局的支持和指导下，省政府于6月召开广东省建设引领型知识产权强省启动大会，在全国率先吹响建设引领型知识产权强省的号角，并计划在知识产权综合管理体制改革、建立重大经济活动知识产权审查评议制度、建立以知识产权为重要内容的创新驱动发展评价制度、推进知识产权与产学研融合发展、优化知识产权区域布局、加大知识产权行政执法力度、加强知识产权司法保护、完善知识产权海关保护制度、构建高效的

知识产权快速维权援助机制、制定新业态新领域创新成果保护机制、完善知识产权保护信用体系等24个方面扎实开展引领型知识产权强省建设工作。

建设首块国家知识产权改革试验田　7月，国务院批复同意在中新广州知识城开展知识产权运用和保护综合改革试点。批复提出，将中新广州知识城打造成为示范全国的知识产权引领型创新驱动发展之城，为建设知识产权强国探索经验。这是我国首个、也是目前唯一的国家知识产权改革试验田，在全国率先开创知识产权支撑创新型经济发展新模式。

【知识产权创造】

专利申请　2016年，广东省专利申请受理量505 667件，同比增长42.07%，比全国平均水平高16.85个百分点。其中，广东省发明专利申请受理量为155 581件，同比增长49.68%；实用新型专利申请受理量203 609件，同比增长50.02%；外观设计专利申请受理量146 477件，同比增长25.97%。三种专利申请的比例为30.77：40.27：28.96。

同期，广东省共有39 264家企业申请专利，合计专利申请受理量327 325件，占广东省专利申请受理量的64.73%。其中，17 056家企业有发明专利申请，合计113 422件，占广东省发明专利申请受理量的72.90%。

专利授权　2016年，广东省专利授权量259 032件，同比增长7.40%，比全国平均水平高5.40个百分点。其中，广东省发明专利授权量为38 626件，同比增长15.38%；实用新型专利授权量118 157件，同比增长12.26%；外观设计专利授权量102 249件，同比下降0.19%。

同期，广东省共有29 886家企业获得专利授权163 744件，占广东省专利授权量的63.21%。其中，7 119家企业有发明专利授权30 700件，占广东省发明专利授权量的79.48%。

有效专利及专利密度　截至2016年12月底，全省有效发明专利量168 480件，同比增长21.32%，居全国各省市第一位。全省的每万人口发明专利拥有量为15.53件，比去年同期增加2.58件。

PCT国际专利申请　2016年，广东省PCT国际专利申请受理量23 574件，同比增长55.19%，占全国PCT国际专利申请受理量的55.90%。

中国专利奖获奖情况　2016年，广东省获得第十八届中国专利金奖6项（见表6-2-1），中国专利优秀奖120项。评选出2016年广东专利奖金奖项目15项（见表6-2-2）、优秀奖项目55项，发明人10个。

表6-2-1　第十八届中国专利奖获奖名单

（一）中国专利金奖（4项）			
专利号	专利名称	专利权人	发明人
ZL200510109483.X	一种绑定即时通信识别码与无线通信识别码的方法	腾讯科技（深圳）有限公司	吴宵光　陈　泱　黄业钧　马化腾　曾李青
ZL200610063151.7	氯吡格雷硫酸盐的固体制剂及其制备方法	深圳信立泰药业股份有限公司	叶澄海
ZL200810094545.8	一种物理上行控制信道干扰随机化的方法	中兴通讯股份有限公司	夏树强　梁春丽　戴　博　郝　鹏
ZL200810185950.0	一种混合动力驱动系统及采用该系统的汽车	比亚迪股份有限公司	罗红斌　周旭光　汤小华　张鑫鑫　罗　霆

（续上表）

（二）中国外观设计金奖（2项）			
专利号	专利名称	专利权人	发明人
ZL201330103179.X	分体式壁挂机壳体（13-01）	珠海格力电器股份有限公司	徐康泉　王　洁　易东昌　谭云龙　周仁春　伍雪乔　王　莹　董明珠　张　辉　吴欢龙　李　亮　古汤汤　张华中
ZL201430221358.8	金融终端（A-009）	广州广电运通金融电子股份有限公司	丁迎峰　陈　瑶　朱　聃　邓庆科

表6-2-2　第三届广东专利金奖获奖名单

序号	项目名称	专利号	申报单位
1	陶瓷颗粒局部定位增强耐磨复合材料的制造方法	ZL 201410183449.2	广州有色金属研究院
2	一种采用固体酸催化剂和活塞流反应器连续生产生物柴油的方法	ZL 200610036419.8	中国科学院广州能源研究所
3	一种高磺化度高分子量木质素基高效减水剂及其制备方法	ZL 200910040399.5	华南理工大学
4	一种带有转接盘总成的混合动力汽车	ZL 200810185949.8	比亚迪股份有限公司
5	一种汽车车身前部结构的设计方法及其汽车的设计方法	ZL 201210269508.2	广州汽车集团股份有限公司
6	一种加密键盘	ZL 200910192854.3	广州广电运通金融电子股份有限公司
7	永磁同步电机	ZL 201110223492.7	珠海格力节能环保制冷技术研究中心有限公司
8	具有自我调节功能的心脏间隔缺损封堵器	ZL 200510032924.0	先健科技（深圳）有限公司
9	一种具备多个功能层的纳米人工硬脑膜及其制备方法	ZL 200910037736.5	广州迈普再生医学科技有限公司
10	一种桥接转发技术	ZL 200510112882.1	华为技术有限公司
11	一种媒体修改方法及系统	ZL 200910093943.2	中兴通讯股份有限公司
12	一种病毒释放缓冲液的制备及其应用	ZL 201210049094.2	肇庆大华农生物药品有限公司，广东大华农动物保健品股份有限公司
13	制备抗病毒口服液的方法	ZL 200610122442.9	广州市香雪制药股份有限公司
14	飞行器	ZL 201430178384.7	深圳市大疆创新科技有限公司
15	空调机（落地式13-04）	ZL 201330299065.7	珠海格力电器股份有限公司

【企业知识产权工作】

推进知识产权强企建设　省知识产权局联合省经信、商务、质监等部门全面推行《企业知识产权管理规范》国家标准，广州、深圳、珠海、佛山、惠州、东莞、湛江、清远等市已出台“贯标”扶持配套政策。至2016年年底，全省共有303家企业通过贯标认证，开展“贯标”辅导、培训的企业分别有1 000多家和5 000多家。推动中华全国专利代理人协会、中国专利保护协会在广州、深圳分别设立贯标认证机构办事处。启动省知识产权强企培育，推进企业优势示范，截至2016年年底，全省国家级知识产权优势和示范企业共152家，省级知识产权优势和示范企业累计共618家及180家。组织发起“珠江知识产权茶社”，搭建企业知识产权经理人交流平台。会同省国资委，建立省属国有企业专利指标监控机制。会同国家专利审协广东中心，确定25家企事业单位为首批“广东省专利审查员实践与创新促进基地”，在全国率先建立审协中心与企业点对点直接交流机制。

开发利用产业专利信息　开展重点产业专利分析预警及项目审查评议。围绕本省战略性新兴产业和九大重大科技专项，组织开展专利态势分析及预警，提高企业创新起点与水平。截至2016年年底，累计立项三批41项，覆盖本省重点产业和技术领域29个，建成战略性新兴产业专利系列数据库17个，形成专利分析及预警报告50份，召开专利分析预警系列报告会30场，与会企事业单位达5 600多家次，推送大量行业知识产权最新动态及专利技术；培养一批产业专利分析机构及人才队伍，提出一批产业发展政策建议。实施省重大经济科技活动知识产权评议促进计划，围绕“有机柔性显示”等新兴技术产业化，组织开展专利评议并形成报告，获得企业好评；“珠江人才创新创业团队、领军人才团队”评选中对235个创新团队和210位领军人才进行了知识产权评议。推动广东省知识产权评议机构做强，全省共有“全国知识产权分析评议服务示范创建机构”12家。

开展区域产业专利导航　2016年，广东省根据专利链布局创新链新模式。佛山市获批建设国家专利导航产业（机械装备制造）发展实验区，广州开发区获批建设国家专利导航产业（卫星通信北斗导航）发展实验区。中山火炬开发区、顺德区积极建设广东省专利导航产业发展实验区。围绕珠三角重点产业转型升级和珠江西岸先进装备制造产业带建设，组织中山、江门、肇庆、顺德等7市在电动汽车、轨道交通装备、智能化成形和加工成套设备、智能装备制造等9个产业领域实施专利导航项目。其中，东莞市工业机器人、佛山市高端制造装备、中山市海洋工程装备、深圳市生物医学工程等专利导航工程已顺利完成，相关专利导航报告及专利布局“十三五”规划建议报告等成果，均以专场发布会向政府和产业界发布。部分地市依托专利导航成果，成立了东莞市工业机器人产业专利联盟、深圳医疗器械行业专利联盟等一批知识产权联盟。

【知识产权运用】　实施“广东省专利技术实施计划”　截至2016年年底，累计投入4 505万元，扶持全省568个专利项目实施。据国家知识产权局2016年发布的报告，2015年广东“高技术产业每件有效发明专利实现新产品销售收入”达1 217万元，“进入产业化阶段有效专利”比例达55%。

培育知识产权密集型产业集聚区　省知识产权局立项培育广州开发区、东莞市常平镇等6个产业园区和专业镇，建设“广东省知识产权（专利）密集型产业集聚区”。其中，广州开发区、深圳高新区、仲恺高新区已跻身国家知识产权示范园区行列。引导推进重点区域知识产权创新运用，支持中山市建设“广东（灯饰照明）知识产权运营中心”；与顺德区共同建设广东省知识产权创新运用试验区。

产业知识产权联盟建设　全省各地知识产权联盟建设加快推进，截至2016年年底，深圳一市就已建成专利联盟15家。全省完成省级备案的知识产权联盟共有21家，其中完成国家知识产权局备案的联盟有15家。同时，各地一批新的产业知识产权联盟正在积极筹建中。实施“广东省产业知识产权联盟示范培育工程”，已立项扶持深圳工业机器人专利联盟、新能源标准与知识产权联盟等8家联盟规范化、市场化、高端化发展。研究形成并公开出版《战略性新兴产业专利联盟构建的理论与实践》，组织召开广东省产业知识产权联盟交流研讨会。

建设知识产布局设计及高价值专利培育体系

依托知识产权服务机构和专利联盟，启动知识产权布局设计中心建设，首批支持深圳峰创智诚建设综合行业型知识产权布局设计中心、广州华进和深圳市机智联建设单一行业型（工业机器人行业）知识产权布局设计中心，加强重点产业知识产权布局和风险防控，支撑产业创新和国际化发展。依托省内龙头企业、高校和服务机构，支持TCL、华南理工、广州奥凯等6个产学研合作团队，建设6家“广东省产学研专利育成转化中心”，推动建立产学研专利订单式创新与专利供需对接机制和专利共享及收益分配机制，积极培育和运营高价值专利。

推进园区知识产权能力及综合服务体系建设 省知识产权局会同省科技厅召开全省园区知识产权试点示范政策宣讲会，探索知识产权支撑园区创新发展新模式。中山火炬开发区和清远、江门、河源高新区4个园区入围新一批国家知识产权试点园区，全省在建知识产权示范园区有3家，试点园区有5家。启动省高新区及孵化器知识产权综合服务平台建设，支持园区和孵化器为企业提供知识产权代理、信息、咨询、法律、评估和运营服务。

推进国家知识产权运营试点 广东是全国开展全部四项国家市场化知识产权运营试点的唯一省份，2016年，系列试点都取得实质性进展。一是推进珠海横琴国家知识产权运营特色试点平台建设。平台已正式挂牌成立，并开始试运行，开发了知识产权金融产品“智财通宝一号”，并推出全国首个“知识产权易保护”模式。二是股权投资扶持省内两家知识产权运营机构发展。其中，广州知识产权交易中心已上线运营交易系统，推出“知信保”等8款知识产权金融产品；深圳精英公司已上线运行知识产权互联网综合服务云平台“创荟网”，成立“精英知识产权维权投资基金”，这是国内首个该类基金。三是设立知识产权质押融资风险补偿基金。广州、深圳、珠海、中山、惠州5市，以中央财政5 000万元为引导资金，分别出资配套设立了当地知识产权质押融资风险补偿基金。广东已建成初始规模3.5亿元、目前规模不少于7.42亿元的知识产权质押融资风险补偿基金。四是设立重点产业知识产权运营基金。以中央财政4 000万元为引导资金，成立广东省粤科国联知识产权投资运营基金（首期规模5亿元），该基金专注于高档数控机床、机器人等产业的知识产权运营。2016年中央财政再安排4 000万元，推动设立广州市重点产业知识产权运营基金。

培育知识产权运营业态 2016年，全省知识产权运营业态蓬勃发展，广州汇桔网、高航网、盘古网，深圳中彩联、精英网、七号网、安顿网、峰创智诚、塞恩贝吉，佛山海科，东莞燕园，中山云创等一大批民营化、市场化、网络化知识产权运营机构在本省加速发展，其中有15家获批为“国家专利运营试点企业”。实施“广东省知识产权运营机构培育试点”，共立项培育全省知识产权运营机构18家。这些机构在知识产权运营人才培养、专利联盟建设、知识产权投融资、运营基金、全流程服务与运营云平台、知识产权交易、专利信托等运营模式方面积极探索，积极为社会提供专业化、深层次知识产权金融及运营服务。

促进知识产权交易 依托广州知识产权交易中心、横琴国际知识产权交易中心，省内国家专利技术展示交易中心，以及汇桔网、高航网、盘古网等一批民营知识产权交易运营平台，通过开展年度“中国专利周”广东地区活动、组织优秀专利项目参加省内外展会等方式促进知识产权交易。广州知识产权交易中心全年完成知识产权交易1 805宗，交易金额5.3亿元；广州汇桔网全年实现知识产权交易总计2万多件，交易额30多亿元。2016年度，全省专利实施许可合同备案408项，涉及专利1 034件，合同金额9.26亿元。据国家知识产权2016年发布的报告，2015年我省“专利权与专利申请权”转让数量达18 179件，蝉联全国第1。

知识产权质押及投融资 2016年，全省全年专利权质押登记196件，涉及专利1 013件，专利质押融资金额48.49亿元，惠及企业逾百家，位居全国前列。广州、东莞、佛山南海区、顺德区4个地区，获批开展全国首批“知识产权质押融资示范”建设；深圳、珠海、惠州、中山和江门5

市获批开展新一轮国家知识产权质押（投）融资试点建设，全省入围国家试点的地区达到10个。连续实施广东省知识产权金融促进计划，累计共推动潮州、汕头、茂名、梅州等8个地市启动开展广东省级知识产权质押（投）融资试点建设。全省已有10个地市设立知识产权质押融资和风险补偿金，为中小企业专利质押融资提供风险损失补偿。举办第六届中国（广东）知识产权投融资项目对接会，实现10个知识产权项目与创投企业对接，涉及金额5 100多万元。

探索开展专利保险　据不完全统计，2016年全省261家企业投保专利1 566件，保费128.2万元，提供风险保险金额3 853万元。到2016年年底，全省累计648家企业投保专利3 785件，保费316.45万元，提供风险保险金额1.18亿元。深圳市、佛山市禅城区获批开展首批国家“专利保险示范”建设。佛山、惠州、江门、肇庆4市获批开展新一批国家“专利保险试点”，全省开展国家试点的地区达到8个。2016年5月，全国第一款发明专利授权保险新险种在广州市推出。

【知识产权保护】

创新知识产权保护机制　2016年，省政府与地市政府签订知识产权保护责任书，在全国首创知识产权保护责任管理方式，建立目标分解和责任倒查机制，建立知识产权保护重点企业直通车制度和知识产权保护快速反应机制。目前已列入省知识产权重点保护企业89家，市知识产权重点保护企业376家。梅州、阳江、茂名、顺德等地开展知识产权联合执法，形成保护知识产权合力。揭阳打造中德中小企业知识产权保护试验区。

强化打击侵权假冒统筹协调　省打击侵权假冒工作领导小组办公室积极发挥统筹协调作用，推动落实全国打击侵权假冒重点工作。召开全省打击侵权假冒工作电视电话会议，蓝佛安副省长出席会议并部署年度工作。牵头在广州召开泛珠三角地区打击侵权假冒工作片会，促进区域“双打”合作。顺利完成全国打击侵权假冒考核组来粤现场考核迎检工作。

加大专利行政执法力度　2016年，全省知识产权系统共受理专利纠纷案件4 038件，结案3 879件；查处假冒专利案件立案1 230件，结案1 230件，同比增长70%。加强以广交会为代表的重要展会知识产权保护，进驻2016年两届广交会，共受理知识产权纠纷案件1 046宗，受理投诉和调查处理涉案企业1 223家，广交会保护成效得到蓝佛安副省长的肯定，以及国内外权利人的赞扬。探索新业态知识产权保护模式，建立“政府指导监管+平台自律保护”的互联网知识产权保护措施和长效机制，处理电商领域各种专利纠纷600余件。

完善执法协作机制　积极强化部门间及省市间的执法协作。省知识产权局与海关总署广东分署签署《专利保护战略合作协议》；会同省公安厅赴佛山市开展省市区查处假冒专利案件联合执法；与广州、肇庆、惠州等市开展查处假冒专利联合执法活动；召开珠三角地区第二届专利行政执法联席会议、闽粤两省沿海城市知识产权保护联席会议、粤东知识产权局局长联席会、粤西四市专利行政执法合作联席会议，探讨加强区域执法协作。粤桂琼三省区联合开展专利行政执法，东莞、桂林举行专利行政执法座谈会暨联合执法行动。广东省不断深化与国家专利复审委的交流合作，省知识产权局与复审委签署了《建立战略合作关系协议》，开通了专利复审和无效宣告远程审理系统，建成全国首家具备复审无效案件远程审理能力的巡回审理庭，并审理了无效宣告案件远程审理全国第一案。

建设重点产业知识产权快速维权体系　2016年，广东省获批新建阳江五金刀剪、汕头玩具、潮州餐具炊具3个知识产权快速维权中心，本省的国家单一产业快速维权中心总数达到7家，形成集专利申请、维权援助、调解执法等于一体的一站式综合服务平台。全年，各快维中心快速授权专利5 000多件，快速维权500多宗。全省还建设国家级知识产权维权援助中心6家，广东省知识产权维权援助中心在全省各地设立7家分中心、10家工作站和8个志愿者队伍。启动中国（广东）知识产权保护中心申请建设工作。

健全知识产权涉外应对机制　2016年，省知识产权局启动实施知识产权涉外应对专项项目，支持行业协（商）会等社会组织开展行业知识产权海外维权工作，支持各知识产权维权援助中心加大海外维权指导工作力度，帮助本省企业应对海外知识产权风险，提高海外维权能力。实施“广东省出口贸易专利预警分析计划”，开展重点出口产品专利预警分析累计50项，服务企业“走出去”。省知识产权研发中心以复合气凝胶、平衡车“337调查案”等涉外知识产权热点案件为重点，持续深化企业知识产权海外护航工作，已向18家企业提供涉外维权服务，帮助企业开展专利分析，规避涉外侵权风险并进行海外专利布局。

【知识产权管理与服务】 优化知识产权代理服务 2016年，广东省推行国家专利代理机构试点改革，放宽对代理机构合伙人及股东的条件限制。截至年底，全省共有专利代理机构216家，同比增加58家，分支机构201家，拥有专利代理人1 748人，同比增加320人。做好年度全国专利代理人考试广州考点组织工作，2016年考点考生人数再创历年之最。指导广东专利代理协会顺利完成选举和换届工作。深入开展全省专利代理机构专项整治工作，共检查272家代理机构，核实81家涉嫌无资质代理的机构，责令35家机构进行限期整改。推进实施“百所千企知识产权服务对接工程”，支持汕头、韶关等10个地市开展百所千企对接活动和特派员试点工作。

提升专利代办服务水平 省知识产权局高质高效完成专利代办业务。广州、深圳代办处提升工作效率，面向全社会提供各项专利代办服务，业务质量保持“零差错”。全年共受理专利申请25.76万件，同比增长29%，其中电子申请率达98%；收取专利费用78.37万笔，合计金额7.23亿元；处理网上缴费远程票据48.83万笔，同比增长233%，合计金额2.79亿元。受理向外国申请专利保密审查请求20 573件，同比增长47%；办理专利登记簿副本出证22 850件，批量法律状态证明共23 127件；办理专利实施许可合同备案410件；专利权质押登记50件，合同金额23.74亿元。

开展专利代办创新试点 国家知识产权局专利局广州代办处率先在我省开展外观设计专利申请前置服务、专利复审、无效宣告请求受理及专利权质押登记全流程审批试点工作。共为17家企业提供外观设计专利申请前置服务，预审外观设计专利申请文件97件；受理专利复审请求569件、无效请求47件。

提高知识产权信息服务能力 2016年，省知识产权局与知识产权出版社联合共建华南知识产权大数据中心，推广知识产权大数据与智慧服务系统。不断建设完善国家知识产权局区域专利信息服务（广州）中心、国家知识产权局（广东）专利信息传播利用基地、广东省知识产权公共信息综合服务平台，提升服务水平；普及专利信息公共服务，通过各类咨询、检索、培训，开发推广“专利知道”手机应用等扩大专利信息服务的覆盖和受众范围；促进专利信息共享，开发搭建省、市、专业镇、企业四级的推送服务平台，为本省各市及45个专业镇、1 600家中小微企业推送定制专利信息产品，重点面向粤东西北地区扩大专利信息推送覆盖面。实施广东省小微企业专利信息推送服务项目，支持13家服务机构开展企业专利信息推送服务；启动高校图书馆专利信息服务能力提升计划，支持中山大学等5所高校开展专利信息服务。

培育知识产权服务优质机构 2016年，广东省新一批5家知识产权服务机构入围国家知识产权服务品牌机构，总数达到9家；10家入围国家知识产权服务品牌机构培育试点。实施知识产权服务业系列项目，引导与支持开展知识产权运营试点、企业知识产权评估、高校院所知识产权价值分析等高端服务。国家专利审查协作广东中心已建立起近1 500名专利审查员队伍，年发明专利审查能力达到14万件。积极引进专业知识产权价值评估机构落户广州，目前已有一家注册落地。据不完全统计，全省从事知识产权服务业人数已逾万人。

加强知识产权教育培训 2016年，广东省新增知识产权培训基地3个，全省达到25个，全年共培训人数4万多人次，其中包括4期高层次人才培训班。探索知识产权人才培养新模式，开放远程教育平台资源。省知识产权研发中心全年举办面授培训班61期，开设远程教育课程21期，共培训9 000多人次。持续与国家专利审协广东中心合作，在年度审查员任职系列培训课程中，安排15个名额面向社会培养专业人才，受到学员好评。广东工业大学开展“知识产权促进推动高水平大学、高水平理工科大学创新驱动发展”试点；广东外语外贸大学加强海外知识产权人才培养；广东技术师范学院加强技能型知识产权人才培养。以广东中策知识产权研究院、北大华南知识产权研究院等机构为基础，吸引国际知识产权高端人才和服务机构落户广东省。积极推进知识产权专业技术资格评价工作，知识产权（专利）职称评审工作已经进入最后审定阶段。

（广东省知识产权局　王　一　刘　嵘　阳屹琴　周　舟　刘延君　吴　瑛　毕　赓）

产业、行业科技发展

高新技术产业及战略性新兴产业

【高新技术企业培育发展】 2016年，高新技术企业培育列入广东省创新驱动发展“八大抓手”的重要组成部分，省委、省政府主要领导多次提出“要牢牢扭住高新技术企业这个‘牛鼻子’”“要毫不松懈抓好高新技术企业培育”，为开展高企培育工作提出了明确要求。2016年，全省新增高新技术企业8 752家，总量达19 857家，跃居全国第1。广州、东莞、中山、汕头等地市高新技术企业存量实现100%以上增长。

为更好地贯彻落实国家新修订发布的《高新技术企业认定管理办法》和《高新技术企业认定管理工作指引》，自2016年3月，省市两级累计举办约50场高企新政策专题培训辅导会，培训市、区（县）各级高企管理工作人员、企业相关人员近9 000人。搭建“广东省高新技术企业服务平台”微信公众号，及时发布高企政策解读、专家辅导视频，在线实时解决企业具体问题，累计服务企业超8 000家次。

8月，省委、省政府组织召开推进创新驱动发展培育高新技术企业工作现场会，这是广东省自2008年高新技术企业政策执行以来最高规格的一次会议。会上再次明确了广东省高新技术企业发展工作的方向和要求，各地市积极响应，全省绝大多数地市均制定出台了高新技术企业相关财政激励政策，部分地市将高新技术企业工作列为全市科技创新“一号工程”，从市委、市政府层面加强统筹推进。

为落实高新技术企业培育奖补政策，加快建设高新技术企业信息库、培育后备库，10月，省科技厅联合省财政厅修订发布了《广东省高新技术企业培育工作实施细则》，完善入库培育标准和管理制度，高标准开展高新技术企业培育认定工作。政策实施以来，得到全省各市级政府的积极配合和有效落实，2016年全省申报培育企业10 357家，比2015年增长100%，全省高新技术企业培育库累计入库培育企业超1.1万家，入库企业绝大部分为科技型中小企业，拥有较好的创新能力，有望在1～2年内迅速发展为高新技术企业。

（广东省科学技术厅高新技术产业及发展处 郭秀强）

【高新技术产品进出口】 据海关统计，2016年全省高新技术产品进出口26 611.8亿元人民币（以下简称“亿元”），同比增长0.6%，占全省外贸比重为42.2%，占全国高新技术产品外贸比重为35.7%，是高新技术产品进出口第一大省（见表7-1-1）。其中，出口14 076.2亿元，同比下降2.5%；进口12 535.5亿元，同比增长4.3%。

表7-1-1 国内主要沿海省市高新技术产品进出口情况（2016年）

地区	进出口		出口		进口	
	金额（亿元）	同比（%）	金额（亿元）	同比（%）	金额（亿元）	同比（%）
全国	74 526.0	-0.3	39 907.6	-2.0	34 618.4	1.8
上海	10 354.1	-1.2	5 220.0	-1.4	5 134.1	-1.1
江苏	12 917.6	-6.3	7 718.0	-5.2	5 199.6	-7.8
浙江	1 639.8	8.2	1 111.7	6.5	528.1	11.9

（续上表）

地区	进出口		出口		进口	
	金额（亿元）	同比（%）	金额（亿元）	同比（%）	金额（亿元）	同比（%）
山东	1 940.0	-9.4	976.1	-11.2	963.8	-7.5
福建	1 735.4	-0.9	824.3	-9.3	911.1	8.1
广东	26 611.8	0.6	14 076.2	-2.5	12 535.5	4.3

贸易结构不断优化，一般贸易比重不断提高 一般贸易项下高新技术产品进出口额为9 567.8亿元，增长12.4%。其中，出口额为4 909.6亿元，增长12.1%；进口额为4 658.3亿元，增长12.7%。加工贸易项下高新技术产品进出口额为11 934.2亿元，下降10.5%。其中，出口额为7 339.8亿元，下降10.4%；进口额为4 594.4亿元，下降10.6%。一般贸易高新技术产品进出口的占比为36%，同比提高了3.8个百分点。加工贸易高新技术产品进出口的比重下降至44.8%，同比下降了5.6个百分点（见表7–1–2）。

经营主体不断优化，私营企业稳步发展 外商投资企业仍是广东省高新技术产品进出口主力军。全年外商投资企业进出口14 138.9亿元，同比下降9.4%，占全省比重53.1%，同比下降了5.9个百分点。私营企业成为广东省高新技术产品进出口的新亮点。私营企业进出口9 969.7亿元，同比增长21%，占全省比重37.5%，同比增长6.3个百分点。国有企业进出口1 437.8亿元，同比下降11.2%，占全省比重5.4%。集体企业进出口1 058亿元，同比增长9.8%，占全省比重4.0%（见表7–1–2）。

市场结构不断优化，对东盟贸易快速增长 中国香港、东盟、韩国是广东省高新技术产品主要贸易伙伴，对东盟仍保持快速增长态势，成为第二大贸易伙伴。全年对中国香港、东盟、韩国分别进出口6 782.1亿元、3 243.1亿元、2 996.2亿元，三地合计占全省的48.9%，是广东省高新技术产品主要贸易伙伴。对东盟进出口3 243.1亿元，同比增长9.3%，其中出口1 092.7亿元，同比增长3.5%，进口2 150.3亿元，同比增长12.5%；对美国、日本、欧盟分别进出口1 488.8亿元，同比下降4.9%；1 339.4亿元，同比增长2.5%；1 777.9亿元，同比增长13.3%（见表7–1–3）。

表7–1–2 广东高新技术产品进出口综合情况（2016年）

项目		进出口		出口		进口	
		金额（亿元）	同比（%）	金额（亿元）	同比（%）	金额（亿元）	同比（%）
全省		26 611.8	0.6	14 076.2	-2.5	12 535.5	4.3
贸易方式	一般贸易	9 567.8	12.4	4 909.6	12.1	4 658.3	12.7
	加工贸易	11 934.2	-10.5	7 339.8	-10.4	4 594.4	-10.6
	其他贸易	5 109.7	11.1	1 826.8	-1.8	3 282.9	19.9
企业性质	国有企业	1 437.8	-11.2	842.1	-6.8	595.8	-16.8
	外商投资企业	14 138.9	-9.4	7 983.7	-10.3	6 155.2	-8.2
	集体企业	1 058.0	9.8	753.0	0.0	305.0	45.3
	私营企业	9 969.7	21.0	4 492.3	16.2	5 477.4	25.2
	其他企业	7.4	-44.2	5.1	-46.9	2.3	-37.0

表7-1-3 广东高新技术产品进出口主要地区情况（2016年）

地区	进出口		出口		进口	
	金额（亿元）	同比（%）	金额（亿元）	同比（%）	金额（亿元）	同比（%）
美国	1 488.8	-4.9	1 119.0	1.8	369.9	-20.6
欧盟	1 777.9	13.3	1 379.6	15.0	398.3	7.7
东盟	3 243.1	9.3	1 092.7	3.5	2 150.3	12.5
日本	1 339.4	2.5	459.2	3.6	880.2	2.0
韩国	2 996.2	0.2	912.0	-14.3	2 084.2	8.2
中国香港	6 782.1	-8.9	6 753.4	-9.0	28.6	9.5
中国台湾	2 772.6	7.0	128.7	-5.8	2 643.9	7.7

计算机与通信技术和电子技术产品仍是主导产品 计算机与通信技术产品进出口达13 834.7亿元，同比下降3.2%，占全省比重为52%。电子技术产品进出口9 471.2亿元，同比增长8.8%，占全省比重为35.6%。两类产品合计占全省比重达87.6%，是广东省高新技术产品进出口的主导产品（见表7-1-4）。

表7-1-4 广东高新技术产品进出口（按领域）情况（2016年）

项目	进出口			出口			进口		
	金额（亿元）	同比（%）	占比（%）	金额（亿元）	同比（%）	占比（%）	金额（亿元）	同比（%）	占比（%）
高新技术产品	26 611.8	0.6	100.0	14 076.2	-2.5	100.0	12 535.5	4.3	100.0
生物技术	6.3	-2.7	0.02	1.7	-1.3	0.01	4.6	-3.3	0.04
生命科学技术	345.8	13.4	1.3	150.2	13.5	1.1	195.6	13.4	1.6
光电技术	1 862.8	-5.1	7.0	821.8	-1.6	5.8	1 041.0	-7.8	8.3
计算机与通信技术	13 834.7	-3.2	52.0	10 733.6	-3.4	76.3	3 101.1	-2.4	24.7
电子技术	9 471.2	8.8	35.6	1 994.1	0.1	14.2	7 477.1	11.4	59.6
计算机集成制造技术	580.1	6.4	2.2	197.7	10.6	1.4	382.3	4.3	3.0
材料技术	154.6	-12.5	0.6	62.4	-10.0	0.4	92.2	-14.1	0.7
航空航天技术	344.1	-21.4	1.3	106.9	5.8	0.8	237.2	-29.6	1.9
其他技术	12.2	39.3	0.05	7.7	28.0	0.1	4.4	64.8	0.04

区域发展不平衡，珠三角地区是高新技术产品进出口主要区域 珠三角9市全年高新技术产品进出口26 307.5亿元，同比增长0.6%，占全省的98.9%，是广东省高新技术产品主要区域。其中：深圳市全年进出口15 019.8亿元，同比下降4.9%，占全省比重为56.4%，仍是广东省高新技术产品进出口第一大市。东莞市保持快速增长态势，全年进出口5 565.5亿元，同比增长27.4%，占全省比重为20.9%，是广东省高新技术产品进出口第二大市。粤东西北12市全年高新技术产品进出口304.3亿元，仅占全省的1.1%。

（广东省商务厅 陈云茂）

【LED产业】 2016年，广东省LED产业总产值达4 705.13亿元，同比增长13.36%，产值规模继续位居全国首位。在全力推进LED产业快速发展的同时，广东省积极推动核心技术攻关和标准体系建设，持续推动LED照明产品向更广泛运用领域，不断拓展产业发展新方向，全省LED产业持续保持良好发展态势。

产业规模　2016年，受国际市场增长乏力等因素影响，广东省LED产业加速进入转型调整期，一批低端产能逐渐退出，中大型LED企业对技术创新的重视程度持续增加，产业集中度进一步提升。2016年下半年以来LED上、下游产品价格出现了明显的回升趋势，产业逐步进入良性发展轨道，省内重点LED企业营收情况良好。2016年全省LED产业总产值达4 705.13亿元，同比增长13.36%；LED重点领域产品出口225.94亿美元，同比增长16.57%，出口额占全国重点领域出口额的比重为50.78%。截至2016年年底，全省共有LED企业14 000余家，规模以上企业4 000多家，以LED为主营业务的上市企业22家，上市企业数量约占全国的70%。

创新驱动　LED产业创新能力不断增强专利授权稳步增长，截至2016年年底，广东省LED专利授权量为117 123件，占全国LED专利授权总量的30.30%，其中发明专利授权量6 989件，实用新型专利授权量48 992件，外观设计专利授权量61 142件。产业科技创新持续活跃，国内外LED领域交流与合作频密，东莞第三代半导体产业南方基地筹建工作进展顺利，正逐步打造为第三代半导体的科技创新和人才高地，推动半导体材料核心技术攻关和产业化；LED可见光通信技术取得突破并逐步走向示范应用，洲明科技联合华策通信成功打造国内首个LED灯光定位系统，已在多家商场进行示范应用；深圳光启推出了商用化光子会议系统，实现了文字和多媒体信息通过LED灯光进行传输的功能，将应用于室内安全通信和支付领域。

标准建设　在2013年召开的标准光组件研发及应用联盟认定委工作会议的基础上，进一步明确了标准光组件推广应用工作方向，并结合应用实际对标准光组件原有规范进行调整完善，组织力量重新撰写了包括4个层级10个类型近50款详细规范，并在更新的光组件详细技术规范基础上，完成了产品型谱的起草，收录了包含层级一至层级三在内的共24款产品的详细信息。加强标准光组件标准体系的推广应用工作，以标准推动LED产业向组件化、模块化、精密制造方向发展，提升广东LED产业的内在竞争力。据统计，截至2016年年底，省内国星光电、晶科电子、勤上光电、洲明科技、木林森等上市企业标准光组件产品已实现产值57.8亿元。

（广东省科学技术厅高新技术产业及发展处
钟士岗）

农业领域

【农业科技计划】

国家科技计划项目申报与管理　2016年省科技厅推荐第一批、第二批农业领域国家重点研发专项资金14个，由广东省牵头实施的国家重点研发项目5项，投入总经费2.2亿元，获国家经费1.8亿元。开展“十二五”国家“星火计划”200多个项目调研，组织2016年到期验收的5个重大重点项目和东源、源城、电白、化州、信宜、博罗6个国家科技富民强县项目的验收；开展2014年国家农转资金项目25个项目监理，验收2013年度国家农转资金项目18项，2012年省农转资金项目33项。

省级计划项目管理　对2017年省级科技计划项目申报指南内容进行优化和调整，其中农村科技领域结合农业科技发展产业链和技术链进行统筹设计，将原有的14个专题合并、删减和调整为10个专题，使指南更加切合全省科技发展的实际。

2016年度农村科技领域科技项目分公益类项目和平台类项目，总项目419项，总经费15 086万元。其中：公益类项目分农业科技领域项目和粤东西北专题，含重点项目、面上项目、科技援助项目、粤东西北项目4类，拟立项402项；平台类项目为区域农业科技示范基地建设项目，拟立项17项。

农村科技领域重点项目涵盖优势特色动植物新品种的选育、动植物重大有害生物防控关键技术、优势特色农林产品加工关键技术、食品安全关键技术、现代农业装备关键技术等。

农业科技领域面上项目涵盖农业高效种养关键技术、农业生态关键技术、优稀动植物品种引进驯化及配套种养技术、农业关键技术集成与应用示范等。

【农业产业发展】　充分发挥农业科技试验示范基地以点带面的示范效应，利用示范基地宣传、推广新品种、新技术，不断加快地方主导产业和特色产业的发展壮大，带动本省农业产业进一步发展。截至2016年12月，全省结合基层农技推广体系改革与建设补助项目，建立农业科技试验示范基地540个，累计示范品种7 753个，累计示范技术1 449项，累计培训人员27.6万人，辐射带动农户80多万户。截至2016年10月，有效期内（2014—2016）的广东省名牌产品（农业类）1 042个，广东省“十大名牌”系列农产品50个，广东省名特优新农产品入库1 000个（区域公用品牌300个，经营专用品牌700个），其中获得表彰的名特优新产品300个（区域公用品牌和经营专用品牌各150个），有效提升了全省主要特色农产品的产品竞争力和产业效益。

【农作物品种研发推广】　支持育种科研机构和企业加大新品种选育，实施农作物新品种区域试验、种质资源保护利用、种子质量监督检查及“育繁推”一体化建设，不断提升农作物品种研发能力。2016年，本省农作物育种科技创新能力明显提升，自主研发选育了一批优良品种，植物新品种授权数量显著增加。审定通过农作物新品种136个，其中水稻61个、玉米15个、花生2个、马铃薯2个、甘薯6个、甘蔗2个、蔬菜22个、果树7个、花卉14个、蚕桑2个、中药材3个。申请植物新品种权62件，涉及水稻、玉米、马铃薯、果树、蚕桑等作物种类，获得植物新品种授权43件。加大主导品种和主推技术的遴选发布力度，按照《广东省农业主导品种和主推技术评审管理办法（试行）》，遴选发布2017年广东省农业主导品种74个和主推技术35项，加快了农业科技成果转化，提高了良种、良法的覆盖率。

【农村科技特派员】　省科技厅牵头会同省农业厅、省发改委等部门研究制定《广东省人民政府办公厅关于深入推进科技特派员制度的实施意见》，2016年7月以省政府办公厅名义发布实施。省科技厅对全省各地市科技局、有关高校、科研院所进行了科技特派员需求和选派意向征集工作，收集14个地市、32个高校、科研院科技特派员需求766条，并在2017年科技计划项目中设置了科技特派员专题。截至2016年年底，广东省共选派个人农村科技特派员14 217名，农村科技特派员团队（工作站）1 364个（其中农村科技特派员工作站1 143个），法人农村科技特派员263个，在岗农村科技特派员数量达20 642人。农村科技特派员工作搭建了农业技术人员与广大农民群众的沟通桥梁，一大批农业新品种、农村先进适用技术成果得到广泛的推广应用。

【农业园区和平台创新体系建设】　进一步引导广州、深圳、湛江、珠海、河源和韶关6个国家农业科技园区，以及梅州、汕尾和韶关等10个省级农业科技园区农业科技园区建立完善的管理制度和良好的经营体制，进一步提升发展质量。截至2016年年底，16个国家和省级农业科技园区的核心区面积达20 729hm^2，示范区面积达77.3万hm^2，辐射区涵盖广东及周边省份面积超30万km^2。各园区已入驻农业科技企业近371家，其中省级龙头企业92家，高新技术企业32家。开展国家农业科技园区创新能力监测，开展了广东省农业科技园区创新能力评价，对全省16个国家级和省级农业科技园区的创新能力指数进行了评价和对比分析，为园区的健康发展提供重要参考。

2016年7月，省科技厅按照科技部《发展“星创天地”工作指引》要求，组织专家赴茂名等6个地市调研，形成农业孵化器和众创空间建设方案，广泛征集国家级“星创天地”建设项目。筛选推荐了26个项目至科技部，20家已经通过科技部备案。设立农业孵化器和“星创天地”专题，投入专题经费1 000万元，积极开展省级农业科技孵化器和“星创天地”建设，2016年建设20家，进一步优化农村创新创业环境，激发农业农村创新活力，培育新型农业经营主体和农业高新技术产业。

【创新创业服务平台】　着力强化农业科技成果转化公共服务平台暨农业科研项目储备库建设，截至2016年12月，面向全省126个不同类型单位（涉农企业达107个），共征集到713项农业科研储备项目，其中科研成果214项、在研项目213项、技术需求187项、自主知识产权成果99项。整合资金面向全省各地各有关单位分别扶持了以农业良种和现代种业技术、农作物高效种植技术、农作物主要病虫草鼠害综合防控技术、畜牧环保健康养殖技术方向、农业废弃物综合利用技术、生态农业及耕地污染防控技术、现代农业装备技术、农产品加工增值技术等为主要内容的8大技术方向共40个农业技术需求研究与示范项目；以示范推广农业主导品种和主推技术为主要内容的50个农业科技成果转化与推广应用项目。

【农业信息化】　以“农博士”“农技宝”“12316三农信息综合服务平台”为载体，推进基层农技推广服务信息化建设。截至2016年年底，全省21个地级市“农博士”“农技宝”用户共计15.46万人，显著提高了农业科技服务信息化水平。12316三农信息综合服务平台专家库共有1 200多名中级职称以上的专家，为推进农业科技推广服务信息化建设提供了有力的人力保障。

【科技扶贫和对口帮扶】　按照党中央、国务院精准扶贫精准脱贫工作的部署和省委、省政府关于制定扶贫攻坚1+N政策体系的要求，省科技厅研究制定了《广东省科学技术厅关于科技精准扶贫精准脱贫三年攻坚实施方案》，成立以主要厅领导为组长的厅精准扶贫精准脱贫领导小组，从引导贫困村发展科技型产业、推动农村科技特派员服务创业、加强科技对口扶贫示范、开展贫困群体使用技能培训、完善科技扶贫信息网络、组织科技下乡扶贫活动等八个方面进行谋划，安排了相关专题经费，确保科技扶贫工作落到实处。

与驻三洞村工作队共同制定《省科技厅定点帮扶三洞村新时期精准扶贫精准脱贫三年攻坚实施方案》和《年度帮扶工作计划》，组织全厅各业务处室和厅属单位前往三洞村进行了入户帮扶，对52户贫困户进行了慰问。驻三洞村工作队已经有序开展群众发动、政策宣传、精准识别、结果公示、建档立卡等工作，流转约14hm^{2}的土地，积极推进“科技帮扶三洞村高山生态红肉沙田蜜柚产业示范基地”建设，采用固定分红的模式增加村集体收入，采取优先吸纳贫困户劳动力到此务工的方式增加贫困户的收入，加大村公共基础设施建设力度，村委会办公楼及文化广场主体框架已完成，预算资金投入200万元，预计2017年一季度可建成；村2.5km农业灌溉水渠已开工，村安全饮水工程、文化活动中心、卫生站、农村电网改造工程等工作正积极推进。

加强与新疆喀什地区的沟通与联系，与新疆喀什签订了《广东科技援疆工作框架协议（2017—2019年）》，开展科技援疆援藏三大重大创新平台建设，推动制定《新疆喀什科学技术研究院组建工作方案》《兵团南向发展战略研究院组建工作方案》和《西藏国家级农业科技园区建设工作方案》，加强对口帮扶地区科技人员培训工作，培训干部约60人次，提高当地科技人员的管理水平。组织召开广东科技援疆成果研讨会，集中展示广东援疆科技成果；建设西藏林芝地区科技示范村和藏药材种植示范园，推动铁皮石斛、玛卡、猪苓、甘青青兰、打箭草、当归、柴胡红景天、翼首草、鬼臼等药材品种的产业发展。

【农业科技下乡活动】 2016年，省农业厅先后组织邀请专家教授400多人次，深入到江门、汕尾、惠州、中山、梅州、清远、肇庆、阳江、云浮等13个地市所辖36个县（市、区），共计47个乡镇举办了46场（次）农业专题技术讲座和良种良法图片巡展及技术咨询活动，宣传推广了300多项良种良法和农村适用技术，培训农民6 500多人（次），派发近8万份（册）农业科技图书（资料），惠及5万多人（次）。通过农业科技下乡活动，进一步提升了农民科技种养水平，助推了科技成果转化应用，取得了较好的社会效益，深受广大农村基层干部和农民群众的欢迎，为我省农业增产，农民增收作出了积极的贡献。

【基层技术推广服务网络】 按照农业部基层农技推广补助项目、基层农技推广站条件建设项目“两个覆盖”的要求，继续推进基层农技推广体系改革与建设，建立了一个政府主导型的上下贯通、专业种类齐全的农技推广体系网络，建立健全人员聘用制度、工作考评制度、岗位责任制度、推广责任制度、人员培训制度等一系列规章制度。截至2016年年底，全省各类农技人员共有14 358人，基本达到一线工作人员不低于总编制的2/3、专业技术人员不低于总编制80%的要求，其中：中级以上职称人员占24%，初级以上职称人员占54%；本科以上学历人员占24%，大专以上学历人员占56%。广东省注重开展农技人员业务培训和知识更新培训，全省农技人员累计接受业务培训次数36 899次，累计接受业务培训天数53 887天。基层农技推广队伍建设不断加强，基层农技推广服务体系日益完善。

（广东省农业厅　陆　俊
广东省科学技术厅社会发展与农村科技处
叶毓峰）

林业领域

【概况】 2016年，全省林业科技工作重点围绕新一轮绿化广东大行动，建设全国绿色生态第一省的总目标，把整合林业科技资源、构建林业科技创新平台、加强林业科技推广应用、提升林业科技创新和支撑能力作为工作重点，全面推进林业科技和林业对外交流合作的各项工作。全年共落实国家和广东省林业科技项目经费6 000多万元，其中中央财政资金近2 000万元，省级财政资金4 000多万元。

【科技攻关】 2016年广东省围绕林业发展特别是林业重点工程建设的科技需求，重点推进省林业科技创新专项和国家级、省级等有关林业科研项目的实施，在林木良种选育与高效栽培、生态修复与监测评估、林下经济、林业有害生物防治、木竹材精深加工等关键技术攻关，取得了新的成效。红锥、木荷、火力楠等3个乡土珍贵树种无性快繁关键技术产业化取得了新的突破。完成采集和分析森林土壤样品6 462份，森林土壤中微量元素、养分空间分布预测图已进入制作阶段，并朝着实现森林土壤技术服务信息化方向迈进。引进和收集了木麻黄种质材料243份，初步选育出抗青枯病无性系18个，部分已进入田间试验验证。收集了润楠属5个景观树种的种质资源，并开展了叶色、干型、香味、花感等景观特征研究，有关研究成果逐步进入示范应用阶段。铁皮石斛仿野生种植技术已基本成熟，金花茶选育出2个丰花型无性单株，药用植物梅叶冬青扦插繁殖获得初步成功。红树林碳汇计量监测研究取得明显进展，建立了红树林典型群落样地84个，将为筛选固碳优质红树植物种类提供宝贵数据源。雷州半岛热带季雨林生态修复技术研究与示范项目启动实施。筛选出油茶象甲植物源趋避剂2种，并取得良好防控效果；研制出多种环保型木材防腐、防霉剂和树脂合成工艺，广泛应用于农用支撑木、园林景观、家具制造等方面，提高了速生材的利用价值。

2016年共有30项林业科技创新项目通过验收，建立了林木种质资源保存圃约8.67hm^2、收集保存种质材料1 000多份；初步选出林木优良种源/家系/无性系和优良单株600多个；申请专利14项，其中获得授权7项；申请植物新品种权4项，其中授权1项；通过省级良种审定17个；开发药剂、菌剂、木材防护剂等新产品5个；鉴（认）定科技成果16项，其中5项获得省市级科技奖励；起草林业行业和广东省地方标准12项，批准发布3项；发表论文84篇，出版专著2部，其中被SCI和EI收录16篇；建立苗木繁育基地约3.3hm^2，育苗300多万株；营建试验示范林超过500hm^2；培养研究生16人，有21名专业技术人员职称得到晋升。

【科技创新平台】 继续推进国家级林业生态监测网络建设，重点抓好基础设施建设并规范管理。截至2016年年底，在广东境内建设的国家林业局生态站共有8个。林业科研试验示范基地、优良珍贵树种培育试验示范基地和高脂马尾松良种繁育基地三大广东省林业科技创新示范基地进一步建设和完善。南方森林标本馆、林木检验检测基地建设主体工程基本完工。省科技厅认定广东省产业技术创新联盟2个，分别是广东省林木种业技术创新联盟和广东省木竹加工产业技术创新联盟。

广东省林木种业技术创新联盟以广东林木种业实际发展需求为导向，充分发挥联盟优势，争取承担各级政府的科研项目，利用联盟创新基金，设立自选科研课题，共同解决林木种业发展方面的突出问题和关键技术，创制新品种和良种，形成地方技术标准，规范广东林木种苗健康发展；充分利用联盟龙头企业，加快科技成果转化，促进资源优化配置和高效利用，推动林木新品种及良种市场化，提升产业整体竞争力，促进产业持久健康发展；加强人员的交流与互动，联合培养人才，尤其是林木育种领域的科技领军人才与技术骨干，为产业持续创新提供人才支撑；充分利用好国家创新驱动发展政策和激励措施，积极争取各级政府对联盟单位的政策和资金支持；联盟内建立林木种业市场化推广监控体系，搭建集信息发布、技术咨询和产品销售于一体的服务平台。

广东省木竹加工产业技术创新联盟依据国家、省科技创新的相关政策，以联盟成员发展需求和共同利益为基础，以提升广东木竹加工产业技术创新能力为目标，重点围绕木竹产业发展高端化、高性能化、信息化、功能化、多元化、环保低碳以及生产过程精准控制和提高资源利用效率等目标开展联合攻关，充分发挥以企业为主体的创新优势，加快成果共享与转化，创优品牌，培育龙头企业；建立产品质量检验监测体系，搭建信息服务平台，发挥联盟沟通政府与会员的桥梁和纽带作用，加快推进广东木材加工产业转型升级，提升广东竹材加工产业发展水平。

【科研成果】 全省有11项林业科技成果获2016年度广东省科学技术奖，其中，一等奖2项、二等奖3项、三等奖6项；4项成果获第七届梁希林业科学技术奖，其中，二等奖1项、三等奖3项；8项林业科技推广项目获2016年度广东省农业技术推广奖，其中一等奖1项、二等奖4项、三等奖3项（见表7-3-1）。

表7-3-1 2016年度林业主要获奖成果

序号	获奖类别	获奖项目名称	第一完成单位
1	2016年度广东省科学技术奖一等奖	常绿阔叶林生态系统群落稳定性与土壤固碳对环境变化的响应机理	中国科学院华南植物园
2	2016年度广东省科学技术奖一等奖	中国南海岛屿植物多样性研究及产业化	中国科学院华南植物园
3	2016年度广东省科学技术奖二等奖	南洋楹良种选育与高效栽培技术	广东省林业科学研究院
4	2016年度广东省科学技术奖二等奖	广东陆生野生脊椎动物生物学研究与应用	广东省昆虫研究所
5	2016年度广东省科学技术奖二等奖	边坡与废弃生态修复综合技术创新及应用	深圳市铁汉生态环境股份有限公司
6	第七届梁希林业科学技术奖二等奖	山茶花新品种选育及产业化关键技术	中国林业科学研究院亚热带林业研究所（第二完成单位：棕榈生态城镇发展股份有限公司）
7	2016年度广东省农业技术推广奖一等奖	广东油茶主要病虫害防控关键技术推广	广东省林业科学研究院
8	2016年度广东省农业技术推广奖二等奖	南洋楹优良品系及高效栽培技术推广	广东省林业科学研究院
9	2016年度广东省农业技术推广奖二等奖	珠三角典型林分生态景观改造关键技术推广	广东省林业科学研究院
10	2016年度广东省农业技术推广奖二等奖	城市森林抗污染景观树种及培育技术推广应用	佛山市林业科学研究所
11	2016年度广东省农业技术推广奖二等奖	香樟良种选育与栽培技术推广应用	梅州市林业科学研究所

项目名称：常绿阔叶林生态系统群落稳定性与土壤固碳对环境变化的响应机理

主要完成单位：中国科学院华南植物园

获奖情况：2016年度广东省科学技术奖一等奖

项目发现常绿阔叶林群落结构变化趋势和演替方向、阐明了该地带性森林生态系统土壤有机碳积累机理，取得了如下重要科学发现：

1. 发现并首次阐明全球变化下，地带性常绿阔叶林演替方向及其变化机制。证明气温上升与降水格局改变及其所导致的土壤水分趋势性变化正在改变常绿阔叶林的种类组成和生活型，表现为乔木的物种数减少、小乔木和灌木的物种数增加，大个体的死亡率上升、小个体的个体数增加，该生物群系过去30年来正向着灌丛化的方向演变。

2. 进一步从3个方面阐明了成熟常绿阔叶林土壤持续积累有机碳的机理：（1）随着森林生态系统的进展演替，系统的碳贮存由生物量碳的积累逐步转向于土壤有机碳的积累，表现在森林残体分解过程中，分配到土壤中的比例越来越高，从而导致土壤有机碳的来源越来越丰富，这是经典生态学理论没有注意到的；（2）全球气候变化所引起的水热环境改变降低了土壤有机碳的分解速率，延长了土壤有机碳的周转期；（3）区域性N沉降上升降低了成熟森林土壤有机碳的分解速率，延长了土壤有机碳的周转期。第一方面说明土壤有机碳的来源增加；第二、第三方面证明土壤有机碳分解速率减缓。研究成果在理论上将推动生态系统生态学非平衡理论的建立，丰富全球变化生态学理论。在应用上直接服务于区域生态环境建设，特别是生态公益林建设；全面、准确地估算森林固碳作用，增大森林固碳空间，利于经济的高速增长。

本项目共发表论文166篇，其中SCI收录论文98篇（TOP10%论文42篇）；10篇代表性论文（TOP1%期刊论文6篇）被他引585次，其中SCI他引440次，CSCD他引145次；20篇主要论文被他引822次，其中SCI他引606次，CSCD他引216次。项目主持人被国家发改委邀请参加2015年巴黎气候会议。

项目名称：中国南海岛屿植物多样性研究及产业化

主要完成单位：中国科学院华南植物园、深圳市铁汉生态环境股份有限公司、棕榈生态城镇发展股份有限公司、华南农业大学等

获奖情况：2016年度广东省科学技术奖一等奖

对南海岛屿238个岛屿进行了科学考察，基本查清了我国南海岛屿的植物种类和分布格局，收录植物种类6 200多种，同时对一些重要的经济植物进行了评价和利用，取得了良好的研究成果。

在关键技术创新方面，项目在岛屿观赏植物的评价与筛选，栽培、繁育、养护、边坡修复和垂直绿化关键技术等方面取得较大突破。建立了岛礁适生植物的综合评价体系，筛选出新优乡土植物42种并推广应用；研发出茶花和木兰的高效栽培关键技术，解决了种子出芽时间过长、发芽率低等难题；培育出“镛粉”“夏日光辉”“夏梦衍平”和“转转”等新品种并推广应用，研发出苦苣苔科植物的快繁技术，从而为岛屿林下灌木和地被植物的推广利用增加了种苗供应；发明了4项植物养护的新技术，提高了移栽树木的成活率、节约用水量和降低施工量的好效果。在岛礁植被修复和垂直绿化关键技术方面，攻克了利用乡土植物进行石灰岩边坡绿化和增加坡面喷播绿化厚度的新技术，有效增加大坡度边坡的喷播绿化效果，增加绿化的植生厚度，提高了景观效果；通过设置种植容器和排灌装置，攻克了植物绿墙养护难的新技术，使水分可循环利用，节约了水资源。通过以上专利、新品种和关键技术在合作单位12个苗木基地进行产业化技术研究与示范，生产苗木4 200万株，近3年实现经济效益约48.2亿元，在国内带动辐射推广15万亩，累计实现经济效益约76亿元，产生了良好的经济、社会和生态效益。

本研究共出版专著11部，发表论文126篇，其中SCI收录论文23篇；获授权专利16项，获国家授权新品种4个；培养博士9名和硕士12名。

项目名称：广东油茶主要病虫害防控关键技术推广

主要完成单位：广东省林业科学研究院、广东省林业有害生物防治检疫管理办公室

获奖情况：2016年度广东省农业技术推广奖一等奖

项目针对广东省高州油茶、广宁红花油茶、普通油茶病虫害高发且防控技术缺乏的问题，创建了油茶重大病虫害防控关键技术体系，并将该体系进行了大面积的推广应用，使广东省油茶病虫害发生率控制在3.5%以下。项目研发的新型杀虫剂、杀菌剂及配套技术已在广东油茶病虫害发生区得到全面应用，近3年累计推广防治面积13.57万hm²。自2010年以来在广东省油茶全部种植区域累计推广防治面积27.2万hm²，占该类油茶病虫害发生面积的95%以上，新增销售额达1.4亿元，产生了良好的生态、社会和经济效果。

【科技示范推广】 2016年，继续抓好中央财政林业科技推广示范项目的实施和管理，营建了樟树、红锥、枫香、马来沉香、白木香、杉木、金花茶等优良树种及其栽培技术示范林以及松墨天牛防治、金属矿区迹地植被恢复、红树林及木麻黄沿海防护林等技术推广示范林共约0.42万hm²；建立铁皮石斛、龙脑樟等组培快繁设施3 652m²，建成各类育苗圃7.2hm²，繁育龙脑樟、铁皮石斛、白木香、红花荷、广东含笑等优质苗木186.87万株。特别是轻基质育苗技术受到生产单位的广泛关注和好评，截至2016年年底已落实在全省10个育苗基地进行示范推广。

【科技服务】 根据2016年全省“科技进步活动月”部署，结合全省林业实际，在省林业系统部署开展“科技进步活动月”系列活动，组织开展的重点林业科技活动40多项。5月25日，省林业厅与有关单位在高州市大井镇联合举办了“送林业科技及优良种苗下乡活动”，参与的干部群众达3 000人。活动现场展示了最新林业科技成果及林业新技术、新品种、新产品，吸引了众多群众前来咨询，发放了珍贵树种、城市林业树种、乡土树种、油茶、竹子、林下经济植物等栽培技术及林业标准化、林业知识产权保护等书籍、实用技术手册和宣传资料5 000多份，并向当地林农赠送了金花茶、香樟、红锥、火力楠、金丝楠、油茶、荔枝、杜鹃红山茶等优良种苗近6 000株。

【知识产权保护】 2016年，全省有含笑属“世植2017”，山茶属“红屋积香”“茶香居”、“夏梦谢作”“夏日叠星”，野牡丹属“碧霞”和桉属“华桉3号”“华桉4号”等8个植物新品种获得国家林业局授权。截至2016年年底，全省共有78个林业植物新品种获得授权。

2016年知识产权宣传周（4月20—26日）期间，省林业厅开展了“加强林业知识产权保护运用，加快知识产权强省建设”为主题的知识产权宣传周活动，利用展板、手册及网络等多种形式，积极宣传林业知识产权相关法规法律和基本知识，普及商标、版权、林产品地理标志及林业生物遗传资源等相关专业知识。

7—11月，部署开展了打击侵犯林业植物新品种权专项行动，对全省已授权植物新品种的侵权假冒和推广应用情况进行了全面调查摸底，并开展了林业植物新品种权保护执法检查，进一步加强了植物新品种保护力度。

10月31日，国家林业局公布了第三批全国林业知识产权试点合格单位，共有19家单位完成试点工作并通过考核验收，深圳市兰科植物保护研究中心名列其中。

【标准化与产品质量管理】 2016年，经广东省质量技术监督局批准发布实施的林业类地方标准有13项（见表7-3-2）。加强林业标准化基础研究和标准化示范区建设，全省有3个省级林业标准化示范区通过验收。

表7-3-2　2016年发布实施的广东省林业行业地方标准

序号	标准编号	标准名称	起草单位
1	DB44/T 1809-2016	油茶轻基质育苗技术规程	华南农业大学
2	DB44/T 1810-2016	野牡丹属木本花卉栽培技术规程	华南农业大学

（续上表）

序号	标准编号	标准名称	起草单位
3	DB44/T 1811-2016	石灰岩山地造林技术规程	华南农业大学
4	DB44/T 1812-2016	森林公园建设指引	广东省国有林场服务总站
5	DB44/T 1813-2016	乐昌含笑和深山含笑育苗技术规程	广东省林业科学研究院
6	DB44/T 1912-2016	景观林树种选择技术规程	广东省林业科学研究院
7	DB44/T 1913-2016	生态公益林非木质产品物种选择技术规程	广东省林业科学研究院
8	DB44/T 1914-2016	枫香组培育苗技术规程	广东省林业科学研究院
9	DB44/T 1915-2016	广宁红花油茶和高州油茶优树选择及无性系选育技术规程	广东省林业科学研究院
10	DB44/T 1916-2016	森林生态站数字化建设与管理规范	广东省林业科学研究院
11	DB44/T 1917-2016	林业碳汇计量与监测技术规范	广东省林业科学研究院
12	DB44/T 1918-2016	生态公益林服务功能评估规范	广东省林业科学研究院
13	DB44/T 1919-2016	林业有害生物防治组织资质	广东省林业有害生物防治检疫管理办公室

【科技交流与合作】　2016年，省林业厅继续加强粤港澳台和国际林业科技交流。3月22—24日，粤方为港方举办了一期郊野公园管理员林业培训班，培训人员20人。6月14—16日，粤方派出8人前往香港调研大熊猫食用竹叶及引进考拉等情况，并就香港郊野公园教育活动、郊游设施、野生动植物管理等工作进行了交流。3月11—13日，应澳门民政总署管理委员会邀请，粤方派出5人前往澳门出席2016年澳门绿化周活动。应台湾森林休憩保育协会邀请，5月12—18日，粤方组织了15人赴台湾参加第七届海峡两岸森林保育经营学术论坛。继续推进与国际林业交流与合作，组织落实有关林业科技和管理人员赴美国、加拿大、澳大利亚、瑞士、捷克、英国和德国等国家开展了林业科技、森林资源保护、野生动植物保护、自然保护区建设等方面的技术培训、学术交流、技术引进等。

（广东省林业厅　叶龙华）

渔业领域

【概况】 2016年全省渔业经济总产值2 863亿元，同比增长12.9%，比2010年增长77.1%；水产品总产值1 196亿元，比2010年增长61.2%；水产品总产量874万t，同比增长2.0%，比2010年增长19.9%；全省水产养殖面积55万hm^2，水产养殖产量714万t，同比增长3.5%，捕捞产量168.4万t，同比持平。水产品出口量54万t、出口额32亿美元，分别比2010年增长19.2%和48.2%；渔民人均收入达到1.54万元，同比增长2.9%，比2010年增长49.4%。

【现代渔业建设】

现代渔港建设 广东省11个现代渔港建设项目于2015年年底正式启动，至2016年12月初，5个省民生实事项目已开工建设，完成了省政府任务，并已取得用海预审意见。2016年新安排的汕尾市2个项目启动了勘测设计招标工作。

渔业信息化 通过系统间的互联互通、数据共享，形成包含5个板块、28个系统的综合信息管理平台，初步实现了渔港渔船可视化、渔业管理扁平化、渔民服务便捷化，促进了广东渔业管理能力与服务质量的双提升。省海洋与渔业厅启动实施信息化整合提升、渔业安全生产指挥系统（二期）、风暴潮漫滩风险预警、沿海重点区县海域动态监管等信息化项目。建设省市县3级跨层级行政审批事项审批系统，初步形成一张网联审的服务模式，网上办事大厅建设工作继续走在全省前列。

渔船安全生产监管 渔船安业生产指挥系统（二期）完成终验，运行良好，粤东和珠江口地区“渔村通”“金视通”基本建成，实现信息化建设最后一公里全覆盖。60马力以上渔船AIS终端配备完成80%，200马力以上渔船北斗卫星终端配备完成75%。基本实现了渔船“看得见、联得上、叫得动、救得到”，管理手段和能力跨上了新的大台阶，成为全省渔业信息化建设走在全国前列的重要亮点，得到了省政府领导的充分肯定。

【渔业产业园区建设】

水产健康养殖示范场建设 2016年新申报建设农业部第11批水产健康养殖示范场22家，复核第六批示范场21家；申报建设健康养殖示范县1家。截至2016年年底，全省有国家健康养殖示范场190家。持续加强良种体系建设，2016年扶持建设了良种场25家。

安全用药和免疫防病示范区建立 安全用药是确保水产品药物残留达标、保障水产品消费安全重要措施。2016年，在乐昌、梅县、茂南、郁南、乳源5个县（市、区）新建立5个安全用药示范区，建立了166.7hm^2示范区，引导、带动规范用药面积达1 700hm^2，印发安全用药资料10 000份。在高要、梅江、高州5个县（市、区）新建立3个草鱼免疫防病示范区，建立200hm^2示范区，推广应用辐射面积2 000hm^2以上。

无公害水产品产地建设 2016年，经审核，共颁发无公害农产品产地证书76份；对产品申报进行初审，向农业部上报110个无公害渔业产品申报材料。全省共有有效期内的无公害水产品产地375个，产品566个。全省有省级（国家级）渔业龙头企业114家，163个涉渔产品获得广东省或国家名牌产品称号。

【科技成果及奖励】 2016年度，广东省渔业科技发展成效显著，共获得各类奖项16项，其中广东省科学技术奖4项、广东省农业技术推广奖12项（见表7-4-1）。

表7-4-1 广东省渔业获各级科技奖项目（2016年度）

序号	获奖类别	获奖项目名称	第一完成单位
1	广东省科学技术奖二等奖	南海深海渔业资源开发关键技术及应用	广东海洋大学
2	广东省科学技术奖二等奖	大口黑鲈种质创新和产业关键技术开发与应用	中国水产科学研究院珠江水产研究所
3	广东省科学技术奖三等奖	代表性污染物和农渔药对重要水产增养殖品种影响效应的研究	中国水产科学研究院南海水产研究所
4	广东省科学技术奖三等奖	青蟹病害综合防控及健康养殖技术的研究与应用	汕头大学
5	广东省农业技术推广奖一等奖	鲻鱼类苗种繁育及产业化生产示范推广	中国水产科学研究院南海水产研究所
6	广东省农业技术推广奖二等奖	淡水池塘生态安全养殖技术的应用与示范	中国水产科学研究院珠江水产研究所
7	广东省农业技术推广奖二等奖	酵母源高效免疫增强剂在名特优水产养殖中的推广应用	广东省农业科学院动物卫生研究所
8	广东省农业技术推广奖二等奖	中科3号异育银鲫规模化健康养殖示范与推广	梅州市海志水产养殖有限公司
9	广东省农业技术推广奖二等奖	河源市湘云鲫养殖技术示范推广	河源市水生动物防疫检疫中心站
10	广东省农业技术推广奖二等奖	池塘高产养鱼新技术推广项目	和平县水产养殖技术推广站
11	广东省农业技术推广奖三等奖	牡蛎净化及品质优化技术的研究与示范推广	广东省海洋工程职业技术学校
12	广东省农业技术推广奖三等奖	基于热（亚热）带海洋环境下的海参产业化技术配套体系成果推广与示范	广东天海参威科技开发有限公司
13	广东省农业技术推广奖三等奖	水产品中几类重要化学污染物残留检测关键技术研究及应用推广	中山市农产品质量监督检验所
14	广东省农业技术推广奖三等奖	先科巨鲫的引种试验与示范推广	平远盛鑫农业发展有限公司
15	广东省农业技术推广奖三等奖	南美白对虾高效环保育苗模式推广	茂名市金阳热带海珍养殖有限公司
16	广东省农业技术推广奖三等奖	生态循环水产养殖技术推广应用	惠州市渔业研究推广中心

南海深海渔业资源开发关键技术及应用

该项目由广东海洋大学完成，获2016年度广东省科学技术奖二等奖。该项目针对维护国家海洋权益、解决北部湾划界后渔民出路和开发深海渔业资源等问题，开展了南海深海渔业资源评估方法、基于北斗系统的渔业信息化技术、深海渔业资源开发新技术等研究，建立了南海深海渔业资源开发关键技术体系，突破了渔船生产信息采集与分析、深海渔业资源大面积同步评估、鸢乌贼和大型金枪鱼等大洋性渔业资源高效开发等技术瓶颈，成果总体达到国际领先水平。该项目已推广带动广东、广西和海南3省区的8个市县开发南海深海渔业资源，实现南沙群岛深海渔场常态化生产，2008年以来累计新增产量97.4万吨、产值59.6亿元。

大口黑鲈种质创新和产业关键技术开发与应

用　该项目由中国水产科学研究院珠江水产研究所完成，获2016年度广东省科学技术奖二等奖。该项目首次确定国内养殖大口黑鲈在分类上隶属于大口黑鲈北方亚种；首创大口黑鲈DNA指纹图谱数据库及种质分子标记鉴定技术。揭示了我国养殖群体的遗传结构状况，完成了大口黑鲈生长性状数量遗传学研究，获得了大口黑鲈生长性状的遗传参数、育种值、形态性状与体重的相关数据，奠定了选育技术路线的科学性。经过连续5代选育，培育出世界上第一个人工选育的大口黑鲈新品种“优鲈1号”，具有生长快等优良性状，比未选育群体生长速度快17.8%～25.3%，高背短尾的畸形率由5.2%降低到1.1%，具有明显的养殖优势。首次构建了国内外第一张大口黑鲈遗传连锁图谱。筛选与鉴定出14个与生长性状显著相关的分子标记，建立基于分子标记指导群体选育亲本选择的辅助育种技术。获国家水产新品种证书1项；发表论文46篇，SCI期刊发表和待刊论文6篇，CSCD收录论文28篇；完成并发布国家标准1项，行业标准1项。

代表性污染物和农渔药对重要水产增养殖品种影响效应的研究　该项目由中国水产科学研究院南海水产研究所完成，获2016年度广东省科学技术奖三等奖。该项目成果创新和优化了污染物监测技术，丰富和拓展了污染物毒性效应研究方法。建立了农渔药5种新的分析方法；优化了“贻贝观察”技术体系、海域新污染源判别法、生物质量和卫生安全风险评估模型；建立了潜在生物标志物综合评判方法；建立了综合性毒性效应研究技术体系和指标体系。拓展和深化了对养殖海域污染物的时空变化特征和卫生安全风险的认知水平。系统解析了近岸海域贝类体中14种代表性污染物的时空变化特征和趋势，判断和识别了沿海有机氯污染物的新污染源，系统评价和揭示了生物质量水平和食用安全风险的变化趋势，确定了热点污染物和典型海域。系统阐明了代表性污染物和农渔药对水产增养殖生物的毒性毒理影响效应。系统获得10种海洋生物的急性毒性基础数据；解析了单独或混合曝露胁迫下污染物和农渔药的积累、释放与代谢的动力学特征，生物标志物的响应关系以及对生物体的组织形态、组织损伤和相关基因表达的影响效应。开拓性地应用综合评判法筛选和推荐潜在生物标志物。首次应用生物标志物整合响应法、秩相关分析法等评判方法，系统筛选和推荐适用于重金属、环境激素类、有机污染物和农渔药的潜在生物标志物26种。该项目共发表学术论文81篇；获得国家实用新型专利4项；申请国家发明专利2项；行业标准3项；培养博士研究生2名、硕士研究生10名；累积推广应用约10.53万公顷，产生社会经济效益18.47亿元。

青蟹病害综合防控及健康养殖技术的研究与应用　该项目由汕头大学完成，获2016年度广东省科学技术奖三等奖。该项目查明了青蟹病害的种类、病原、病因，建立其检测技术和治疗方法；在此基础上建立了青蟹健康养殖模式和病害综合防控技术，并对免疫和抗病机理进行深入研究，为进一步的免疫防控奠定基础。该成果在粤东地区无偿推广应用，近3年累计新增产值11.45亿元，新增利润约3亿元，带动就业超过2.5万人。

鲻鱼类苗种繁育及产业化生产示范推广

该项目由中国水产科学研究院南海水产研究所完成，获2016年度广东省农业技术推广奖一等奖。该成果由南海水产研究所提供种苗生产关键技术，以饶平、汕尾、深圳、广州及珠海等省/市级鱼类良种场、水产养殖技术推广站、养殖企业以及农民专业合作社等8家合作推广单位为推广应用和示范基地，向全省和周边省市技术辐射。项目实施5年期间，成功开发了南方梭鱼种质资源，进行了亲鱼培育、苗种生产、中间培育、工厂化养殖、池塘养殖技术，为广东省开发鲻科鱼类新品种奠定了基础。2011—2016年共培育亲鱼和后备亲鱼10 000余尾，生产鲻科鱼类种苗15 000万尾，生产商品鱼375万公斤，创产值1.5亿元。推广养殖面积973hm^2，产值1.6亿元，总计3.1亿元。

淡水池塘生态安全养殖技术的应用与示范

该项目由中国水产科学研究院珠江水产研究所完成，获2016年度广东省农业技术推广奖二等奖。该项目以具有净化水质、提高饲料利用率和生态防治疾病功能的生物絮团技术和生态基技术为核心，在草鱼、鳙、鲫、罗非鱼、佛罗里达鳖等养殖中开展了生态安全养殖技术研究，构建了一种节水减排水产养殖新模式。全程养殖污染物循环利用、几乎不使用渔药，达到生态防病目的，是一种高效的节水减排水产养殖新模式。先后在惠州、中山、佛山、河源、梅州、连南等地进行示范推广，几年来累计推广面积达2 000hm²，总经济效益达3.5亿元，新增经济效益3 000多万元。

酵母源高效免疫增强剂在名特优水产养殖中的推广应用　该项目由广东省农业科学院动物卫生研究所完成，获2016年度广东省农业技术推广奖二等奖。该项目优化啤酒酵母细胞壁多糖提取工艺，生产出高效免疫增强剂产品“免疫宝”，产品和技术在凡纳滨对虾、卵形鲳鲹、石斑鱼、鳗鱼、加州鲈鱼等名特优水产养殖中全程推广应用，产生了巨大的经济效益，近3年应用推广产生的直接、间接经济效益达12.3亿元，新增利润达到1.1亿元。不但大大减少了抗生素的使用，而且充分利用了用啤酒厂废酵母泥提取酵母多糖，变废为宝，减少排放，社会效益和生态效益显著。

中科3号异育银鲫规模化健康养殖示范与推广　该项目由梅州市海志水产养殖有限公司完成，获2016年度广东省农业技术推广奖二等奖。异育银鲫“中科3号”是异育银鲫的第三代新品种，比已推广养殖的高体型异育银鲫（高背鲫）生长速度快13.7%～34.4%，出肉率高6%以上，遗传性状稳定，已在广东、广西、江苏和湖北等省建立良种扩繁和苗种生产基地，在梅州市推广面积达533.3hm²（其中主养池100hm²，混养池塘523.3hm²）、养殖户达4 800多户。全市一年新增优质鲫鱼2 900t，增加4 600多万元产值，增加利润近2 400万元。

【渔业科技创新与推广】

广东省海洋渔业研究所、淡水渔业研究所挂牌成立　为加快广东现代渔业建设，全面增强渔业科技对渔业经济发展的支撑引领作用，提高渔业可持续发展能力，经广东省海洋与渔业局与中国水科院协商，2016年4月，广东省海洋渔业研究所和淡水渔业研究所分别在南海水产研究所和珠江水产研究所挂牌成立。成立广东省海洋渔业研究所和淡水渔业研究所，是贯彻落实创新驱动发展战略的有力保障，是整合和凝聚科研力量和科研资源开展科技创新的有效途径，也是深化渔业科技体制机制改革创新的具体实践，对今后全面加强广东现代渔业发展具有重大意义。两个研究所将在国家创新驱动战略和广东省委、省政府大力支持科技创新的大背景之下，紧抓机遇，尽快梳理好各项对接工作，探索建立新型科研协作机制。

水产品牌创建　在农业部市场与经济信息司的支持下，中国水产流通加工协会等于2016年12月6—8日在广州举办“2016年中国水产品品牌大会”，广东省白蕉海鲈等5个品牌被评为2016年最具影响力水产品区域公用品牌，广州禄仕食品有限公司当选2016年最具影响力水产品企业品牌。珠海市海洋农业与水务局、斗门区政府举办白蕉海鲈品牌推广会，业内反响很好，推动了全省水产品区域品牌建设发展。

基层推广示范站创建　2016年，被确定为第三批全国基层水产技术推广示范站的县级推广机构共计57个，其中包括广东省的东源县、平远县、廉江市、佛山市顺德区、广宁县、珠海市金湾区、饶平县、高州市、陆丰市、郁南县、遂溪县和江门市新会区等12个水产技术推广站，占第三批示范站总数的21%。至此，广东省已有累计22个全国基层水产技术推广示范站，将示范带动全省近120个基层水产技术推广机构建设的加强、完善和提高。

渔业科技入户示范工程实施　2016年，扶持建设了平远县、高要区、汕尾市城区、乳源县、博罗县、连南县、普宁市、徐闻县、连平县、惠来县等10个科技入户示范县，成立了1个省级渔业科技入户专家组和10个县级专家组，建立了100余人的责任渔技员队伍，遴选培育了渔业科技示范户1 000户，辐射带动渔农超过20 000户。

良种良法推广实施　2016年，继续实施了一批良种良法推广项目，重点推广了普瑞莫凡纳滨对虾、海萝、白金丰产鲫、锯缘青蟹、马鲅、石斑鱼、“瘦身鱼”等新品种；推广了基于碳氮平衡的鱼虾生态养殖技术、鱼虾精养池塘营养级结构优化技术、节能减排型对虾高效健康养殖技术、鱼虾混合生态养殖技术、“渔—农—牧”综合种养技术、丘陵山区山塘高效养鱼技术模式等具有明显节能减排效应的新技术；推广了鱼类神经坏死病毒LAMP快速检测试剂盒、草鱼呼肠孤病毒三重RT-PCR检测试剂盒、新型复合微生态制剂等先进实用的新产品。

【渔业防疫检疫】

水生动物防疫检疫体系能力建设 2016年，全省已建成市、县水产品质量检测实验室30多个，配备检测设备1 000多台（套），支持渔业重点乡镇建成快速检测实验站115个，初步建成覆盖全省的水产品质量安全检验检测网络。省中心、湛江市、深圳市、东莞市和茂名市5家水生动物防疫检疫实验室通过了2016年农业部组织的多项实验室检测能力测试，省中心还通过了国家认监委组织的蛙病毒核酸PCR检测能力验证。

水产苗种产地检疫 2016年2月，完成水产苗种产地检疫电子出证模块软件的调试，3—4月，装备水产苗种产地检疫电子出证设备130个市县完成了软件安装与调试，当年全省水产苗种产地检疫已实现电子出证。2016年，举办了6期水产苗种产地检疫操作技术和电子出证培训班，共培训196人次。全省各市县共检疫水产苗种250多亿尾，签发检疫合格证2 472张。

水产养殖病害测报预报 2016年继续实行周年常规监测，在全省设立常规监测点275个，分布于全省19个地级以上市、83个县（区），监测养殖面积达12 554.6hm^2，其中淡水养殖面积10 412.9hm^2，海水养殖面积2 141.7hm^2。监测养殖种类32种，其中鱼类23种，虾类3种，贝类2种，其他类2种，蟹类1种，观赏鱼1种。

水产品质量安全追溯体系建设 继续加大力度推进水产品质量安全追溯体系建设，加强水产品产地标识管理，推进在产地标识上增加二维追溯码，对养殖单位实施编码管理，并录入省追溯系统，逐步实现主产区重点品种的产地标识的全覆盖。截至2016年年底，追溯试点扩展到广州等7个地级以上市共13个县（区）29家养殖企业和4家批发市场，养殖面积4 000hm^2、年产量4万余t、市场交易量20余万t。

水产品质量安全监管 落实水产品质量安全监控年度计划，2016年完成省级抽检水产样品1 430个，合格率98%。开展水产品质量安全专项整治行动，共出动执法人员5 053人次，检查养殖场2 171家，立案7宗。

【渔业资源养护】

保护区建设 2016年，广东省致力于健全全省海洋与渔业保护区体系，推进汕尾品清湖、深圳大鹏湾申报国家级海洋公园，推动东莞黄唇鱼市级自然保护区、湛江雷州湾中华白海豚市级自然保护区升级为省级自然保护区，推进连南大鲵省级自然保护区晋升为国家级保护区，推进韶关北江特有珍稀鱼类省级自然保护区、大亚湾水产资源省级自然保护区和黄沙蚬县级自然保护区调整工作。2016年，新建2个国家级海洋公园和1个水产种质资源保护区，分别是汕尾红海湾遮浪半岛、阳西月亮湾国家级海洋公园和浰江大刺鳅黄颡鱼国家级水产种质资源保护区。全省海洋与渔业保护区总量达111个，面积50余万hm^2，稳居全国首位。

海洋牧场试点示范项目 加强科技引领，抓好广东省海洋牧场示范区项目的实施。初步掌握各种藻场的构建方法，逐步实现利用人工藻场修复近海生态环境的目标。2016年，汕尾红海湾、惠东三角洲示范项目正有序开展，同时积极开展2016年国家级海洋牧场示范区创建活动，汕尾市遮浪角西、南澳岛两个海域成功申报为国家级海洋牧场示范区。

人工鱼礁（巢）建设 在全省范围内继续开展人工鱼礁（巢）建设工作，2016年共有8座人工鱼礁（巢）区实施工程建设，共完成制作礁体空方量约34 704m^3，肇庆、河源、云浮市完成人工鱼巢建设覆盖江河面积40 025m^2。采取地球物理勘探和潜水观测方法，选择南澳乌屿、大亚湾大辣甲南、珠海外伶仃、廉江龙头沙等人工鱼礁区4座已建人工鱼礁区进行效果监测和研究，形成了效果监测报告。

开展渔业资源放流活动 2016年，珠江口中华白海豚保护区组织开展了8次渔业资源放流活动，累计放流黑鲷277.8万尾、黄鳍鲷41.36万尾、刀额新对虾655.0万尾、四指马鲅63.238万尾、金鼓鱼0.661万尾、斑节对虾2 280.0万尾；惠东海龟保护区共计放流海龟705只。徐闻珊瑚礁保护区举办“2016年徐闻珊瑚礁保护区增殖放流活动”，放生黄鳍鲷10万尾，黑鲷10万尾，斑节对虾1 750万尾。

海上渔业执法力度切实加大　组织开展了广东省“护渔2016”系列执法行动，持续保持对休渔期、开捕前、冬春电鱼高发时段和粤港交界水域非法捕捞行为的高压态势。据统计，全省队伍共出动船艇16 432艘次、执法人员87 600人次、检查渔船66 219艘次、查处案件9 960宗，罚款4 904.47万元。案件查处数量和罚款总额较去年均有大幅提升，海上渔业生产秩序良好。

（广东省海洋与渔业厅　陈海丽）

人口与公共卫生领域

【概况】 截至2016年年底，全省拥有卫生机构（含村卫生室）4.9万个，每千常住人口拥有卫生机构0.45个；全省医疗机构拥有床位46.5万张，约占全国总量的6.3%，每千常住人口拥有床位数4.23张；在岗职工82.2万人，约占全国总量的7.4%，其中卫生技术人员66.8万人，包括执业（助理）医师24.4万人、注册护士28.4万人，每千常住人口拥有执业（助理）医师2.22人，注册护士2.58人。居民人均预期寿命为77.24岁。

【科技支撑体系建设】 2016年，印发《广东省构建医疗卫生高地行动计划（2016—2018年）实施方案》，围绕建设卫生强省、打造健康广东的重大战略部署，推进六大医学科技创新平台的建设工作，组织制定精准医疗、转化医学、生物医学和中医药创新研究中心等遴选机制，启动实施8个转化医学、3个中医药、3个公共卫生和10个生物医学创新研究中心以及1～2所网络医院试点和1～2家智能化护理试点医院建设工作。省医学科研基金受理项目申报1 356项，立项资助管理628项，立项非资助管理146项，资助总额400万元。

【科技成果及奖励】 中山大学肿瘤防治中心、中山大学附属第六医院、南方医科大学、广州医科大学分别牵头完成的“结直肠癌个体化治疗策略创新与应用”“基于肛门功能和性功能保护的直肠癌治疗关键技术创新与推广应用”“慢性肾脏病进展的机制和临床防治研究”以及钟南山院士主持完成的《全民健康十万个为什么》系列丛书等4个项目获国家科技进步奖二等奖。全省卫生计生系统获得2016年度广东省科学技术奖22项，其中一等奖4项、二等奖9项、三等奖9项。

项目名称：结直肠癌个体化治疗策略创新与应用

完成单位：中山大学肿瘤防治中心、复旦大学附属肿瘤医院、中山大学附属第一医院

获奖情况：2016年度国家科技进步奖二等奖

结直肠癌是我国常见的恶性肿瘤之一，项目开展前，中国结直肠癌治疗中存在的主要问题是，晚期患者就诊比例高（90%）、生存率低；中期患者个体化治疗策略不完善，且化疗严重毒副反应发生率高；早期患者就诊比例低，缺乏个体化筛查分子标志物。针对目前存在的临床问题，从2003年开始，进行了系列研究，取得了如下成果：

1．完善了晚期结直肠癌个体化治疗手段，提出了靶向治疗和维持治疗新方案，提高了疗效，延长了生存。证实了瑞戈非尼和贝伐珠单抗靶向治疗在晚期结直肠癌中的有效性和安全性（*Lancet Oncol*，2015. IF 24.69；*Chin J Cancer*，2011 IF 2.155），为其个体化应用提供了循证医学证据，结果被纳入美国NCCN指南2016版及国家卫计委《中国结直肠癌诊疗规范（2015版）》，北美肿瘤治疗协助组副主席Axel Grothey教授在*Lancet Oncol*对瑞戈非尼研究发表了同期述评；发现了预测靶向药物疗效的分子标志物，为靶向治疗的个体化应用提供了依据。证实了卡培他滨维持治疗是晚期结直肠癌的有效方案，研究结果在2015年ESMO-Asia年会进行口头报告，为《转移性结直肠癌维持治疗中国专家共识》的形成提供有力的循证医学证据。

2．优化了中期结直肠癌个体化治疗策略，寻找降低毒副反应的新方法，提高了疗效，改善了生活质量。发现了特定的一组miRNA标签能够预测Ⅱ期结直肠癌复发转移的风险及化疗的疗效，为个体化治疗奠定了基础（*Lancet Oncol*，

2013. IF 24.69）。日本东京大学Toshiaki Watanabe教授在*Lancet Oncol*对该论文发表了同期述评。提出了应用XELOX方案联合放疗的“三明治”疗法治疗局部进展期直肠癌，提高了疗效。项目组成员应邀为*Lancet Oncol*撰写了关于直肠癌辅助治疗的专题述评（*Lancet Oncol*，2014. IF 24.69）。提出了应用塞来昔布预防化疗药物卡培他滨导致的手足综合征（*Ann Oncol*，2012. IF 7.04），提高了患者的生活质量，相关论文被欧洲ESMO指南采纳。

3．发现了结直肠癌个体化筛查分子标志物，阐明转移及耐药机制、寻找新靶点。发现了3个新的结直肠癌易感基因位点，为鉴别高危人群提供了新的筛查手段（*Nat Genet*，2013. IF 29.352）。国际知名媒体Asian Scientist及Cancer Network针对该论文发表了专题报道。发现了介导结直肠癌远处转移及耐药的关键分子，为结直肠癌的个体化治疗提供了新的靶点。

项目共发表论文201篇，其中SCI收录论文101篇，总影响因子504.543，单篇最高影响因子29.352，大于10的7篇，单篇最高被引频次390次，代表性论著发表在*Nat Genet*，*Lancet Oncol*等国际学术期刊。研究成果被美国、欧洲及中国的指南采纳。

项目名称：基于肛门功能和性功能保护的直肠癌治疗关键技术创新与推广应用

完成单位：中山大学附属第六医院、广东省胃肠病学研究所

获奖情况：2016年度国家科技进步奖二等奖

与西方人比较，中国直肠癌存在“三高一低”的特征：直肠癌占结直肠癌比例高（60%vs30%）；低位直肠癌占直肠癌比例高（70%vs45%）；青年人（<30岁）发病率高（12%vs2%）；早诊率低（10%vs30%）。该项目开展以前，几乎所有的低位直肠癌（距齿状线<5cm）患者均需切除肛门，戴上永久性粪袋，给患者带来巨大的身心创伤。另一个困扰直肠癌患者的问题是术后性/生育功能障碍发生率高达70%～100%，严重影响患者家庭幸福与社会和谐。如何在不增加肿瘤复发率的前提下保留肛门和性功能，已成为中国直肠癌治疗中最为关切的问题。该项目组围绕这一临床难题开展研究，历时20年，取得以下创新成果：提出“距齿状线2cm”的直肠癌保肛手术适应证。基于直肠癌周围解剖特点和淋巴结转移规律研究，率先提出直肠癌远切缘的安全距离“从5cm降为2cm”并由此制定了距齿状线2cm的保肛手术适应证，使保肛率由28.2%提高到79.4%。该成果被引入国家统编教材《外科学》、卫生部《结直肠癌诊疗规范》和《直肠癌临床路径》，改变了中国低位直肠癌保肛手术适应证和行业标准，使距齿状线2cm～5cm的直肠癌患者得以保留肛门功能。创立超低位直肠癌保肛新技术（NLT）。针对极少数宁愿放弃治疗也不愿失去肛门的超低位直肠癌患者（距齿状线<2cm），创立了NLT技术（新辅助治疗+局部切除术+二期全直肠系膜切除术），突破了距齿状线2cm以内直肠癌的保肛禁区，使这部分患者的保肛成为可能。而且，该技术已成功推广应用于间质瘤等其他直肠恶性肿瘤。建立直肠癌“保护神经、保留筋膜、保全包膜”的性功能保护手术标准。通过盆腔尸体解剖和术中神经示踪，对支配生殖系统的盆腔自主神经走行进行了精准定位，并依此提出了术中性功能保护的三原则，确立了性功能保护的手术规范，使性功能障碍发生率由70.0%降低到15.4%。该技术已作为中华医学会继教项目在全国推广，成为直肠癌手术的标准操作流程。创立术前“单纯新辅助化疗”方案。建立了化疗敏感临床预测模型，为个体化新辅助化疗策略奠定了基础；率先创立术前单纯化疗方案用于局部晚期直肠癌患者，避免了肛管括约肌与性器官的放射性损伤，在不影响肿瘤降期效果和保肛率的同时，使肛门功能损伤发生率由70%降至20%，并保全了原本100%丧失的生育功能。欧洲肿瘤学会（ESMO）2013年会总结中肯定了该方案的应用前景，并被美国临床肿瘤学会（ASCO）评为2015年度最佳研究。

该项目在*Cancer Cell*等杂志发表论文140篇，其中SCI收录论文57篇，研究成果被*Gut*、*British Journal of Surgery*等引用，并写入多部国际专著。国际会议手术演示10次、特邀大会报告28次。主办国际会议5次，全国性会议32次，技术培训78场。于全国84家三甲医院推广应用，并被引入卫生部《结直肠癌诊疗规范》和《直肠癌临床路径》，

作为卫生行政条例指导各级医院直肠癌治疗。

项目名称：慢性肾脏病进展的机制和临床防治研究

完成单位：南方医科大学、香港中文大学、东南大学、山东大学

获奖情况：2016年度国家科技进步奖二等奖

通过系统研究，侯凡凡团队发现了蛋白质氧化产物等分子也会促进肾纤维化，并阐明了这些新致病分子的致病机制。团队证实人体如果缺乏叶酸，会通过上调两种肾脏免疫受体来促进肾纤维化。这些发现为预测慢性肾脏病的进展风险及临床防治提供了新的靶标。该项目研究团队创建了预测和诊断慢性肾脏病进展及并发心血管病变的无创技术，并建立了动态监测肾纤维化进展的尿液基因芯片检测体系，创建了能安全用于慢性患者的分子靶向超声造影技术。团队研发的新型超声造影剂获得国家一、二类新药证书各1项并均已实现转化，获得国内外授权发明专利等自主知识产权20项。根据基础研究发现，项目通过循证医学研究，创建了肾素血管紧张素系统阻断剂滴定疗法，来延缓慢性肾脏病进展。通过随机对照研究证实，这种治疗方法使得慢性肾脏病进展到终末期的风险降低了50%。这一新疗法目前已经在全国300多家医院得到了应用，还被国际慢性肾脏病防治指南采纳，在全球广泛应用。（南方医科大学提供）

项目名称：《全民健康十万个为什么》系列丛书

获奖情况：2016年度国家科技进步奖二等奖

该丛书作为“十一五”国家科技支撑计划重点项目“公众健康普及技术筛选与评价研究”的主要任务和重要成果之一，是在中国科协的组织下，由中华医学会、中国药学会、中华预防医学会、中国医学科学院医学信息研究和北京出版社共同完成了创作和出版任务。在钟南山院士的带领下，一批临床医学、预防医学和药学等领域的专家参加丛书编撰，在保证科学性、权威性的前提下，把实用的健康常识、权威的医学解释、前沿的研究成果用通俗易懂的语言、图文并茂的方式传递给广大公众。该丛书共分为4册，从公众关心的慢性病防控、传染病防治、合理用药、健康理念入手，采用问答的方式普及相关健康科学知识。

该丛书累计发行4.8万册。为满足信息化时代人们阅读习惯的转变，项目完成单位进一步组织专家对丛书知识进行知识碎片化加工，将图书内容转化成适宜微信、微博、网媒等自媒体及融媒体传播的科普产品，通过“图书出版+网络传播+媒体传播+科普现场活动”等集成方式对丛书的科普资源进行二次开发和再传播，有效扩大了丛书的覆盖面和影响力，实现了对公众的立体化传播，有效地指导公众的健康实践，取得了很好的社会效益。

该丛书先后荣获科技部2013年全国优秀科普作品、第六届“北京市优秀科普作品奖”科普图书类最佳奖、中国科协2014年“公众喜爱的科普作品”、第三届中国科普作家协会优秀科普作品奖（科普图书类）金奖等奖励。入选“十一五”国家重大科技成就展参展项目。

【生物安全防护三级实验室建设管理】 广东省疾病预防控制中心生物安全防护三级实验室通过国家卫生和计划生育委员会实验室资格审查，截至2016年年底，广东省已建成生物安全防护三级实验室4家，在建3家，为疾病预防控制和医学科研工作提供了有力的技术支撑。截至2016年年底，全省进行备案病原微生物实验室共1 542个（其中一级实验室437个、二级实验室1 105个），735项实验活动依法进行备案。

【干细胞临床研究管理】 2016年，中山大学附属第三医院、中山大学中山眼科中心和省中医院等3家医疗机构成为国家卫生计生委首批通过备案的干细胞临床研究机构。省卫生计生委与省食品药品监管局联合成立广东干细胞临床研究管理工作领导小组、广东省干细胞临床研究专家委员会，成立广东省卫生计生委医学伦理专家委员会，组织申报干细胞临床研究备案项目4项。

【精准医学与干细胞重大科技专项】 按照省科技厅统一部署，在调研、考察和组织专家论证咨询基础上，在原“干细胞与组织工程”重大科技专项整合“精准医学”领域，形成“精准医学

与干细胞”重大科技专项5年推进计划及2017年度申报指南，报省科技厅党组审议通过，待省政府审批同意后即可实施。完成原“干细胞与组织工程”重大科技专项2014—2015年度项目中期评估，专项实施效果明显。截至2016年年底，共取得关键技术成果101项、专利申请53件、专利授权7件、发表（出版）论文论著63篇（本），其中被SCI收录的有43篇，项目整体完成情况和项目管理情况获得专家一致好评。9个重大科技专项中，“干细胞与组织工程”专项总评分达89分，获得“优良”评估结果。

【卫生计生适宜技术推广】　2016年，根据“安全、有效、经济、成熟及适合基层使用”的原则，完成适宜技术需求调查和论证，组织制定申报指南和适宜技术项目库入库标准，完成第一批广东省卫生计生适宜技术入库项目的申报、评审和立项工作，开展适宜技术试点推广工作。建立广东省卫生计生适宜技术基本信息库，安排80万元专项经费对其中27项适宜技术进行资助推广。

【“生物医药产业发展方向”战略研究】　7月，中共中央政治局委员、广东省委书记胡春华亲自点题，部署开展一系列重大调查研究，要求省科技厅牵头开展“生物医药产业发展方向”专题研究。省科技厅最终形成4万字的研究报告、1万字的汇报材料和10万字的资料汇编，得到了省委领导和厅领导的高度肯定。

【人类遗传资源许可管理】　积极配合科技部于2016年6月开展《人类遗传资源管理条例》的立法调研工作，省科技厅于11月底完成广东省人类遗传资源管理和高等级病原微生物实验室建设的检查工作。

全面贯彻落实《国务院关于规范国务院部门行政审批行为改进行政审批有关工作的通知》等文件要求，开展广东省人类遗传资源采集、收集、买卖、出口、出境以及高等级病原微生物实验室建设等行政许可审批专项管理工作。2016年，省科技厅共受理并推荐报送科技部的“人类遗传资源采集、收集、买卖、出口、出境审批申请书”300多份，占中国人类遗传资源办公室2016年全国受理量的1/3，对于促进人类遗传资源有效保护和合理利用，抢占生物科技战略高地具有积极意义。

【寨卡病毒病科技攻关】　2015—2016年，寨卡病毒病流行范围逐步扩大至近30个国家，广东面临着较大的寨卡病毒输入风险。省科技厅积极贯彻落实省委、省政府工作部署，于2月29日及时启动2016年广东省防控寨卡病毒病科技攻关专项，定向委托有关科研单位完成了“口岸寨卡病毒病快速识别”等5个课题的项目申报工作；3月16日，省科技厅组织相关专家对广东省防控寨卡病毒病科技攻关专项项目进行了评审论证，形成了5个项目的评审论证意见。7月29日，上述项目予以公示，相关课题研究有序开展，为有效防控寨卡病毒病提供有力支撑。

【珠江会议】　由科技部、国家中医药局、广东省人民政府主办，省科技厅和省中医药局等单位承办的第20届、第21届、第22届国家中医药发展会议（简称“珠江会议”）顺利召开。三次会议分别以“‘十三五’中医药科技发展规划”“推进‘十三五’中医药科技创新与国际合作”和中医理论传承与创新为主题，聚焦“十三五”期间中医药科技创新发展的战略布局、重点任务、优势领域，进一步完善《国家中医药科技创新专项规划（2016—2020年）》和《中医药现代化研究重点专项实施方案》的主要内容，为贯彻落实《国家中医药管理局关于加强中医理论传承创新的若干意见》，更好地指导中医药临床和产业实践提供了重要思路。

（广东省卫生和计划生育委员会　涂正杰
广东省科学技术厅社会发展与农村科技处
沈　思）

金融领域

【金融科技管理】 广东各金融机构采取多种措施，积极推进“互联网+”，不断提升网络和信息安全保障能力，有效保障了金融系统安全稳健运行。

广东银监局 积极推进“互联网+”，大力开展科技创新。一是推进基础金融服务电子化。辖内银行业加快研发VTM（远程视频柜员机）、自助回单机等新型电子金融自助设备，丰富完善移动通讯渠道金融功能，促进开户、存取款、交易等便利化。二是创新大数据信贷产品。辖内银行业通过政府和社会渠道获取企业经营流水、POS收单情况、纳税信息、征信信息等数据信息，开发客户筛选及信用评价模型，进行线上贷款预审批及贷后跟踪管理，解决小微企业客户信息不对称难题，缓解小微“融资难、融资贵”问题。截至2016年年底，南粤银行“南粤e贷”贷款余额44.29亿元，户均贷款余额5.59万元。三是搭建线上投融资居间服务平台。作为撮合资产交易的信息中介，通过线上投融资服务平台发行个人投资对接企业融资的P2B（个人对企业）产品，实现线上快速融资。珠海华润银行搭建投融资线上撮合资产交易平台“润银优选”平台，2016年累计发行产品1 181个，解决融资需求32.26亿元。广东顺德农商行推出全国跨行票据直融平台业务，2016年累计融资11 431万元。四是自建电商平台。如广东省联社自建综合农贸电商平台“鲜特汇”拓展粤东西北地区农户，打通农贸产品线上销售渠道，帮助特色农副产品向外拓展，2016年交易笔数21.9万笔，总销售额750.8万元。此外，广东辖内银行业持续加大安全投入，不断完善信息安全管理制度，广泛应用各类安全防护技术，初步构建了立体化的纵深防御体系。2016年，广东银监局联合广东省信息安全测评中心对辖内9家法人银行机构开展互联网业务系统渗透性测试中，共发现25种共35处漏洞，其中8种13处为高危漏洞，比2015年发现的问题漏洞降低约50%。同时，广东银监局配合公安部门在辖内开展等保三级以上的重要信息系统、重点互联网网站等网络安全自查，先后转发关于java反序列化远程命令执行漏洞等多个风险提示，及时督促辖内银行机构自查和整改，夯实辖内银行业网络安全防线。

广东证监局 以风险和问题为导向，以加强信息安全检查为抓手，督促辖区证券期货经营机构加强信息安全保障工作，确保信息系统安全、稳定运行。一是加强信息安全风险跟踪及预警提醒。组织辖区证券期货经营机构开展信息安全联合应急演练，下发《关于做好新股发行信息系统运行维护等有关事项的通知》《关于进一步做好银证跨行业信息系统在证联网上线工作的通知》《关于规范通过互联网信息平台开展证券投资咨询等业务行为的通知》，督促辖区证券期货经营机构提高交易系统稳定性、加强系统接入和运维管理、增强信息安全风险防范意识和应急处置能力。二是狠抓互联网金融风险专项整治工作。组织辖区持牌经营机构、私募基金管理机构开展互联网金融风险摸底自查和风险处置，规范辖区互联网股权融资行为，切实保护投资者合法权益。共采取行政监管措施14家次，对私募机构的违规行为进行立案调查4家次，作出行政处罚2家次，向中基协通报私募机构相关问题线索21宗，向广州市人民政府移送涉嫌非法集资的线索2起。三是开展信息安全专项检查。根据行业信息化工作领导小组第十二次工作会议精神以及中央网信办、公安部、证监会等部门有关要求，组织开展辖区证券期货业信息安全专项检查，督促各机构进一步提高对信息安全工作的重视程度，查找突出安全风险隐患，有针对性地采取防范和改进措施。

广东保监局　采取多种措施，努力提升业务信息化水平，切实维护消费者合法权益。一是推出“快撤e赔”微信自主处理服务。7月，广东保监局、广东省保险行业协会、广州交警联合在全省率先推出“快撤e赔”微信自主处理服务。在广州市行政区域内发生的“人未伤、车能动”交通事故，当事人可通过“广东保协”或“广州交警”微信公众号，“一站式”办理事故定责、保险理赔等事宜。在有关证件齐全的前提下，所有程序一般可在15分钟内完成，避免因在事故现场被动等候处理引发的交通堵塞甚至二次事故，提升了理赔便利化水平，维护了车险消费者合法权益。二是启用机动车辆保险查勘定损人员信息管理系统。9月，“广东省机动车辆保险查勘定损人员信息管理系统”上线启用。该系统由广东省保险行业协会和广东省保险中介行业协会共同开发。保险行业协会和保险中介行业协会在该系统上记录查勘定损人员的基本信息、行业流动、表彰奖励等情况，并重点记录查勘定损人员利用车险理赔职务之便吃、拿、卡、要等9种不良行为。保险公司和中介机构可在系统上查询诚信不良记录人员。该系统进一步推动了广东保险业诚信建设，切实保障了保险消费者合法权益。三是启用灾害预警系统。10月，“广东保险业灾害预警系统”上线启用。该信息系统由广东省保险行业协会与广东省气象、水务等部门共同开发。系统以互联网为前端接口，实现了保险业水灾赔案数据与气象、水务数据的整合。广东辖区财产保险机构可通过该系统进行数据分析，绘制水灾风险地图，及时向灾区客户或民众发布暴雨等灾害预警信息。系统进一步提高保险业灾害风险识别、预警和防范能力，可以更好地发挥气象数据服务社会管理和经济建设的功能作用。

中国人民银行广州分行　充分发挥信息安全协调机制作用，2016年召开广东省银行业信息安全联席会议；组织全省银行业金融机构进一步落实等级保护工作要求，建立信息安全等级保护工作长效机制；及时转发广东省互联网应急中心漏洞通报，强化风险防范。

【信息系统建设】

中国人民银行广州分行　2016年，该行稳步推进信息化建设，组织开发广东省支付结算综合管理平台、广东省国库财政非税收入集中收付和信息共享平台、广东省经济金融时序数据库系统等14个信息化项目，服务地方经济金融改革和创新发展。牵头建设推广广东省中小微企业信用信息和融资对接平台，打通政、银、企网络，实现对中小微企业生产经营信息及政府有关部门信息的采集整合。

广发银行　2016年，该行全面融入“互联网+”行动计划，开展互联网服务平台建设，建成直销银行、电商服务、网络投融资三大平台。全年落地实施多项科技创新成果，先后完成了新一代银行核心系统、新一代信贷管理系统、全行移动营销平台、全行绩效考核平台、同业客户关系管理平台、信用卡“发现精彩”APP等多个重大项目的实施和投产；成功推出了专属的智能手环G-Force，首创“空中发卡”和“空中充值”；研发出芝麻信用贷、人寿贷、移动贷等多个手机个贷创新产品，获得较好的市场成效；将互联网运营思维和大数据技术结合，推出年度账单功能，实现了很好的传播广告效应；大数据应用“银行资金关系圈”通过大数据技术和机器学习算法，识别银行客户资金关系圈及圈子内部核心客户，在获客和风险管控方面取得良好的业务效果，获得中国银监会“2016年度银行业信息科技风险管理课题一类成果奖”。

中国工商银行广东省分行　2016年，该行信息化工作继续服务支持经营转型发展，促进智慧银行建设。该行全年共受理软件开发需求188份，增长7.43%，立项166个，完成项目100个。其中，省分行产品创新立项97个。同时，该行贯彻大数据和信息化银行建设总体部署，强化以“需求+报告+调研”三位一体模式实现数据服务，支持业务转型发展，主动寻找实现数据价值新的增长点，通过微创新不断取得突破。年内，发布专题报告60篇，通过EDW灵活查询实现数据服务需求88项，新增和优化DAS查询模型49个；“基于私人银行客户群画像的‘万户突破’拓户项目”参加总行“大数据智胜”竞赛（一期）获全行三等奖，参加2014—2015年广东城市金融学会优秀金融科研成果评选，报告分获一、二、三等奖；持续提升分析报告质量，全年发表调研报告15篇，14篇在集团网讯“业务调研”栏目发布；贯通大数据驱动精准营销，助力结算与现金管理部顺利开展贵金属递延交易大赛，实现贵金属TD收益率计算方法系统内首创。

中国农业银行广东省分行　2016年，该行积极运用信息化手段推动网点转型，先后完成营业网点互联网WiFi、自助回单机个人账户明细打印、大额存取款机、超级柜台等多个项目推广；成功完成新一代视频会议系统推广上线，提高了视频会议的灵活性和安全性；如期完成“营改增”、短信平台和客服系统上收总行工作、综合办公系统省域集中，以及防电信网络诈骗工作一期项目投产工作；累计承接总行7项测试任务，其中总行金库2016年升级项目、信用风险统一监控项目、C3法人资金监测系统整合提升项目、主机操作系统升级业务验证、营改增回归测试、个人外汇现钞数据统计监控等6项测试任务已顺利完成。

中国银行广东省分行　2016年，该行完成旗舰店建设，研发投产了智能大堂服务旗舰店版、人脸识别、时间管家、金融超市、专家视频互动、金融信息探索墙等一系列旗舰店应用，其中“人脸识别”项目首次将生物智能技术运用于网点服务流程，有效提升了客户体验；积极布局移动端业务，推出系统内首个站在客户维度开发的一站式报价资讯APP中行口袋贵金属，在微信管家上推出微信办理信用卡、大额存单撮合交易、信用卡分期申请、中银E贷申请等新功能，关注量在系统内处于前列；利用无线4G技术建立了移动接入平台，开发投产了移动发卡应用，支持业务人员外出批量发卡；开展数据挖掘项目“粤升计划”，为业务营销提供了客户画像、客户细分、营销后评价等技术支持。

中国建设银行广东省分行　2016年，该行以移动互联为重点，围绕“并购金融业务”“托管业务”“消费金融业务”“科技企业金融业务”等方面发掘应用场景，着力搭建“金色成长”“交易E存管”“消费信贷个人客户综合信息系统”等系统，持续优化“高新技术企业服务系统”平台，为实现优质的互联网金融综合服务提供系统支持；以大数据、人工智能等金融科技技术为基础，着力实施柜面业务的自助化、业务流程快速化、风险控制体系化等应用系统的开发工作；以建设智慧网点为抓手，完成总行“新一代”核心业务系统3.1期、3.2期等7个分行特色业务系统配套改造软件开发项目，上线投产“新一代”房改金融项目物业维修资金业务系统，推进智慧银行建设和智慧柜员机功能应用，加快物理网点、自助设备和电子银行等渠道融合，以技术创新驱动网点整体智能化水平提升；以数据利用为新增长点，完成97个数据分析挖掘课题，涵盖消费金融、“汽车创利”ETC龙卡、不良贷款压缩等热点，全面发挥数据资产的重要价值。

交通银行广东省分行　2016年，该行成功完成“人民币跨行支付”和“智子银行—微信柜面一秒绑卡”等创新项目试点。其中“人民币跨行支付”项目6月19日在省分行试点投产，7月28日在总行二季度创新产品发布会上向全国发布，并陆续在北京、上海和深圳等分行推广上线。截至2016年年底，广东省分行分流同城交易超过17万笔，合计金额超过467亿元。按同城支付1.2元/笔，大额支付5.5元/笔成本估算，共节约交易成本73万元。

招商银行广州分行　2016年，该行研发互联网应用、数据分析两大平台，提供互联网获客、移动办公、大数据分析、客群精准营销系统和技术支持。全年开发上线84个项目，涵盖业务和管理的各个方面，土地竞买保证金系统、一卡通车主卡、凭证管理系统、省非税交罚网上缴费等系统取，得了良好的经济效益。

渤海银行广州分行　2016年，该行稳步推进系统建设，先后完成广东金融结算服务平台四期、报表平台新增报表功能、信息科技风险管理系统相关模块等多个项目，有效促进了业务的发展。

广州农村商业银行　2016年，该行依托互联网等新技术，建设及优化直销银行、移动银行、网上银行、VTM、大数据分析平台、太阳集市、授信风险管理等平台，形成客户线上金融服务圈，让金融服务通过互联网融入到客户生产、生活当中。

【基础设施建设】

中国工商银行广东省分行　2016年，该行持续优化架构平台，稳步推进技术自主可控。在设备和系统软件方面持续逐步推进国产化比例，成功完成中间业务平台升级到安全可控平台及综合前置集中工作，整个项目完成后预计年节约设备和服务费用近2 000万元；完成二级骨干网扩容，在总资费降低6%的情况下，带宽达到上一个周期的351%，同时较好地促进了业务的稳定发展；实施省行中心机房网络布线工程，共部署信息点超3 000个，网线超10 000条，可靠性进一步提升。

中国农业银行广东省分行　2016年，该行加强自动化监控应用，提高系统运维管理水平。做好总行推广的自动化监控平台应用，定期总结分析监控数据，提高生产系统监控水平；对全省数据中心机房实行联网监控，上线网点UPS监控系统。

中国银行广东省分行　2016年，该行完成网络灾备全面升级，通过全面的测试及演练，广州番禺灾备中心网络已具备省行机房网络节点双活灾备能力；组织全辖完成196项应急演练，进一步验证和提升了信息系统应急处置能力。

中国建设银行广东省分行　2016年，该行完成佛山、江门、清远、阳江、肇庆、河源6家二级分行模块化设备间改造建设，完成12个网点配线间一体化改造建设设计方案和项目采购，制定《设备间管理规范》，规范二级分行管理人员操作行为；全程双路由加固上联总行、下联二级分行、重要互联网业务的骨干通讯线路，单条线路中断的应急切换时间从3分钟缩短为30秒。

交通银行广东省分行　2016年，该行于5月份正式投产使用灾备机房，并逐步开展数据库实时同步和灾备链路的建设工作；加强生产运行监控，通过ITM系统监控平台和分行网络监控平台，扩大部署范围，优化监控功能。

招商银行广州分行　2016年，该行完成第二机房重要业务系统灾备环境建设，对该灾备环境进行了省金融结算服务系统和会计流程系统的灾备切换演练，提高了柜面对公业务保障水平；运用新技术加强系统可服务性监测和优化，研究自动化技术提升运维效能，运用Splunk编写脚本强化对服务器、数据库、MQ中间件的服务可用性及容量适应性、服务器硬件模块的可用性实时监测；实施网点机房配电优化改造，提升网点可持续服务能力，通过网点机房加装STS设备的配电优化改造，为网络设备提供双路电源保障，网点可持续服务能力进一步得到提升。

【金融IC卡和移动支付】　2016年，中国人民银行广州分行组织辖内商业银行和中国银联广东分公司推动广东省金融IC卡和移动支付持续健康发展。金融IC卡应用环境进一步完善，金融IC卡使用率不断提高，受理环境持续优化，交易规模显著提升，普惠人群范围日益扩大。

截至2016年年底，广东省累计发行金融IC卡3亿张，其中移动金融IC卡160.19万张；完成非接触受理终端改造159.61万台，改造率97.28%。2016年全年，广东省金融IC卡跨行消费交易7.34亿笔，交易金额1.65万亿元，分别占银行卡跨行消费交易总量的55.23%和54.19%（统计数据不含深圳）。

金融IC卡和移动支付在公共服务领域的应用不断深化。2016年，金融IC卡和移动支付在广州市公共交通、社会保障、医疗卫生、文化教育、生活服务等多个公共服务领域取得了丰富的应用成果。中国人民银行广州分行联合省金融办印发推动移动支付创新普惠民生工作的指导意见，4月成功召开广州市移动支付创新推进会，促进金融IC卡和移动支付应用整体深入发展。在公共交通方面，广州地铁和广州市出租车受理金融IC卡和移动支付工作全面实施，8月18日广州地铁APM线成为国内首条支持“云闪付”过闸的地铁线路，金融IC卡联机ODA技术在国内交通领域首次实现规模应用，12月28日广州地铁全网开通受理金融IC卡和移动支付；肇庆粤桂跨省客运线路和茂名、阳江市区公共汽车实现金融IC卡和移动支付受理。在生活服务方面，近200个金融IC卡及云闪付菜市场应用项目覆盖全省各地市，有效解决肉菜市场商户和消费者找零、钞票鉴别等难题，中山、梅州、湛江、惠州、东莞、清远、阳江等地也陆续拓展金融IC卡及“云闪付”在菜市场应用新项目。在文化教育方面，广州、佛山、江门、东莞等14个地区50多所中高等院校大力推广应用金融IC卡，满足教学管理信息化和日常消费多元化的需求，助推“数字校园”“智慧校园”建设，取得良好成效。

【金融科技活动】

广州市移动支付创新推进会　4月19日，中国人民银行广州分行联合广东省金融办、广州市金融局召开“移动支付·让城市生活更美好”——广州市移动支付创新推进会。广州市欧阳卫民常务副市长、广东省金融办刘文通主任、人民银行广州分行王景武行长出席会议并讲话。会议还通过视频短片展示了广州市移动支付创新应用工作的开展情况，部分金融机构及行业代表单位介绍了移动支付创新应用的经验做法，并进行了移动支付应用项目的签约。

广州地铁全面受理金融IC卡和移动支付　8月18日，中国人民银行广州分行和广州地铁集团联合召开广州地铁受理金融IC卡和移动支付启动会。会上，广州地区24家金融机构与广州地铁集团签订了广州地铁受理金融IC卡和移动支付项目合作协议。

12月28日，广州地铁全线网10条线路、165个车站全面开通受理金融IC卡和移动支付。无论是本地市民还是外来游客，只要持具有“闪付”标识的IC信用卡，或者通过手机中的APP绑定银行卡生成手机地铁票，即可轻松挥卡或者手机直接过闸，进一步提升支付和出行的便捷性。对于IC信用卡过闸，在全国交通领域首创性地应用了金融IC卡的ODA（Offline Data Authentication，脱机数据认证）技术，实行“先过闸，后扣款”，较好地适应地铁大流量、快速通过的服务特点。

第三届广东省银行业网络安全宣传周　9月，中国人民银行广州分行组织制订《2016年广东省网络安全宣传周广州地区银行业工作方案》，指导金融机构通过营业网点、线上和户外等多种方式开展金融网络安全宣传活动，并开展“网络安全知识进校园”“金融日主题活动”等特色专题活动。

9月23—25日，第三届广东省网络安全宣传周主体活动“网络安全技术及成果展示会”在广州保利世贸博览馆4号馆举行。作为主办方之一，中国人民银行广州分行组织中国工商银行广东省分行、中国银联广东分公司等11家金融单位集体参展，对金融网络安全及金融IC卡、移动支付安全等内容进行集中展示。

（省人民政府金融工作办公室　史　威　李锦霖）

（中国人民银行广州分行　卫　航）

公安领域

【概况】 2016年，全省公安科技信息化部门大力推进警务云、大数据等建设应用，着力打造公安信息化升级版，积极参与和服务实战，为公安工作提供了有力支撑。

【科研项目与成果及奖励】 2016年度，广东省经公安部批准科研项目立项9项，其中公安部技术研究计划项目1项，应用创新计划项目3项，公安理论及软科学研究计划项目2项，公安部科技强警基础专项3项。

全年共组织完成了20个省、部级科研项目的验收工作并进行成果登记。项目成果在2016年度公安部科学技术奖评选中荣获三等奖1项，在全国公安改革创新大赛中荣获金奖3项、银奖3项、铜奖4项和优秀奖1项。

【信息化建设和应用】 为统筹推进全省公安科技信息化建设，1月，广东省公安厅成立了“科技信息化委员会”，由省公安厅厅长担任主任，办公室设在厅科技信息化处。截至2016年年底，全省各地市以上公安局均成立了科技信息化委员会。2016年，省公安厅科技信息化委员会制定了警务云总体规划、《全省视频监控“十三五”规划》《350兆数字集群三年规划》等16项全省性重大项目规划和《信息共享管理实施细则》等一系列基础性技术标准规范，初步形成全省公安科技信息化规划体系。

警务云平台建设 省公安厅大力推进警务云平台建设。截至2016年年底，初步完成警务云平台一期建设，云服务器超过1 000个，存储超过3PB，各警种新购设备全部纳入平台统一管理，资源利用率提高3倍以上，有效支撑全省数据云和各警种业务云应用建设。其中，省厅警务云应用支撑平台已上线，已有资源服务平台、空间大数据平台等12个系统上云应用。

信息资源共享服务体系建设 省公安厅继续推进信息资源整合及共享服务平台建设，截至2016年年底，省公安厅信息资源库服务平台共享的各警种数据达580亿条，共开放5大类465项服务，日均服务量45万次；全省各地整合数据1 777亿条，为实战应用提供了丰富的数据支撑。

“粤·警民通”便民服务平台升级 截至2016年年底，“粤·警民通”便民服务平台共升级5次，对外提供279项便民服务，实名用户224万，点击量累计达348万次、查询量累计255万次、办理量累计27万次。

安全审计平台建设 2016年，省公安厅完成全省安全审计平台建设，共对接系统153个，累计审计日志数达9亿条，部省市三级安全审计平台系统连通率已达到100%。2016年度，全省公安机关依托安全审计平台主动发现安全事件1起，配合调查安全事件15起，有力保障了公安重要信息系统的使用安全。

全省公安二级传输网络升级扩容 全省二级传输网带宽大幅上调到2.5G至10G，其中珠江三角洲地区7市和韶关市由原来的622M提升至10G，其他14个地市提升至2.5G，全省各市三级网带宽已升级到1 000M以上，全省各市三级网带宽已升级到1 000M以上，其中，广州达20G，深圳、佛山、东莞达到10G，全省公安信息网及各业务专网的网络速度得到大幅度的提高。

【社会治安视频监控系统建设】 截至2016年年底，全省已建成公安机关可直接调控的一类视频图像采集点24.5万个，二类视频图像采集点255万个，联网高清治安卡口系统3 112个，建设规模和数量在全国位居前列。省公安厅还建成广东公安视频联网综合应用平台（一期），一类视频图像采集点联网率达到94%。一年来，全省各级公安机关利用视频监控技术破获各类案件13.3万起，抓获各类违法犯罪嫌疑人6.9万名，协助处置各类群体性事件2 392起。

（广东省公安厅科技信息化处　李先全）

环保领域

【国家实验室创建】 9月26日，环保部和省政府签署了《环境保护部、广东省人民政府共建珠江三角洲国家绿色发展示范区合作协议》，环保部将积极参与广东省环境保护国家实验室建设工作。9月29日，省环保厅会同省科技厅专门召开会议，研究环境科学联合研究院的筹建工作。10月初，在广泛征集有关高校及科研院所意见的基础上，组织起草了环境科学联合研究院筹建初步方案。10月28日，省环保厅厅长带队赴京拜访了环保部，实地考察了清华大学、北京航空航天大学环境学院实验室建设情况，并与清华大学校领导等进行了专题交流，达成了三方共建环境保护国家实验室等多项共识。12月3—4日，广东省人民政府袁宝成副省长、清华大学程建平常务副校长一行赴东莞市开展清华—广东环境联合研究院筹建工作交流调研。

【科技成果及奖励】 2016年，省环保厅向环保部推荐的13个项目中有3个项目分别获得2016年度环境保护科学技术奖二、三等奖，其中，东莞理工学院的“基于PVDF管式复合微滤膜的电镀废水处理技术及设备”和珠海云洲智能科技有限公司的“基于水面机器人的水环境保护关键技术与产业化应用”获二等奖，广东省环境监测中心的“董塘镇凡口铅锌矿周边地区重金属污染现状调查与评估”获三等奖。

省环保厅向省科技厅推荐的15个项目中有4个项目分获2016年度广东省科学技术奖二、三等奖，其中环境保护部华南环境科学研究所的“饮用水源流域水环境风险识别与控制技术体系研究及其应用”获二等奖，深圳万信达生态环境股份有限公司的“工程创伤岩石边坡快速生态修复技术开发与示范”、东江环保股份有限公司的“利用废蚀刻液生产无毒性影响的碱式氯化铜（α-晶型）的产业化研究”和广东省环境监测中心的“董塘镇凡口铅锌矿周边地区重金属污染现状调查与评估”获三等奖。

基于水面机器人的水环境保护关键技术与产业化应用　该项目属于环保、通信、电子、材料、船舶、软件、自动化控制等交叉技术领域。针对全球设备向无人化、智能化发展的趋势，珠海云洲智能科技有限公司研发制造的能通过卫星定位自主航行、智能避障、完成多种水上工作任务的“水面机器人”也称“无人船”，为我国地表水的日常采样、监测；污染源追踪；排污暗管探测等环保工作提供了创造性的解决方案，填补了国内空白。截至2016年5月，项目获发明专利3件、实用新型专利12件、外观设计专利5件；待授权发明专利11项；软件著作权2项；制定了无人船行业首个企业技术标准。项目科技成果已实现产业化，截至2015年年底，已在全国24个省、70多个市、县的环保部门得到应用，并远销捷克、韩国等海外市场。

饮用水源流域水环境风险识别与控制技术体系研究及其应用　该项目以东江流域为研究对象，在水环境风险识别技术、毒性控制、源控制、水华控制对策、应急处置控制系统等水环境风险控制总体策略等方面取得了一系列的新发现和新认识，主要成果包括：（1）开发适用于流域水质生物毒性成套监控技术；（2）建立东江流域典型优控污染物清单，提出一套流域毒害污染物风险管理技术体系；（3）建立东江流域水生态风险识别与评估技术体系；（4）建立了流域污染物实时数字化监控、预警与应急处置技术系统；（5）建立了面向未来基于生态健康的饮用水源河流水环境风险识别与控制技术体系。项目共突破关键技术14项，开发软件著作权4项，发表论文76篇（其中SCI收录论文19篇），取得8

项授权发明专利，出版专著3本，为促进我国水环境管理的战略转型发挥了重要作用。

【环境标准】 2016年，广东省发布了《集装箱制造业挥发性有机物排放标准》（DB 44/1837–2016）、《锌水质自动在线监测仪技术要求》（DB 44/ T 1823–2016）、《生物毒性水质自动在线监测仪技术要求 发光细菌法》（DB44/T1946–2016）、《固定污染源 挥发性有机物排放连续自动监测系统 光离子化检测器（PID）法技术要求》（DB44/T1947–2016）等地方环保标准。

【清洁生产】 2016年，广东省通过清洁生产评估验收的重点企业共843家，评估期间提出清洁生产方案14 254个，其中中/高费方案2 072个，实际实施清洁生产方案14 331个，合计投入资金约16.44亿元，取得了良好的环境效益。此外，省环保厅继续会同省经信委、香港环保署共同推进“粤港清洁生产伙伴标志”计划；会同省经信委发布实施了《广东省电镀工业园区清洁生产评价指标体系（试行）》《纺织染整工业清洁生产审核技术指南》；完成了《广东省清洁生产审核及验收工作流程》《广东省快速清洁生产审核技术指引（试行）》《广东省清洁生产审核报告编制技术指南》和《广东省快速清洁生产审核报告编制技术指南（试行）》等文件编制工作，拟于2017年发布实施。

【珠三角区域大气污染联防联控】 继续实施国家科技支撑计划“珠三角区域大气污染联防联控支撑技术研发与应用”项目，项目总经费1.15亿元。截至2016年年底，相关成果已经进入具体应用阶段。如2016年典型月份观测研究、对珠三角监测点位近年来的污染物浓度时空分布和变化趋势分析、优化验证二次成分监测网络、区域空气质量多功能监测预警决策业务系统等工作持续有效开展，为本省大气质量持续提高发挥了积极作用。

（广东省环境保护厅环境监测与科技标准处
赵 扬
广东省科学技术厅社会发展与农村科技处
陈毓君）

能源领域

【科技成果及奖励】 2016年度，广东省注重能源方面科技开发工作，取得了一批优秀的科技成果，大大地推动了广东省能源的开发与利用。

表7-9-1　广东省能源领域部分获奖成果（2016年度）

序号	获奖项目	承担单位	获奖级别
1	热能储控过程多尺度热质传递现象及机理	华南理工大学	2016年度广东省科学技术奖二等奖
2	空调智能化关键技术的研究与产业化	广东美的制冷设备有限公司	2016年度广东省科学技术奖二等奖
3	大容量锂离子电池储能电站关键技术研发与应用	中国南方电网有限责任公司调峰调频发电公司、比亚迪股份有限公司、珠海银隆新能源有限公司、南方电网科学研究院有限责任公司、广州智光电气股份有限公司、上海交通大学、清华大学	2016年度广东省科学技术奖二等奖
4	火电厂超低排放系统优化技术研究及工程实践	广东电网有限责任公司电力科学研究院、广东珠海金湾发电有限公司、东南大学、广州华润热电有限公司、广东粤电靖海发电有限公司	2016年度广东省科学技术奖二等奖
5	海上风电湿热环境腐蚀防护关键技术研究及应用	中国电器科学研究院有限公司、广东明阳风电产业集团有限公司	2016年度广东省科学技术奖二等奖
6	新型绿色工业化装配整体式住宅关键技术的创新与实践	广州大学、东莞市万科建筑技术研究有限、公司、广州市万科房地产有限公司、广东科学中心、中铁九局集团有限公司广州分公司	2016年度广东省科学技术奖二等奖
7	南海海洋高温高压天然气田开发钻完井技术研究及应用	中海石油（中国）有限公司湛江分公司	2016年度广东省科学技术奖二等奖
8	饮用水源流域水环境风险识别与控制技术体系研究及其应用	环境保护部华南环境科学研究所、中国科学院广州地球化学研究所、广东省微生物研究所	2016年度广东省科学技术奖二等奖
9	一种采用固体酸催化剂和活塞流反应器连续生产生物柴油的方法，ZL200610036419.8	中国科学院广州能源研究所	中国专利优秀奖
10	农业废弃物高效制备生物燃气技术推广及应用	中国科学院广州能源研究所、汕尾宝山猪场有限公司、汕尾市金瑞丰生态农业有限公司、深圳市农牧实业有限公司、韶关学院	广东省农业技术推广奖一等奖
11	基于多尺度数值模型的锂离子电池设计与优化技术研究	中国科学院广州能源研究所	广州市科学技术进步奖二等奖

（续上表）

序号	获奖项目	承担单位	获奖级别
12	鹰式波浪能发电装置研究开发与示范	中国科学院广州能源研究所	海洋科学技术奖二等奖
13	生物质水相催化合成生物航空燃料技术	中国科学院广州能源研究所	蓝天奖

【低碳技术创新与示范】 2月24日，中国工程院2016年重大咨询研究项目“碳约束条件下我国能源结构优化研究”项目启动会在北京召开，会议由中国工程院院士张玉卓主持，中国工程院副院长赵宪庚院士、原副院长干勇等参会。中国工程院院士、中国科学院广州能源研究所研究员陈勇作为“碳约束条件下我国非化石能源优化发展研究”课题组长参加了会议。该课题研究内容包括：非化石能源利用和发展潜力与趋势分析；能源存量结构分析和能源增量需求分析；核能、水能及可再生能源发展对能源结构优化的影响；碳减排约束下非化石能源发展技术综合评价方法；有利于我国非化石能源发展能源供给、技术创新、体制变革等方面的政策建议等。

7月19日，中国工程院重大咨询项目“我国能源技术革命的技术方向和体系战略研究”项目交流总结会在北京召开。中国科学院广州能源研究所研究员、中国工程院院士陈勇作为“生物质能技术方向研究及发展路线图”课题组长参加了本次会议。“我国能源技术革命的技术方向和体系战略研究”项目研究目的是针对我国核能、风能、太阳能和储能、油气资源、煤炭清洁、水能、生物质能以及智能电网等能源领域的技术方向、技术体系进行综合研究，提出我国近期、中期和远期的技术发展路线图。

10月14日，广州市绿色低碳发展路径研究项目启动会召开。广州市绿色低碳发展路径研究项目是由美国能源基金会资助，广州能源所承担。该项目旨在分析广州市能源消费和碳排放特征的基础上，利用合适的城市低碳发展政策选择工具、能源经济技术模型、未来服务量预测模型以及关键技术的成本效益分析模型对城市低碳政策进行评估并选择，研究广州市碳排放达峰情景，设计低碳城市发展技术政策路线图，从而为广州市政府出台绿色低碳发展实施方案提供决策依据。

12月23日，由中国科学院广州能源所研究编制的《华南电源创新科技园低碳发展评价指标体系》在华南电源创新科技园“广东省低碳创新试点园区”授牌仪式上正式发布。受禅城区发展规划与统计局委托，项目组通过深入园区企业调研和评估，结合了园区的产业低碳特点、创新能力、发展基础等，从“低碳产业、低碳规划、低碳能源、低碳交通、低碳环境、低碳管理”6个低碳要素出发，编制了3层指标结构、25个细分的低碳发展评价指标体系，并为园区编制了《华南电源创新科技园低碳发展实施方案》，为园区的产业转型升级，践行绿色低碳发展道路，持续打造低碳创新发展产业园提供前瞻、规范的规划战略支撑。

【工业节能与综合利用】 惠州市汝湖镇中科院广州能源所城乡矿山基地是中国科学院广州能源研究所城乡矿山集成技术研究室于2014年开始建立的一个中试基地，该基地占地4hm^2，已建成8 000m^{2}的标准厂房和办公楼。在国家科技支撑项目、广东省城乡矿山工程技术中心、广东省科技计划等项目的支持下，建立了相关技术示范。截至2016年年底，已建成了独立的太阳光伏与储能系统、太阳能光热与吸附式制冷集成应用系统，实现了可再生能源的建筑物“冷、热、电”联供；0.13hm^{2}的能源草种植基地，300m^3/d的生物燃气示范工程，达到GB18047-2000车用天然气标准；建筑装潢和园林废弃物资源化利用中试系统和年产3 000t的垃圾衍生燃料RDF颗粒生产现场。

中国科学院广州能源研究所城乡矿山集成技术研究室针对落叶与枝条类园林垃圾的产生规律和组分特点，围绕提升高温好氧发酵效能这一目标，研发了新型的物料复合调理方法、两级发酵以及分段控温技术，在解决园林垃圾C/N波动大、发酵高温期热量不稳定与木质纤维素降解周期长等问题上取得了进展，建成了年处理能力1 500t的园林垃圾高温好氧堆肥应用示范系统。两级发酵过程中，水溶性有机物首先被降解而形成初级发酵，使发酵物料获得理想的初步高温，进而依靠分段控温技术，使进入高温发酵阶段物料的初始温度在50℃以上，实现重点降解木质纤维素的高温阶段全程、均匀高温，显著提高了木质纤维素的降解速度。该系统集成了槽式发酵的经济稳定性和舱式发酵的节能特点。项目研究受地方企业委托，并得到广东省中国科学院全面战略合作资金的支持，是广州能源所城乡矿山集成技术研究室在佛山新城园林垃圾堆肥项目之后又一成功的示范项目。该项目主要探索园林垃圾就地资源化的关键技术，倡导因物而为，生态循环，为解决城乡园林垃圾资源化利用提供了技术与处理模式的工程示范。

中国科学院广州能源研究所在中国科学院A类战略性先导科技专项和国家海洋可再生能源专项资金的支持下，在广东省珠海市万山海域成功投放了100kW鹰式海上波浪能发电平台，开展了多种波况下的实海况试验，取得了一系列阶段性海试成果。（1）平台可在0.5m微小波高下间歇发电，4m高大浪工况下安全发电，平台可启动做功的波况范围宽，对波况的适应性好。（2）系统能够将高度不稳定的波浪能转换为稳定的电能，平台在周期4～6.5秒，波高0.6～1.8m的浪况下，整机转换效率保持在20%以上，最高达到37.7%，平台在实海况条件下表现出较高的转换效率。（3）平台在试验期间录得最大发电功率128.32kW，5小时平均功率101.3kW，超出平台的最大设计功率100kW。（4）平台经历2016年5月27日风暴，风暴中平台姿态平稳、锚泊牢固、监控准确、通讯畅通，展现出强大的发电能力、良好的环境适应性和可靠性。上述平台采用广州能源所具有自主知识产权的鹰式波浪能发电技术，该技术已获中国、美国、澳大利亚三国发明专利授权，PCT国际专利检索书面报告显示该技术具有创造性、新颖性和工业实用性。2016年12月，海上可移动能源平台整套设计图纸再获法国船级社（BV）认证，这标志着我国的波浪能发电技术已获国际第三方权威机构认可，具备了产业化和走向国际市场的技术条件。

专利技术“一种采用固体酸催化剂和活塞流反应器连续生产生物柴油的方法”采用固体酸催化剂对地沟油等高酸值油脂预酯化反应，解决了传统原料适用性差，液体酸催化剂对设备腐蚀及后续工艺分离回收困难等技术难题；采用管式活塞流反应器酯交换连续反应，更使物料混合均匀，原料转化率高，反应速度快，可在18分钟左右完成酯交换反应，并有效解决了传统生物柴油生产工艺中不易连续生产等工业生产关键技术难题；创新研制了关键配套生产技术，产品质量指标达到国家BD100标准。整个生物柴油生产工艺无废弃物排放，生产效率提高10%，生产成本节约15%，生产能耗降低22%，实现了大规模清洁、连续化生产生物柴油。截至2016年年底已形成了涵盖福建、广东、江苏、浙江、湖南、天津、重庆、四川、广西9个省市区的11家企业大范围推广应用该技术的格局，近3年产品销售额超过30亿元。该项专利技术荣获2015年度广东省专利金奖和2016年度中国专利优秀奖。

【新能源和可再生能源技术研发与应用】

海洋能　5月27日，首个登陆我国沿海的热带气旋在中国南海生成，广东省珠海、深圳、中山等19个市县发布台风预警信号。香港天文台预报27—28日广东和香港沿海持续出现2～4m的大浪。正在珠海市万山海域开展试验的鹰式波浪能发电装置“万山号”成功抵御风暴与大浪的袭击，并持续稳定发电。风暴期间，“万山号”姿态正常，锚泊稳固，监控及通讯系统准确清晰。27日录得最大平均发电功率135kW，已超出装置装机功率120kW，最大日发电量1 852.7kWh。至此，在4个月的试验中已证实“万山号”可在0.5m小波况下启动、发电，在4m大波况下生存、发电。实海况试验证明了装置具有良好的俘获能力、转换效率、稳定性和可靠性。下一步，项目组将扩大“万山号”的波浪能装机至200kW。

生物质能　6月4日，由中国科学院广州能源研究所完成的“生物质水相催化转化机理和生物烃类燃料制备新技术”在广州通过科技成果鉴定。该成果提出了强化生物质水热解聚复杂多相流动与反应协同的动态液膜效应机理，构筑了水热多相解聚体系和水蒸气汽提—酸式盐解聚体系，研制了高水热稳定的生物质水热转化高效催化体系，提出了规整孔道结构与催化活性位构成的“协同反应和空间束缚效应”对转化途径的调控机制，填补了国内空白。提出了基于呋喃平台化合物自缩合与交叉缩合的增碳异构新机制。发明了生物质转化为烃燃料的增碳异构和水相芳构化新技术。实现了生物质中半纤维素和纤维素共转化合成生物航空燃油。建成了国际首个秸秆等生物质水相催化合成生物汽油、航油百吨级中试装置，油品品质达到国际ASTM7 566标准。提出了“分散降解为中间体—集中加氢制油”的规模化生产模式。该成果总体技术达到国际先进水平，在生物质水相催化转化为生物航油方面处于国际领先。

天然气水合物　5月9—11日，中石油—中科院高端战略联盟计划“天然气水合物资源评价、开采方法及安全保障技术研究”2016年度项目研讨会在中国科学院广州能源研究所召开。2011年，中国石油天然气集团公司与中国科学院签署了《中国石油天然气集团公司与中国科学院战略合作协议书》，“天然气水合物资源评价、开采方法及安全保障技术研究”是首批6个院企合作项目之一。

12月2日，广东省天然气行业发展与市场改革研讨会在广州举行。会议由中国科学院广州能源研究所和中国能源研究所分布式能源专委会（中国能源网）承办。广东省发改委能源局、英国驻华使馆、国家发改委能源研究所等25家单位参加研讨会。研讨会旨在围绕广东省天然气行业发展和市场改革的政策体系、改革举措进行交流，共谋广东扩大天然气利用的有效举措，促进天然气行业的健康发展。

【其他能源】　1月12日，中国科学院广州能源研究所召开广东省国际科技合作项目“近零能耗太阳能建筑一体化国际联合研发平台的建设”和“多能态复合储能技术国际联合研发平台建设”项目启动会。“近零能耗太阳能建筑一体化国际联合研发平台的建设”项目由中国科学院广州能源所主持，日本名古屋大学、日本金泽大学、法国科学院太阳能研究联盟参与联合申报，目标是建立一个具有开放性、公益性的建筑节能领域研究开发类国际科技合作平台。“多能态复合储能技术国际联合研发平台建设”项目由中国科学院广州能源研究所主持，英国伯明翰大学参与申报，目标是建立储能领域的中英国际科技合作平台。

4月20日，由中国科学院广州能源研究所承担的广东省发改委课题“广东省生物质资源评价及应用研究”通过验收。该课题研究总结了国内外及广东省生物质能发展现状与趋势，全面调查分析了广东省生物质资源种类、分布、资源量、利用现状，建立了生物质资源调查评价模型，对各类资源进行量化评估，测算了其发展程度，可持续性与发展潜力，初步提出了广东省生物质能发展的总体思路、发展目标、开发重点，及产业发展布局分析。该课题的验收为开发利用广东省生物质资源提供了数据基础与参考依据，对政府制定相关生物质能源产业发展规划与政策具有较高的参考价值。

8月13日，中国科学院科技服务网络（STS）计划项目“江苏凹土产业关键技术创新体系与示范服务平台建设”项目启动会在江苏省盱眙县顺利召开。该项目由中国科学院盱眙凹土应用技术研发与产业化中心主持，中科院广州能源所盱眙凹土研发中心、兰州化物所盱眙凹土应用技术研发中心和宁波材料所凹土应用工程技术研究中心等单位参与的成套技术示范与转移服务项目。该项目将充分发挥凹土作为天然纳米材料的优势，通过关键技术创新突破，开发出高效霉菌毒素吸附剂等产品，打破制约凹土在化工、环保、新材料等领域中应用的关键技术瓶颈。通过技术创新与示范平台建设，激活产学研协同创新基地中的各个创新要素，以技术创新推进产业转型升级，确保盱眙凹土产业在全球的引领地位。

10月17—19日，第五届生物质能源国际会议暨展览会（ICBE2016）在北京召开。大会由中国可再生能源学会生物质能专业委员会主任、中国科学院广州能源研究所资深研究员袁振宏和加拿大UCB院士Jack Saddler教授共同担任大会联合主席，来自美国、加拿大、芬兰、泰国等多个国家的近400位专家、学者、企业界以及相关政府部门人士参加了该次盛会。会议围绕生物质能未来，发布最新技术、创新成果、政策构想以及中长期的策略和潜在的可能性。与会代表共同探讨了国内外生物质能源包括资源评价、发电技术、成型技术、液体燃料技术、生物燃气技术、生物基材料化学品等的最新进展以及应用情况，为国内外的交流和合作打下了良好的基础。该届大会是由中国可再生能源学会生物质能专业委员会、生物质能源产业技术创新战略联盟、中国循环经济协会可再生能源专业委员会、美国化学工程师学会林产分会和浙江大学共同主办，欧洲生物质能行业协会和ETA佛罗伦萨可再生能源机构提供支持，北京泰格尔展览有限公司承办。

10月29—30日，2016微型能源动力系统国际学术研讨会（2016 International Workshop on Micro Power & Energy System）在中国科学院广州能源研究所举行。研讨会由广州能源所主办，中科院工程热物理研究所、浙江大学和南京航空航天大学协办。该次研讨会依托国家重点基金“微型动力系统中燃烧的基础研究”和“973计划”“微型能源动力系统的科学问题”两个项目，旨在交流国内外微型能源动力系统研究领域中的新理论、新技术和新方法方面的最新进展和研究成果，建立和加强国内外合作，促进我国微尺度研究领域的快速发展。会议围绕微型能源动力系统内燃烧、流动与传热以及微型能源动力系统的设计和发展展开。此次研讨会是国内首次针对微型能源动力系统的专题会议，汇集了国内外在该研究领域的主要学者和专家。会议的召开不仅有助于国家自然科学基金和“973计划”项目更好地执行和完成，同时也为各个研究单位的交流提供了契机和平台，为我国在微型能源动力系统乃至微尺度相关领域的发展贡献力量。

（中国科学院广州能源研究所　白　羽　张丽娟）

交通领域

【概况】 截至2016年年底，全省公路通车总里程达21.8万km，其中，高速公路通车里程7 673km，普通国省道1.76万km，农村公路19.27万km；内河航道通航总里程1.22万km，其中，高等级航道总里程897km；港口码头泊位2 848个，其中，万吨级及以上泊位296个。全省交通基本建设完成投资1 200亿元，其中，高速公路完成投资850亿元、国省道80亿元、地方公路150亿元，港口建设80亿元，航道建设35亿元，公路客货运枢纽5亿元。全省综合交通网络初步形成，综合枢纽建设明显加快，各种运输方式衔接效率显著提升。

【科技管理】 2016年，市场主导科技课题方面完成了50个项目的立项和23个项目的鉴定（评审）工作以及54个项目的验收工作，政府引导性课题方面完成23个项目的立项和5个项目的中期审查工作以及10个项目的验收工作。制订《广东省交通运输厅关于印发广东省交通运输科技“十三五”发展规划的通知》《广东省交通运输厅关于加强科技创新推进广东省高速公路建设的指导意见》《关于报送<交通运输综合改革试点有关科技工作任务推进实施方案>的函》，发布了《广东省交通运输“十二五”科研成果汇编（第一册）》。

构建科技项目管理平台及在研项目库、专家库、研发单位库等“一台三库”全链条管理模式，将科技项目1 351项，专家库成员530名，注册企事业单位613家纳入科技项目管理平台在线管理。开展“广东省交通科技创新服务平台研究”，构建新形势下的广东省交通科技创新体系，完善广东省交通科技成果转化体系及落实办法，省交通运输厅印发了科技创新“三个十”实施方案（即：十个科技示范工程、十个重大研发方向、十个成果推广应用项目），深入落实《关于加强科技创新推进广东省高速公路建设的指导意见》，遴选深中通道建设关键技术示范工程，推广应用港珠澳大桥及珠海连接线集群工程关键技术等成果。基于智慧公路、智慧港口、智能公交等示范试点建设，探索推进以广州、深圳和珠海为核心，逐步覆盖珠三角的智慧交通“3+6”示范区建设，促进超高速无线局域网（EUHT）等信息技术在交通运输领域的应用。推进广东省交通标准计量检验检测和认证认可一体化的质量基础设施建设。

2016年，广州铁路（集团）公司（以下简称“集团公司”）组织对各单位申报的科技项目，按运输客货、工务工程、电务信息、机车车辆和综合技术分成5个组，由学科带头人为组长、组长提名组成专家组，分专业逐项论证遴选，并提交集团公司科委会审议，形成了集团公司2016年度科技研究开发和新技术示范性推广计划，其中科研开发项目97项、经费概算484.95万元，其中更新改造概算206.65万元，成本概算278.3万元。2016年是集团公司设立科技创新专项项目第一年，共设立了8个专项、经费概算497.875万元。集团公司承担中国铁路总公司科研开发课题3项、经费合计140万元。

【科技成果评价及奖励】 在2016年度广东省科学技术奖方面，“钢桥面高性能铺装关键技术研究及工程应用”项目获一等奖，“广东省高速公路联网收费‘一张网’关键技术开发与应用”“大跨波形钢腹板组合梁桥施工过程分析与控制关键技术”等3个项目获三等奖。

在2016年度中国公路学会科学技术奖方面，“南方地区高速公路特殊土路基建造支撑技术及其应用”“粤北山区复线高速公路安全保障支撑技术研究”“高速公路可持续发展联网收费关键技术研究与应用”“钢桁腹PC 组合桥梁设计与建造关键技术及应用”4个项目获一等奖，“高速公路沥青路面抗滑性能检测评价方法及改善措施技术指南研究”“广东省桥梁索杆内部锈蚀断丝导波无损检测技术标准”2个项目获二等奖，“基于视频图像的道路灾害动态监测与预警技术研究”“南方湿热地区安全、耐久及环保型超薄抗滑层预防性养护技术研究”“广清扩建工程交通安全组织设计及公路护栏再利用关键技术系统研究”“大跨度混合梁刚构桥关键技术研究”“曲线部分斜拉桥关键技术研究”5个项目获三等奖。“广深港高铁狮子洋隧道”项目获第十四届中国土木工程詹天佑奖。

2016年，广州铁路（集团）公司共有7个科研成果获中国铁道学会科学技术奖，创造集团公司历史最好成绩，在18个路局中，广州铁路（集团）公司获奖数量排名第2、综合排名第1。

2016年，集团公司共7个项目获中国铁道学会科学技术奖（见表7-10-1）。15项科技成果获得2016年度集团公司科学技术进步奖，其中：一等奖1项、二等奖3项、三等奖6项、四等奖5项。共21个项目通过集团公司科技成果评价，获得评审证书。

表7-10-1　2016年广铁集团公司获中国铁道学会科学技术奖项目

序号	项目名称	获奖等级	完成单位
1	铁路大型隧道盾构司机智能仿真培训系统	一等奖	1. 广州铁路（集团）公司工程质量安全监督站 2. 湖南城际铁路有限公司 3. 中铁隧道集团有限公司
2	信号检修作业管理监控系统	二等奖	1. 广州铁路（集团）公司电务处 2. 深圳市速普瑞科技有限公司
3	基于北斗卫星的铁路行车设备系统时钟同步研究	二等奖	1. 广州铁路（集团）公司电务处 2. 北京瑞威博雅科技有限公司
4	高速铁路轨道电路隐患检测预警技术研究	三等奖	1. 广州铁路（集团）公司电务处 2. 卡斯柯信号有限公司
5	受电弓滑板监测装置	三等奖	1. 广州铁路（集团）公司供电处 2. 成都唐源电气股份有限公司
6	铁路总公司合同风险防范机制的研究	三等奖	1. 广州铁路（集团）公司
7	高精度清筛车轨道横向水平检测系统研制	三等奖	1. 广州铁路（集团）公司工务处 2. 广州铁路（集团）公司广州大型养路机械运用检修段 3. 东莞漠亚机电有限公司

项目名称：铁路大型隧道盾构司机智能仿真培训系统

获奖等级：中国铁道学会科学技术奖一等奖

该项目由广州铁路（集团）公司工程质量安全监督站、湖南城际铁路有限公司和中铁隧道集团有限公司共同完成的，获中国铁道学会2016年度科学技术奖一等奖。该系统从理论和模拟操作两个方面，对盾构司机进行培训。模拟操控台按照实物等比制作，具有仿真度高、适应性强等特点。该系统在一个模拟操控台上，通过旋转式操控面板，可分别对土压平衡、泥水两种主要机型进行模拟操作，适应面广；通过设置模拟电机台架，可模拟刀盘、推进油缸、螺旋输送机操作的启动、停止、调速、正反转等操作，逼真性强；还可以模拟电机故障处理，针对性强。使用该系统，盾构主司机不用进入施工现场即可进行理论及实践学习，学习过程更系统完整，达到熟练操作并通过考试认证上岗的时间大大缩短，有助于盾构操作规范化、标准化，具有显著的经济效益和社会效益。

项目名称：信号检修作业管理监控系统

获奖等级：中国铁道学会科学技术奖二等奖

该项目由广州铁路（集团）公司电务处和深圳市速普瑞科技有限公司共同完成，获中国铁道学会2016年度科学技术奖二等奖、广州铁路（集团）公司2015年度科技进步奖二等奖。该系统由电务段服务器、工区（车间）本地操作终端、智能测量终端和RFID设备电子身份标签组成，将网络通信及卫星定位等技术结合到智能终端，通过物联网作为信息平台，构成了基于物联网面向电务信号检修作业的“巡、检、测”电子化管理和过程监控支撑平台，实现数据、图像、视频、语音等信息实时传输，可实现全自动化的铁路信号班组生产组织、过程自动化监督管理以及辅助安全防护，可为应急抢修提供在线远程指导。

该系统具备生产计划自动编制、作业任务自动派发、测试数据自动保存和提报，工作日志和作业结果报表自动生成等功能，实现了作业全过程自动监控。该系统具备单兵作业远程监控和图像数据传输功能，能与电务调度指挥系统和信号集中监测系统互联互通，满足应急抢修远程视频指挥需求。该系统智能测量终端具备了仪表测量、定位识别、轨迹记录等技术特点，为国内首创，实现了对信号电气特性数据测量的有效卡控，同时还可以为作业工器具清点提供有效的技术手段。

该系统操作简便，数据测量准确，规范了作业流程控制，延伸了作业过程控制范围，提高了作业标准化水平，总体技术达到路内先进水平。自2012年9月起，系统样机在广铁集团长沙电务段新开铺站、广州电务段光明城站投入试运用，工作正常、稳定，使用方便，经过实际使用和对比，系统达到相关技术指标的要求，潜在的应用前景非常广阔。

项目名称：基于北斗卫星的铁路行车设备系统时钟同步研究

获奖等级：中国铁道学会科学技术奖二等奖

该项目由广州铁路（集团）公司电务处、北京瑞威博雅科技有限公司、中铁工程设计咨询集团有限公司合作完成，获中国铁道学会2016年度科学技术奖二等奖、广州铁路（集团）公司2015年度科技进步奖二等奖。该项目在调度中心、节点车站加装互为冗余的时钟服务器，综合利用信号系统既有网络，为计算机联锁、列控、TDCS/CTC、集中监测、ZPW-2000、电源屏等设备提供同步时钟；在动车组上加装时钟服务器，分级为DMS、ATP、CIR等车载设备提供同步时钟。通过北斗卫星时间服务器，充分利用信号既有网络，形成完整的信号系统时钟同步组网方案，实现地面信号设备、车载电务设备的时钟同步，解决了各系统间时间不统一所带来的问题，为信号系统正常运行、行车作业、设备故障分析提供有效支撑，为运输安全生产提供有力的保障。

该项目在铁路信号系统首次通过加装基于北斗卫星的时间服务器，充分利用信号系统既有网络，在不影响现有业务流的基础上，合理组网，实现地面信号系统、信号集中监测系统及车载信号设备的统一授时，保证信号设备系统时间误差满足《信号地面设备系统时钟同步方案》技术指标要求。该项目预留对其他系统的接口，与TDCS系统、调车场信号系统等核心业务系统对接，完成全网时间统一。车载信号时间服务器可与车载非信号系统如WTD连接，在信号系统与非信号系统物理隔绝的同时，实现车载设备统一授时的目的。为系统作业、事后分析提供有效支撑，为运输安全生产提供强有力的保障。该系统首次采用国内自主研制的北斗卫星导航系统作为时钟源，结构合理，功能实用，运行稳定，处于全路领先水平。

【科技成果应用】 2016年，土建项目组“高速铁路路基变形地段轨道几何状态变化实时自动监测技术研究”项目已完成广州北站现场试验，该项目对轨道结构和线路沉降、地基土分层沉降、地下水位、接触立柱倾斜等进行实时自动监测，成功地指导了盾构下穿京广高铁的施工。“广州市轨道交通九号线盾构下穿京广高速铁路”项目在高速铁路已投入运营的条件下浅埋隧道下穿高铁路基段施工，保障了高速铁路的运营安全，属国内首例。

机电项目组的“机务整备无电区人工牵车作业安全控制系统”，在集团广州段本部整备场、怀化段本部五线库、娄底整备场全面完成实用化推广，为避免机车带电闯整备场无电区、保证作业人员人身安全起到关键性作用；在上海局推广的“电区整备作业安全监控系统”设备升级换代已全面展开，并完成杭州、广铁怀化机务段部分站场设备的安装交付，为确保电力机车整备作业安起到了保驾护航作用。

维修室项目组主持开发的“便携式高速铁路接触线几何参数检测仪”，具备国内领先水平，填补了光学测量仪在铁路接触网测量应用空白，已在长沙供电段推广使用6台。

运电项目组的“广铁集团巡检管理系统”通过集团公司组织的科技成果评审，已成为广铁集团工务、电务巡检管理工作中不可或缺的重要工具。科研项目“LBE300系列蓄电池组在线均衡系统在铁路电务系统中的应用研究”在厦深铁路广东段沿线各站投入试用，在保障蓄电池组的正常使用、减少维护维修工作量等方面起了重要作用。“空调列车发电车启动蓄电池智能充放电机的研制”完成了样机研制，在广州车辆段投入试用。

【科研项目经营】 2016年全年销售实现营业额约9 440万元。在CRH1、CRH2、CRH3、CRH5及城际CRH6各型动车组上延续随所有新造项目和车型同步配套装车的态势，全年完成生产并发货共约673套，在2015年的水平上略有减少。供应株洲、大连、大同电力机车有限公司、二七厂各种和谐型大功率机车，销售总量108台，同比2015年减少约65.6%。动车组与电力机车上前期安装使用的控制装置和信号处理器定期检修、大修业务继续增长，全年完成动车组三级、四级、五级检修及机修厂机车大修检修约1 500台，同比增长约50%。为乌鲁木齐、南宁铁路局等提供约50台机车加装改造设备。 为多条新建铁路加装地面感应器的提供设备和材料，并进行现场安装指导培训，全年累计交付电磁感应器（含预埋式电磁轨枕）约961个。其中包括云贵线云南段、兰渝线、成都枢纽、京保线、沪昆贵州西段、汉孝城际铁路、齐平线、长白线、瑞九线等。

【标准建设】 省交通运输厅以科研立项为手段，以企业、科研机构为依托，2016年立项开展“混凝土钢筋位置测定仪计量标准建设研究”“广东省高等级公路半刚性基层工程技术优化与应用研究”等交通标准规范研究，建立了行业地方标准体系框架，规范和完善了标准制修订管理流程，印发了《广东省岩溶地区公路桥梁桩基设计与施工技术指南》（GDJTG/T A01—2016）、《广东省公路工程水文勘测设计检定技术指南》（GDJTG/T C01—2016），组织了《广东省高速公路工程施工安全标准化指南》编写工作。针对广东区域实际，对国家标准、行业标准进行补充和完善，对先进、成熟的新技术、新工艺进行规范，进一步完善了技术方法与参数，细化了国标、行标规范规定的范围，提高了一些重要技术指标的技术要求和验收标准，使行业地方标准更适应广东省区域交通环境、气候特征、材料性能、施工条件、技术水平、管养体制和运营服务等。

【交通信息化】 基本建成智能化交通运输监管、决策与服务体系，形成与现代化交通运输发展相适应的管理科学、机制创新、运营规范、高效安全的信息化管理体系。信息资源整合初具成效，基本建成广东省交通数据中心和数据备份中心（云浮）；运行监测能力明显提高，建立统一的省级交通数据中心，建成全省交通综合监控中心和移动应急指挥体系；监管决策服务能力稳步增强，建成了网上办事大厅，建设了广东省交通运输行政复议管理系统、网上信访大厅系统，开展了广东省交通运输厅阳光政务系统建设；信息服务能力显著提升，建成全省公众出行交通信息服务系统、“一张网”联网收费系统，公交一卡通互联互通范围已经拓展到港澳地区和新加坡，通过“互联网+”使交通更加便民亲民；城市智能交通发展领先，广州、深圳等城市建立了城市智能交通平台，珠海、佛山、中山、惠州等地市均大力开展智能交通的建设工作。

【地铁科技】 2016年，广州地铁集团有限公司（以下简称“广州地铁”）并以重大科技项目为抓手，有力推动了城轨重大装备国产化和产业化，显著提高了地铁建设与运营安全保障能力，有效降低了地铁工程建设和运营成本，全面带动地铁行业的科技进步。

科技创新支撑平台建设　根据科技部、财政部、国资委等六部委《关于推动产业技术创新战略联盟的指导意见》的精神，科技部组织中国中车、北京地铁、广州地铁等27家轨道交通相关单位，共同发起筹备组建国家级“城市轨道交通产业技术创新战略联盟”。广州地铁作为发起单位之一全程参与了联盟的筹备工作。

3月，在市委、市政府的大力支持下，根据国家创新驱动发展战略部署，为着力提高城市轨道交通自主创新能力，促进城市轨道交通快速发展，由广州地铁牵头承建的“城市轨道交通系统安全与运维保障国家工程实验室”（以下简称“国家工程实验室”）成功获批。为使国家工程实验室建设满足国家要求，广州地铁针对性的成立了内部访谈调研组、数据摸查组、外部调研组，以及对行业相关的国家工程实验室或国家重点实验室进行了现场调研与考察。经过调研与摸查，最终形成《国家工程实验室建设规划》，明确了国家工程实验室的平台建设步骤、差异化发展思路以及可持续发展模式，有效指导和支持后续国家工程实验室建设工作的全面展开。7月，广州地铁牵头举办了“城市轨道交通系统安全与运维保障国家工程实验室”启动大会及第一届理事会会议，进一步明确了国家工程实验室组织架构、规范了各技术平台的管理，并以此为契机向参会的政府领导、行业专家及合作单位全方面展示广州地铁国家工程实验室筹建进展和规划情况，明确了国家工程实验室建设“1+7+N”的创新模式，即在广州地铁牵头的基础上，联合北京交通大学、中南大学、株洲南车时代电气股份有限公司7家单位共建，并根据不同的课题需要联合N家合作单位进行研发的创新模式，从企业和国家需求出发，将高校、研究单位、生产厂家和应用企业整合起来，真正将国家工程实验室打造成为开放的创新平台。

科技创新重点专项申报　2016年广州地铁成功申报多个国家“十三五”重点研发计划项目、课题。

结合广州地铁运营安全实际重大需求，以城市轨道交通网络化运营全局主动安全保障需求为导向，与北京地铁共同申报国家重点研发计划“城市轨道系统安全保障技术”课题，并获得科技部立项批准。

与清华大学共同申报国家重点研发计划“城镇安全风险评估与应急保障技术研究”项目，与中车青岛四方公司共同申报“城市轨道交通装备本构安全”课题，相关项目及课题均已通过科技部组织的专家评审，广州地铁也成为获得“十三五”期间首批重点研发计划项目/课题资助的单位之一。

与北京地铁、中车青岛四方公司等单位联合，成功申报国家科技支撑计划“下一代地铁列车线路试验及运营示范”课题。截至2016年年底，该课题已经取得阶段成果，完成试验线路环境分析与特征指标识别等研究工作，为下一代列车的设计提供基础输入条件。

科技成果与专利　广州地铁共有9项科研成果获得2016年度省（部）、市（区）、协会技术奖励。“地铁车站土建工程施工关键创新技术的研究与实践”获2016年广东省科学技术奖二等奖；“地下结构抗浮关键技术研究及应用”“广州城市轨道交通规划设计关键技术集成与应用”“应用于城市轨道交通的火灾联动控制系统及方法”获2016年广州市科学技术奖一等奖；“城市轨道交通土建工程信息化系统研究与应用”获2016年中国智能交通协会奖三等奖；“轨道交通工程BIM实施深度解决方案探索”“BIM技术在轨道交通高架区间的应用与实践”“厦门市轨道交通1号线工程BIM技术应用”“南京至高淳城际轨道南京南站至禄口机场段工程”获2016年中国勘察设计协会及中国施工企业管理协会优秀奖。

2016年，广州地铁申请国家专利35项，其中发明专利19项，获得国家专利授权15项。截至2016年年底，申请国家专利数累计达272项，获得专利授权累计达185项。

紧紧围绕“安全、效率、节能”主题，广州地铁把握一线需求，以产品化为目标，推到成果转化。截至2016年年底，广州地铁正在组织研发的新设备/系统、新产品达14项，2016年均取得良好的阶段成果。广州地铁自主研发的车辆轮对尺寸在线动态检测装置已完成招标并纳入后续八条新线建设配置，转辙机培训及操作能力评估系统、道岔状态实时监测系统、地铁车辆走行部轴承群在线监测与诊断系统、平移式智能安全闸门模块、新型单程票清洗及分装装置等多款产品的研发工作已基本完成，并在线进行试用，试用效果理想，已具备一定的市场推广能力。

科技交流与合作　2016年，广州地铁与白俄罗斯国家科学院物理研究所就地铁车站大客流环境下乘客易燃易爆品非接触式检测达成一致合作意向，并开展技术咨询项目。与伯明翰大学联合开展的广州市对外合作项目“基于多目标的地铁列车运行节能关键技术研究与示范”取得良好成果，并在此项目合作基础上，开始探索成立“广州地铁伯明翰大学联合技术创新中心”，并就创新中心研究领域、主要突破方向、中心未来项目合作计划等事项达成一致意见。此外，广州地铁还与瀚阳公司及以色列GIV Solution公司就既有地铁桥梁运营过程中的健康监测研究项目达成合作意向，探讨地铁运营阶段桥梁监测的传感器选型、通信网络设计、软件平台搭建、预警系统的实现等。

（广东省交通运输厅科技处　袁功青
中国铁路广州局集团有限公司　娄　胜
广州地铁集团有限公司　何健栎）

邮政领域

【概况】 2016年，中国邮政集团公司广东省分公司（以下简称“广东邮政”）围绕中国邮政集团公司（以下简称“集团公司”）“建设世界一流邮政企业”的战略目标和“一体两翼”的战略部署，坚持推进信息化引领的科技兴邮战略，积极应用新的科技手段、信息化技术和先进设备，支撑生产经营、优化运作流程、提升管控水平，开展了全员创新活动和科技进步月系列活动，企业科技信息化应用水平取得新进展。

【科技成果及奖励】 6月，广东邮政评选表彰2016年度科学技术奖18项，其中金融风险管理系统、国际小包辅助系统、智能包裹柜信息系统、微邮局微信综合服务平台建设及运营等项目荣获一等奖。2016年，在集团公司举行的2016全国邮政企业首届科技创新成果评审中，广东邮政14项成果得到表彰，其中广州邮政小蜜蜂邮包包同城配送系统、深圳邮政国际小包辅助系统、快递包裹综合服务系统等项目荣获一等奖；在集团公司2016年度科学技术奖评选中，广东邮政的国际小包生产流程优化研究与实践、金融风险管理系统、广东省分公司“十三五”规划、邮政全网全环节损益核算等项目荣获三等奖。

【信息化建设】 2016年，广东邮政落实集团公司信息化规划，继续组织ERP项目实施，确保各项业财系统功能顺利运行；全面完成了网点授权集中工程推广；组织了合规管理、国际小包订单处理等系统上线。围绕业务支撑，优化了金融客户营销管理系统，推广了快递包裹营销报价、微营销系统；建设了安全管理、售后服务监督等一批管控系统；确保了全年信息网的安全稳定运行，全年无重大责任事故。

【项目研发及应用】 2016年，广东邮政开展了全员创新活动，立项研发科技项目26项，重点支撑企业管控、业务运营和模式创新，鼓励信息化新技术、移动互联、大数据等方面的研发以及新流程新设备应用；同时金融免填单、客户关系管理、智能包裹柜监控、微信平台等多个信息系统推广到其他省份邮政企业。广州邮件处理中心配备的两套环形双层包件分拣机，结合流程优化，双机联动后整体处理能力超过100万件，处理能力和处理量位居全国邮政第一。全省20个地市处理中心配备了胶带辅助处理设备，结合流水化作业流程优化，邮件处理能力大幅提高。

【特色项目选介】

金融风险管理系统 项目是广东邮政为支撑“三级机制三个中心”的金融案防体系建设开发的，包括风险管理、风险稽查和远程稽查中心3个子系统；项目应用大数据和建模技术，构建了风险数据模型，实现关联业务交易信息查询、模型数据统计、验证、清理等功能，支撑有针对性的风险数据排查。项目实现了对金融风险“内控、外防、人员”的系统化、信息化管理。

国际小包辅助系统 项目是深圳邮政为支撑国际小包业务开发的综合服务平台，实现与电商平台、客户自主ERP、第三方ERP的订单信息无缝对接，系统提供电商客户自助服务功能，由客户自助完成数据的检验和核对，提供订单同步、发货信息接收、物流渠道选择、在线发货、发货信息查询，收寄时直接进行扣费和邮费在线支付等服务，同时实现了自动分拣收寄以及退件的处理，提升了客户满意度。

智能包裹柜信息系统 项目是广州邮政设计开发的集“前端操作+后台管理+智能运营+移动互联应用”于一体的软件系统，支撑智能包裹柜、邮政信包箱和传统信报箱为载体构成了一个多层次自助投放网络。系统支持包裹柜联网和脱机两种运行模式，实现对包裹柜的集中监控、故障定位以及维护通知触发，具有智能预警机制，能兼容各种类型的包裹柜设备。

微邮局微信综合服务平台　项目是广东邮政借势微信，跨专业整合资源打造的综合服务平台新渠道——广东邮政微邮局。搭建了微信平台的基础功能以及邮政业务标准化受理流程框架，向公众开放了报刊订阅、集邮品、车主服务、简易保险、邮件查询、邮编查询、微活动等功能和服务，其中报刊订阅功能进驻微信“城市服务”，为邮政综合服务提供了新的渠道和工具，提升了邮政营销方式和服务水平。

小蜜蜂邮包包同城配送系统　项目是广州邮政按照打造同城配送大平台的需求，以成为“广州市城市共同配送试点企业”为契机，依托智能包裹柜网络，建设了小蜜蜂邮包包同城配送系统。该项目服务民生，服务社会，重点打造“十大惠民配送项目”，让市民足不出户可完成借书、还书、洗衣、购物、煎药等需求，用户可以通过营业网点、微信端、APP端等多种方式下单寄件，通过包裹柜进行寄件和取件，切实服务老百姓的日常生活。

快递包裹综合服务系统　项目是深圳邮政以优化邮件实物流转效率和确保产品利润营销为设计核心，围绕客户服务、营销辅助、数据分析辅助经营管理、绩效与酬金管理、监控调度等进行全方位信息化支撑，实现统一生产作业、统一监控调度、数据统一管理与共享。系统支持客户现场收寄前置、区域中心分拣前置、实时监控收寄与发运数据；支持邮运车辆的调度；支持开展成本管理、损益核算与营销辅助。

国际小包生产流程优化　项目是广州邮政为支撑国际小包生产运作进行的流程优化，项目建设了机械化生产线，将国际邮件的安检、收寄、分拣、封发等环节有序串联起来，实现全程流水线作业，并配套进行生产用品用具的改造和操作环节的优化；同时建设了辅助信息系统，实现与客户系统对接、邮件批量导入和邮件监控等功能；采用手持终端设备及扫描设备等辅助手段，提升收寄效率和准确性。

邮政全网全环节损益核算　项目是广东邮政基于财务预算分析管控的要求，与实际业务流程相结合，通过对省内5个层级机构的账面、清分、考核数据的录入、清分、汇总、校验、生成、上报、审核等操作，实现了对各地市、各网点、各环节损益数据的统计、汇总、分析。项目实现了财务指标分析的自动化、规范化，有利于及时管控及预警。

【科技进步月活动】　6月，广东邮政举办了主题为“创新驱动，引领邮政转型升级”的科技进步月系列活动。期间，开展了进步月表彰大会、院士讲科技、各省邮政科技交流、百名优秀基层员工体验科技应用等活动；以实物展览、视频、宣传册、报纸专栏等多种方式展示了“十二五”期间广东邮政科技暨信息化成果。

（中国邮政集团公司广东省分公司　李汪洋）

气象领域

【概况】 2016年，广东天气气候复杂多变，呈现出“汛期40年来最长、雨量有记录以来最多、台风来得晚但间隔密”的特点。全省气象部门及时启动或变更应急响应1 416次，及时发布预警信号15 064次（其中红色预警信号292次），通过突发事件预警信息平台发布应急信息约10.7亿人次，有效抗御了“妮妲”“海马”等强台风、30次大范围暴雨、强寒潮等重大气象灾害，取得了良好的社会效益。

【气象现代化建设】 1月11日，中国气象局与广东省政府在广州签署《全面推进气象现代化合作备忘录》，在“十三五”期间，双方将落实广东气象现代化建设3项重点工程项目。通过推进广东“平安海洋”气象保障工程建设，提高广东海洋气象监测预警能力，减少海洋气象灾害对人民群众的威胁及对海洋经济开发的影响，满足海上丝绸之路建设需求；通过气象科技制高点攀登工程，双方将共同推进广东区域数值天气预报重点实验室升级为国家重点实验室，提高广东气象预报核心能力，为广东各级相关部门提供气象精细化预报预警服务；通过建设“互联网+气象服务”工程，双方充分利用云计算、大数据等“互联网+”时代技术，为人民群众提供更多样、个性化、互动的气象服务，解决灾害天气预警信息送达“最后一公里”问题。

【气象监测预报预警体系建设】 开发了广东省综合气象探测装备3D可视化运行监控系统，完成国家级地面观测站无人值守改革试点工作。建成了虚拟化资源池统一支持全省气象业务，提升了气象数据共享平台的访问能力。全省建成了6部双偏振雷达，新建了86个降水天气现象仪。完善数字格点预报业务流程，预报时效延长至10天，网格精度由5km提升到2.5km。发展双偏振雷达应用技术，冰雹、雷雨大风、暴雨的预警分别提前23分钟、38分钟和78分钟。建立了广东省气候预测业务支撑系统（CAPS）。

【公共气象服务体系建设】 推进气象供给侧结构性改革，发布6项行业/地方气象服务标准，完善“应急气象”品牌的10种服务渠道建设，提供定制式、个性化预警信号预约服务，打造气象信息共享包以强化对全社会的气象服务支撑，增加中高端服务产品29个，清理“僵尸产品”16个。深圳市气象局打造了“互联网+气象灾害”预警联动服务新模式。珠海市气象局创新服务方式全程保障航展。创新开展气象服务市场监管，推进企业信息互通共享，开展信用联合惩戒，初步形成了政府监管有依据、告知承诺有备案（备案单位141家）、质量监督有系统，社会引导有评价（5次）、服务优化有保障、协同监管有合力的气象服务市场监管体系，气象服务市场秩序得到有效规范。

【气象科技创新体系建设】 广东省气象局坚持把气象科技创新作为现代气象业务发展的根本动力和核心支撑，继续加强广东省区域数值天气预报重点实验室建设。出台《广东省气象科学试验基地开放共享管理办法》；完善科技成果激励机制，推动科技成果转化应用，出台《广东省气象科技创新团队科技成果效益激励管理办法》和《广东省气象局科学技术成果认定办法》。壮大科技创新主体总量，启动中国气象局广州热带海洋气象研究所升级为研究院的筹建工作。建设热带季风区云降水物理综合观测试验基地，首次开展了珠三角地区强降水观测试验。2016年，全省气象部门共新增国家级科研项目9项，省部级科研项目25项，科技经费收入2 100万元，取得6项专利，23项软件著作权，发表科技论文354篇。

【广东省重点实验室建设】 2016年，广东省区域数值天气预报重点实验室围绕区域高分辨数值天气模式开展了一系列技术研发。针对GRAPES区域数值预报动力框架，研发了三维静力参考大气新技术方案，经检验新方案运行正常合理。发展的18km分辨率台风数值模式投入业务运行，并于6月2日通过中国气象局预报司组织的模式系统业务升级专家评审会。着手研发1km分辨率的区域数值模式，在广州超算“天河二号”计算机上成功试运行，模式预报方程中设计了三维参考大气技术，有效地减少了模式预报中扰动量偏大的现象，提高了模式的稳定性和精度，将可代替目前3km分辨率模式开展广东短时临近数值天气预报业务。建立了中尺度台风集合预报系统（TRAMS Ensemble prediction system，TREPS），开展了基于扰动方程组的4DVAR同化系统的理论构建和暖区暴雨的数值天气模拟研究。

【区域协同创新】 2月29日—3月1日，泛珠三角区域数值预报合作联席工作会议在广州召开。会议明确了由广东、广西、海南、福建、贵州五省（区）共同筹措资金，联合开展区域数值预报联合攻关；成立了联合工作组，商定了合作工作保障机制；深入研讨并确定了区域数值预报发展专项资金使用管理办法；并进一步明确了2016年区域数值天气预报发展及其在精细化预报中应用的合作领域、目标及重点攻关任务。

4月20—21日，第30届粤港澳气象科技研讨会暨第21届粤港澳气象业务合作会议在广州举行，来自广东、香港及澳门的40多位气象专家聚首珠三角气象灾害监测预警中心，共同就三地的气象研究成果、业务发展和未来合作事宜进行深入交流和探讨。

11月17日，首届粤港澳气象服务技术研讨会在穗召开，三方代表分别介绍了本地气象服务，包括精细化服务技术、应急响应联动机制、大数据技术、社交媒体和其他新媒体的应用、临近预报最新技术及概率预报的未来发展方向等方面情况，并针对彼此做法及如何更好解决服务过程中出现的问题进行了交流。

【科技交流与科普】 3月19日，围绕2016年世界气象日的主题“直面更热、更旱、更涝的未来”，广东省气象学会联合广东省气象局在珠江三角洲中小尺度气象灾害监测预警中心举办纪念3·23世界气象日开放活动。5月12日，气象专家参加了在番禺区南村镇锦绣香江小学举办的2016年广东省“全国科技活动周、防灾减灾日”暨“全省科技进步活动月”科普宣传进学校、进社区活动。5月18日省气象局、省气象学会联合江门市气象局、江门市气象学会、江门市防雷减灾协会及江门市第九中学共同举办题为“谈谈雷电，你应该知道的事儿”的专题报告会。广州气象卫星地面站获评为2016年度优秀全国科普教育基地，广州市花都区气象天文科普馆获评2016年度优秀全国气象科普教育基地、广东省气象局被广东省科协评为2016年全国科普日特色活动优秀单位。

（广东省气象局　王桂娟）

地震领域

【概况】 2016年，广东省地震局编制了《十三五科技发展重点方向》研究报告，确定了“地震预警技术的完善与应用”等9个重点方向作为“十三五”期间广东地震科技发展重点，持续推进具有特色和优势的区域地震科技创新体系建设。

9个重点方向，聚焦落实“四个全面”战略布局和“创新、协调、绿色、开放、共享”五大发展理念，与广东省“十三五”防震减灾规划的主要目标、任务和重点项目紧密衔接，体现和坚持了服务这个“牛鼻子”、减灾这个大方向，同时考虑到新形势下，该局的工作特别是地震科技服务工作转型转产转行的需要和赢得先机的需要，是中国地震局科学技术司编制的六个重点方向的广东化。计划通过几年努力，力争在2～3个方向（领域）达到国内领先、国际先进水平，其他达到国内先进水平，为防震减灾事业发展，为强化防震减灾公共服务提供有力支撑。

【科技项目管理与实施】 2016年，完成4项省部级以上项目的结题验收工作，全省地震部门新增国家自然科学基金项目2项、省部级项目3项。完成结题验收项目包括广东省重大科技专项项目“大型桥梁地震安全性在线监测与评估系统”，地震行业科研专项项目“全国统一编目处理系统及相关技术规范体系研制”，局省合作重大项目“珠江口区域海陆联合三维地震构造探测野外观测”等。新增项目包括国家自然科学基金面上项目“珠江口区域海陆过渡带三维精细地壳结构及潜在震源区研究”，国家自然科学基金青年项目“广东阳江地区地壳三维速度结构及构造应力场研究”，中国地震局地震科技星火计划项目攻关项目1项等。

由中国地震局地球物理研究所、广东省地震局、四川省地震局申报的国家科技支撑项目“城镇地震防灾与应急处置一体化服务系统及其应用示范”获立项并顺利开题，其中，广东省地震局负责“准实时地震灾情综合评估技术研究”和“县市防震减灾能力评价模型及风险动态评估系统研发”两个专题的研究任务。2016年度，在完成的4验收项目中，广东省重大科技专项项目《大型桥梁地震安全性在线监测与评估系统》获得软件著作权1项，完成省地方标准1项。

省部共建重点项目“珠江口区域海陆联合三维地震构造探测”在2015年完成珠江口区域海陆联合三维地震构造探测项目的全部外业工作、产出200G的海量观测数据和观测资料的基础上，2016年初，广东省地震局牵头组织成立了项目数据解译工作团队，明确了管理成员及项目工作团队及人员，并计划用3～5年的时间完成项目数据的处理工作，为珠江口及近海防震减灾提供地下结构的基础资料。

科技部公益性行业（地震）科研专项“全国统一编目处理系统及相关技术规范体系”项目在2016年初顺利通过了中国地震局组织的验收。该项目编制了《地震编目规范》，研制了统一编目软件系统，对地震台网的产出进一步规范化、标准化，产出参数更合理、内容更丰富的地震目录和地震观测报告。项目在全国地震台网、地震台站推广应用，全面提升地震台网产出质量，提高台网监测效能。

2015年5月开始组织申报“数字地震台网信息实时自动处理系统”参评广东省科技进步奖。该成果是国家数字地震观测网络项目的重点攻关成果，是中国地震局“十一五”以来最具应用实效科技成果之一，是我国地震监测与信息技术领域取得的重大科技成就。2016年年初，该成果被授予2015年年度广东省科技进步奖一等奖。2016

年3月，广东省地震局组织推荐申报的专利“直流电源ZL2013 2 017 866.8材料”，获得国家知识产权局第十七届中国专利优秀奖，该专利实现了为国家和区域地震观测台站提供稳定可靠的直流电源，为地震台站观测数据的连续性提供了重要保证。“常用数字强震动记录器事件文件解码及软件分析功能研究”被中国地震局评为星火计划优秀青年项目。

【科技人才培养及交流】　为提升防震减灾在社会上的影响力，广东省地震局从局领导到科技人员积极参与对外交流和培训。其中外派参加培训学习进一步加大，2016年选派科技人员专参加各类理论学习、专业技术培训210人次。其中，送出各类业务学习专题班超2个月的有10人次。自办班更具针对性和时效性。第五代中国地震动参数区划图正式发布后，广东省地震局即组织专题培训班，加强对五代区划图的宣贯。2016年，广东省地震局还举办有“全省地震速报业务培训班”“地震救援第一响应人培训班”等多个自办班。各类讲座涉及领域广，内容丰富，2016年已举办讲座12次，内容涉及地震专业知识、前沿科技、人文修养、反腐倡廉、健康保健等各方面知识。网络在线学习已成为继续教育常态，成为教育培训的有益补充。目前中国地震继续教育网站的在线学习有260人列入学习范围。在职学历教育进一步加强，尤其是高学历的学习。2016年该局在职博士毕业1人，在职硕士毕业1人，目前仍在在职学习的有博士5人、硕士3人。2016年，广东省地震局选派5名科研人员参加出国外语培训，申报高级交流访问学者2人，普通交流访问学者3人，黄文辉研究员申报创新人才推进计划已经过中国地震局审批，正在科技部评审中。

积极配合国家总体外交战略，启动实施中国—东盟地震海啸监测预警项目。2016年，广东省地震局成立了项目组织管理机构，与地方平台进行对接，召开了项目启动会和工作会议，制定项目实施方案和计划，开展双边洽谈，已与印尼、马来西亚、泰国、缅甸、老挝5个国家达成合作意向，落实了印尼合作方案。进一步深化粤港澳地震科技合作交流，2016年5月，组织科技人员赴香港参加了第七届粤港澳地区地震科技研讨会。邀请香港天文台、澳门地球物理暨气象局派员参加全省2017年度会商会，协助澳门地球物理暨气象局到肇庆台进行地磁仪器比对工作。接待美国、印尼、肯尼亚、“澜沧江—湄公河流域国家地震观测与防震减灾技术培训班”等科技人员来访4批49人。

【科技创新平台建设】

局市共建　2016年，广东省地震局联合深圳市应急办（地震局）建议局（中国地震局）市（深圳市政府）在深圳市减隔震技术推广应用、深圳市强震灾害及其应对情景构建、区域地震监测预报中心（含南海北部海洋地震监测台阵与海啸预警系统）、国家防震减灾深圳产业园、国家热带区域地震救援深圳培训基地五大项目上开展局市防震减灾战略合作，并起草完成战略合作方案（稿）。局市防震减灾战略合作建议获得中国地震局和深圳市政府领导的肯定。

地震科技协同创新　广东省地震局与暨南大学、广州大学等联合分别申报国家级、省部级协同创新中心，联合南方科技大学、中国科学院广州工业研究院等进行地震科学前沿探索，开展防震减灾关键科技问题联合攻关。广东省地震局与中国地震局地球物理研究所签订“科技合作交流共建框架性协议”。

【科普宣传】　2016年，广东省地震局加强系统内外合作，形成科普宣传合力，创新宣传方式，优化科普宣传服务。加强了对星火项目成果的宣传推广，组织稿件4篇，被《国家防震减灾》《城市与减灾》等杂志采用。

全省各市积极通过多种形式开展“防灾减灾日”宣传周等系列科普活动，继续推进防震减灾知识进机关、进企业、进学校、进社区、进农村，选派有关专家到各地开展专题讲座，派发大量应急避震宣传图册。

广东省地震局科普馆（以下简称“科普馆”）在防震减灾宣传周前，以“城市地震安全”为主题对展板进行全面改版。为配合唐山地震40周年的宣传，推出了“在巨灾中挺立，在毁灭中重生”专题展板。配合第五代地震区划图的实施和宣传，编制了《新一代区划图，全面提高抗震设防能力》科普图册；配合创新服务平台的推广和宣传，编制了《合力抵御群灾之首，服务经济社会发展》科普图册。

科普馆在防震减灾宣传周暨科技活动周、唐山地震纪念日、全国科普日等重点科普时段举办了公众开放日活动10次，接待量2万人次。南方日报社、广东电视台、广州电视台等10余家30多批次的媒体采访报道。联合有关单位举办综合性科普活动10次，包括与省科协合作举办了“广东省科技进步活动月科普宣传进学校、社区活动”“广东省文化科技卫生三下乡科普进校园、进社区活动”，与广州市科创委、科普联盟合作举办了“州市科技活动周联展活动”，与黄花岗街道合作举办了越秀区“爱护环境”主题月实践活动暨黄花岗街“四进社区”主题活动等综合性科普活动等。

科普馆日常时段接待社会团体56批。作为黄花岗街道、省直机关工委、暨南大学应急管理学院、华南理工大学土木与交通学院、广东省党员实践教育活动等定点实践基地，2016年科普馆继续做好科普服务和接待，截至2016年10月28日，共接待社会团体参观56批7 500多人次。为加强防震减灾宣传周的宣传效果，增加官方微信粉丝量，科普馆于5—8月份推出“微信粉丝福利大派送”等活动，吸引了众多“南粤防震减灾”的微信粉丝DIY主题明信片。

广东省地震科普馆在2016年获中国科协授予的“2015年度全国科普基地信息化工作优秀基地”。广东省地震局郭媛同志获得了科技部等九部委授予的“全民科学素质行动计划纲要实施工作先进个人”。

（广东省地震局　张　项）

建设领域

【概况】　2016年，广东省加大建设行业重点领域应用技术的研究开发力度，促进新型墙材、建筑节能材料、新施工技术等研究成果应用，提高建筑业、房地产业、市政公用事业行业链接大数据。年内，重点推进建筑节能和绿色建筑，加快推进建筑产业现代化，提高建筑信息模型（BIM）普及应用。广东省成为住房和城乡建设部“高性能混凝土推广应用机制及示范工程研究”及“强制性标准‘双随机’抽查工作机制试点及研究”两个项目试点。

【科技成果及奖励】　2016年，广东省完成302项建设科技成果的鉴定工作，其中“绿色节能一体化轻质混凝土内墙体系的研究与应用”科技成果达到国际领先水平，“地铁车站土建工程综合创新技术的研究与实践”等11项科技成果达到国际先进水平，“仿古建筑梁柱实木包钢施工技术”等153项科技成果达到国内领先水平。

广东省住房和城乡建设系统获“2016年度华夏建设科学技术奖”16项，其中二等奖1项、三等奖15项，获2016年度广东省科学技术奖5项。

【科技项目】　2016年共有43个科技项目列入住房和城乡建设部科技计划，组织完成7个住房和城乡建设部科技项目的验收。推荐申报省科技计划项目6个，共有3个项目列入2016年省科技发展专项资金项目计划。

广东省规划建设遥感监测执法系统项目

该项目由广东省建设信息中心负责建设完成，2016年成功通过住房和城乡建设部科技计划项目形式验收。项目以遥感和地理信息系统技术为基础，设计并实现了广东省规划建设遥感监测执法系统，搭建全省规划管理“一张图、一张网”平台；采用单期和双期相结合的遥感监测方法，将遥感影像与城市总体规划进行比对，识别出城市建设现状与城市总体规划存在差异的区域，完成省政府审批城市总体规划的韶关、河源、梅州、汕尾、阳江、茂名、肇庆、清远、潮州、揭阳、云浮11市2014—2016年城市总体规划实施情况的动态监测，在全国率先实现全省的遥感监测，逐步实现遥感监测覆盖全省。项目利用卫星遥感监测技术强化规划实施情况监控，改变传统管理模式，重建规划管理秩序，强化规划管控力度，提升规划执法和督察效能，为城乡规划决策提供客观全面的数据和参考，夯实全省规划建设管理现代化、信息化的基础。该项目相关技术在国内达到领先水平，技术成果对于全国其他省份开展省域规划建设遥感监测执法工作具有指导意义。

地域文化与绿色技术交融的建筑创新理论与实践　该项目获得2016年广东省科学技术奖一等奖，是地域文化与绿色技术的融合，属于何镜堂院士提出的“两观三性”建筑理论的一个重要部分。从理论体系、方法体系、技术体系3个层面，探索具有中国特色的建筑创新道路，对于传承与创新地域文化、融合绿色建筑技术、加强环境保护、节约资源、提高城市品质、引导城市可持续发展，具有重大意义。针对城乡建筑设计的重大问题，结合建筑创作领域的发展要求，建立适应地域文化、融合绿色技术、彰显时代特征的可持续发展建筑创作理论体系，形成一套学科交叉、产学研有机整合的建筑设计方法体系与技术体系；解决地域文化与绿色技术两者之间的融合问题，提出具有中国特色的建筑设计理论，创作了大量的标志性优秀建筑作品，探索和促进中国建筑创作的发展。地域文化与绿色技术交融的建筑创新理论体系，在揭示建筑发展本质规律的基础上，提出两者融合的整体创新和可持续创新理念，是对“两观三性”建筑理论体系的深化与拓展。总结“产、学、研”结合多学科交叉创新、多专业协同创新的方法体系，建立创新团队和研究基地，提出“产、学、研”一体化人才培养和精品创作模式，是智能化加绿色建筑技术的集成应用技术体系，在建筑创作过程中，艺术地融入主动与被动结合的适宜性绿色技术，通过智能化控制的方式提升建筑性能。该课题研究成果在全国范围内积极推广，建筑作品遍布我国34个省、市、自治区和港澳地区，2005年—2016年年底完成（建成）建筑面积达1 000万m^2；建成一批国家级标志性建筑，并起到很好的示范推广作用：先后获得国家级优秀设计奖81项、省部级奖137项，其中国家金奖4项、银奖4项、铜奖4项，中国建筑学会建国60周年创作大奖13项。

【工程建设标准化】 2016年，广东省住房和城乡建设厅重点围绕型城镇化建设、建筑产业现代化、建筑节能和绿色建筑、海绵城市、城市综合管廊、城市轨道交通、工程质量安全、建筑信息模型（BIM）技术、工程建设领域信息技术要求等方面制修订了一批工程建设标准，将《装配式钢结构建筑技术规程》等26项工程建设标准制修订计划，公布《建筑余泥渣土受纳场建设技术规范》等15部工程建设地方标准，进一步补充了广东省工程建设地方标准体系（见表7-14-1）。一年来，广东省住房和城乡建设厅全面开展了工程建设标准制修订及强制性地方标准整合精简工作，完成了全省工程建设地方标准防风抗灾专项复审，参与标准实施指导监督重点研究项目，对光纤到户国家标准进行监督检查。组织全省各地级以上市有关部门、企业及行业协会技术骨干参加住房城乡建设部各司局举办的专项标准宣贯培训。重点加大了光纤到户国家标准，以及《老年人建筑设计规范》《无障碍设计规范》《无障碍设施施工验收及维护规范》等重要标准的宣传贯彻和实施力度。

表7-14-1 2016年公布的工程建设地方标准

序号	标准名称	编号	实施日期	主编单位
1	混凝土技术规范	DBJ 15-109-2015	2016.6.1	广州市建筑科学研究院有限公司、广州市建筑股份有限公司
2	顶管技术规程	DBJ/T15-106-2015	2016.7.1	广东省基础工程集团有限公司
3	预拌砂浆生产与应用技术管理规程	DBJ/T15-111-2016	2016.7.1	广东省散装水泥管理办公室、广州石井力展新型建筑材料有限公司
4	集装箱式房屋技术规程	DBJ/T15-112-2016	2016.7.1	哈尔滨工业大学深圳研究生院、中建四局安装工程有限公司
5	再生块替混凝土组合结构技术规程	DBJ/T15-113-2016	2016.7.1	华南理工大学
6	装配式混凝土建筑结构技术规程	DBJ/T15-107-2016	2016.7.1	广东省建筑科学研究院集团股份有限公司、万科企业股份有限公司、深圳泛华工程集团有限公司
7	广东省建设工程交易规范	DBJ/T15-115-2016	2016.11.1	广州公共资源交易中心、广东省建设工程造价管理总站
8	〈预拌混凝土绿色生产及管理技术规程〉广东省实施细则	DBJ/T15-117-2016	2016.12.1	广东省散装水泥管理办公室和广东省预拌混凝土行业协会
9	建筑余泥渣土受纳场建设技术规范	DBJ/T15-118-2016	2016.9.20	广东省建筑科学研究院集团股份有限公司

（续上表）

序号	标准名称	编号	实施日期	主编单位
10	地铁节能工程施工质量验收规范	DBJ 15-114-2016	2017.3.1	广东省建筑科学研究院集团股份有限公司、广州地铁集团有限公司
11	预拌混凝土用机制砂应用技术规程	DBJ/T15-119-2016	2017.12.25	广东省建筑科学研究院集团股份有限公司
12	建筑风灾水灾破坏等级评定标准	DBJ/T15-122-2016	2017.4.30	广东省建筑科学研究院集团股份有限公司、广东省建设工程质量安全监督检测总站
13	建筑基坑工程技术规程	DBJ/T15-20-2016	2017.4.30	广东省基础工程集团有限公司、广东省建筑工程集团有限公司
14	陶瓷薄板幕墙工程技术规程	DBJ/T15-123-2016	2017.4.30	广东省建筑设计院研究院、广东省建筑科学研究院集团股份有限公司、蒙娜丽莎集团股份有限公司
15	建筑地基基础设计规范	DBJ/T15-31-2016	2016.12.1	广州市建筑科学研究院有限公司、华南理工大学建筑设计研究院

【重要科技活动】

中国（广州）智慧城市大会　9月23日，以“智慧的人·智慧的城”为主题的2016中国（广州）智慧城市大会在广州羊城创意产业园开幕。继2015中国（广州）智慧城市大会启动以来，以中央城市工作会议和广东省城市工作会议精神为指引，广东省深入开展智慧城市建设。是年，评出10多家互联网+小镇。该次大会所在地广州羊城创意产业园连同毗邻的天河区其他创意园区一同入选广东互联网+小镇。此次大会评选出广东十大“智慧民生”项目和广东十大“智慧安防”项目、广东十大“智慧社区”项目。

广东省首届BIM应用大赛　建筑信息模型（BIM）技术是在计算机辅助设计等技术基础上发展起来的多维模型信息集成技术，是对建筑工程物理特征和功能特性信息的数字化承载和可视化表达。4月，由广东省住房和城乡建设厅指导，广东省BIM技术联盟、广东省工程勘察设计行业协会、广东省建筑业协会、广东省工程造价协会、广东省建设科技与标准化协会、广东省市政行业协会、广东省建筑安全协会7个单位联合举办“广东省首届BIM应用大赛”。全省有143项BIM参赛项目，应用领域涉及设计、施工、造价、开发四大方面。经组织专家委员会评审，最终评选出获奖作品90项，获奖作品涉及大型公建、房地产、地铁、铁路、桥梁、机场等工程领域。BIM应用作为建筑业信息化的重要组成部分，促进建筑领域生产方式的变革，成为驱动广东省建筑业发展的核心动力。

（广东省住房和城乡建设厅　林佳衡）

电力领域

【概况】 2016年，南方电网广东电网公司认真贯彻落实国家创新驱动发展战略，系统布局“十三五”创新驱动行动计划，重点围绕前沿技术储备、重大科研攻关、科技成果转化和职工技术创新等方面取得多项突破性成效。广东南方电力科学研究研究开发VR虚拟现实技术在电力行业的应用，专注于VR、AR、可视化管理、智能穿戴等技术在电力、能源、教育、公共事业等领域的应用研究；同时，积极探索基于共享经济理念的互联网+电力服务模式，研究开发电力应急抢修平台，创新实践卓有成效。

【研发攻关】 抢抓重大战略机遇，系统布局创新发展。以国家“十三五”科技创新规划及南方电网“十三五”创新驱动规划为战略导向，系统布局“十三五”创新驱动行动计划，确定“建设国内领先的创新型电网企业”的总体目标及“两个突出、三个转变、四项强化”的发展思路，以25项重大战略任务为支撑、12项关键举措为保障，构建“核心创新能力突出、集成创新成效卓越、引领能源领域创新发展”的一流企业。

引领布局6项大科学工程。重点布局智慧能源、海洋性气候灾害防御、人工智能及电力特种机器人、超导电力应用、高能量储能、电力电子等6大科学工程，推进安全、可靠、绿色、高效的智能电网建设。开展纵跨城市—园区两级的“互联网+”智慧能源关键技术研究；围绕台风分级预警、设备风灾防控、电网风险预控开展研究；攻关电力机器人控制与通信、传感与机械、智能应用关键技术；谋划超导电力应用全产业链；主攻储能本体、应用与运营研究；布局异步联网、优化替代传统输变配模式研究。

国家“863计划”课题取得重大突破。掌握了超导限流器样机电磁仿真核心技术，常导电抗系统样机验证参数优于课题指标，大型复合超导磁体研制取得阶段成效，性能提升20%。佛山微网示范工程建设推进有力，高效解决了储能系统计量结算标准等问题，在同期4个示范工程中率先投产。电力大数据研究在生产、营销领域成功应用，有效提升设备状态及费控数据分析能力。变电站构架可靠性研究成果形成规范，有效解决老旧构架可靠性评估及加固难题。

【体制机制】 科技成果转化体系日趋完善，科技成果转化中心正式成立。挂牌成立集科技孵化、成果转化、成果推广、创新服务于一体的科技成果转化中心，健全成果转化实施、收益核算、奖励激励配套制度，规范转化实施流程及要求，为下一步产业布局、股权激励、价值实现做好接力准备。

科技成果转化推广成效显著 8个单位转移转化31项成果，累计收益1 378.7万元，同比增长3倍。培评中心“变电作业AR智能辅助系统”研究成果成功入围2016年中央企业熠星创新创意复赛。职创成果从解决个体问题向全面推广应用方向迈进，23项成果在8个供电局试点开展推广，其中，400套“平安环”安全带在佛山局输配电班组全面推广应用，提高了现场作业安全水平；1 200套保护屏端子隔离工具在东莞局继保班组全覆盖，提高了防误操作水平；360套接地线夜间提示装置全面应用于惠州局10千伏配网作业，有效缩短停电时间。

开启职工技术创新O2O模式 构建职工创新“线上/线下”服务模式。“线上”以“广东电网创新家园”微信平台为支撑，实现微信立项、项目管理、专家管理、政策解读、创意交流，有效激发基层班组创新活力。“线下”以现场发布取代会议评审，分10个专业在地市局现场展示304

项优秀成果，发布“一张图读懂职工创新”系列图册，为基层员工开展创新提供了精准指引。职工创新成为基层班组的广泛共识与自觉行动，职创成果从基层走向全国创新的舞台。

创新团队和平台建设转型发展　在超导、储能等前沿技术领域组建2支南方电网科技创新团队，创新实体由临时、松散的“项目组模式”逐步向目标明确、资源集中、管理精益的“科研团队模式”进行转变。智能电网新技术实验室全面完成建设任务，成为公司首个广东省企业重点实验室，技术创新平台层级化建设取得关键突破。

【科研成果】

知识产权取得新突破　承接国家知识产权标准化管理体系要求，开展电科院知识产权贯标，提升核心技术保护水平。建立知识产权“一站式”全过程服务体系，强化知识产权培训、申请及保护意识，知识产权授权数量稳步提升，获得授权专利854项。积极探索知识产权全球布局，广东电网“十三五”期间首个国际专利“设备出力突变平衡控制方法与系统”获得受理。

年度科技成果获奖等级和数量均创历史最好成绩　注重科技成果的整体布局、组织策划和整合凝练。获得中国电力科学技术奖7项，其中，引领智能电网核心技术创新的“变电站智能化”成果获中国电力科学技术一等奖。获得全国电力职工技术成果奖24项，获奖数量为全国省级电网公司之首。获广东省科学技术奖14项，获奖数量为历年最高。获南方电网科技奖励一等奖10项，占授奖总数近50%。

基于数据全过程管控与协同的变电站智能化关键技术研究及应用　随着智能电网建设，运维智能化、业务协同化成为变电站技术发展的趋势方向。项目研究并构建了以驾驶舱技术为核心的变电站智能化技术体系，解决了制约数据协同应用、全景集成、可靠传输、准确采集等方面的关键问题，形成了成套技术体系并进行规模化应用。成果首次构建了变电运行驾驶舱，集成应用态势感知和智能信息引擎技术，实现了变电站“一站式”运维；提出了变电站数据流量化寻优、确定路径传输技术，创建了二次系统可靠传输量化分析方法及保障体系；提出了以设备为对象的多专业异构数据统一建模和面向业务的数据提取技术，解决了站端业务信息分散、维护困难的问题；提出了变电站分层立体防错、容错技术，解决了变电站采样抗干扰、异常识别、数据同步等可靠性系列技术难题。成果在南方电网1 100余座变电站工程中应用，显著减少了变电站运维工作量，提高了供电可靠性，年节省资金达5.2亿元。项目研究成果创新了变电站运维管控模式，提升了电网运营水平，得到行业广泛认可，获得2016年中国电力科学技术奖一等奖。

智能配电网自愈控制技术研究与开发　国家“863计划”课题“智能配电网自愈控制技术研究与开发”基于我国配电网现状及智能化发展需求，突破智能配电网仿真、在线安全评估及预警、故障检测、定位及网络重构等方面的关键技术，明确了配电网自愈控制概念，构建了基于分布式智能终端就地控制与主站协调配合的自愈控制技术体系架构，提出了各种运行状态下的自愈控制关键技术；在集成关键技术的基础上，研发了智能配电网自愈控制系统，实现了智能配电网“自我感知、自我诊断、自我决策、自我恢复”；首次提出了一套适合于智能配电网保护的网络式保护原理和算法，研制出具有网络式保护功能的智能终端和具有自组网功能的故障指示装置，可大幅提高故障抢修效率，降低整个故障修复时间。本课题在广东金融高新技术服务区建设示范工程，涵盖4座变电站、89个配电房、23条配电线路。现场故障试验结果表明自愈控制系统在0.05秒以内实现故障区段定位，在0.1秒内实现故障切除，在0.4秒内实现故障隔离，在2秒内实现网络重构，恢复非故障区段的供电，故障停电影响范围仅限于故障区段。通过自愈控制系统，实现示范区配电网供电可靠率指标达到：2014年99.9947%（RS-1）和100%（RS-3）、2015年100%（RS-1）和100%100%（RS-3）。

佛山三水工业园光储微电网示范工程　科技项目“佛山三水工业园光储微电网示范工程”是国家“863计划”课题“基于分布式能源的用户侧智能微电网关键技术研究与集成示范”工业型、商业型和居民型3类研究对象中的工业型用户示范工程，用于检验“863计划”课题的理论成果、关键集成技术及设备的可行性，评估投入产出效益，为用户侧智能微电网可持续发展模式的推广积累工程经验。示范工程位于佛山市三水工业园区内，覆盖220kV康乐站和110kV小迳站的6回10kV线路，以及广东兴发铝业、佛山市银正铝业和佛山海尔电冰柜3个公司厂区内光伏并网系统和负荷，涉及光伏发电装机容量19.77MWp，储能容量900kW·h。示范工程通过研究明确了工业型用户的微电网能量优化调度方式，以及电池储能和逆变器配置理论依据和配置原则，应用了“863计划”课题新开发设备微电网用户一体化终端和中央控制器，探索了多方投资+多方运营+多方收益的商业模式。

【VR+电力培训解决方案】 2016年被业界称为VR技术大爆发元年，VR开始广泛应用于培训教育、公共安全、军事航天、工业仿真、生物医学、房产开发、文化娱乐等众多领域。广东南方电力科学研究院植根于电力行业10年，凭借丰富的电力科研与培训教育经验，利用VR沉浸性、交互性和构想性三大特性，推出VR+电力培训解决方案，在2016年开发了变电站巡视、有效解决了以往建造大型实体设备投资巨大、实体设备工位数量有限、实体设备受场地地点制约、无法真实重现事故现场、实体设备无法实现智能交互等传统电力培训的痛点，开启以虚拟现实技术助推电力人才培养的创新教育模式。

VR智能培训与考核系统 基于VR技术的一体化沉浸式培训与考核平台，虚拟各种真实作业环境，模拟各种事故、故障及事件，可进行交互式的培训和考核，培训成绩可记录、统计、分析，系统全后台智能化管理。

VR远程多人交互系统 在VR场景中实现实时位置同步、实时语音同步和实时图像同步，不在同一地点位置的多人可同时进入同一个虚拟场景中进行语音聊天、物品交互及各种行为互动，具有多维的真实感和沉浸感，是最接近面对面交流的远程通讯方式。

VR资源管理平台 基于分布式存储技术的多级分享功能，各级资源平台可根据需要分享各自VR内容资源，实现分散VR内容的共建共享，解决目前VR内容孤岛、建设成本高昂、重复建设浪费等的问题，帮助学校、集团企业、跨区域机构等实现VR内容资源的有效统筹和管理。

【三维可视化管理系统】 广东南方电力科学研究院运用三维可视化和空间信息技术、物联网技术，为电力用户构筑数字化管理平台，通过三维可视化的直观形式实时准确地呈现各个现场人员、设备等方面的信息，实现对系统科学、可靠、有效的管理，提高运行水平和效率，降低运营成本。

三维场景快速搭建技术 利用快速建模技术、2D /3D/VR一键转换技术进行三维场景快速搭建，使3D/VR场景的搭建变得更快捷简易，有效降低场景设计的时间和人力成本，三维场景可在PC、VR、手机等多个终端同时使用。

人员定位跟踪技术 基于第二代北斗卫星导航系统（BDS）的定位功能来实现对电力工作人员位置的精准定位，实现对人员、车辆以及设备进行可视化管理，同时将位置数据上传至后台进行相应的管理操作，当进入危险区域后，系统发出警报，以警示工作人员，保证工作安全。

安全距离监测技术 基于UWB技术实现对规定范围内的人员、车辆以及设备等进行精准定位。定位基站覆盖所需监测的工作范围，工作人员或设备绑定标签进入工作范围之后，系统会持续监测人员或设备位置，若进入危险区域后，系统发出报警，从而保证人员或设备安全。

无人值守巡检系统 利用先进的虚拟现实引擎搭建高仿真和沉浸感的巡检场景，通过物联网技术实时获取现场设备状态和实时监控图像，结合“三遥”系统能够实现异常联动报警，并进行远程维护，迅速消除设备异常状态，大大缩短以往巡检需要到达现场的人力、时间等成本，提高巡检效率。

全景直播远程监控系统 采用目前最先进的全景直播技术，通过移动拍摄车，搭载全景摄像头，通过4G网络将工作现场的全景视频实时传送到远程监控中心，可进行静态长时间全景监控和动态短时间全景监控，从而实现对作业现场720度无死角监控，广泛适用于各类现场的远程勘察、监控、指挥、协同作业等。

全景可视化管理系统 由全景图像三维数字化管理平台和全景图像生成系统组成。通过全景图像生成系统校正、优化三维浏览场景，然后再通过全景图像管理平台进行编辑，生成全景现场报告，方便各方管理人员随时随地对第一现场进行取证、分析、标注。全景现场报告可云端保存，跨平台分享。

【AR+电力运维解决方案】 广东南方电力科学研究院的AR+电力运维解决方案，采用增强现实技术（AR）、大数据及智能感知交互等前沿技术，为现场作业人员提供实时作业指导，自动采集、记录并实时传输数据至“数据中心”进行分析处理，通过会商功能远程协助和指导现场快速解决作业难题，实现了电力运维作业和管理的智能化，提高了电力运维的管理水平和工作效率。

2016年，该院开发基于AR技术的110kV变电站巡检系统，依据110kV典型变电站的日常巡检规程，通过AR眼镜自动识别巡检人员所观察的设备，同时显示出该设备当前应有的正确状态，指引巡检人员按照规程要求对变电站设备逐一进行检查，通过互联网络后台可以同步观察巡检人员现场的巡检情况并同步录像，大大提高了变电站巡检的规范性、可靠性、工作正确率和工作效率。

（南方电网广东电网公司　魏　焱
广东南方电力科学研究院　苏福锦）

水利领域

【科研项目管理】 2016年，省水利厅与省财政厅共同组织开展了2016年度水利科技创新项目立项评审工作，受理申报项目122个，共有33个项目获批立项。

“珠江河网堤围险段治理及防护技术与示范”等2项子课题获得2016年度国家重点研发计划课题立项，“基于量纲分析法的涉水建筑物阻水模数研究”等3项广东省科技计划项目获批立项；2个广东省工程技术研究中心“广东省山洪灾害防治工程技术研究中心”和“广东省水利新材料与结构工程技术研究中心”和1个广东省产业技术创新联盟“广东省水生态环境保护与修复产业技术创新联盟”通过省科技厅认定。

2016年，“广东省河流水域纳污能力研究”等12个广东省水利科技项目通过省水利厅验收；2016年上半年，“大流量、低水头、低弗氏数水利枢纽水力学及泥沙关键技术研究与应用”等3个科研成果通过省水利厅组织的成果鉴定。

【科技成果及奖励】

科技成果推广应用 为进一步加强水利先进实用技术（产品）的应用和推广，有效提高水利科技成果转化率和科技贡献率，由水利部科技推广中心委托，广东省水利厅归口管理，广东省水利电力勘测设计研究院承担的“DIYD基于无线传感器网络的水工安全监测系统”科技推广及培训于12月28—31日在广州举办。

“DIYD无线传感器网络的水工安全监测系统”属水利工程、电子通信与自控技术应用领域，该项目主要是将无线传感器网络这一前沿通信技术与水利水电工程自动化监测与信息化管理相结合，实现了基于无线方式的水工安全监测新模式，使工程的实施和维护、维修管理方式变得简洁、方便、易行，可节省施工成本和保证系统安全可靠运行。该技术成果已通过广东省水利厅组织的鉴定，获得国家发明专利证书。

科技成果奖励 2016年，“大流量、低水头、低弗氏数水利枢纽水力学及泥沙关键技术研究与应用”获得2016年度广东省科学技术奖一等奖，“农业节水补偿机制研究与应用”等3个项目获得2016年度广东省科学技术奖三等奖。

2016年，经广东省水利学会水利科学技术奖评审委员会评审、奖励委员会公示和审定，“湛江湾跨海供水盾构隧道工程关键技术研究与应用”成果获得2015年度广东省水利学会水利科学技术奖一等奖，“大型水轮发电机组转子现场装配技术”等2项成果获得二等奖，“碾压混凝土重力坝溢流面大宽幅滑模施工技术”等4项成果获得三等奖。

项目名称：大流量、低水头、低弗氏数水利枢纽水力学及泥沙关键技术研究与工程应用

主要完成单位：广东省水利水电科学研究院

获奖情况：2016年度广东省科学技术奖一等奖

该项目针对大流量、低水头、低弗氏数水利枢纽水力学及泥沙问题进行了系统研究，形成了高强度河床下切条件下的消能防冲、大流量贯流式机组电站进水口布局、深厚覆盖层围堰的防护、新建二线船闸通航等关键技术体系。

该成果主要创新点包括：1. 提出了深厚覆盖层条件下大流量、低水头、低弗氏数水利枢纽工程泄洪消能下游临界安全水位，建立了一套以坝后河床防冲控制为核心的泄洪消能技术，包括二次水跃控制、消力池尾坎深防冲齿墙等，为同类工程泄洪消能设计提供了成功范例；2. 建立了一套拦沙、拦漂及流态控制相结合的大流量、低水头电站进水口钳水沙及漂浮物控制技术，包

括发明了外置式拦漂及可升降式刚性拦漂技术、防沙导墙组技术及多进水口联合调度冲沙技术等，实现了充分降低进水口前水头损失，提高发电效益的目标；3. 提出了深厚覆盖层条件下大流量水利枢纽工程施工围堰旋涡淘刷防护方法和新型围堰裹头形式，有效降低了围堰外侧的冲刷坑深度及范围；4. 提出了新建二线船闸通航与防洪安全的系统技术，包括下部透水式导航墙技术、隔流堤堤头分流墩组整流技术等，解决了船闸扩建中防洪安全与通函安全兼顾的难题。

该成果应用于清远、马房等11个大型水利枢纽工程，多年来运行安全稳定，保障了水利枢纽的防洪，通航安全，提高了发电效益，社会经济效益显著。

【水利技术标准化】 2016年，地方标准制修订计划项目“中小河流治理工程防腐钢丝石笼应用技术规程”“渡槽设计规范”和“渡槽技术管理规程”通过评审获批立项。

【科技交流与合作】 2016年，省水利厅选派12人次赴德国、英国、美国、荷兰参加洪水风险图编制技术培训班、河流综合治理技术中期培训班、第12届国际水动力学会议等培训及国际研讨会。

11月28—12月4日，省水利厅邀请了芬兰国家技术研究中心科学家莫娜·阿诺德及劳拉·温德林前来开展学术交流，两位科学家作了城市水管理效益、欧洲国家的排洪排涝标准专题报告，和广东省水利电力勘测设计研究院专业技术人员就水生态修复、河道整治、城市防洪预警、洪水保险等一系列问题进行交流。

（广东省水利厅　桂江峰）

石油化工领域

【广州石化】 2016年，中国石油化工股份有限公司广州分公司（简称中国石化广州石化公司）开展中国石油化工股份有限公司科技开发项目16项，自筹项目28项，累计投入科技开发费用1 569万元，涉及新技术开发应用、新设备开发及应用、产品质量升级、生产技术攻关、节能减排、安全环保和信息化及优化项目等方面。针对S980T制品低温发脆及外观相对偏黄的问题进行质量改进升级；针对广东美联新材料股份有限公司的需求，开发生产定制产品聚乙烯色母专用料PE LX2320；在聚苯乙烯装置试产高透聚苯乙烯，产品达到预期性能。2016年完成生产新产品32 668t，为总部指标的163%，取得效益923万元；完成生产专用料167 220t，为总部计划的121%，取得效益6 950万元。2016年度公司共申请国家专利4件（其中发明专利3件、实用新型专利1件），2件获国家专利授权（实用新型2件）。主持完成1项科技成果通过了中国石化股份公司技术鉴定。

科技开发项目　2016年，公司承担中国石油化工股份有限公司科技开发项目共16项。其中“催化烟气轮机结垢原因研究及处理技术开发”等6个项目已完成，“BCZ催化剂的工业应用”“氢资源优化与梯级利用研究”等2个项目分别在5月和10月通过股份公司技术鉴定或验收。“石油化工高浓度废碱液生物处理新技术开发及应用”项目获得2015年度广东省科学技术奖三等奖。

2016年，公司接转科技开发项目9项，新立本公司科技开发项目计划4批共19项，项目合计计划经费852万元。科技开发围绕公司生产经营工作，在稳定生产、节能减排、安全环保、清洁生产、产品质量升级、新产品开发和新技术、新工艺应用等方面开展。全年完成结题9项。

BCZ催化剂的工业应用项目　该项目为中国石油化工股份有限公司项目，由中国石油化工股份有限公司北京化工研究院、中国石油化工股份有限公司广州分公司、中国石油化工股份有限公司洛阳分公司共同承担。项目主要是考察BCZ108H催化剂性能以及生产均聚牌号的适应性，使用BCZ-108H催化剂替代NA催化剂按现有工艺制备现有牌号产品；了解BCZ-108H催化剂的装置运行情况及特点；摸索BCZ-108H催化剂在Hypol装置应用的工艺操作条件，利用氢调法生产高熔指牌号产品。BCZ-108H在Hypol工艺的成功应用，实现利用氢调法制备高熔指均聚和共聚产品，全面提升Hypol工艺产品的市场竞争力，同时降低催化剂单耗，改善现有催化剂生产聚合物超细粉偏多的情况，提高生产装置长周期稳定运行能力。项目于2014年9月12日立项并下达计划。2015年5月，聚丙烯一装置使用120kg BCZ-108H（共聚）催化剂试产了J641、J842和B1801等3种共聚牌号的产品。初步得出以下结论：生产共聚牌号时BCZ-108H的活性比NA高出约30%，催化剂反应活性约有5%～10%的后移。BCZ-108H生产的共聚产品优势不明显，B1801主要性能指标同比NA催化剂生产的共聚产品略低。总体评价，BCZ-108H生产的共聚产品从各性能指标比较看对比NA催化剂优势不明显，有些产品参数性能甚至下降明显。2016年年底，项目完成所有研究工作并取得较好成绩。2016年5月12日，项目通过股份公司技术鉴定。

氢资源优化与梯级利用研究项目　该项目于2015年9月17日正式立项，由中国石油化工股份有限公司抚顺石油化工研究院、中国石油化工股份有限公司广州分公司、中国石油化工股份有限公司石家庄炼化分公司共同承担开发任务。项目主要研究内容如下：（1）开展广州石化全厂氢气/燃料气系统存在问题及潜力分析，挖掘全厂氢系统的节氢潜力，对氢气网络进行夹点分析及模拟优化，提出优化方案；（2）结合轻烃回收和氢资源高效利用，应用数学规划算法对全厂氢气/燃料气网络进行协同优化研究，确定氢网络瓶颈，开展不同投资力度下的氢气/燃料气系统改造方案研究；（3）对各加氢装置的用氢条件进行详细分析，对各加氢单元的最佳氢油比、最佳氢分压、最佳冷氢使用率、最佳循环氢系统压缩机设置及废氢排放、最佳工艺方案及产品指标等方面，在确保各加氢装置本质安全、产品指标富裕度弹性及用氢条件的合理性前提下，开展各加氢单元工艺条件的优化及氢气梯级利用研究，实现用氢系统合理耗氢量，提高全厂氢气利用率；（4）提出不同投资力度下的氢气/燃料气优化利用技术方案，最终达到提高全厂氢气网络的效率，降低氢气/燃料气网络运作费用的目的。

2015年项目组对广州石化的产氢、用氢、氢气配送管网、提纯单元进行了详细的调研工作，对存在的问题和优化潜力进行了分析，完成了调研和现状分析，2016年项目通过交流和讨论，确定了工作重点，建立了全厂氢气系统的流程模拟模型（产氢单元、用氢单元、氢气提纯、氢气分配系统等）包括：建立产氢单元、耗氢单元的详细模拟模型，对各加氢装置的用氢条件进行详细分析，确保各加氢装置用氢条件的合理性，协同氢/燃料气网络进行调优分析，进行稳定工况下的流程优化。同时完成了模型校核、优化模拟和技术经济核算等工作。2016年8月24日，股份公司科技部对项目进行了验收。

新产品开发　2016年公司塑料新产品开发按照稳定产品质量，稳定市场份额，开发细分产品的方针开展。针对用户反映S980T制品低温发脆，制品外观相对偏黄的问题，对聚丙烯S980T进行质量改进，通过引入乙烯共聚改善制品韧性，通过调整抗氧剂配方改进制品外观，两性能改进得到了用户的认可，S980T在PP1装置进入稳定的规模生产。针对广东美联新材料股份有限公司的需求在聚乙烯装置开发生产定制产品聚乙烯色母专用料PE LX2320，产品被用于多种类型色母粒的生产上，产品性能得到用户认可，产品在装置列入正常排产。在聚苯乙烯装置成功试产高透聚苯乙烯525N，产品性能达到预期目标。11月25日开车成功的PP3装置，初步试产了K7116、K7727等新产品，并得到市场初步认可。2016年新产品完成32 668t，完成总部下达指标的163%，取得效益923万元。

表7-17-1　2016年广州分公司获得国家专利授权情况

序号	专利名称	专利号	专利类别	授权日期
1	一种X光电缆故障检测系统	ZL201521005373.4	实用新型	2016/3/30
2	一种负荷建模方法及装置	ZL201620537212.8	实用新型	2016/11/9

生产技术服务　2016年，中国石化广州石化公司完成科威特、奥瑞特等9个原油的全评价和玛雅、达混等21个次原油的简评工作，其中2个为新油种；完成巴士拉、科威特等6个次适合生产沥青的原油的渣油切割及沥青性质评价；配合沥青质量攻关，进行科威特、沙中原油等的采样，切割渣油，进行沥青性质评价；配合生产需要，完成大量攻关科研服务；针对相关企业使用中国石化广州石化公司产品情况，提供科学指导。

（中国石油化工股份有限公司广州分公司
王新忠　邓志伸）

【茂名石化】

创新型企业建设　6月17日，茂名石化公司在中国石化集团公司科技创新大会上被命名为中国石油化工集团公司首批创新型企业。本次被命名的企业共12家，其中炼化板块分别是茂名石化、燕山石化、齐鲁石化、扬子石化。被命名的创新型企业科技创新组织与管理体系完善、特色突出，科技投入力度大，建立了高层次的科技人才队伍和配套科研条件，创新能力突出，在重大关键技术的研发、试验与推广应用中发挥了重要作用，取得了丰硕成果，依靠科技创新、技术进步取得了显著的经济和社会效益。

12月8日，茂名石化公司被广东省企业联合会、广东省企业家协会联合授予“2016年广东省自主创新标杆企业”荣誉称号。

创新平台建设　12月9日，茂名石化公司研究院的聚合物表征测试评价中心顺利通过中国合格评定国家认可委员会（CNAS）的认可，今后出具的实验报告可在国际上获得承认。11月，茂名石化公司科研基地建成，投用后为该公司新增标准化实验室面积1 800m^2，其中包括一个70m^{2}的恒温恒湿实验室；“广东省石化高分子材料工程技术研究中心”被认定为广东省工程技术研究中心。

科技成果及奖励　2016年，茂名石化公司共有“提高HDPE大中空专用料抗冲击性能的技术攻关、高流动LLDPE产品结构及生产关键技术开发、耐蚀0Cr13换热管工程技术开发、国产制氢转化炉炉管质量评价及寿命预测研究、炼油装置检修降低开盖率技术研究及应用、石化承压设备灾害防控与恢复关键技术研究、炼化企业电力系统仿真优化技术开发”7个项目通过中国石化的科技成果鉴定。

2016年度，茂名石化公司共有15个项目获得各级科技进步奖，为近年来获得科技奖励最多的一年，其中“原位涂层抑制结焦技术工业试验”荣获2016年度中石化技术发明一等奖，“相结构调控技术及透明高抗冲聚丙烯开发”获2016年度中石化科技进步一等奖，“提高HDPE大中空专用料抗冲击性能的技术攻关”和“汽车油箱用高密度聚乙烯专用料的开发”获2016年度中石化科技进步二等奖，“石化产品碳足迹技术开发及应用”和“耐蚀系列换热管工程技术开发”获2016年度中石化科技进步三等奖；“高流动高透明无规聚丙烯生产关键技术的研究与产业化”项目获2016年度广东省科学技术奖二等奖，“刚韧平衡、易加工高密度聚乙烯大中空专用料的研制开发及工业化”和“丁二烯气体螺杆压缩机国产化”项目获2016年度广东省科学技术奖三等奖；“基于高效复合成核剂的高刚性聚丙烯制备关键技术开发与应用”、“劣质原油加工装置全流程腐蚀控制技术研究及应用”项目分别获得2016年度中国石油和化学工业联合会科技进步一等奖和三等奖；4个项目获2016年度茂名市科技进步奖，其中“Cr9Mo钢管研制”获一等奖。

专利工作　2016年，茂名石化公司全年实现中国专利申请数量38件，其中发明专利数23件，并首次实现1项发明通过总部评审向美国、日本、新加坡、韩国、荷兰5个国家申请国外专利。

新产品开发　2016年，茂名石化公司化工新产品开发数量和专用料产量持续排名中国石化第一位。新产品增效作用突显，产品结构日趋优化。全年开发化工新产品14个，其中8个填补国内空白，4个达到国际先进水平；完成化工新产品产量16.93万t，完成年计划的154.66%，完成专用料产量94.10万t，完成年计划146.80%，新产品及专用料占比同比提升12个百分点，增效超2.13亿元。其中，积极开发顶替进口的“无气味小中空HDPE”等3个原创新产品，投产后迅速占领市场份额，已开始稳定排产；努力做大差异化拳头产品，汽车油箱料成功通过日本八千代的上机成型试验，新增柳州、河北等大型汽配商用户，产销量同比放大50%；透明聚丙烯产品增加到10个牌号，达到“人有我优、技术先进”水平，实现了产品系列化、品牌化，成为细分化市场的典范，2016年产量达到5.2万t，并可为特百惠、宜家等提供“一站式”采购服务；医用聚丙烯产品成功通过认证，打入接触血液医用制品领域，标志着中石化聚丙烯产品在医疗领域实现重大突破。该公司现已有23个产品牌号被化销华南列为18家合作客户的重点标志性产品。

高速挤出生产线大中空专用料TR571S　1月上旬，该牌号在该公司高密度装置首次进行工业化生产。TR571S在大中空专用料TR571的基础上进行开发，针对TR571在下游高速挤出生产线出现的问题调整了个别指标。该产品分子量分布窄，低分子量物质含量少，兼具刚性和抗冲击性，耐环境应力开裂性能良好，加工性能优异，适用于中空吹塑大型装运液体的容器。

超高抗冲共聚聚丙烯K9010　1月11日，该产品在该公司3号聚丙烯装置首次试产约300t，产品拥有比高抗冲共聚聚丙烯更高的抗冲击性能，同时通过加入增刚成核剂取得较好的刚性，适用于汽车改性材料等，属于高附加值产品，在华南地区有较大需求。该产品在开发成功当年进行了两次排产。

环保型高刚高韧聚丙烯新产品（PPB-MN60-G）　4月16日，该公司在3号聚丙烯装置首次试产该产品约500t。此次生产采用与中石化北京化工研究院合作研发的技术，该技术选择高等规、宽分子量分布催化剂体系，配合高效的成核技术，实现了高结晶与高抗冲的综合平衡，产品具有低VOC含量、高刚性、高韧性的特点，属于高端产品，产品在汽车专用料及聚丙烯改性方面具有非常突出的优势，市场需求较大，生产难度大，产品经济性好。

薄壁注塑用透明聚丙烯PPR-MM55-S　5月26日，该公司在2号聚丙烯装置首次工业化试产该产品约800t。该产品属于中国石化下达的顶替进口牌号开发工作任务之一，生产过程采用氢调法，产品具有高熔指、高模量、高结晶温度等特点，且无异味及发黄问题，可广泛运用于在食品容器、医药盒、化妆品和文具、多媒体包装等领域。产品开成功后，迅速打入市场，当年排产了4次，产量达5 707t。

抗粘连爽滑聚丙烯流延膜热封层专用料PPR-F08-S　6月在2号聚丙烯装置首次试产该产品约1 000t。产品主要用于制作蒸煮膜三层原材料的中间层，主要推广方向是热灌装、蒸煮袋、无菌包装等领域，产品在当年排产两次，产量3 037t。

高流动超高抗冲聚丙烯K9930H　6月在3号聚丙烯装置首次试产该产品约500t，生产技术与中石化北京化工研究院合作开发，生产过程采用氢调法，生产难度大，产品同时具有高熔融指数、高冲击强度、高模量等性能，可适应下游的高速注塑加工方式，制成品具有超高抗冲、高刚性、绿色无气味性等突出优势，可广泛运用于汽车保险杠、仪表板、车内衬板等汽车内外件改性专用料的基础树脂，在汽车内饰材料中的应用更容易满足驾驶室内安全环保的要求，产品市场需求较大。

线性高强度包装膜料新产品DFDA-7066

2016年7月6日，该公司在全密度聚乙烯装置首次试产该产品约600t。产品具有拉伸强度高、抗撕裂性、耐穿刺性、耐热性和耐寒性等特点，可广泛应用于高强度工业用包装、工业用衬里、重包装袋、深冻包装和农业棚膜等。

高熔高透丙丁共聚聚丙烯PPD-MT45-S

2016年9月21日，该公司在2号聚丙烯装置首次试产该产品约500t。产品具有透明性高、流动性好、注塑周期短、成型快、翘曲率低、抗冲性能好等优点，适用于快速成型薄壁透明食品容器、大型或复杂薄壁零件注塑、DVD和CD的包装。

柔性皮芯纤维用聚乙烯新产品M5720　10月21日，该公司在全密度聚乙烯装置首次试生产该产品，产量约500t。产品具有高熔指、高密度、鱼眼晶点少、耐热性能好等优点，可纺性高，拉伸生成纤维能力强，杂质含量少、灰分和挥发份低，生产难度大。该产品主要目标是替代日本进口的同类型产品，市场年需求约10万t，主要用于生产热熔粘合无纺布，经济性较好，是该公司聚乙烯产品进入纤维料领域的首次尝试，开发后随即到国内大型纤维生产商进行了试用，各项主要指标通过测试。

挤出流延用聚丙烯板材新产品PPH-E01-S

10月28日，该公司在2号聚丙烯装置成功试生产了该产品约1 000t。用该产品加工制作的挤出板材具有质轻、厚度均匀、表面光滑平整、耐热性好、机械强度高、化学稳定性和电绝缘性优良、无毒等特点，可替代不锈钢、木材及其他结构材料用于制作水箱、包装容器、汽车部件等，市场需求较大，可广泛应用于化工容器、机械、电子、电器、食品包装、医药、装潢和水处理等领域。

抗低温冷脆高强耐热PPR管材料T4401B

11月13日，该公司在3号聚丙烯装置首次试生产了该产品约500t。相对该公司原有的高强耐热级PPR管材料T4401，T4401B在PPR生产中加入一定量β型成核剂，从而改善和提高了抗冲性能和耐热性能。试用证明，其制成品的冲击强度较普通PPR专用料提高近一倍，热变形温度提高25℃，耐水抽提、耐热性、耐压强度性能良好，有望进入目前国内领先的第四代管材专用料行列。

中熔指高抗冲聚丙烯新产品K8009　11月22日，该公司在3号聚丙烯装置试生产了该产品约500t。该产品是在该公司已有的K9010基础上开发而来，通过调整装置生产工艺参数及优化添加剂配方，获得了比K9010更高的强度及模量性能，主要目标是用作汽车、家电用高抗冲聚丙烯改性基础料，在市场上顶替进口同类产品。

抗粘连聚丙烯流延膜电晕层或芯层专用料PPR-F08M-S　11月28日，该公司在2号聚丙烯装置首次试生产了该产品约1 500t。该产品在该公司PPR-F06-S产品基础上进行了性能提升，生产过程中采用高纯度无机纳米复合助剂，可有效帮助下游厂家提高制成品CPP膜的抗粘连性、透明性和力学性能，使其能达到作为CPP薄膜中电晕层的要求，属于中国石化下达的顶替进口产品任务之一。至此，该公司的CPP薄膜系列专用料已覆盖该领域三层中的热封层、芯层和电晕层，可为该领域下游客户提供“一站式”采购服务。

科技攻关项目　6月4日，茂名石化公司首套润滑油加氢异构装置一次开车成功。6月7日顺利产出目标产品之一Ⅲ类6号基础油。12月15日，产出合格的加氢异构Ⅲ类4号基础油，标志着该公司加氢基础油4号、6号两个主流牌号均实现稳定生产。装置所应用技术为中石化“十条龙”科技攻关项目“加氢异构脱蜡生产高档基础油成套技术开发及工业应用”的开发成果，是国内首次应用。该装置投产后，结束了茂名石化没有高端润滑油基础油的历史，将大大改善公司润滑油基础油产品结构，并实现中国石化高端润滑油基础油国产化。

8月23日，茂名石化公司承担的中国石化“十条龙”科技攻关项目“环保型高刚高韧聚丙烯树脂开发”再次取得进展，该公司在3号聚丙烯装置首次试产项目产品PPB-MN35-G产品约500t。该产品VOC含量低，达到环保、高刚、高韧的综合平衡，可广泛用于汽车、家电、家居等领域，售价高出普通抗冲聚丙烯1 500元/t以上。PPB-MN35-G是该项目开发成功的第二个产品。

11月，茂名石化公司科技项目“高粘度指数茂金属聚α-烯烃开发”研究工作取得重大突破，成功研发出试验性产品。该项目由公司研究院与上海化工研究院合作开展，是从源头创新，利用独特且成本可控的茂金属催化剂体系合成技术，进行mPAO关键技术研究，产品具有优异的低温性能及粘温性能。以mPAO为基础油可制备高端合成润滑油，满足军事、航空等领域的应用要求。项目此次所产试验产品的粘度指数（VI）达到243，达到与国际主流mPAO产品同等的性能指标。目前，国内此类技术处于实验研究阶段，产品需要进口，该项目的研究工作下一阶段将转入催化剂工业化生产以及mPAO中试生产，未来有望打破国外企业的技术垄断，填补国内技术空白。

发展规划　12月29日，公司产品结构重点优化项目260万t/a浆态床渣油加氢裂化装置及15万t/a硫黄回收联合装置可行性研究报告正式获得批复，批复总投资29.85亿元。该项目采用国际上已成功工业化的浆态床渣油加氢技术，为国内首次引进，项目的实施对公司提高重油深度转化能力，调整优化炼油装置及产品结构，实现炼油提质增效，提高企业竞争力和经济效益具有重大意义。经测算，在2 000万t/a炼油加工能力下，汽油产量可增加50.09万t/a，国VI柴油产量增加70.52万t/a，全厂轻油收率由基础工况下的72.57%提升到78.43%，同时供化工装置乙烯裂解原料的轻油品质也大幅提升，产品更加优化。装置计划2019年全面建成投产。

（中国石油化工股份有限公司茂名分公司　谭达刚）

国土资源领域

【科研项目管理】　广东省土地开发储备局牵头的“十二五”国家科技支撑计划项目“村镇建设用地再开发关键技术研究与示范”项目通过国土资源部验收。国土资源生态环境遥感快速监测与评估关键技术研究、不动产登记信息共享、公开与查询研究—法律机制及关键技术研究、基于北斗地基增强系统的位置服务云平台技术研究、地下水监测数据数理分析技术在汕头市潮阳区区域地面沉降灾害成因方面的应用研究、利用三维激光测量技术开展隐蔽地物精度建模研究、智能化专题地图本体数据模型关键技术研究、广东省农村土地综合整治权属调整机制与实现路径研究、地理国情数据挖掘关键技术研究、基于高分影像的广东村落空间结构识别与城镇化发展特征研究、新常态下土地功能新定位研究共10个科技项目经专家评审，省国土资源厅立项专题会通过立项，共获立项经费250万元。

“国土资源生态环境遥感快速监测与评估关键技术研究”项目基于土地利用调查、地理国情监测和基础地理信息成果，耦合多源卫星遥感和传感网数据，利用几何—辐射—镶嵌一体化处理技术，获取生态环境“一张图”，并利用环境遥感模型，对生态环境动态变化进行监测。同时根据国土生态环境监测成果数据库，整合人口、社会和经济专题数据，综合运用地理信息系统技术和多学科交叉分析方法，建立生态资产评估模型，并对城镇工业化导致的生态损失进行风险预警。

【科技成果及奖励】　广东省土地学会、广东省测绘学会、广东省遥感与地理信息学会、广东省不动产登记与估价专业人员协会、广东省地质灾害防治协会联合开展第四届国土资源（广东）科学技术奖评选活动，评选出2016年国土资源（广东）科学技术奖一等奖6项，二等奖6项，其中深圳市规划国土发展研究中心承担的“深圳市土地用途管制创新技术支持”、广州地量行城乡规划有限公司、佛山市国土资源和城乡规划局承担的“佛山市征地制度改革试点”、广州市城市规划勘测设计研究院承担的“古建筑园林三维激光测量建模关键技术研究与应用”、广东省国土资源技术中心承担的“广东省土地登记信息监管技术研究及应用”、广东省地质局第七地质大队承担的“广东省龙门县上仓铅锌矿资源储量核实”、广州大学地理科学学院承担的“广州地下水脆弱性评价技术研究”获一等奖。

广东省国土资源测绘院承担的“国产倾斜航空摄影测量装备和系统关键技术研究与应用”获得中国测绘地理信息学会测绘科技进步奖一等奖，“城市现代测绘基准与服务体系建设技术与应用研究”获得中国地理信息产业协会地理信息科技进步奖二等奖，“国土资源动态巡查监测技术研究及应用”获得中国测绘地理信息学会测绘科技进步奖二等奖。广东省国土资源技术中心承担的“基于天地图的广东省‘三旧’改造统一监管信息系统建设”获全国地理信息科技进步奖二等奖，“基于智能云架构的地理信息平台技术研究及在广东省的应用”获得广东省科学技术奖三等奖。

“基于天地图的广东省‘三旧’改造统一监管信息系统建设”项依托已有的建设成果和地理信息资源建设，包含标图建库系统、项目批后监管系统、项目信息公开系统、项目进度监测系统、项目效益评价系统和项目三维展示系统等，对全省“三旧”改造地块全部标图建库，并在全省标准统一的数据体系框架下，实现省、市、县三级联动，全面掌握“三旧”改造用地的总体情况和实施改造工作动态，实现了全省“三旧”

改造地块全生命周期、多尺度、多维度的立体化在线综合监管。自监管系统运行以来，全省“三旧”改造地块标图建库地块数88 724块，面积近30万hm^2，全省节约行政监管财政资金达1亿多元。该系统在全国属于首创，极大地提高了土地利用管理决策水平，科学挖掘了建设用地再开发潜力，破解了土地资源供需矛盾，为广东建设土地节约集约利用示范省做出了重大贡献，为其他省份进行相关工作提供有效参考，具有示范和推广意义。系统建设项目获得国家版权局计算机软件著作权登记证书5项，发表相关学术论文10余篇，项目成果经专家鉴定整体达到国内领先水平。项目成果获得2014年度国土资源（广东）科学技术奖一等奖和2016年度全国地理信息科技进步奖二等奖。

【科技领军人才队伍建设】 广东省土地调查规划院曾元武（专业技术人才）、广东省国土资源测绘院何宗友（高技能人才）获2016年度享受政府特殊津贴。2016年，共有230名专业技术人员通过晋升上一级专业技术资格评审，其中：教授级高级工程师9名，高级工程师80名，工程师72名，助理工程师69名。

（广东省国土资源厅科技教育处　胡吉进）

地质领域

【科研项目实施】　2016年，获得科技部、国土资源部、广东省财政等支持的科研项目共16项，经费投入3 091万元。

矿产地质　“广东厚婆坳铜锡多金属矿整装勘查区专项填图与技术应用示范”和“广东雪山嶂铜多金属矿整装勘查区专项填图与技术应用示范”项目顺利通过验收，开展了典型矿床研究，总结了成矿规律、建立了找矿模型，并对重点工作区的主要矿种开展了成矿预测。

国家重点研发专项项目“穿透性地球化学勘查技术”的子课题“斑岩型铜立体地球化学探测试验示范”于2016年启动，研究周期4年。项目主要目的是充分利用深部钻孔岩心，结合地质编录与现场测试手段，系统采集各类有利于揭示深部信息的岩石、矿物地球化学样品，通过建立三维地球化学模型，为深部资源勘查提供依据。“广东韶关诸广山岩体南部铀多金属整装勘查区矿产调查与找矿预测”项目加强了基础地质调查和关键基础地质问题研究，进一步总结了成矿规律，构建了铀成矿模式，预测了找矿远景区，引进运用了铀分量化探找矿新方法，经过南雄市寨湾地区钻孔揭露验证，取得了良好的找矿效果。

环境地质　实施并完成了广东省主要城市浅层地温能概况调查，为充分发挥清洁可再生的地热能效用，帮助广东实现低碳减排目标发挥了应有作用。与全省多地市联合建立了突发地质灾害应急响应机制，建立和负责维护佛山、珠海及深圳市等地质灾害监测预警系统，在有效应对突发地质灾害方面发挥了重要作用。“广东省放射性地质环境调查与评价”较全面查明了广东省放射性地质环境、航空伽玛能谱、放射性水化及铀矿见矿孔特征，初步建立了“广东省放射性地质环境监测数据管理系统”。“广东省放射性本底数据库建设”建立了一整套数据库，实现了多源数据集成管理，实现了综合应用数据库、GIS、RS和网络等技术对放射性地质环境调查不同来源、不同层次、不同比例尺、不同类型和海量级数据的统一存储和管理。

【科技成果及奖励】　由广东省地质调查院为主要完成单位的“广东省矿产资源潜力评价”项目荣获2016年度国土资源科学技术奖二等奖。项目自2007年开始实施，工作历时7年，基本摸清了广东省重要矿产资源“家底”。项目系统阐述了煤炭、铁、锰、铜、铅等19个潜力评价矿种的成矿类型，圈定了单矿种（组）矿集区和综合矿种矿集区，对全省成矿规律进行了总结，研发了“广东省矿产资源潜力评价综合成果管理与应用系统”。项目成果已得到广泛应用，为广东省2010年以来的矿产资源规划、矿产勘查工作部署、找矿突破战略行动实施以及整装勘查区的确定提供了科学依据。由广东有色工程勘察设计院为主要完成单位的“典型工程变形监测预警系统研究与应用”获2016年度广东省科学技术奖三等奖。

【重点项目选介】

广东厚婆坳铜锡多金属矿整装勘查区专项填图与技术应用示范　属于中国地质调查局“整装勘查区找矿预测与应用示范”子项目，2016年7月通过评审，评定为优秀级；主要成果包括：建立了各典型矿区的成矿模式，并指出各区的找矿方向和找矿潜力——新寮岽矿区上部为破碎带脉状铜矿床、下部为斑岩型或隐爆角砾岩型铜矿床的“多位一体”双层复合型成矿模式等，认为新寮岽矿区深部可能存在云英岩型钨锡钼铋多金属矿体；莲花山矿区具有寻找中大型斑岩型、次生石英岩型金矿床的潜力；建立厚婆坳重点工作区

成矿模式，认为厚婆坳矿床是受地层、构造、岩浆岩三位一体控制形成的矿床，目前发现的主矿体为脉状或破碎带型锡铅锌银矿体，认为其深部可能存在云英岩型钨锡钼铋多金属矿体。

佛山市南海区地质灾害风险区划调查评价

该项目作为省首批示范项目之一，探索性地采用了野外全方位综合调查+室内计算机自动风险区划相结合方法开展大区域、高精度的地质灾害风险区划调查评价工作，取得了一系列成果。通过收集建立大地质数据库进而全面圈定了南海区地质环境条件脆弱区；进行了成因机理剖析，为精准精细化地质灾害防灾减灾提供了理论依据；通过野外调查结果与计算机的自动化交互为调查区地质灾害风险动态管理与防控和当地城市规划建设提供技术支撑。该工作方法可作为省内开展同类项目的示范，项目成果转化及时，可服务地方防灾减灾与城市规划建设。

仁差盆地找矿成果及找矿潜力　仁差盆地是广东省级铀矿资源基地，处于武夷山成矿带、南岭成矿带交汇部位，武夷山钨锡铜金银成矿带及永梅坳陷带中，毗邻紫金山金铜勘查基地，具有同空间、同时间、同来源的密切联系，成矿环境十分相似。近年来，省级财政、中央地勘基金、中广核集团及地勘单位共同资金投入资金1亿多元，以火山岩—次火山岩成矿系列的金银、铀、铜、稀有、稀土矿床为找矿目标，取得突破，279矿床铀资源量达中型规模。经论证，仁差盆地仍有较大找矿潜力，铀多金属矿综合勘查开发利用前景优越。

【科技交流与人才培养】

“南粤地质人才”高级研讨班　5月，由省地质局联合中国地质大学（武汉）共同举办的“南粤地质人才”高级研讨班在武汉举办。这次研讨班的举办，是省地质局加强人才队伍建设、实施人才战略的重要举措。通过与中国地质大学（武汉）开展学术交流、人才培养等方面的合作，联合建设广东省地质专业人才、综合管理人才的重要培养基地，让南粤地质人才在培训中加快成长，充分发挥辐射、示范、引领作用，真正把“南粤地质人才工程”落到实处，为广东省地质人才战略的推进提供强有力的支撑。

商务部矿产类援外培训项目　7月，省核工业地质局属二九三大队在老挝首都万象举办了“老挝矿产资源开发基础技术海外培训班”，为老挝自然资源与环境部、能源与矿产部及万象市、万象省等20个省市自然资源与矿产厅培训30多名矿产资源方面的管理骨干和青年干部，深化了友谊，增进了了解。

【科普宣传】　4月22日，广东省地学界举办的“第47个世界地球日”科普宣传咨询活动在韶关南雄市举行。活动主题为“节约集约利用资源，倡导绿色简约生活”。来自省、韶关市的领导、专家学者和韶关、南雄等地的地质科技人员、学生以及市民共近千人参加。现场还进行了专家咨询、有奖问答、展览观摩、岩矿标本展示、发放宣传资料和中学生“做保护地球的小主人”的授旗仪式。

由南方日报出版社出版发行，广东省地质学会、广东省地质科普教育馆共同编撰的重点科普图书《生活中的地质学》，全书共分4辑，收入20余位地质行业作者的各类地质科普文章50余篇，约13万字，野外地质素描图36幅。出版了《宝玉石与健康》，该书作为广东省珠宝玉石首饰行业的重点科普图书和广东省地质学会科普委重点科普图书，收录珠宝养生科普小品近50篇。

（广东省地质局　桓曼曼　曾文伟）

海洋领域

【概况】 2016年，广东省海洋渔业系统认真贯彻落实省委、省政府决策部署，紧紧围绕“三个定位、两个率先”总目标，开拓创新，狠抓落实，海洋渔业工作取得显著成效，实现了“十三五”良好开局。2016年，海洋生产总值1.59万亿元，同比增长12.3%，占全省生产总值的1/5，连续22年居全国首位，2016年海洋三产业比例为1.8∶41.8∶56.5。9月，财政部、国家海洋局启动了“十三五”海洋经济创新发展区域示范工作，湛江市成功获得全国海洋经济创新发展示范城市资格，获得3亿元经费资助。全省建成涉海涉渔科研机构24个，拥有省部级以上重点实验室超过29个，省级以上工程技术（研究）中心16家。

【海洋强省建设】 经省编办同意，广东省海洋与渔业局改名广东省海洋与渔业厅，由省政府直属机构调整为省政府组成部门。省海洋与渔业厅将贯彻落实省委、省政府海洋强省，发展现代渔业的战略部署，大力发展海洋经济，建设海洋生态文明，加快海洋科技自主创新，推动现代渔业转型升级，率先建成海洋强省，为加快实现“三个定位、两个率先”目标做出应有的贡献。

海洋与渔业十三五规划编制 2016年广东省启动《广东省海洋经济发展“十三五”规划（2016—2020年）》和《广东省现代渔业发展“十三五”规划（2016—2020年）》的编制工作，其中海洋规划被列为省重点专项规划。经过广泛征询意见，多次组织召开专家座谈会，于8月分别组织召开了专家论证会，两个规划经省发改委审核后已形成送审稿准备报省政府审定。

海洋主体功能区规划编制 省海洋与渔业厅联合省发展改革委组织召开海洋主体功能区规划专家评审会，邀请国家海洋信息中心、中山大学、中科院南海海洋研究所、省土地勘测规划院等单位专家对规划进行论证，2016年9月底省海洋与渔业厅联合省发展改革委将《广东省海洋主体功能区规划》上报省政府，并于11月14日报国家发改委、国家海洋局综合协调。

广东省第一次全国海洋经济调查 根据《国家发展改革委 财政部 国土资源部 国家统计局 国家海洋局关于做好第一次全国海洋经济调查的通知》的要求，为确保按时保质完成全省海洋经济调查工作任务，成立由省领导任组长的海洋经济调查领导小组，制定了《广东省第一次全国海洋经济调查实施方案》，召开了全省海洋经济调查电视电话会议，省级财政安排海洋经济调查专项经费1 000万元，2016年省财政厅已下达经费500万元。

各项法规规章立法 《广东省海岛管理条例》列入2016年省人大立法预备项目；《广东省海岸带保护与利用管理办法》列入2016年政府规章预备项目。根据国家海洋局《海洋生态文明建设实施方案（2015—2020年）》，编制了《广东省海洋生态文明建设行动计划（2016—2020年）》，经省政府同意印发实施。12月1日，省政府常务会议审议通过《广东省水产品质量安全条例》草案。《广东省渔业船舶安全管理办法》于7月15日广东省人民政府第十二届78次常务会议通过，自2016年10月1日起施行。出台国内首部市场化的无居民海岛使用权价值评估省级地方标准——《无居民海岛使用权价值评估技术规范》，将于2017年1月1日起在全省范围内实施。

【海洋经济发展】

开发性金融支持海洋经济发展工作 截至2016年年底，全省19个项目纳入国家开发性金融支持项目库，总投资额343亿元，项目数和金额位居全国前列。2016年，开发性金融新增涉海项目贷款5笔，贷款额34.8亿元，其中中长期贷款4.7亿元，专项基金14.76亿元。开发性金融支持海洋经济发展贷款余额84.7亿元，主要支持广东省沿海基础设施建设、大型渔港建设，以及交通运输、临海能源、海工装备等海洋产业发展。

海洋战略性新兴产业发展　通过海洋经济创新发展区域示范专项项目的重点布局和引导，截至2016年年底，全省共组织实施海洋科技成果转化与产业化、产业公共服务平台项目44项，获中央财政资金支持7.04亿元，项目总投资额超过20亿元，直接推动了广东省海洋战略性新兴产业加快发展。区域示范相关战略性新兴产业年度总产值（销售收入）1 659.76亿元，其中，海洋生物高效健康养殖业31.61亿元，海洋生物医药与制品业166.26亿元，海洋装备业1 461.68亿元。新增产值1 129.94亿元，创造税收63.11亿元。

海洋功能区划　监督实施2016年对66个用海项目进行了区划相符性审查，严格把好海洋功能区划实施关。加快推进市县级海洋功能区划编制报批，汕头、中山、江门、潮州4市海洋功能区划已获省政府批准。广州、惠州、东莞3市海洋功能区划具备上报省政府审批条件。湛江、珠海、揭阳、汕尾、阳江、潮州6市海洋功能区划召开专家评审会。

【海洋产业园区建设】

海洋产业集聚区　2016年，安排3 000万元支持广州南沙、珠海高栏、深汕合作区建设首批省级现代海洋产业集聚区。会同国开行广东分行召开金融促进海洋经济发展联席会议。推荐19个项目纳入国家开发性金融项目库，涉及投资343亿元。2016年2月18日，深圳、惠州、东莞、汕尾签署《海洋经济协调发展战略合作框架协议》。江门市制定集中集约用海规划。

海洋科技创新区域示范城市建设　阶段性完成“十二五”海洋经济创新发展区域示范项目验收及区域示范整体工作自验收等工作，截至2016年年底，已完成通过验收项目14个。

【海洋科技创新】

海洋经济创新发展区域示范工作　截至2016年年底，承担和实施广东省海洋经济创新发展区域示范专项项目的企业中，有国内外上市公司8家，正式进入IPO申请的企业2家，进入新三板市场的企业5家、龙头企业10家、高新技术企业25家。区域示范相关企业自主科技研发投入已超过3亿元，建设和认证市以上企业科技研发中心、工程技术中心、企业重点实验室、中试基地等产业技术开发应用示范平台共52家，取得创新技术成果193项，创新技术成果转化24个。组织实施海洋经济创新发展区域示范专项，实施海洋科技成果转化、产业公共服务平台项目44项，广东省海洋经济创新发展区域示范工作获得国家7.5亿元财政专项支持，带动超过40亿元社会资金投入海洋科技创新，海洋新型酶类、新型生物功能制品等一大批海洋高技术领域新产品、新技术、新工艺填补了国内空白。

“珠海桂山海上风电场示范项目”开工　广东省是我国海上风电资源大省，浅水区5～30m水深海上风电估算可开发容量约1 315万kW，近海深水区30～50m水深海上风电估算可开发容量约7 500万kW。依据广东海上风电工程规划报告成果，规划可开发装机容量约1 071万kW。2016年9月，广东省首个海上风电试点工程“珠海桂山海上风电场示范项目”正式开工，该期建设规模120兆瓦，总投资26.83亿元，拟安装37台风机机组。

海洋公益性行业科研专项加强检查评估　为组织实施好海洋公益性行业科研专项，广东省成立了广东海洋公益专项重大项目领导小组，具体负责广东海洋公益专项的统筹协调、组织实施、监督管理和检查评估，将广东海洋公益专项重大项目实施列入省局督办工作事项。“十二五”期间，全省推荐承担的国家海洋公益性行业科研专项目前在研课题6项，项目总经费8 487万元，实际到位资金8 112万元，项目资金支出约6 567万元，资金执行率超过80%。已形成新产品（新材料、新工艺等）24项，发表各种科技论文108篇，申请国内外专利85项，软件著作权14项。获得省部级以上科技奖励2项。

提升海洋预报减灾能力　2016年，建成18个渔港气象潮位站和4个水文气象浮标，惠州大亚湾海洋减灾综合示范区和58个岸段警戒潮位核定通过国家验收。开展六大渔场、重点目标海洋预报，与国家海洋局共建海洋遥感数据应用南方分中心。

【海洋环境与资源保护】

启动海岸带规划编制和功能研究　按照中共中央政治局委员、广东省委书记胡春华的指示精神，迅速组织开展海岸带功能研究，编制《广东省海岸带保护和利用规划》，于2016年12月25日召开专家咨询会，邀请包括中国工程院院士在内的9名来自省内外涵盖海洋、城乡规划等领域的专家对规划进行论证。

加强海岸带保护，开展海湾整治　积极推进海岸带保护与利用立法，制订全省海岸带保护与利用规划。2016年惠州考洲洋、潮州柘林湾、汕尾品清湖等地实施了湿地生态系统修复工程，开展湛江金沙湾、南澳岛、威远岛、小铲岛等海岸海岛整治修复，湛江、汕尾、潮州、珠海等地投入7亿元开展港湾整治，初步实现还海于景、还海于民。

美丽海湾建设　2016年，制定美丽海湾建设总体规划，积极推进惠州、汕头、茂名3个省级美丽海湾建设试点和珠海、茂名、惠州3个大型人工鱼礁建设示范项目建设，安排专项资金9 000万元在惠州、汕头、茂名开展3个美丽海湾建设试点，阳江海陵岛、湛江南三岛被评为全国“十大美丽海岛”。汕尾市获得国家蓝色海湾整治项目3亿元支持。组织开展海岸带整治修复，横琴新区和东莞威远岛海岸带整治修复项目累计完成投资近5亿元。

海洋生态文明示范区建设　2016年，珠海横琴等5个国家级海洋生态文明示范区建设进展顺利。汕头市、汕尾市分别获得国家蓝色海湾整治项目3亿元支持。建设珠海庙湾、茂名放鸡岛、惠州东山海3个大型人工鱼礁示范项目。汕尾遮浪角、汕头南澳海域获批建设国家级海洋牧场示范区。

自然保护区建设　2016年，广东省新建2个国家级海洋公园和1个水产种质资源保护区，分别是汕尾红海湾遮浪半岛、阳西月亮湾国家级海洋公园和浰江大刺鳅黄颡鱼国家级水产种质资源保护区。全省海洋与渔业保护区总量达111个，面积50余万hm^2，稳居全国首位。加强省级以上保护区监控能力建设，实现省级以上自然保护区重点区域实时监控。2016年海龟保护区视频监控接通省局，至此5个国家级保护区和大亚湾、江门白海豚2个省级保护区全面实现重点区域实时监控，并与省局实现网络互联，为下一步信息化建设工作奠定了基础。

海岛保护和建设　为贯彻落实十八届四中全会关于充分发挥市场在资源配置中起决定性作用的精神，科学、合理、高质量地利用好无居民海岛，保护好海岛生态环境，2016年广东省海洋与渔业局组织编制了全国首个市场化的无居民海岛使用权价值评估省级地方标准——《无居民海岛使用权价值评估技术规范》（DB44/T1889—2016），于9月8日由广东省质量技术监督局发布，并于2017年1月1日起在全省范围内实施。2016年，首次发布市级海岛统计公报——《惠州市海岛统计调查报告》，启动龟龄岛、南鹏岛、北莉岛、六极岛等生态岛礁修复，广东海岛网建成投入运行。

【推进海洋科技合作与交流】

签署《关于进一步深化合作共同推动广东海洋强省建设的框架协议》　2016年11月24日，国家海洋局、广东省人民政府在广州签署《关于进一步深化合作共同推动广东海洋强省建设的框架协议》。根据协议，“十三五”期间，双方将充分发挥广东海洋经济优势在“一带一路”建设中的示范引领作用，携手推动广东海洋生态文明建设，大力发展海洋经济，推进海洋科技自主创新，科学管理和利用海洋资源，共同促进南海保护开发，加强21世纪海上丝绸之路和自贸区海洋经济合作，加快广东海洋强省建设步伐。

2016中国海洋经济博览会　2016年11月24日，2016中国海洋经济博览会在湛江开幕。中国海博会是我国唯一的国家级综合性海洋博览会，自2012年创办以来，逐步发展成为展示中国乃至世界海洋经济发展前沿成果的重要窗口和推动国内外海洋产业交流合作的重要平台。该届海博会以“创新、绿色、开放、合作”为主题，首次邀请泰国作为“主宾国”参加，共53个国家参展参会，比去年增长23%；参展国外企业329家，比去年增长102%；参展企业机构达2 300多家。

广东—东盟渔业合作研讨会　2016年12月2日，由广东省海洋与渔业厅主办，中国水产科学研究院珠江水产研究所承办的广东—东盟渔业合作研讨会在广州举办，来自我国以及新加坡、柬埔寨、马来西亚、印度尼西亚、德国等国家的政府官员、专家学者、企业家140余人参加了研讨会。研讨会是广东积极参与国家“一带一路”建设，发挥广东海洋渔业对外交流合作优势，加强与包括东盟在内的有关国家和地区交流合作的一项举措。研讨会上，中国水产科学研究院、广东省海洋与渔业厅、农业部长江流域渔政监督管理办公室、广东省发改委等单位的有关部门负责人，国内外研究院所、科研单位的专家学者，围绕渔业可持续发展主题，分别就广东—东盟渔业的产学研合作前景、各国的渔业发展状况、当地的渔业资源保护政策及现状等作了主题报告并展开研讨。专家们一致认为，研讨会为广东—东盟渔业合作搭建了政策沟通、资源共享、科技互助、多方合作的交流对话平台，将有力推动中国与东盟渔业不断向更深层次、更广范围、更宽领域合作。

“2016年世界海洋日暨全国海洋宣传日”活动　2016年6月8日，国家海洋局南海分局、广东省海洋与渔业局、阳江市人民政府在全国十大美丽海岛之一的广东阳江海陵岛联合举办了2016年世界海洋日暨全国海洋宣传日广东分会场活动。海洋日主题为“关注海洋健康，守护蔚蓝星球”。活动期间，广东省海洋与渔业局正式发布《2015年广东省海洋环境状况公报》和《2015年广东省海洋灾害公报》，并举行中国海警3112船先进事迹发布会和闸坡现代渔港建设动员会等活动。阳江市海洋与渔业局、广东放生协会还联合组织了增殖放流活动，共放流黑鲷鱼苗10万尾、黄鳍鲷鱼苗10万尾和斑节对虾苗250万尾。

2016中国国际海洋高新科技展览会　2016年4月28—30日，由国家海洋局宣教中心、珠海市海洋农业和水务局、珠海市会议展览局和珠海市会展集团有限公司联合主办的2016中国（珠海）国际海洋高新科技展览会在珠海国际会展中心成功举办。展会以展示海洋科技领域成果为主题，同时举办了高规格国际海洋高新科技展论坛。展会共吸引了来自美国、韩国、德国、芬兰、新加坡、意大利等国家和地区的131家企业参展，展览面积达20 000m^2，逾21 000人次参观。展会期间参展企业共签订7个总价值约22.35亿元的项目协议。

国际海洋高新科技论坛　在2016中国国际海洋高新科技展览会同期举办以“创新引领、科技兴海”为主题的高规格、高水平国际海洋高新科技论坛，中国工程院院士曾恒一、陈冀胜、孟伟、李家彪，中国科学院院士吴立新等多位专家现身论坛，通过46场现场报告深度对话蓝色经济。内容涉及中国海洋政策、海洋经济发展、海洋能源与海底资源开发、海洋环境安全、海洋生态问题、海洋生物医药以及海洋大数据平台等方面，为论坛提供前沿的市场技术分析和权威的宏观政策解读。

金融促进广东海洋产业发展宣介对接会

2016年4月28—30日，在2016中国（珠海）国家海洋高新科技展览会期间举办“金融促进广东海洋产业发展宣介对接会”，邀请国开行广东分行、中国平安广东分公司等金融机构对金融支持广东省海洋产业发展有关政策进行宣传介绍。对接会吸引了近60家企业参加，搭建了涉海企业与金融机构之间的融资平台。

【科研成果选介】

“南海环境变化”专项　由中国科学院南海海洋研究所承担、张偲任首席科学家的中国科学院战略性先导科技专项（A类）“南海环境变化”专项（简称“南海专项”）于2月25日通过中科院院长办公会获得立项，5月27日正式启动。专项包括4个项目，共设23个课题、82个子课题，研究经费13亿元。专项由南海海洋所牵头，聚集中科院内外24个相关单位的优势力量，面向“经略南海”和“建设21世纪海上丝绸之路”国家重大战略需求，以南海关键海区为主要研究区，主要开展地质、生态、海洋环境和可持续发展等方面的协同研究。

海马基因组及其特异体型进化机制海马基因组及其特异体型进化机制研究　国际学术期刊*Nature*主刊于12月15日以封面长论文（Article）的形式在线发表了中国科学院南海海洋研究所林强研究员课题组主导的国际合作小组完成的研究论文*The seahorse genome and the evolution of its specialized morphology*（海马基因组及其特异体型进化机制）。该研究在首次完成海马全基因组分析的基础上，揭示了海马在海洋近岸和岛礁栖息过程中的长期适应性进化特征。*Nature*同期短文（*Symbolic Seahorse: The genome sequence of this* *unusual creature offers clues to its unique traits.*）亮点评价了该文基于基因进化特征挖掘探索了海马体型与繁殖进化的重要性，并对海马资源保护提出了关切。该研究工作得到了国家优秀青年基金项目、中科院先导专项、“863计划”青年科学家项目等资助，成果被列入2016年度“中国海洋十大科技进展”。

南海海气相互作用与海洋环流和涡旋演变规律　南海海洋所王东晓研究员为首席科学家的科技部“973计划”项目“南海海气相互作用与海洋环流和涡旋演变规律”结题评定结果为优秀。项目为相关领域研究提供了重要基础数据；从南海影响热带天气、气候系统的角度，揭示了南海多尺度海气相互作用过程，刻画了南海环流及涡旋的时空特征，充分揭示了西沙暖涡的海气相互作用过程；通过自主研发参数化方案、同化方法，建立了合理的区域海气耦合模式；发布高质量南海同化再分析产品，为南海的科学研究提供了拥有自主知识产权海洋数据产品。项目成果在促进热带海洋原创性研究、服务海洋航运、提供海洋工程的基础数据、海上作业安全指导、防灾减灾、政府管理以及部队作训等方面均能提供重要科技支撑。

【广东海洋大学】　2016年，广东海洋大学科研到账经费达1.86亿元，连续4年突破亿元大关。其中，国家级项目60项，到账经费2 069.54万元；省部级项目130项，到账经费3 237.51万元。新增各级科研平台7个，其中4个广东省工程技术研究中心：广东省海洋遥感与信息技术工程技术研究中心、广东省小家电创新设计及制造工程技术研究中心、广东省南海深远海渔业管理与捕捞工程技术研究中心、广东省藻类养殖及应用工程技术研究中心。获批广东省自然科学基金团队1个，广东省普通高校创新团队3个。获得市厅级以上科研奖励31项，其中省部级奖励4项；发表学术论文1 245篇，三大索引收录169篇，1篇SCI收录论文入选ESI高被引论文；全年学校申请专利404项，获得授权专利220项。

南海深海渔业资源开发关键技术及应用

在南海近海渔业资源严重衰退、大陆架渔场已充分开发、中越北部湾划界后传统渔场骤减及南海海洋权益维护形势日益严峻等背景下，广东海洋大学卢伙胜教授带领团队，经过20多年的潜心研究，该项目突破了渔船生产信息采集与分析、深海渔业资源大面积同步评估、鸢乌贼和大型金枪鱼等大洋性渔业资源高效开发等技术瓶颈，荣获2016年度广东省科技进步奖二等奖。

该项目已推广带动广东、广西和海南3省区的8市县开发南海深海渔业资源，实现南沙群岛深海渔场常态化生产，自2008年以来累计新增产量97.4万t、产值59.6亿元、利润11.9亿元。2013—2015年，项目完成单位累计新增产值3.2亿元、利润0.6亿元、创税257.4万元，南海3省区渔船新增产值30.2亿元、利润6.0亿元。该项目取得了重大的经济、社会和生态效益，为维护我国海洋权益做出了显著贡献。

科技交流与合作　广东海洋大学搭建高水平学术交流平台，积极开展学术交流活动，推动学术思想传播，不断提升科研创新能力。

10月27—29日，“应激行为和脑疾病中神经—免疫相互作用以及相关药物和营养品的研发”国际学术会议在湛江召开。广东海洋大学联合国际应激与行为学会（ISBS）、美国心理神经免疫学会（PNIRS）、国际身心介面学会（MBIS）共同举办大型国际学术会议在学校多功能厅圆满完成。此次会议包括第9届国际地区生物医学与神经科学应激与行为会议、第6届身心介面国际研讨会、第1届脑疾病相关海洋药物与营养品研讨会和心理神经免疫研究学会中美讨论会四个会议组成。会议有来自美国、俄罗斯、澳大利亚、加拿大、新西兰、德国、波兰、爱尔兰、英国、孟加拉国、秘鲁、土耳其等国家和地区的专家、学者以及我国台湾和大陆高校、研究机构和企业的代表一共100余位各相关领域专家学者。此次会议促进了不同国家（地区）、不同相关学科领域的学者的交流，为大脑—免疫系统相互作用的研究、大脑疾病机理的深入认识和相关海洋药物与营养品的研发起到了重要的推动作用，同时提高了学校在国际上相关领域的知名度和影响力。

（广东省海洋与渔业厅　陈海丽
中国科学院南海海洋研究所　黄蔚霞　林　强　王东晓
广东海洋大学　吴　勇）

广播电视领域

【无线数字广播电视技术推广应用】 2016年，广东省广播电视技术中心（以下简称“技术中心”）根据中央关于加快构建现代公共文化服务体系的精神，积极开展无线广播电视数字技术等新技术的推广应用工作。

WIFI移动电视试验　WIFI移动电视是将地面无线数字电视技术与WIFI视频传输技术相结合，通过移动终端实时展现广播电视节目的一种新型应用。为此，技术中心开展了一系列技术试验和探索。技术中心还将与社会资本以成立公司方式合作，以广州为中心开展WIFI移动电视试点工作，截至2016年年底，已完成了大量前期准备工作：在广州市越秀山、番禺南村镇大镇岗，开通了基于国标地面数字电视DTMB的发射系统，组建成28频道数字电视单频网，并与WIFI视频传输技术相结合，通过移动终端，实时展现中央及省的16套电视节目、3套广播节目。

广东省地面数字电视覆盖网建设　完成了技术中心所属电视调频发射总台22频道、九〇三台36频道数字电视发射系统的建设；完成了紫金笔架山台、河源微波站、东源电视塔基于AVS+和DRA等技术标准的数字电视发射系统的建设；开展粤东鸿图嶂电视调频转播台13频道数字化改造工程；并积极与有关单位协商在白云山、珠江新城等地方进行数字电视发射补点。

【广东广播电视台CDR数字音频广播示范网（一期）项目】 5月13日，广东广播电视台在广州越秀山电视塔组织对该台CDR数字广播示范网建设（一期）项目进行了设备验收。该项目主要是应用我国自有知识产权的数字音频广播（CDR）技术，在包括广州越秀山电视塔在内的广东省多个高山发射台，搭建模数同播调频广播发射系统。项目从2015年开始建设，拉开了我国大功率数模同播调频广播覆盖网建设的序幕。

在此次验收会上，验收专家一致认为该项目是落实广东省政府《关于贯彻落实国务院部署加快培育和发展战略性新兴产业的意见》的具体举措，对我国数字音频广播标准（CDR）的制定提供了重要参考价值，意义重大；相关设备运行稳定、指标优良，节目播出质量及覆盖范围明显超过原用系统，所有指标符合国家标准、标书及合同要求；具备音频广播模数同播能力，可以显著提高FM频率的使用效率，有效改善广播质量。专家组一致同意通过该项目的设备验收。

（广东省广播电视技术中心　岑　斌）

移动通信领域

【4G/5G移动通信系统】 中国电子科技集团公司第七研究所（以下简称“七所”）开展中高速传感器网络系统设备、接入设备研制与规模化制造技术，开展4G增强和5G宽带移动技术军民融合应用研究，先后完成了LTE军用宽带增强技术、D2D通信技术，完成了C-RAN网络架构技术和光载无线电技术等多方面的研究，取得多项重要成果，技术水平国内领先。

七所积极参与B-TrunC联盟创建工作，担任理事会成员，参与B-TrunC技术体制论证和行标标准化工作，共提交近40篇标准化提案，参与编写5部行业标准，已形成3项发明专利；2016年，完成了B-TrunC宽带集群端到端系统研制，并一次性完成工信部泰尔实验室的测试，所有指标均满足或优于技术规范要求，通过了B-TrunC联盟技术认证。主要应用于军用宽带接入系统、地铁轨道交通、政务、公安等领域的行业客户，其中军用宽带接入和地铁轨道交通集群指挥调度系统在国内具有一定的影响力。

【卫星通信】 天通一号卫星，是高轨道的地球同步卫星，设计寿命12年，支持军民共用，建成系统容量100万台，覆盖我国国土及印度洋北部、太平洋西部的卫星移动通信系统。

七所通过研发手持型、便携型、车载、船载天通卫星终端，掌握卫星通信终端核心技术，推进卫星通信应用事业发展，带动相关应用事业。通过对各种类型卫星终端的研发，满足特定需求行业用户。如根据中集集团对集装箱智能化的需求，结合研究所技术实力以及在研卫星通信项目。研究伊始，从民用市场需求出发，站在客户的角度思考问题，充分分析集装箱智能化特点和要求，结合实际拟定设计思路，展开卫星通信终端民用化设计。对应用场景进行专向技术突破着重研究集装箱上小空间范围内实现天线技术。依托卫星通信技术，结合冷箱实际需求，进行专门设计，并配合客户完成对冷箱数据传输等技术攻关，实现全部功能，推动卫星通信在集装箱中的运用智能化。

集装箱智能化终端项目为集装箱发展带来新的突破口，率先打开国内集装箱产业智能化市场，促进集装箱产业整体升级，并填补国内相关智能化产品的空白，为将来卫星通信进一步应用奠定了基础。

【智慧物联网云平台】 智慧安居云管理平台市场，通过定制化设计服务于出租屋管理行业，智慧出租屋管理以网络化传输、数字化处理为基础，具有强大的集成能力，集成了智能抄表、智能门锁、智能报警、智能信息发布、大数据分析等一系列功能模块，实现单纯的流动人员管理向出租屋设备数据采集、门禁控制、报警（防火、防盗）联动、智能手机、大数据分析等应用领域的广泛拓展与延，提高了对流动人员的管理，客户可获得更便捷的操作、更高效的管理与更智能的决策支持，从而实现高效的安全管理。

设备接入云端包含了云服务以及端接入两部分，云服务提供设备、应用的连接与数据实时通讯、存储服务，以及IOT通用业务封装，数据计算处理等功能，包含了M2M、OPEN API等；端接入包含了设备端接入以及应用端接入。通过云、端接入为企业提供完整的设备接入、应用控制管理设备的端到端解决方案。

通过智慧安居云管理平台带动相关的智能硬件生产，开拓基于NB-IOT的智能硬件应用市场。其中包括各种智能门锁、家居安防、智能家居设备、智能白色家电控制等市场。

【浮空平台系统】 浮空平台Pre5G／5G基站技术，运用大规模天线的成果，结合浮空平台特殊场景的需求，重点突破浮空平台5G基站低功耗、小型化、轻量化方面的关键技术，实现浮空平台部署场景下Pre5G／5G基站广域覆盖能力以及频谱利用效率和能量利用效率的提升。在边远地区以及应急抢险救灾场景下支持网络快速部署，大容量用户接入等需求。产品主要包括：系留气球浮空平台产品。该产品可搭载Pre5G／5G专用基站，满足500m、1 000m以及平流层（20Km）等不同的升空高度，具备快速部署的能力；平台载荷是工作频段为1.4GHz、1.8GHz、3.4～3.6GHz的Pre5G／5G通信技术的专网基站采用MassiveMIMO技术，能够支持大范围、高速率通信。配套的专网终端设备与浮空平台专网基站进行通信，实现视频、语音等业务的传输。

浮空平台系统采用增强型的大规模MIMO天线技术，球载基站能够满足半径50km以上的覆盖范围，满足了地区性的反恐维稳需求；平流层基站可以满足200km以上的通信覆盖。

主要应用于区域通信、反恐维稳等应急通信领域。在新疆等反恐维稳一线地区，需要建立一个稳定可靠、大覆盖范围、高速通信网络，以满足反恐指挥中心对大范围地区进行实时监控、实时指挥等需求。能够支持数百个移动终端同时使用，通信速率不小于2Mbps，满足语音、视频等中高速业务数据的实时传输。

浮空平台系统还可用于支撑天地一体化信息网络的构建，作为接入网重要补充，主要应用于偏远地区的无线网络接入网络的建立。在我国山区、边境等地区，由于人烟稀少，建设普通移动通信网络成本高、难度大，采用浮空平台建5G广域宽带接入网，可提供稳定的、大范围的高速通信，具有广阔的应用前景。

（中国电子科技集团公司第七研究所　张　景）

科技社团及科技宣传交流

科协与科技社团

【广东省科学技术协会】 2016年，省科协所属省级学会、协会、研究会161个，地级以上市科协21个，高校科协20所，企业科协634家。

2016年，省科协深入实施“千会万企金桥工程”，截至2016年年底，共建立院士专家企业工作站160家，累计引进了180名院士和2 000多名专家。8家工作站被评为全国示范院士专家工作站。组织省市两级学会在基层企业、医院、农村创建了82个省级学会和181个市级学会科技服务站。推进实施广东版“海智计划”，进一步完善“南粤海智网”服务平台功能。持续有序地推进海智工作网络的建设，已建立中国科协海智基地7个，建立海外（含香港）海智工作站8个，建立省内海智工作站14个。省科协被中国科协评为2016年“海智计划工作先进单位”。

实施“省级学会重点学术活动项目资助计划”，对省级学会的10项学术水平高、规模影响大、上下合作的学术活动予以资助。开展第十四届广东省科协学术活动周活动，举办各类型的学术活动462项。还举办广东科协论坛5场、广东院士讲坛11场、第八届粤港澳可持续发展研讨会、9+2泛珠三角区域科协与科技团体联席会议等学术交流活动。2016年，省科协及所属学会共组织了1 466场次学术活动，其中国内1 147场次、国际（境外）319场次。

省科协开展慰问走访院士等活动，听取和反映院士的意见和建议。组织在粤工作院士赴汕尾休养考察和青年科学家赴肇庆进行科技咨询服务。进一步与省委保健办落实解决院士就医绿色通道等事宜。开展第十三届广东省丁颖科技奖推荐评选工作，做好第七届全国优秀科技工作者候选人、全国科协系统先进集体、先进工作者、第十三届中国青年女科学家奖、2016年度“未来女科学家计划”候选人的推荐评选工作。组织科技工作者开展相关科技项目的申报工作，推荐了5个中国科协学术会议质量提升计划项目、7个广东省科技奖候选项目、1个广东省新型研发机构候选单位和5个广州市科技计划项目。

2016中国创新创业成果交易会　2016中国创新创业成果交易会（简称“创交会”）由中国科协、中国工程院、九三学社中央、广东省政府和广州市政府共同主办，由广东省科协、广州市科协等承办，是全国“双创”活动周的重要组成部分，也是“创响中国”巡回接力首站活动。2016年5月27日，创交会启动仪式在琶洲广交会展馆隆重举行，中国科协党组书记尚勇，中国工程院院长周济，广东省省长朱小丹，国家发改委副主任林念修，九三学社中央副主席赖明，22名院士，地方科协、全国学会等科技团体、高校科研院所、民办科研机构、技术成果持有人或团队，有关企业代表，境外科技专家和科技团体代表等1 100多人参加启动仪式，有1 000多个单位超过2 000个创新创业成果项目参展。

千会万企金桥工程　省科协深入实施“千会万企金桥工程”。至2016年年底，共建立院士专家企业工作站160家，累计引进了180名院士和2 000多名专家，帮助企业解决技术难题1 800多项，帮助企业申请发明专利和实用新型专利6 600多件，创造经济效益超过100亿元。2016年，广州白云山和记黄埔中药有限公司等8家工作站被评为全国“示范院士专家工作站”。组织省市两级学会在基层企业、医院、农村创建了82个省级学会和181个市级学会科技服务站，为地方政府、企业等提供科技服务8 000多次，提供技术攻关和开发新产品700多项，帮助企业、专业镇、医院和农民新增经济效益近10亿元。

广东版“海智计划”　2016年，省科协进一步完善“南粤海智网”服务平台功能，海智项目在社会尤其是在重点企业得到持续更新发布。持续有序地推进海智工作网络的建设，指导和支持有条件的地级以上市科协申报建立中国科协海智计划工作基地，已建立中国科协海智基地7个，建立海外（含香港）海智工作站8个，建立省内海智工作站14个。实施海外合作计划，与韩国科学技术人力开发院签署合作备忘录并建立广东省（韩国）海智工作站，推进中欧国际创新中心建设和项目落地。承办了中国科协2016年“全国海智计划基地工作会议”，开展了中国科协“海智专家助力企业创新创业广东行”活动。省科协被中国科协评为2016年“海智计划工作先进单位”、深圳被评为先进“海外人才离岸创新创业基地”，东莞、汕头、中山市科协被中国科协评为2016年“海智计划工作先进基地”。

【科技社团】 2016年，省科协引导学会加强组织建设，健全以章程为核心的内部管理制度，强化法人治理结构，规范运作。2016年，省科协所属的学会中有5家协会被评为“5A等级社会组织”。

2016年，省科协围绕科技评估、工程技术领域职业资格认定、技术标准研制、科技奖励推荐等四大类领域，共有40个学会提出了126项的政府可转移职能的清单。省科协发挥牵头协调作用，加强沟通政府和学会职能转移的主体双方的联系，推介学会的优势条件，寻求切入点和对接点，让政府放心将相关职能转移给学会。向省人社厅推荐承担专业技术人员职称评审工作较为成熟、有基础的省电子学会、省计算机学会、省造船学会。截至2016年年底，省级学会已承接了72项政府转移职能，向政府购买服务事项165项。

（广东省科学技术协会　刘泽周）

科普和科技宣传

【科普宣传与落实】 2016年，省科协牵头编制广东省“十三五”全民科学素质纲要实施方案。经省政府批准，省政府办公厅印发了《广东省全民科学素质行动计划纲要实施方案（2016—2020年）》，提出到2020年我省公民具备科学素质的比例达到10.5%以上的目标。

2016年7月，省科技厅配合广东省全民科学素质纲要实施工作办公室在广州召开全省全民科学素质工作会议，贯彻落实全国全民科学素质工作会议精神，宣传《广东省全民科学素质行动计划纲要实施方案（2016—2020年）》（以下简称《实施方案》），全面总结本省“十二五”的工作，全面动员部署“十三五”全民科学素质工作。国内主流媒体也纷纷进行宣传报道，《科技日报》《南方日报》《广东科技报》分别头版报道，省政府网站、南方网、新华网、中国政府网、科技部网站、省科技厅网站以及其他地区科技厅网站报道，凤凰网、新浪网、网易、求是等网站转载。

实施科学素质纲要 积极参与制定《广东省全民科学素质行动计划纲要实施方案（2016—2020年）》，优化科普工作政策环境，加强与相关部门沟通交流，抓紧进行动员部署，制定实施细则，形成工作新合力。

加大科普扶持力度 一是加大对科普场馆的扶持力度。加强对省级现有大型科技馆（科学中心）的扶持力度。加快珠江三角洲各中等城市的科技馆（科学中心）和专业性科技博物馆的建设。以推动《科学素质纲要》实施为主线，创新方式方法，推进传统科技馆的信息化建设。

二是加大对粤东西北地区的扶持力度。本着“有所为，有所不为”的原则，集成科普资源办大事的优势，科普资源向粤东西北等偏远地区倾斜，形成与广东经济社会发展相协调的科普特色。增加粤东西北地区的经费投入，逐步建立科技馆、青少年科技活动中心及社区、乡村科普图书室、科普宣传栏、科普活动室（场）等基础设施。

三是加强科普人才队伍培养。在全省开展科技创新政策宣讲人员培训活动，提升各级科技管理人员、行业协会、第三方服务机构科技创新政策宣讲能力水平，大力推动科技创新政策进一步全面落实。支持各类机构举办培养科普志愿者或科普工作人员的工作能力及管理能力提升的科普人才培训活动，以项目促实践，以实践带发展的人才成长模式，培养一批具有一定专业水平的科普人才。

探索农村科普服务新途径 各级科技管理部门联合财政部门继续深入实施全国“基层科普行动计划”和省“科普惠农兴村计划”，不断规范项目的申报、评审、推荐和绩效评价工作。本省新获国家、省级奖补的农村专业技术协会16个、农村科普示范基地17个和农村科普带头人21名。建立科普惠农网，促进电商、教育、旅游融合发展，服务农村农民增收创效。各地结合实际，强化专业化、产业化的技术培训，培育科技示范户，推广新技术、新产品，加强农村食品安全生产、卫生保健等方面的科普宣传教育，实现科普服务常下乡，进一步扩大农村科普服务的覆盖面和影响力。肇庆市率先启动“银会合作”农村科普服务新模式，全市有85个协会（企业、基地和大户）参与“银会合作”，实现贷款5 705万元，促进科普服务、农技资源和邮储银行资源深度融合。阳江市积极推进“银会合作”，有46个农技协会获得贷款1 645万元。湛江市举办电子商务下基层活动，加强电子商务建站、经营、网络营销等培训，培育农村电商人才，孵化电商企业。韶关、梅州、揭阳、潮州、汕尾、云浮等市结合当地产业发展，举办各类实用技术培训班，激发了农户依靠科技带头创业致富的热情。

广泛开展城镇社区科普工作　各地以创建各级科普示范社区为抓手，不断创新社区科普的组织形式、活动内容和表现方式，充分利用信息化手段和社交媒体，加强社区“科普组织、科普漂流书屋、科普活动室、科普画廊、科普志愿者服务站和科普大学教学点”等基础设施建设，让科普服务融入居民的日常生活中。新创建“广东省科普示范社区”77个，省级科普示范社区达到378个；有33个社区获得“全国科普示范社区”命名，受表彰社区数量继续位居全国前列。组织开展“家庭医生在线”和“好医生健康广东行”公益活动，组建“羊城好医生”专家科普健康讲师团，为社区民众提供义诊和健康服务。各地积极创新社区科普工作。汕头市充分利用社会资源开展“邦宝科学素质教育体验馆”、全民“亮眼”行动进社区等惠民行动，珠海市举办社区科普嘉年华活动，中山市组织开展科普“四进”活动，清远市推动基层社区建立科普大学分教点，江门市开展社区健康科普大讲堂活动，等等，将科普服务送入千家万户。

开展领导干部和公务员的科学素质服务工作

结合领导干部和公务员的职业特点和需求，依托广东科学中心这一全球知名科普教育基地，联合省委党校，有针对性地举办科普基地考察、科普培训、科普报告会、科普讲座等活动，推动科学素质宣传教育内容列入各级党校、行政学院教学计划，大力倡导和推动领导干部和公务员“参加科普活动、参观科普展览、读科普图书、听科普讲座和阅览科普网”行动。

加强科普资源的开发、集成与共享工作　组织编印《广东省公民科学素质读本》等各类科普丛书、挂图、图书（口袋书）、期刊、折页26万张（册），加强数字化科普资源的开发与集成，促进网络科普与科普活动、科普资源、科学素质教育体验馆等平台融合发展。举办第十届广东省科普作品创作大赛、第三届广东省科普剧大赛，繁荣科普创作，汇集优质科普资源，创新科普宣传方式。省科普中心和广州、汕头、茂名等市运用微信公众号、微博等社交平台，加强科普资源的精准推送。珠海市出台《优秀科普作品资助办法（试行）》，鼓励社会开发科普资源。

科普信息化建设　2016年，省科协大力推动“互联网+科普”行动，充分发挥“岭南科普、科普志愿者、科普游、科普惠农、科普随手拍”等网站、微博、微信及APP的功能作用，推动在机关、公园、宾馆、车站、影院和社区等公共场所设立科普传播网点和终端，为公众获取科普知识提供便捷高效服务。积极推广科普中国微信公众号，推进科普中国社区e站、乡村e站、校园e站在全省示范建设，推动“科普中国”“岭南科普”在e站全面落地。

利用信息化手段加强优质科普资源的开发、集成与共享工作，组织编印《广东省公民科学素质读本》丛书和各类科普挂图、图书（口袋书）、期刊、折页。建立“岭南科普”大数据库平台，建设“广东微科普传播平台”，利用网站、QQ群、微博、手机短信、电子显示屏等各种新媒体开展科普宣传，组织开展“科普随手拍”微信摄影大赛，通过公众微博、微信、微视频、现场访谈线上直播互动等活动，促进科普活动线上线下相结合，提高科普活动受众面和资源共享使用率。

（广东省科学技术厅政策法规处　夏兴林
广东省科学技术厅办公室　陈锡强）

【科普主要活动】　2016年，全省开展主题科普活动项目2 500多项，参与群众达1 650多万人次，在全社会营造了浓厚的科普氛围。

组织开展面向全省的主题科普活动，发挥大型主题科普活动的作用，以科技周、科普日、科技活动进步月等为重点，科普讲座、展览、论坛为补充，开展科普活动，形成全省各部门大联动的局面。如：组织策划科普从业人员培训、“微电影大赛”“我们爱科技”、科普大讲坛大赛、科普公益广告大赛、科普知识竞赛及科技主题的技能大赛活动等；依托广东科学中心，结合各地市科技场馆现有资源，组织开展全国科普讲解大赛、青少年科技创新大赛、广东省少年儿童发明奖、创意机器人进校园活动、欢乐科学周末粤东西北行、科技创新年度巡展、2016年科学大咖秀邀请赛暨科普人才交流培训活动等主题科普活动，送科普进社区、进企业、进校园，促进了科普活动进一步社会化、经常化、群众化，推动全省科普工作上新台阶。

开展了“全国科技活动周”“全国防灾减灾日”“全国食品安全周”“全国科普日”“广东省科技进步活动月”等全省性主题科普宣传教育活动。针对食品安全、节能减排、防灾减灾、垃圾分类、登革热防治等社会热点问题，广泛组织开展社会公共科普服务进农村、进企业、进校园、进社区。打造了“广东科普大讲堂”“全省科普剧汇演”“中小学校科普节”“科普进校园”和“科技馆巡展”等特色科普品牌。

全国科普日　根据中国科协的统一部署，全省科协系统在9月下旬联合有关部门，围绕“创新放飞梦想、科技引领未来”和“大众创业、万众创新”的主题，动员和组织各级学会、科普教育基地、科技场馆、学校及社会机构，广泛开展科普进农村、进校园、进社区和科普一日游等系列活动，集中举办了300多项重大科普活动。由省科协、省教育厅、佛山市科协等部门联合在南海区举办的“全国科普日”广东省主场活动，汇集了省、市、区县的科普活动资源，为当地群众送上了一份内容丰富的“科普大餐”。广州市组织高新技术企业、高校、科研院所的科普资源，为公众提供全新的科研产品和体验项目，让公众分享前沿科技发展成果。肇庆市开展创客教育与创新应用作品展示体验等活动，创新科普教育内容。中山市组织开展科普“四进”和“科普大讲堂”活动，到辖区各学校、企业、社区、行政村进行科普宣传。

第31届广东省青少年科技创新大赛　4月8—10日在珠海市举行第31届广东省青少年科技创新大赛，大赛由省科协、省教育厅、省科技厅、省知识产权局和珠海市政府主办，中共广东省委常委、统战部部长林雄和省政府副省长袁宝成担任荣誉顾问，谢先德、刘人怀等5名院士担任荣誉科学顾问，全省23个代表队400多名学生参加，香港、澳门、江西省赣州市和全省各地近2万人观摩赛事。

本届大赛扩大海陆空军、公安和企业技术专才的评委数量，增强现场淘汰弄虚作假作品的力度。大赛首设“广东省青少年科技教育荣誉奖”，每年表彰不超过5名对科技教育事业发展做出积极贡献的各界人士。大赛还设立中山大学、华南理工大学等企事业专项奖27项，总奖金53万元。赛期，主办单位还组织了5场师生、家长交流活动，力争将大赛打造成为全省青少年创客的嘉年华盛会。

省赛选拔的优秀项目，推荐到全国赛中，成绩继续保持全国领先地位。在含金量最高的青少年创新项目中，我省学子荣获一等奖5项（全国56项）、二等奖6项、三等奖5项，一等奖数位列北京、上海之后。1项科技实践活动项目喜获全国十佳，科幻画则创历届最好成绩，13幅作品获得一等奖（全国141项），一等奖数位居全国第2。

第16届广东省青少年机器人竞赛　5月13—15日在肇庆四会市成功举行第16届广东省青少年机器人竞赛，全省230多支代表队800多名师生分小学、初中和高中三个组别，参加机器人创意、综合技能、机器人足球、FLL和VEX挑战赛等五大类比赛，选拔出冠军队伍参加7月在北京举行的全国赛。在全国赛上，广东代表团双喜临门。参赛师生获得10金4银4铜的好成绩，总体成绩位居全国前列。在机器人创意和综合技能上，我省6支队伍全部摘得金牌，小学组足球赛场上广东代表队勇夺冠军。

全省青少年科技创新活动　联合省教育厅、中山大学实施广东省中学生英才计划，联合省教育厅、中山大学、华南理工大学，举办全国青少年高校科学营广东营活动，来自河北、新疆、澳门等9省（区）的近400名营员参加。省青少年科技中心加强与地方科协合作，积极发挥青少年科技教育特色学校的示范带动作用，强化全省科技老师的培训工作，举办青少年科技创新能力挑战和虚拟机器人竞赛活动，为欠发达地区青少年开展科技创新活动提供了新平台。各市创新组织开展青少年科技类竞赛活动，全省有500万人次的青少年参加各级各类创新竞赛活动。佛山、惠州、湛江等10多个市、区举办专家科普报告进校园巡讲活动，专题报告达到400多场次、参加学生15万多人，取得良好的社会效果。深圳、东莞等地积极推动青少年创新创客工作室建设，中山、汕头等地加强市级青少年科普教育示范学校的培育和发展工作，河源市举办校园科技文化艺术节活动，茂名市组织“我创新·我体验·我快乐”科普校园行活动，极大地调动了各地学校开展科技教育的积极性。

（广东省科学技术厅政策法规处　夏兴林
广东省科学技术协会　刘泽周）

【全省科技进步活动月】　2016年5月中旬至6月中旬，广东省举办了第25个“科技进步活动月”（以下简称“活动月”）全民科普教育和科技服务活动，部分活动延续开展。“活动月”由省科技厅、省委宣传部和省科协共同牵头举办，根据全国科技活动周和省委、省政府的统一部署，围绕“创新引领　共享发展”这一主题，开展提升广东自主创新能力、营造创新创业环境、科技惠及民生等系列活动，主要目的是宣传创新驱动经济社会发展、创新创业成果服务改善民生，进一步提高公众科技意识和科学素养。在内容和形式上，重点展示一批大众创业万众创新的科技创新成果、优秀创新人才团队和创业企业，开展科技服务企业、青少年、农村的活动，组织高校、科研院所等科技资源向社会开放，大力宣传与人民生活相关的科技创新成果，加强低碳节能、健康生活、食品安全、空气质量等社会热点问题的科普宣传，在全省掀起科学技术普及的新高潮。

科技服务企业　一是开展“院士专家企业行”“知识产权巡讲”“厂会协作”行动等，把院士、专家等高端人才和技术团队引入企业；二是深入开展企业科技特派员行动、“厂会”协作等活动，提升企业和行业的创新能力，为企业培养一批创新人才；三是在全省组织开展全省科技成果管理培训班、广东省技术合同认定登记工作培训班、企业技术创新方法培训活动等培训活动，帮助企业加快提高技术创新水平和效率；四是举办广东青年领军企业科技创新扶持系列活动、珠三角科技创新创业人才投融资对接集训营活动，培育更多高成长性科技型企业，激发本省创新创业活力，提升区域创新能力，推动科技、金融和产业三方有效融合。例如，省青科协组织了“创新驱动，青科领航走进高校、中山、珠海”、“青科，领航读书会”、“智慧成长沙龙”等活动，由青年科技工作者走进地市、与创新型企业、高校、工厂等基层一线开展面对面的交流活动，激发广东省企业的创新创业活力。

科技惠民活动　“活动月”期间，全省各地继续举行了一系列科技惠民、服务“三农”活动。

科技服务民生活动　全省各单位通过开展科普进社区、进企业、进校园活动，进一步推动科技成果普及，促进科普事业发展。

一是以科技服务民生为重点，围绕“低碳节能、科技与环境、食品安全、创新智慧生活、防灾减灾”等内容，提升全社会“爱科学、学科学、用科学”的良好氛围。例如，省科技厅联合有关单位开展2016年全国科普讲解大赛、公众网络科普大赛、“让分析检测走进百姓生活”等贴近社会民生的活动，邀请科技企业、高等院校、科研院所等科技企事业单位参与，通过现场展示、咨询解答等方式传播科学知识，并印刷派发相关科普宣传资料，使科学技术更加贴近基层、贴近群众、贴近生活，提高广大群众的科学文化素质；华南师范大学开展大数据教育平台示范推广，创新了大学生思想政治教育的方式方法，充分发挥互联网、大数据技术的独特育人功能，构建了“课内课外、网上网下、校内校外”多维互动平台。

二是以大型科技下乡为重点，开展科技下乡系列活动，推动科技更好地服务“三农”工作。例如，由省科技厅联合省农科院、华南农业大学等单位在粤东西北地区，开展2016年“科技进步活动月”送科技下乡活动，重点组织开展粮食春耕、农业科技、医疗卫生科技下乡活动，为农民群众开展农业实用技术、农产品安全及检测技术、农村信息技术和卫生保健咨询活动，并设立科技集市和农业科技新成果展示摊位，现场派发各类农业实用科技资料，为当地的农民朋友、种粮大户、农技人员开展数十场专题技术培训；由省科协等单位牵头，动员组织全省3 000多农村专业技术协会、农村科普示范基地和农村科普带头人与镇、村结对组织“千会服务千村”等行动，通过举办农科实用技术培训和科技指导服务活动，开展各种农科专业技能培训，不断推进社会主义新农村建设，促进农民增产增收，提高农民科学素质。

科技资源开放活动　根据全国科技活动周的

部署要求，2016年，广东省组织有关科研院所、高校等科技资源向社会公众开放。例如：中山大学、华南理工大学、华南师范大学、广东药学院等高校分别组织开展了国家重点实验室开放月活动、生物博物馆开放活动、中药科普园开放活动等，让公众特别是广大青少年亲身体验科技魅力；省昆虫研究所、南海海洋研究所标本馆等科研院所和科普场馆组织开展科普公众免费日活动，以展览展示、科普讲座、科技实践、互动体验、现场咨询等免费向公众宣传科普知识。此外，全省各单位也重点聚焦青少年群体，通过开展科普进社区、进企业、进校园、创新竞赛等活动，进一步推动科技成果普及，促进科普事业发展。

（广东省科学技术厅办公室　陈锡强）

【科普教育基地】 2016年，省科协组织开展地方科技馆免费开放工作，惠州科技馆等5家单位被认定为全国科技馆免费开放试点单位，共获补助资金1 033万元。组织开展“广东省科普教育基地”评选活动，新命名省级“科普教育基地”18家，基地总数达到190多家。

开展科普教育基地“一日游”和“自由行”等科普活动730多场次、参观人数达1 700多万人次。在江门市开平市等6个站点组织开展2016年广东省“中国流动科技馆”巡展活动，累计免费接待参观群众28万多人次。发挥“科普大篷车”的重要作用，举办科普展览62个专题、106场次，服务群众达66万多人次。全年各级科普教育基地开展重大科普活动700多场次、参观人数达1 900多万人次。

（广东省科学技术协会　刘泽周）

【科技宣传活动】

创新政策专题宣传　2016年，广东先后出台了一系列突破性强的科技创新配套政策、实施细则，省科技厅加强了重大创新政策的宣讲落实力度。一是发动《人民日报》《南方日报》《科技日报》等权威媒体进行持续跟踪宣传报道。如：《科技日报》头版头条报道《广东省自主创新促进条例》修订出台亮点内容、《南方日报》刊发《粤政策“组合拳”助推创新驱动》《广东“12”条政策为科技创新注入新动力》等专题文章，对粤府〔2015〕1号文等政策进行广泛宣传报道。二是开辟网络、微信等新媒体宣传平台。在省政府网站开辟了“加快科技创新、打造广东创新高地”专栏。“广东科技”“广东科技智库”“广东省科技政策服务平台”“科技Show up”等微信公众号对最新科技政策进行详细解读和广泛推介。三是编印《粤府2015号文“黄金政策”十二条实操指南》，对十二条政策从实操层面进行了详细的解读，向全省各21个地市、区县科技管理部门及企业负责人精准推动，截至2016年年底累计发放数量超过2万多本，受到企业的广泛好评。

传统主流媒体宣传报道　2016年，省科技厅重点加强与《南方日报》《科技日报》《经济日报》和新华社广东分社、广东电视台等媒体的战略合作，重点围绕重要科技活动开展专题、专版宣传，刊登了一系列的文章。一是与《南方日报》联合策划重大宣传报道。除日常报道外，采取专题、专访、评论等形式，策划了多个重大题材报道，多渠道、多角度、多层次、全方位地宣传报道广东科技工作，取得了很好的宣传效果。例如，开展珠三角国家自主创新示范区的系列宣传，连续专版刊发各高新区发展亮点；结合全省科技“四众”促进“双创”工作现场会开展创新创业系列宣传，通过采访典型众创空间、孵化器，以及创新创业团队，营造大众创业、万众创新的良好舆论氛围。二是与《科技日报》加强常规新闻、评论、专题和专刊报道等方面合作。在创新型广东专刊联合制作了系列专版，例如，围绕全省专业镇协同创新工作现场会，《科技日报》刊发了《广东推广专业镇建设新模式》《广东：协同创新助推专业镇传统产业转型升级》等系列文章。

此外，通过支持省科技新闻工作者协会办好“广东科技好新闻”、广东科技新闻学术交流论文评选活动，打响广东科技新闻宣传的行业品牌，凝聚科技宣传正能量。广东科技新闻工作者协会主办的第18届广东科技好新闻暨第十二届科技新闻论文评选结果中，有来自全省报社、电视台、广播电台、新闻网站和杂志的26篇作品获得广东科技好新闻，其中一等奖5篇、二等奖10

篇、三等奖11篇；共有8篇论文分获科技新闻论文一、二、三等奖。

省科技厅微信公众平台宣传　2016年，省科技厅进一步完善和优化了微信公众号的平台栏目设置，下设微科技、阳光政务、炫科技栏目。截至2016年年底，利用微信公众号“广东科技”制作专题解读文案近40多篇，推送人数达100万人次，平均每条阅读量达万人以上，粉丝量达4.8万人。“广东科技”为公众提供权威、新鲜、实用、独具特色的科技资讯产品，公众号阅读量及用户人数持续快速增长，已成为省科技厅科技宣传和政务公开的新阵地。

（广东省科学技术厅办公室　陈锡强）

【广东科学中心】　2016年，广东科学中心（以下简称“科学中心”）全年接待公众180多万人次，无一重大安全事故，设备设施运行率95%以上。

展馆建设　2016年，科学中心加强馆企、馆政、馆校多方合作，开启社会化建馆新路径：与广汽传祺强强联合，合作共建全国首个低碳新能源科普馆，与省食品药品监督管理局就广东省食品药品科普体验馆的合作共建进行协商，达成初步意向；与省市教育机构联合开展主题科普教育活动，充分发挥科技馆作为学校教育“第二课堂”的社会功能。

加快展馆更新改造，取得阶段性成果。2016年完成了“实验与发现”“儿童天地”“感知与思维馆‘思维空间’展区”的更新改造，新增了100个互动展项，并对保留的热门展项做了改造提升，相比以前规模更大、互动更多；完成“飞天之梦”和“绿色家园”两个展馆的国外高品质展品采购工作；组织“数码世界”“交通世界”展馆的更新改造规划与设计工作。

“互联网+科技馆”以及电商在科学中心广泛应用，实现网络购票、自助取票、扫码入园、停车扫码付费、微信讲解服务等。与此同时，建成广东科学中心办公自动化系统，移动办公系统也投入使用，大大提高了工作效率和管理水平，基本实现了无纸化办公。

科普教育工作　2016年科学中心成功举办多项大型赛事活动。围绕“创新引领　共享发展”主题，举办了两岸及港澳地区科普联展、科普论坛、科学大咖秀邀请赛等系列活动，备受社会各界关注，各类报道共200多篇次。举办2016年全国科普讲解大赛，共有54个代表队160名选手参赛，规模空前，精彩纷呈，得到国家、省、市各级科技主管部门的高度认可。

持续引进高水平国内外临展，如从英国引进的机械木偶展于7月15日—11月16日在科学中心展出。该展览融科学、艺术和人文于一体，让本土公众大饱眼福，有效拉动了展馆人气，对提升中国大陆科技馆的展览理念和展示水平提供了借鉴。组织台湾科学工艺博物馆引进“纳米展”，广东科学中心“互联网+的化学反应”展、澳门科学馆“天文图片展”和香港科学馆“纳米科技”展参加联展，吸引10万多公众参与体验，效果显著。

进一步提升讲坛论坛品牌效应，举办12期“珠江科学大讲堂”，8期小谷围科学讲坛，邀请了中国绕月探测工程首席科学家欧阳自远，美国科技馆协会ASTC前主席CEO Lesley Lewis，中国科学院院士苏国辉、张培震、朱邦芬，台湾科学工艺博物馆馆长陈训祥，台湾自然科学博物馆馆长孙维新，知名媒体人杨锦麟等国内外知名专家主讲，吸引了1万多人次现场参与。同时，尝试在优酷和腾讯视频进行传播，取得良好的传播效益。

不断拓展青少年科学教育活动，以培养青少年科学探究和创新能力为目标，开展常设展览和主题临展教育活动、冬夏令营以及“六一”“国庆”等其他各种类型的营地活动共118期次，参与公众12 000多人次。联合各方力量，进一步拓展创意机器人的活动形式10多种，全年组织开展各类活动逾100场次，以7 892套套件向1 152间（次）学校普及机器人科普教育，直接普及人数16 477人次。

进一步深化科普场馆平台建设，加强广东省科技馆研究会平台建设，完成研究会的法人变更登记、理事长变更登记和章程修改登记等工作；开展欢乐科普阳江站活动，吸引了5 000多人参与。积极发挥广州科普联盟引领作用，组织开展各类活动，影响公众数百万人次，有效扩大中心影响，并获得各类项目经费资助近700万元，实现社会效益与经济效益双丰收。

交流合作与宣传　与各国际组织及亚太地区科技馆保持良好的交流合作，派团赴欧洲进行考察交流，并参加欧洲科学中心协会（Ecsite）年会；派团赴北京参加亚太科学中心协会（ASPAC）年会，赴台湾开展工作考察和业务交流，学习先进的科普理念；继续保持与各国驻穗领馆良好的交流与合作关系。加强媒体宣传力度，围绕各类展览、活动和发展成果开展“全方位、多渠道、多角度”的宣传推广，全年累计在电视、报刊、网络等传播媒介上发布新闻信息612篇次，网站媒体转载稿件超过3 000篇次。

（广东科学中心　周　静）

【广东科学馆】　2016年，广东科学馆围绕建设“六个中心”（即学术交流中心、科普展览中心、科技文化开发中心、科技场馆建设与管理研究中心、科技培训中心、科技工作者活动中心）的工作定位，扎实开展“四服务一加强”工作，顺利完成了全年既定的工作任务指标。全年承办或承接学术交流、科技会议、科普讲座、科技培训等共1 915场次，受众达30万人次；开展科普展览62个专题106场次，参观人数达66万，其中，广东省“中国流动科技馆巡展”活动共巡展7个站点，受众28万人次。

为经济社会发展服务　2016年，广东科学馆继续以建设成为“培训集散地”“培训中心”为目标，积极引进优质办学机构，开展了建筑设计、北京大学EMBA等高端培训项目，全年共开展培训项目1 518场次，吸引了全社会25万人次前来参加培训。

为拓展广东省青少年科普活动内容，激发青少年科学兴趣和创新精神，促进科技教育与文化艺术的有机结合，2016年起，广东科学馆与广东省青少年科技教育协会联合有关单位举办广东青少年科普艺术大赛。首届大赛主题为“南粤小创客、创玩大世界”。经该次活动评审委员会认真评选，从收到的参赛作品532份（不含影视作品）中，评出一等奖36份、二等奖88份、三等奖119份。为了让更多青少年感受科普与艺术共融互促的魅力，所有获奖的优秀作品均被制作成展板，在广东科学馆举办的“首届广东青少年科普艺术大赛”科技文化展览中展出。

2016年，《广东海上丝绸之路》科技文化专题展分别于广东科学馆馆内以及海丰、中山等地的科技场馆和学校进行展出。

为提高全民科学素质服务　2016年，广东科学馆继续按照打造“科普展览中心”的工作定位，不断创新科普展览工作方式，通过努力搭建社会化科普平台，积极承办广东省“中国流动科技馆巡展”活动，精心策划举办主题科普展览，认真开展科普大篷车“三进”活动，着力加强科普资源开发及科普资源共建共享工作，扎实推进重点人群科学素质建设，开创了广东科学馆科普工作的新局面。2016年，广东科学馆在馆内共承办了科普讲座40场次，吸引了机关单位、学校、社区、乡镇、企业等组织8 000人次前来参与。

（1）广东省“中国流动科技馆巡展”活动。该活动是由中国科协指导，中国科技馆支持，省科协、省科技厅及地方政府主办，广东科学馆与广东省科技馆研究会及地方科协承办的一项大型科普活动。活动以“体验科学、探索科学”为主题，设置了声光体验、电磁探秘、运动旋律等7个主题展区50多件展品，还有科学表演、科学实验、移动球幕影院、3D打印技术展示等项目，活动内容丰富、形式生动，集科学性、知识性、趣味性于一体。2016年，活动在江门开平、佛山高明、汕尾陆河、梅州梅县、清远连山、揭阳榕城、肇庆德庆7个站点展开，得到地市及县（区）委、政府领导的重视和大力支持，并受到广大群众尤其是青少年学生的热烈欢迎和喜爱，7个站点共受众达28万多人次。

（2）科普大篷车“三进”活动。2016年，广东科学馆继续坚持“走出去”的科普展览战略，积极开展“科普大篷车进校园、进社区、进农村”巡展活动和全省科普主题活动，全年共展出科普展览62个专题106场次，参观人数66万人次，共赠送科普资料、科普小册子共3.5万册，赠送科普展板2套；其中科普大篷车“三进”活动共开展活动44场次，参观人数达7.5万人。

（3）科普资源开发与共享。2016年，广东科学馆自主制作了《眼见不为实：身边的错觉》的主题展板。广东科学馆还开拓创新，不断丰富科普展教模式，开发了“扎不破的气球”“烧不烂的气球”“开口不漏气的气球”“拉不开的书”等科学小实验，陆续在各幼儿园、中小学的科普活动中上演，受到了学校师生们的热烈欢迎。

截至2016年年底，广东科学馆共有科普主题图片展板80多个专题。2016年，广东科学馆向汕尾市陆河县科协赠送了2套科普主题展板，向广东碧桂园学校、华美学校提供科普图片展板，协同广州少年儿童汽车图书馆前往雅瑶小学、金兰苑小学等11个汽车图书馆服务点开展以“关注环境建设，保卫蓝色海洋”为主题的科普巡展。据统计，2016年广东科学馆提供的科普资源受惠约1万人次。

为科技工作者服务　2016年，广东科学馆按照打造“学术交流中心”“科技工作者活动中心”的工作定位，加大与全省各大专业学会、科技团体的协作，积极提高学术研究工作，努力为科技工作者开展学术交流和科技活动提供平台。全年共承办或承接学术交流50场次，受众约7 500人次；科技会议190场次，受众约28 000人次。广东科协论坛在广东科学馆举办共2场次，受众1 200人次。2016年，在广东科学馆召开的与科技文化相关的会议共计114场次，受众5 600人次。

（广东科学馆　黄淑华）

科技交流与合作

【跨境交流与合作】

建立多层次国际科技合作机制，有效整合国际创新资源　截至2015年年底，省科技厅分别与以色列经济部和科技部、英国兰卡斯特大学、德国弗劳恩协会、意大利创新集团、荷兰国家科学基金会（NOW）、澳大利亚昆士兰科技大学、新西兰奥克兰大学、俄罗斯科学院、乌克兰科学院、白俄罗斯国家科委等国家的政府科技部门或科研机构及大学建立了常态化的合作关系及工作机制，围绕着本省战略性新兴产业和重点领域的科技合作项目不断展开。其中，与以色列、英国兰卡斯特大学、荷兰国家科学基金会（NOW）、澳大利亚昆士兰科技大学等建立了双边联合资助计划。2016年，在此基础上，我们进一步拓展合作渠道，分别与加拿大国家研究理事会（NRC）、日本关西近畿经济产业局、奥地利国家交通与科技创新部签署了合作谅解备忘录，启动了双边联合资助计划，已经完成项目的征集、评审等工作，拟在2017年度计划中组织实施。

围绕着建立多层次合作机制开展工作，分别与加拿大BC省、阿尔伯塔省经济与科技创新厅建立了合作关系，与阿尔伯塔省签署了合作谅解备忘录，推动双方交流与合作。与澳大利亚昆士兰省创新厅合作推动着陆器计划在广州、深圳高新区的组织实施，与新西兰国家卓越创新中心联盟紧密交流，逐步建立起一个多层次合作机制和联合资助体系。增强了广东省在全球创新活动中整合创新资源的能力。

搭建交流平台，推动国际科技合作　2016年，省科技厅组织了各类国际科技交流活动，4月省科技厅与澳大利亚联邦政府、澳大利亚贸易委员会在深圳举办了中澳科技交流会，11月底省科技厅与广东省科学技术与科技管理研究会、韩国国家科学技术人力开发院、韩中科技合作中心等单位联合举办“2016中韩（广东）科技发展战略及管理创新研讨会”。1—5月分别与以色列、英国兰开斯特大学、荷兰国家自然科学基金会（NOW）、日本近畿经济产业局等组织了多场技术交流会，推动双边联合资助计划的实施。另外，还委托交流中心组织了赴加拿大、韩国、日本、澳大利亚、新西兰等国的科技交流活动。

【粤港澳台科技交流与合作】

粤港交流　2016年4月8日，省科技厅率队赴香港创新科技局开展粤港科技合作工作调研。双方就香港创新科技局成立后在粤港科技合作方面的工作思路及今年的工作重点及2017年粤港联合资助计划的时间安排、领域确定等事宜交换了意见。6月16日，由香港科技大学、澳门大学、中山大学、华南理工大学、广东工业大学、广州大学联合发起的“粤港澳高校创新创业联盟”在南沙区香港科技大学霍英东研究院正式成立；省科技厅派员出席了成立仪式，并参加了“创新思想碰撞，共探联盟发展之路”主题交流会。7月，积极配合广东省港澳办、香港教育局组织香港7所高校校董事会主席一行访粤，了解广东科技创新及“十三五”规划和未来发展策略，探讨如何加强粤港科技创新、高校教育、参与“一带一路”的交流与合作。7月20—21日，省科技厅联合省经信委、广东软件行业协会，组织部分广东软件企业人员赴港参加“2016年粤港云计算大会暨粤港信息科技创新交流活动”。9月12日在香港召开粤港高新技术专责小组第十三次会议，会议通过了2015年度的粤港科技合作工作和下一阶段工作计划报告；下阶段工作将积极跟踪管理已进行的粤港联合创新资助计划，继续鼓励粤港高校和科研机构的平台建设，建立高效务实的技术转移机制，支持粤港高新园区和科研机构的科技创新活动，进一步拓宽粤港合作途径和范围，协同推进“一带一路”沿线国家科技合作。

11月，为落实国务院关于广东省系统推进全面创新改革试验方案的批复精神以及广东省推进全面创新改革试验工作，进一步深化粤港澳科技合作，结合广东省实际，组织起草制定“粤港澳科技合作发展研究计划”，目前征求相关部门及处室意见。

粤澳交流　4月，推荐广州中医药大学科技产业园1名专业人员赴澳门参加中国科学技术交流中心与澳门科技发展基金共同举办的“第五期中药质量鉴定技术研修班”。中国科学院广州生物医药与健康研究院与澳门大学合作的“基于基因修饰的帕金森病iPS细胞药筛平台研究”获得广东省科技计划国际科技合作基地建设专项150万元的财政资金支持。广州中医药大学与澳门科技大学合作的“毛冬青中抗炎症性血管疾病活性成分的筛选及成药性评价”，广东省微生物研究所与澳门分析检测有限公司合作的“粤澳地区食品中重要食源性致病菌的风险识别研究”分别获得2016年度广东省科技计划专项资金50万元的财政支持。

粤台交流　省科技厅系统共组织3批31人次赴台进行科技中介产业创新服务、科技创新交流活动。

【泛珠及区域合作】　泛珠科技合作　2016年12月6日，第十四次“泛珠三角”区域科技合作联席会议在福建省福州市召开。泛珠三角区域“9＋2”各省区科技部门代表共40余人出席会议。会议提出了“以建设信息平台为基础，促进区域创新驱动发展的协作功能”“共享对外合作渠道，积极融入‘一带一路’建设”“以项目合作为抓手，联合开展产业重大共性科技攻关”等三项工作任务。

粤蒙、粤滇科技交流合作　2016年7月1—4日，省科技厅应邀参加内蒙古自治区承办的中国与蒙古国博览会，组织广东省专业镇协会等单位80人赴内蒙古进行交流洽谈。11月接待内蒙古科技交流合作团50多人到本省参观交流。9月，接待云南省科技厅代表团进行“科技入滇”活动，12月26日，签署广东省科技厅与云南省科技厅合作谅解备忘录。

【科技外事工作】　配合科技部、省委、省政府做好各项科技外事工作。2016年2月，省科技厅参加了科技部组织的中加科技联委会，与加拿大国家研究理事会（NRC）、Mitas等组织进行了洽谈，达成了合作意向。5月，在中共中央政治局委员、广东省委书记胡春华访问加拿大期间，在他和加拿大国家科技部部长的共同见证下，签署了广东省科学技术厅与加拿大国家研究理事会的合作谅解备忘录。

严格执行中央和省委外事工作纪律，做好因公出访工作。今年以来，省科技厅共组织出访（包括港澳台）56批，共计120人。其中，出国18批，49人次；出访港澳34批，41人次，赴台4批，31人次。接待来访8批，共计33人次。组织大型国际性会展及研讨会4次，参会人员达到10多万人次。在组织人员出国培训方面，共组织省科技厅系统4人次参加外专局及省直相关机构组织的培训。

【科技合作计划】

国际计划项目　2016年，共推荐52项申报双边多边政府间科技合作项目，已有6项与“一带一路”沿线国家的合作项目列入支持，科技部资助合作双方人员往来费用。另有4项与意大利、美国的合作项目列入国家重点研发计划支持，共获得资助1 242.27万元。根据科技部发布的国际科技合作项目管理办法有关规定，积极督促组织已立项的国合项目验收工作，2016年度委托省科技厅组织验收21项，已完成8项。

国家级基地管理　组织申报2016年国家国际科技合作基地申报工作，独立推荐申报国家基地10家，与驻外使领馆科技处联合推荐3家，有6家获得科技部认定，其中2家为国际联合研究中心、1家为国际技术转移中心。

省级科技合作项目　根据省科技厅统一要求，严格把关项目审查，完成省科技厅对2016年度省级项目的立项工作，其中，国际科技合作专项中：重点国别及领域合作项目拟立项77项、金额4 250万元；国际科技合作基地立项5项，每项资助150万元，共5 000万元。粤港合作专项立项

50项，金额5 000万元。

（广东省科学技术厅科技交流合作处 李 荷）

【民间对外科技交流与合作】

国际科技交流合作 据不完全统计，在政府间国际（地区）科技合作框架下，2016年广东省内由民间组织或承办的重要国际科技交流活动有40多场次，其中包含来粤开展的国际科技交流合作活动（详见表8-3-1）和赴境外开展的科技交流合作活动（详见表8-3-2）。

表8-3-1 来粤开展的重要国际科技交流活动一览表（2016年）

序号	活动名称	时间地点	参加人员	活动目的与作用
1	广东省国际科技合作协同创新与平台环境建设项目启动会	1月12日 广州	英国、日本相关代表、储能技术实验室相关研究人员	建立国际联合研发平台，有效促进广州能源所与国际科研机构的交流合作，提升科研水平
2	非人灵长类脑科学未来发展态势国际研讨会	3月22–23日 深圳	中、美、英、日等200多名非人灵长类脑科学领域、基因编辑技术领域专家学者	积极促进生物技术领域，尤其是脑科学、脑疾病和脑技术领域学科发展
3	2016国际干细胞与精准医疗产业化大会	3月29日 广州	中、美、日等多个国家与地区的500多名该领域专家、企业家、科技工作者	围绕干细胞与精准医疗产业的发展进行交流与合作，共同探讨产学研医深度融和、协同创新的机制
4	广东省与荷兰先进材料科技创新合作交流会	4月7日 广州	荷兰新材料技术领域的科研机构及企业代表与中方代表共78名	增强广东与荷兰在先进材料领域的联合研究，促进实现科技创新、成果转化与市场共赢
5	中澳科技创新交流会	4月11日 深圳	澳科研机构和风投企业和协会约100位高层代表及省内各高校、科研院所、科技企业和风投企业代表	加深粤澳在先进制造、生物医药、信息科技和科技创投等领域的合作，将双边关系提升到新高度
6	中以生命科学创新技术对接会	4月12日 广州	以色列生命科学领域创新型与中方研发企业和投资机构共110余位代表	助力省内企业拓展国际合作渠道，推动以色列尖端技术与产品的引进、消化与吸收
7	欧洲知识产权保护（广州）研讨会	4月12日 广州	法国驻华大使馆知识产权参赞、法国工业产权局驻华代表	增进广东企事业单位和知识产权中介服务机构对欧洲知识产权制度了解，提升企业海外知识产权保护水平
8	兰卡斯特中国企业催化项目专题研讨暨技术对接会	5月18日、9月21日 广州	两期共有中英双方近百家企业200余位代表	进一步推动中英科技合作与催化项目的开展实施
9	APEC智慧医疗产业合作与发展研讨会暨技术推广会	9月19–20日 广州	广东省医疗卫生领域的学者、企业代表共150余人	加强国内外智慧医疗技术及产业领域政府、企业与学术界三方合作，推动智慧医疗行业发展
10	“光学方法应用于神经环路”国际学术研讨会	10月24日 深圳	光学方法在神经环路应用领域的众多海内外专家学者	推动国际学术交流活动，国际生物技术领域，尤其是脑科学、脑疾病和脑技术领域对相关学科的发展起到积极推动作用
11	国际技术转移与科技成果产业化培训班	11月15日 广州	来自全国各地科技交流、技术转移和育成孵化相关机构代表近150人	有效提升技术转移服务机构人员的管理服务能力，为促进带动技术转移、成果产业化提供有益帮助

表8-3-2　赴境外重要科技交流活动一览表（2016年）

序号	活动名称	时间地点	参加人员	活动目的与作用
1	美国、加拿大对接交流及第五届中国—加拿大（安大略）研究开发与产业化合作论坛	5月8—15日 美国、加拿大	省内科技企业、孵化器机构、技术转移服务机构、科技管理部门等单位人员	拓宽国际合作渠道，与美加机构建立联系。
2	赴以色列、土耳其参加第十五届IATI生物医药展及生物医药技术交流活动	5月21—28日 以色列、土耳其	科研院所、高校研究人员，生物医药技术企业	调研土耳其生物技术和基因工程技术，参加生物医药展和中国广东—以色列人才交流洽谈会。
3	赴西班牙参加首届数字企业展及日本数字技术成果转化交流活动	5月22—29日 西班牙、日本	高校研究人员及科技管理人员	参观数字展会交流对接；与日本电气通信大学建立初步联系。
4	赴日参加第七届中日韩青年论坛	8月26—31日 日本	来自中山大学等国内高校20多名学生代表	加强中日韩三国青年交流、相互了解，促进未来东亚地区的互融与进步。
5	赴意大利、英国参加第七届中意创新合作周及对接交流	10月26日—11月2日 意大利、英国	高新技术园区、生产力促进中心、企业等机构代表	参加第七届中意创新合作周，并与兰卡斯特大学进行对接交流。
6	赴澳大利亚、新西兰参加中澳科技创新和产业化论坛及企业孵化技术交流活动	11月24日—12月1日 澳大利亚、新西兰	广东省内科研院所专家及生产力促进中心科技管理人员	参加中澳科技创新和产业化论坛及对接活动，与澳新大学建立联系。

科技合作基地建设　7月，中国科学院广州地球化学研究所和华南农业大学、英国兰卡斯特大学合作共建中英环境科学研究中心（国际联合实验室）。研究中心依托广州地化所和兰卡斯特大学环境中心环境地球化学学科优势力量，华南农业大学农业资源与环境、林业生态学等学科，围绕国际农业环境热点问题，以土壤、水环境、绿色采矿和新能源技术为重点，以建设国家级农业环境平台为目标，组织中英高层次科学家、深入开展科研、教学和平台建设。

7月27日，广东工业大学与香港科技大学机器人研究所、东莞松山湖国际机器人产业基地签署全面战略合作框架协议，三方以“优势互补、互惠互利、真诚合作、共同发展”为宗旨，合作共建机器人学院，推动机器人产业创新与人才培养，开展产学研全面战略合作。

9月，中国科学院与秘鲁圣马可斯大学共同成立“中国科学院华南植物园—秘鲁圣马可斯大学分子系统与进化实验室”。实验室主要从事秘鲁的生物多样性保护与科研，共同开展人员培训与交流、植物学研究、植物资源的开发和应用，已开始部分物种的DNA—Bar Coding研究。

12月，中国科学院广州生物医药与健康研究院与德国马普学会共同组建的再生生物医学联合研究中心（Max Plank-GIBH）正式成立，以“功能性细胞”和“器官修复”为研究方向，在诱导多能干细胞的生产、心肺疾病的药物先导物筛选、疾病模型的建立、再生医学的器官生产等领域进行合作。

国际科技展览　2016年，由广东省科技合作研究促进中心主办的国际性专业科技展览面积达22.6万m^2，来自全球20多个国家和地区3 088家企业参展，接待观众近130 000多人次；同期举办超180场专题技术研讨会与学术论坛，约有90多个国家和地区的13 000多名专业人士与会（详见表8-3-3）。华南口腔展规模首次突破5万m^2，成为亚太地区第一大行业展会；专业音响灯光展规模为全球第1，为高新企业科技成果推广交易提供具有影响力平台。

表8-3-3 省科技合作研究促进中心主办的国际性专业科技展览一览表（2016年）

展会名称	举办时间	活动概况
第21届华南国际口腔医疗器材展览会暨技术研讨会	3月2—5日	展览面积达50 662m^2，来自20多个国家和地区的927家展商集中展示了最新牙科制造技术及世界顶尖牙科品牌和产品。吸引来自97个国家及地区的51 000多名专业人士与会。 展会同期举办144场高技术研讨会，涵盖牙体牙髓、正畸、种植、修复、诊所管理等多个热门专题，204位国内外顶尖专家交流前沿、权威、实用的医学研究成果、临床治疗技术、诊所管理方法。
第14届广州国际专业灯光音响展览会暨技术研讨会	2月29—3月3日	来自25个国家和地区的1 231家企业展示高端多元的专业音响、灯光、舞台产品和设备，带来焕然一新的技术体验，68 441名专业观众莅临现场参观采购。 同期举办18场高端研讨会，邀请海内外顶尖专业剖析市场动向，助力业内人士搭建高效技术交流平台。
第13届广州国际乐器展览会暨技术研讨会	3月2—5日	响应广东省政府提出的建设文化大省的方针，发挥广东乐器产业基地的优势，汇集500多家展商集中展示乐器技术、产品信息、行业动态，吸引20 000多名观众慕名而来。同期16场专业研讨会精彩纷呈，为业内人士提供了经验分享和信息交流的机会。
2016广州国际分析测试及实验室设备展览会暨技术研讨会	3月31—4月2日	围绕“科技驱动，创建未来”的主题，集400家分析仪器及实验室设备企业展示分析测试领域前沿的技术研究成果，展会期间超8 000人次进场参观，同期举办研讨会，助推华南地区分析测试领域的发展进步。

（广东省科技合作研究促进中心　张　郁）

地市科技发展

广州市

【概况】 2016年，广州市认真贯彻落实中央、省的部署，推动国家创新中心城市和国际科技创新枢纽建设取得新成效。根据广东省2016年全省各地市创新驱动发展“八大举措”监测评估报告，广州市在高新技术企业培育、新型研发机构建设、高水平大学建设3个方面排名全省第1。2016年新增高新技术企业2 820家，总数达4 739家，相比2015年的1 919家翻了一番。设立首期4亿元的科技型中小企业信贷风险补偿资金池，截至2016年年底，已受理418项贷款申请，合计授信金额42.2亿元，规模全国第1。

【科技政策环境】

科技创新体系 2016年，广州市持续推进“1+9”创新政策配套的各项实施细则制定出台。修订《广州市科技企业孵化器管理办法》及其绩效评价指标，进一步加强科技企业孵化器的绩效评价管理，引导科技企业孵化器提升服务能力和水平。出台《广州市促进科技成果转化实施办法》和《广州市高校、科研院所科技成果使用、处置和收益权改革实施办法》，引导扶持科技成果技术转移服务体系及激励机制建设，为广州市科技成果转化技术转移发展提供良好的政策环境。出台《广州市科技专家库专家信用管理实施办法（试行）》，加强广州市科技专家库专家的信用管理，为科技咨询、项目评审、鉴定验收等基本业务提供支撑。出台《广州市超算服务券实施细则（试行）》，进一步加快发挥“天河二号”效能。出台《广州市科技创新领域简政放权改革方案》，推进简政放权和优化科技管理流程，提高财政科技资金使用绩效。出台《广州市科学技术普及基地认定管理办法》，加强本市科普基础设施建设，动员社会力量参与科普，推动科普事业发展。

创新发展环境 广州市研究起草制定《广州市加快创新驱动发展的实施方案》《广州市重点服务创新标杆百家企业实施办法》《广州市促进文化与科技融合的实施意见》，组织开展创新型经济发展模式、科技成果转化政策、高端人才出入境及个人所得税财政奖励补贴政策、科技创新政策调整对科技成果转化的促进作用等政策探索研究。

政策宣传 通过政策宣讲会、媒体宣传、深入基层宣讲等多种方式，对“1+9”科技创新系列政策进行宣传，并针对企业关注问题逐一进行解答。编印《广州市科技创新与人才政策简明手册》《广州市创新政策体系（1+9）文件汇编》发放到企业、高校和科研机构。印发《广州市科技创新领域简政放权改革方案》，提出政策突破力度大、在国内具有领先示范意义的改革措施。

【科技投入】 2016年，全市财政对科技投入经费总额112.95亿元，比2015年增长27.63%。市本级财政对科技投入经费总额25.75亿元，占一般预算支出比例为3.45%。其中，归口市科技创新委管理的科学技术投入经费总额11.69亿元，包括研究与开发经费9.72亿元。财政科技经费配置基本达到“两个80%”，即后补助方式支持的经费约占80%，用于支持企业或企业牵头承担项目的经费达80%。

【科技计划项目】 2016年，实施科技创新企业发展专项共1 974项，支持财政金额8.81亿元，其中科技型中小企业创新专题支持企业307家，财政支持经费2.24亿元；培育科技创新小巨人和高新技术企业3 175家，财政支持经费共需资金6.57亿元。实施企业研发经费投入后补助专项，按上年研发投入少于1亿元、1～5亿元、5～10亿元和大于10亿元4个档次，分别给予不同比例的补助，预计支持2 305家企业，市区两级各安排财政资金6.005亿元，有效引导企业加大研发投入，预计2017年支出。实施企业研发机构建设专项，支持533家企业设立研发机构，财政支持经费2.13亿元，其中，2015年企业研发机构建设（新体系）共435项，对符合条件的企业由市、区财政按比例给予每家100万元扶持，预计共3.17亿元（其中市财政经费1.19亿元，区财政经费1.98亿元），2016年企业研发机构建设（旧体系）共98项，对符合条件的企业给予每家50万元或200万扶持，已下达9 400万元，另外2016年入库403项，支持财政经费2.42亿元。

【科技企业】

高新技术企业　2016年，广州市推荐企业通过认定数达3 248家，净增2 820家，增长数量居全省第1。2016年，广州市共有高新技术企业4 739家，是2015年1 919家的2.5倍，约占全省总数的25%。纳入火炬统计调查4 703家，比上年1 891家增长2 812家，增幅达148.7%；被调查的4 703家高新技术企业工业总产值4 832.13亿元，较上年增长30.67%；营业收入7 985.08亿元，较上年增长49.09%；技术收入1 121.38亿元，占营业收入14.04%；产品销售收入6 532.71亿元，其中高新技术产品收入5 293.65亿元，占营业收入66.29%；实现净利润572.55亿元，较上年增长55.16%；上市挂牌企业456家，比上年增加266家。高新技术企业实现进出口总额1 092.46亿元，其中出口总额754.2亿元，占进出口总额的69.04%；高新技术产品出口560.94亿元，占出口总额的74.38%；技术服务出口26.43亿元，占出口总额的3.5%。高新技术企业实际上缴税费总额394.33亿元，较上年增加129.63亿元，增长48.97%，其中增值税189.21亿元，所得税98.07亿元，其中：年营业收入超过50亿元的有18家、超过10亿元的有123家；2家成为世界企业500强、10家成为中国企业500强、4家成为中国制造业企业500强、10家成为中国服务业企业500强；89家在境内外主板上市、266家在新三板挂牌。全市高新技术企业中，电子信息领域2 054家，先进制造与自动化（高新技术改造传统产业）领域746家，高技术服务领域674家，生物与新医药领域457家，新材料技术领域409家，以上5个技术领域涵盖全市高新技术企业总量的91.5%。

科技型中小企业技术创新资金　广州市创新资金资助金额逐年增加，居全省首位。市本级财政投入的创新基金专项资金额度从2005年设立之初的2 500万元提高到了2.5亿元。2005—2015年，10年间广州市资助项目共1 567项，创新资助金额达3.75亿元，2016年创新资金立项入库350个项目，仅2016年一年资助预算金额达2.5亿元，资助金额达10年总资助额的67%。2016年广州市科技型中小企业技术创新资金支持350个项目，验收318个项目，通过验收307项，未通过11项，通过率96.54%。

【科技创新平台】

新型研发机构　按照广东省统一工作部署，全省分两批共认定170家新型研发机构。截至2016年年底，广州市共有44家，占25.9%，其中：第一批124家，广州市28家，占22.6%，居全省首位；第二批46家，广州市16家，占34.8%，继续保持全省首位。2016年度，44家省级新型研发机构共有研发人员5 892人，占总职工数量近六成，申请专利1 421个，研发经费投入13.7亿元，建有创新平台110个，共孵化企业170家（含高新企业15家），成果转化830项，成果转化收入达52亿元，技术服务合同金额达19亿元。

企业研发机构　12月31日，广州市建设市级以上企业研发机构（含科技部、国家发改委、省科技厅、市科创委立项建设各级企业工程技术研究中心、企业研发机构、工程研究中心、工程实验室；工信部、省经信委、市工信委立项建设的各级企业技术中心）2 076家，同比增长87%。其中，规模以上工业企业799家，占规模以上工业企业总数的17.15%；主营业务收入5亿元以上大型工业企业建立研发机构数为173家，占5亿元以上大型工业企业总数的39.68%。市级以上企业研发机构中，国家级19家、省级539家、市级1 518家。

广州超级计算中心　在天文宇宙科学领域，中心与国际平方公里射电望远镜阵列（SKA）组织合作，截至2016年年底，实现了国际上SKA数据处理软件的最大规模和最高性能的成功运行。

在生命科学领域，中心支持中科院广州健康院李尹雄团队通过干细胞引导的细胞模型进行高通量筛选，加快治疗癌症和代谢病的新药研发。配合北京大学黄铁军团队开展了基于“天河二号”的人眼视网膜高精度仿真，推动类脑计算进步，以回答人类是怎么看见世界的问题。

在地球科学与海洋科学领域，中心在“天河二号”上实现新一代全球海洋模式，首次耦合了南北极海冰及海岸因素，全面揭示全球气候变化带来的环境影响。

在先进材料研究方面，超算中心支持开展了基于介孔硅的核磁荧光双模态靶向纳米探针机理研究，制备用于癌症检测的光——磁双模态纳米探针；此外，南京大学固体微结构国家重点实验室通过基于“天河二号”的计算模拟，成功预言高压下新型Weyl半金属的形成，并确定了量子材料ZrTe5高压下的超导相结构，获得了以实验手段难以得到的量子材料高压相结构。

在高能物理研究方面，中心与散裂中子源、同步辐射源等国家重大科技基础设施运行单位深入合作，加速我国高能物理科研成果产出。

在基因工程方面，中心与武汉未来组生物科技有限公司合作，在“天河二号”上开展了“华夏一号”亚洲人基因组研究，将原1个月分析量缩短到1天以内，大幅提高了基因组装效率，建设了全球首个基于纯三代测序组装技术的亚洲人参考基因组，填补了中国人群疾病研究缺乏高精度参考基因组的短板，助力中华基因组精标准计划推进。华大基因在“天河二号”上开展了“人类全基因组重测序软件流水线”，4小时内可完成2 000个人（30X，300TB）的全基因组重测序数据分析。

在战略性高端装备制造工程方面，超算中心与广船、广汽、海格通信等建立了战略合作伙伴关系，共同完成了诸如机翼选型、船舶减阻、汽车碰撞、器件结构优化等仿真计算，大大缩短了企业的研发周期，节省研发成本。如广船在“天河二号”上进行的11万吨原油船的航态性能快速预估，成本不到原有方法的1/10，截至2016年年底，“天河二号”上已完成5万t油船、7.5万t油船、8.2万t散货船、11万t斜尾原油船航态性能预估与设计，模拟精度超过95%。

在水利工程方面，“天河二号”上开展的“三维溃坝水流精细仿真模拟”，突破了混凝土坝溃决机制离散元模拟在实际大型水利工程应用的效率瓶颈，采用1m^{2}高分辨率网格覆盖约11km^{2}城区，5分钟内完成洪水传播全过程模拟，计算效率国际领先。电力工程方面，“天河二号”上开展了“大型循环流化床锅炉全热态数值模拟”，对大型锅炉进行“CT扫描”，这是国际首例基于Barrcuda软件GPU的300MW循环流化床数值模拟，计算结果对优化大型锅炉设计、提高燃烧效率，控制有害气体排放有重要指导意义。

在气象预报行业，广州市气象局与超算中心合作搭建的基于“天河二号”的3km、1km分辨率气象预报系统已在“天河二号”上开始业务运行，在我国率先实现超算技术在民间气象预报行业的应用，2小时完成华南区域1km分辨率精细预报。此外，双方共同搭建的高分辨短临数值天气预报系统，已初步实现分钟级快速更新，运行情况良好，大幅缩短了预报时间、提高了预报精度，将使我国区域短临天气预报达到国际领先水平。

在生物医药方面，“天河二号”上开展了面向埃博拉病毒的虚拟药物筛选，一天内可以完成世界上已知结构的4 200万小分子化合物的筛选工作，这是国际上目前最快的已知化合物筛选，为针对未知突发性病毒的快速虚拟药物筛选提供了有效手段。

在新能源方面，中心与远景能源合作建设了全球可再生能源公共服务平台，为全球风资源预测、风力发电组选址优化、风机设计、风电场项目评估提供全周期计算分析支撑，0.5小时完成一个风电场分析，做到智能、精准、稳定、高效，提升风场实际投资收益20%以上。

在3D渲染设计方面，广东三维家公司与超算中心合作搭建的3D家装设计平台，集成了3D云设计、专业渲染和VR体验三大功能。新文化产业方面，超算中心与蓝海彤翔等文化创意企业打造了“互联网+文化创意+金融”新型垂直服务平台。

【产学研结合】 2016年，全市产学研联盟实现主营业总收入约470亿元，高新技术产品产值约

300亿元，开展成果转化项目数达25项，转化产值约3 000万元；申请专利1 438项（发明专利904项、实用新型321项、外观设计126项、国外专利193项），授权专利674项（发明专利378项、实用新型204项、外观设计74项）；开展重大技术攻关项数达58项，覆盖包括医药、生物技术、大数据，智能设备改造等产业攻关领域；累计获得国家、省、市科研项目数50项，其中国家级项目2项，省级项目25项，市级项目21项；共获得国家、省、市等各类奖项16项（国家级4项、省级4项、市级8项）；参与或主导制定各类技术标准188项，其中，国家标准66项、地方标准54项、行业标准50项；联盟新建或正在组建的各类创新平台共26个，其中，省工程（技术）研究中心8个，市工程（技术）研究中心5个，省重点实验室3个，市重点实验室1个、孵化器1个，新型研发机构4个，检验检测公共服务平台4个。

【科研基础条件】 2016年，广州市财政支持科研基础条件建设经费共计3 361.04万元。其中，支持重点实验室建设项目14项，经费支出2 800万元；支持省市共建生物种质资源库建设项目5项，经费支出339.87万元；支持资源共享平台建设项目3项，经费支出221.17万元。

重点实验室体系建设　截至2016年年底，广州市共有国家重点实验室19家，省级重点实验室200家，市属培育重点实验室147家，其中，企业重点实验室28家。2016年，广州市重点实验室共获得国家级奖励41项，省部级奖励191项，市级奖励43项，发表论文4 544篇，其中国外发表论文10 470篇，参与制定标准241个，授权专利1 225项，其中发明授权专利达643项。市重点实验室吸引和培养一批科技创新优秀427人，其中“千人计划”79人，省部级各类人才计划228人，市“创新创业领军人才百人计划”4人，市珠江科技新星39人。

生物种质资源库　截至2016年年底，各类自然科学资源总数超过37万份，引进种质资源991份，评价种质资源120项，审定品种9个，创新资源20个，推广示范面积40多公顷，开发产品收入1 600多万元，发表论文20篇，与建库之前相比，种质资源数量显著增加。

科技资源共享平台　2016年，广州科技资源公共服务平台建设取得新进展，在该平台已建成的软硬件资源及信息资源的基础上升级改造，建立了广州科技创新资源共享服务平台，并于10月对外进行试运行。截至2016年年底，平台聚集了海量的科技文献、科学数据、大型仪器设备、专利标准、科研公用信息、行业专业信息等科技信息资源以及庞大的科技服务资源，对外服务的资源累计15TB，近5.3亿条中外文数据信息，涵盖了近9 000种中文期刊全文、31 038多种外文期刊论文文摘，4 500多台仪器信息，近两万条本地科技特色数据，如广州成果库、重点实验室、在穗两院院士、高新技术产业园区与基地等，平台上的数据现以每个月400万条数据量增加。

【广州国家自主创新示范区】 2016年是广州国家自主创新示范区（以下简称广州自创区）的开局之年。广州市制定出台《广州制造2025战略规划》《广州市战略性新兴产业第十三个五年发展规划（2016—2020年）》，打造全国重要的高端装备制造业创新基地，大力推动战略性新兴产业向价值链、创新链高端发展。2016年全市战略性新兴产业实现增加值2 000.32亿元，同比增长10.8%，占GDP比重10.2%，服务业增加值13 445亿元。出台《关于加快集聚产业领军人才的意见》及4个配套文件，从2016年起5年中，市财政将投入35亿元支持创新创业团队与人才。目前全市已有“两院”院士36人，占全省87.5%；“千人计划”专家216人，占全省51.9%；“万人计划”专家95人，占全省79.2%。

【高新技术产业园区】

广州高新区　2016年，广州高新区实现工业总产值3 600亿元，实现营业总收入6 048亿元；共认定高新技术企业1 819家；新增上市企业10家，累计70家，新增新三板挂牌企业143家，占全市新增总数的70.4%；建成孵化器94家，总孵化面积达598万平方米，其中国家级14家，成为华南规模最大的孵化器加速器集群；集聚各类企业研发机构2 869家，其中国家级45家；全社会R&D投入2016年度上报数为462.87亿元，R&D占GDP的比例为3.66%；发明专利申请21 537件，增长72.32%，发明专利授权5 718件，增长16.12%。

华南新材料创新园　园区企业行业结构持续优化，聚集效应明显，以新材料、生物医药、电子信息和高端制造设备等新兴战略产业为主，孵化成果累累：新三板上市2家，“千人计划”人才创业企业5家，高新技术企业共37家、高企培育企业18家、科技小巨人13家，市企业研究开发机构建设7家，新四板挂牌企业10家，区创业领军人才5人、区创业英才4人（含拟认定），世界500强和行业领先企业超过10家，海归创业企业共39家；促进企业申请专利数266项（其中发明专利185项），授权专利数208项。建立“华新园设备共享平台”，联络18家园企共36台设备开放共享。2016年服务基地企业21家，促进了基地企业内部交流和合作。通过3 500万园区自有孵化资金+集团投资机构（金发小额贷、诚信创投）+社会投资机构（平安银行、科金控股等），投入4家园企的孵化资金总额共计410.8万元；为4家园企引入总额5 312.64万元的风险资金。同时开展科创贷宣讲，针对中小企业的融资问题讲座，与广州科技金融路演中心共同举办“投融资路演活动”，活动采用“现场路演+网上直播”方式，吸引100余家投资机构、200余家企业参会，超过2 000人关注，5家企业获逾百家投资机构青睐。集中辅导了基地10家企业集体挂牌新四板，对接资本市场。

广州番禺节能科技园　在园区50hm^{2}的用地上，建成了集办公、研发、孵化、加速、产业化的科技服务平台87万m^2，入驻园区的中小型企业1 182家，汇聚了3万多名本科以上青年创新人才，培养上市企业22家。截至2016年年底，园区先后设立省部院产学研结合示范基地、中国科学院广州技术转移中心、博士后科研工作站、华南理工大学院地合作基地、中南大学“工程建模与科学计算研究所”合作基地、华南物联网技术创新中心等10多个技术服务机构，推动园区设立50多个企业研发中心，增强企业自主创新能力。园区企业共取得各类科研成果超过5 000项，涌现了一批打破国内技术空白的自主创新成果。

留学人员广州创业园　广州创业园目前在孵企业主要集中在生物医药（占23.2%）及电子信息（占35.5%）两大领域，其他分布在环保新能源（占6%）、光机电（占4.9%）、化工及新材料（占4.9%）等行业。截至2016年年底，广州创业园累计引进留学人员创办企业545家，创办企业的留学人员742人，博士432人、硕士250人。威创科技、安凯电子、万孚生物、冠昊生物、洁特生物、瑞博奥生物等60多家广州创业园毕业企业已买地建厂或实现规模化生产并成为行业内的领军企业。

广东软件科学园　2016年2月，广东软件科学园（以下简称“软件园”）运营的众创空间——“TOPS众创”被认定为国家级众创空间。软件园在园企业318家，就业人数超过6 000人。园区企业年创造产值超50亿元，年纳税总额超4亿元。成功培育上市企业5家，新三板企业5家，广州股权交易中心挂牌及注册展示企业12家，高新技术企业109家。2016年，软件园全年累计向300多家企业提供各项公共事务服务2 950项，其中创新基金申报、高新技术企业认定、投融资服务、科技项目申报各类咨询、辅导服务2 520项，高新技术企业认定、科技小巨人申报等相关增值服务辅导工作成功率达100%。园区组织举办新三板、法律知识、质量管理体系、人事管理、知识产权、资质认定、项目申报等各类公共培训13次，吸引参会人员近2 000人。

【孵化育成体系】

科技企业孵化器　截至2016年年底，全市孵化器数量达192家，孵化面积840万m^2，孵化企业（项目）10 407家（个），3年新增毕业企业1 153家，圆满完成了2014年提出的孵化器倍增计划，实现了孵化器数量、面积的倍增。据不完全统计，2016年全市孵化器运营机构总收入27.19亿元，其中物业收入18.16亿元，综合服务收入3.84亿元，投资收益0.62亿元，其他收入约4.47亿元（各级政府支持经费2.42亿元），实现净利润2.7亿元。全市192家孵化器中，国家级孵化器21家，国家级孵化器培育单位15家，市级孵化器37家。根据科技部火炬中心公布的2015年国家级科技企业孵化器考核评价结果，广州市16家国家级单位参评，5家被评为优秀A类（全国100家），位居全国第3，仅次于上海（8家）和北京（6家）。在2015年度广东省科技企业孵化器运营评价中，广州市6家被评为A类（全省28家），位居全省第1。“广州开发区科技企业孵化器集群创新实践”获得2015年度广东省科学技术奖特等奖。

据不完全统计，2016年全市孵化器孵化企业总收入479.65亿元，年度知识产权申请量5 266件，拥有有效知识产权数量8 060件。其中，年度总收入超过500万元的企业共804家，总收入289.44亿元。近3年来，孵化器共培育上市/挂牌企业（主板、中小板、创业板、新三板）96家，培育高新技术企业484家（其中2014年110家、2015年145家、2016年229家），直接提供就业岗位115 342个。

众创空间　据统计，2016年广州市已建立众创空间115家，面积约22万余m^2。其中53家获得广东省众创空间试点单位称号（有40家纳入国家级科技企业孵化器的管理服务体系），共有各类创业导师1 200多位，专职工作人员969人，在孵企业超过2 000家，在孵团队1 200多家，毕业企业353家，累积获得各类融资超过17.1亿元，为社会创造就业岗位超16 986个，吸纳应届大学生就业超5 808人。全市115家众创空间中，天河区有44家、黄埔区24家、海珠区16家、越秀区8家、番禺区7家、花都区7家、白云区5家、荔湾区2家、增城区1家、从化区1家；天河区最多，占全市的38%。全市的众创空间中，运营主体性质为民营企业的103家、国有企业7家、社会组织2家、事业单位2家、民办非企业1家，民营企业占绝大多数。

【科技与金融】

科技创业投资　2016年，围绕科技企业融资难、融资贵等关键问题，以《广州市人民政府办公厅关于促进科技、金融与产业融合发展的实施意见》为指导，探索形成了“一个基础、三大平台”的科技金融服务体系。2016年，广州创业投资引导基金出资1.8亿元（已完成投放1.3亿元），与知名投资机构合作设立了红土科信等4支子基金，形成了总额超过15亿元的创业投资，并吸引其他社会资本投资广州本地26个项目，投资金额54亿元，财政资金的引导放大效应达42倍。7月，市科创委与广州国资发展控股有限公司签订了科技金融战略合作协议，拟设立首期5亿元的国有投资基金，共同引导社会资本设立规模20亿元的科技创业投资基金，力争3年内实现基金总体规模100亿元，为1 000家以上科技型中小型企业提供综合性投融资服务。2016年中国创新创业大赛广州参赛企业达1 123家、参赛团队达931个，企业报名数量全国第1，团队报名数量全国第2，截至2016年年底，大赛已成功促成了58个企业获得风险投资超过6亿元。推动建立广州科技创业路演中心、广州市科技企业新三板路演中心，联动50多家投资机构参与，开展了500多个科技企业项目路演，成功促进了60个创新团队和企业获得风险投资超过20亿元。

科技信贷　截至2016年年底，8家合作银行共对281家企业发放贷款20.58亿元，已对410家企业487笔贷款出具贷款确认书，贷款金额41.16亿元；对761家企业1 380笔贷款出具了推荐函，金额211亿元。本年度，银行已审批的410家企业41.16亿元贷款。2016年3月与合作银行签订协议后，将5 000万资金池项目资金分别存入8家合作银行，正式开始运作，截至2016年年底，科技金融中心共为788家企业出具了1 413笔贷款推荐表，金额216.4亿元。对418家企业496笔贷款出具贷款确认书，授信金额42.4亿元，贷款授信的实际完成率达106%。

新三板及上市　2016年，新三板共有10 163挂牌公司，其中广州347家，占比3.41%，2016年广州新增新三板挂牌企业203家，完成了年初新增200家的目标。其中，天河区、广州开发区（含黄埔区）、番禺区分别以97家、87家、42家的新三板总挂牌企业数领跑全市。广州市2016年新三板挂牌企业的“新增挂牌数”“挂牌增长率”“挂牌总数”“净资产均值”“创新层总数”等5个指标均为全国第1，包括：2016年新增挂牌数203家，新增数量位列全国省会城市第1；2016年广州市新三板挂牌家数相比2015年增长率为86.2%，挂牌增速在全国挂牌总数前十的城市中位列第1，高于4个直辖市，高于广东省的68.3%，高于全国的41%；广州新三板企业总数由2014年35家，2015年144家，快速增长至2016年347家，位列全国省会城市第1；自新三板分层以来，广州市共35家新三板企业入围创新层，在全国省会城市中排名第1；2016年新增挂牌企业“净资产均值”为5 752.56万元，在北上广深中排名第1。在挂牌企业数量快速增长的同时，新三板广州板块的融资规模也大幅提高。2016年融资额已达49.2亿元，为2014年和2015年的融资总额的1.9倍。

【科技人才队伍】 根据市人才办《关于开展2016年广州市产业领军人才集聚工程各项目申报及“人才绿卡”申领工作的通知》精神，市科创委研究制定“创业领军团队”“创新领军团队”“创新创业服务领军人才”“杰出产业人才补贴”4个项目评审细则，举办了20余场政策宣讲会，共有749个项目在网上提交了申请，547个项目通过形式审查进入第一轮评审，86个项目进入第二轮评审，共评选出“创业领军团队”11个，“创新领军团队”10个，“创新创业服务领军才”9名，“杰出产业人才补贴”29名。

编制2017年科技创新人才专项珠江科技新星专题指南，组织对690个项目进行评审，经过网络评审、专家答辩两轮评审，共评选出199名2017年珠江科技新星。组织对2014年、2015年珠江科技新星198个项目进行中期检查，196个项目实施情况良好，均能按计划进度实施，经费使用合理，继续拨付立项资助课题经费；2个项目因项目负责人离职提出终止申请。

组织2016年“广东特支计划”科技创新领军人才、科技创业领军人才、科技创新青年拔尖人才申报，通过多种形式广泛宣传，广州生产力促进中心向园区、行业组织、社会团体和企事业单位发出2 600多封邮件、1 000多条短信，指导申报人员完成网上申报，组织对164份申报材料进行审查，向广东省推荐了161人选。此外，协助广东省科技厅完成了“珠江人才计划”第四批创新创业团队中期考核及第二批创新创业团队验收。组织开展广州市第三批“创新创业领军人才百人计划”项目验收。

【科技成果及奖励】

科技成果转化 从2016年起计划3年共支持30家科技成果转化示范机构，每家补助100万元；扶持50家科技服务机构，每家补助不超过50万元。截至2016年年底，全市已设立18家技术合同服务点，为技术买卖双方提供专业化技术交易合同与税收政策服务。2016年，广州地区技术合同登记6 079项，合同成交额289.58亿元，技术交易额280.90亿元，技术合同成交额同比增长7.8%，占地区生产总值的1.48%，在全国副省级城市中位居第3。建立科技成果转化报告制度，从首批提交73份成果转化报告的统计、分析来看，2016年科技成果转化数量61 087项，其中技术服务数量59 799项，占比98%。2016年科技成果转化金额319 867万元，技术服务收入252 046万元，占比79%。建立广州市科技成果库，共享收集科技成果8 525项。

2016年是广州市首次实施科技创新券工作，较好地激活了中小微企业和创客的创新热情，极大地降低了中小微企业的创新投入成本，缓解其资金短缺的压力。截至2016年12月，全市发放科技创新券共计5 269.24万元，审核兑现创新券计616.96万元。12月启动第二批创新券申领、发放和兑现工作。截至申报结束，发放科技创新券共计5 200.449万元，审核兑现创新券1 079.66万元，两批共计兑现创新券1 696.62万元。自2015年10月起，开始征集科技创新服务机构。截至2016年12月，已公示7批共766家；科技成果交易补助共8项，批复预算121.6万元。

技术成果及交易 2016年，6 079项科技成果通过技术市场进行转移转化，实现技术合同成交额289.61亿元，同比增长8.88%，占地区生产总值的1.48%。产业结构的优化升级，使个性化、多元化、专业化的技术需求不断增加，促使一批以创新型研发和集成化服务为交易标的的技术交易大量涌现。2016年，共达成技术开发和技术服务合同5 287项，成交金额281.58亿元，占全市技术合同成交额97.23%，使单一技术交易向为用户提供个性化、专业化解决方案的集成化技术交易转变。企业在创新中的主体地位和技术转移转化核心地位不变，技术创新能力持续增强。2016年，广州市输出技术成交额为263.76亿元，吸纳技术成交额为294.74亿元，保持在各副省级城市前3位。企业技术输出和技术吸纳持续走高，超60%的技术交易发生在企业与企业之间：技术输出238.95亿元，占全市技术合同成交额82.51%；

技术吸纳260.93亿元，占全市技术合同成交额90.1%。

科学技术奖励　广州共有16项科技成果获2016年度国家科学技术奖，其中：国家自然科学奖二等奖2项，国家技术发明奖二等奖2项，国家科学技术进步奖二等奖12项。广州共有150项科技成果获2016年度广东省科学技术奖，占全省获奖总数的63.2%，其中：突出贡献奖2人，特等奖1项，一等奖23项，二等奖49项，三等奖75项。中山大学附属第一医院何晓顺教授和广东省农业科学院动物科学研究所蒋宗勇研究员获得2016年广州市科学技术市长奖。2016年广州市科学技术进步奖共95项，其中“聚对苯二甲酰癸二胺（PA10T）合成及应用关键技术开发”等14个项目获一等奖，“华南特色茄子抗青枯病种质资源创新及新品种选育与应用”等40个项目获二等奖，“聚烯烃光稳定化技术的应用研究”等41个项目获三等奖。

【知识产权工作】　2016年，广州市以副省级城市第1名的成绩通过国家知识产权示范城市考核，再获示范城市称号。广州市已经成为国家知识产权领域重大项目集聚区。国务院批复同意在中新广州知识城开展“知识产权运用和保护综合改革试验”；国家工商总局商标审查协作广州中心、商标局驻广州办事处和国家商标品牌创新创业（广州）基地挂牌运作，是全国首个京外商标审查协作中心、首个京外商标局办事处和首个商标品牌创新创业基地。

专利创造与运用　2016年，广州市专利申请量、商标注册量均有较大幅度增长，知识产权质量有较大提升。全市专利申请量99 044件，同比增长56.3%，其中发明专利申请量31 892件，同比增长58.8%，二者增速均居全国19个副省级及以上城市首位；PCT国际专利申请量1 642件，同比增长163.6%；有效发明专利量30 305件，同比增长25.5%；每万人口发明专利拥有量（专利密度）为22.4件；企业申请的发明专利占全市的比例首次超过50%，企业创新主体的地位得到了进一步加强；全市有效注册商标达到555 000件，同比增长27%，商标总数连续6年居全国副省级城市和计划单列市首位；全市作品（含软件）著作权登记量达到55 099件。

2016年，《广州市加强知识产权运用和保护促进创新驱动发展的实施方案》《广州市知识产权质押融资风险补偿基金管理办法》等一批政策措施颁布实施，进一步加大资金投入，促进知识产权运用水平提升。广州市获中央财政4 000万元专项资金，开展重点产业知识产权运营服务试点工作；建立知识产权质押融资风险补偿基金，并获批开展国家专利质押融资示范工作。全市通过专利权质押融资15笔，质押金额2.4亿元；投入3 300万元资金扶持专利产业化和专利运用促进项目109项；全市完成专利交易额24.3亿元，涉及专利32 198件；初步建立了以广州知识产权交易中心、广州交易所集团、汇桔网等为代表，以国有控股、民营资本共同参与的多种所有制、多层级技术产权交易体系。

知识产权保护　2016年，广州市专利、商标、版权、质监、食药监等监督管理部门共立案查处各类侵犯知识产权及假冒伪劣商品案件8 166件，捣毁侵权假冒窝点233个，移送司法机关追究刑事责任82宗；处理展会知识产权侵权纠纷857宗；市知识产权局获评全国知识产权系统和公安机关知识产权执法工作成绩突出先进集体，市工商局查办的商标侵权案件入选国家工商总局商标局全国工商系统“双打”十大案件；广州知识产权法院受理各类知识产权案件4 752件，办结案件4 907件。

【科技与民生】

科技创新对口帮扶　市科创委新一轮对口帮扶梅州市五华县华阳镇华新村。2016年5月份启动各项帮扶工作，成立了以市科创委党组书记、主任为组长的扶贫工作领导小组，将帮扶华新村贫困户共95户391人分配到各处室和各直属单位，各处室和直属单位主要负责人为帮扶责任人。制定了《对口帮扶五华县华阳镇华新村2016—2018年规划》等4个规划性文件，大力推进贫困户增收工程等6大方面15项工作。成立了华新村种养合作社，养殖龟鳖基地总投入120万元，2018年年底预计产生200万元经济效益。

对口帮扶清远市，凤翔清远麻鸡配套系选育与推广项目于2016年4月实施，完成了项目必备种鸡的购进和初选，采购了种鸡育种设备，开展了部分实验工作，对凤翔麻鸡3个纯系（A、B、C）的生产性能进行改善、测定与分析，对凤翔清远麻鸡育种核心群进行纯种（系）繁殖。

对口帮扶黔南州，“特色观赏植物产业化技术开发模式”项目引进新优观赏植物54种到黔南州独山县马尾镇基地，建立了3.33hm²黔南观赏植物资源圃、6.67hm²的特色观赏植物开发示范基地。启动开展了“贵州黔南冷凉山区低产田创建水稻优质丰产栽培模式及示范”“贵州省黔南州三都县葡萄贮运保鲜关键技术研究与应用示范”“黑糯米加工关键技术研究及产业化”和“黔南州‘冷烂锈阴瘟’山区特色藤本果树种植品种筛选及高产栽培技术研究及示范”等一批新项目。“贵州黔南冷凉山区低产田创建水稻优质丰产栽培模式及示范”同田对照增产360.44kg，增产稻谷119万kg，新增收益238万元。

民生科技重大专项　2016年产学研协同创新重大专项民生科技专题立项项目200项，其中41项每项支持经费200万元，159项每项支持经费100万元，支持经费共计2.41亿元。其中支持广州市区域内高校立项项目72项，占36%；企业立项22项，占11%；科研院所立项43项，占21.5%；医疗卫生机构立项63项，占31.5%。

广州市健康医疗协同创新重大专项　出台《广州市健康医疗协同创新重大专项管理办法》和《广州市健康医疗协同创新重大专项资金管理办法》，对重大专项总体目标、组织实施原则、项目遴选流程、项目过程管理、成果和知识产权及资金管理等方面进行了详细规定，进一步明确和细化了项目管理部门、承担单位、主管部门、参加单位等各方的权利、责任与义务。按照广州市科技计划项目管理的标准，加强重大专项项目监管，实现了从申报指南编制到项目申报、评审立项、项目实施、验收、绩效等全流程信息公开，更重视项目立项的事前监督，做到“事事有规范、步步有流程、处处有监督”，保证了项目管理的公平、公正、公开。

重大专项实施以来，已取得一系列领先的医学研究成果，重大专项相关团队共申领专利51项，获得国家级奖励7项、省部级奖励10项，发表SCI收录论文272篇，注册新产品26个。研发了一批填补国内空白的医学检测设备和诊断试剂，赛莱拉、达瑞生物等2家企业在新三板挂牌，万孚生物在创业板上市。广州市在鼻咽癌、肺癌、呼吸道重大传染病防治，二代基因测序技术，干细胞治疗等研究领域处于世界先进水平。

【科技交流合作】　2016年是实施“十三五”规划的开局之年，广州市围绕落实创新驱动发展战略部署，积极融入全球科技创新合作网络，讲好广州科技创新故事，渐次展开了一系列加速打造国际科技创新枢纽的部署和计划。2016年对外科技合作项目入库145项。

国际科技合作　2016年，广州市科技创新委员会接待奥地利驻华大使、新西兰驻广州总领事、澳大利亚驻广州代总领事、英国驻广州总领事馆、新加坡驻广州总领事馆商务处、加拿大驻广州总领事馆商务处等外国驻华、驻穗使领馆代表团，以及美国麻省理工学院、美中硅谷协会、瑞典林雪平大学、加拿大魁北克省高校联盟、滑铁卢大学、西安大略大学、多伦多投资促进局等40多批国（境）外机构的100多人次嘉宾来访，交流双方科技创新发展情况，寻求开展合作的新机会。

穗港澳台合作　广州市加大力度支持穗港科技合作，支持广州香港科大霍英东研究院新型研发机构建设，打造粤港澳青年创新工场和国际先进制造中心。自2015年起开展了3批“提升创新能力”香港研修活动，组织市内科技创新行政管理部门和企事业单位的负责人和专业技术骨干赴香港重要科研单位开展对接。

穗台合作　广州市组织实施“支持台资企业科技创新项目”，2015—2016年度总计投入财政经费1 600万元，支持开展了32项台资企业科技创新项目，引导在穗台资企业加大研发经费投入，加快产业结构调整和转型升级。广州市促进台资企业科技创新与转型升级服务中心为在穗台资企业提供技术咨询、诊断、检测、项目申报等服务。引进台湾超算专家在穗成立广州高能计算机科技有限公司开展高性能计算及大数据分析业务。这种通过科技服务手段提升在穗台资企业科技创新水平的做法得到了海峡两岸关系协会陈德铭会长、中央台办张志军主任等领导的高度认可。2016年，广州市光机电技术研究院被中台办、国台办批准为“海峡两岸青年就业创业示范点”。

2016广州国际工程师论坛　由中国人民对外友好协会、世界城市和地方政府组织（UCLG）、世界大都市协会、广州市人民政府共同主办，广州市科技创新委员会和新华网承办的“2016广州国际工程师论坛——工匠精神与创新”于12月6日在广州成功举办。来自中国、美国、德国、以色列、乌克兰的国内外工程师、知名专家、企业代表共聚一堂，深入交流了科技领域的顶尖思想和前沿信息，为广州未来产业发展献言献策。

小蛮腰科技大会　2016小蛮腰科技大会在广州市人民政府和广东省发展和改革委员会的大力支持下首次落地广州，美国国际数据集团（IDG）与广州市科技创新委员会共同举办，得到了中共广州市委宣传部、广州市人民政府外事办公室、广州市金融工作局和广州市工业和信息化委员的大力协助，旧金山驻华办公室为大会在海外的宣传工作保驾护航。大会以“移动互联　美好共享”为主题，致力于促进广州建设成为具有国际影响力的国家创新中心城市，推动广州高新技术人才的聚集和助力广州经济结构转型，进而推动各种移动应用软件和智能硬件在国民经济各个领域内的广泛使用，加速人工智能时代的全面发展。大会于12月8—9日在广州·四季酒店（主会场）和广州市政协+广州塔（分会场）举行。大会开幕前注册人数近7 000人，实际到会观众超过8 000人次，其中主论坛现场人数超过1 000人，各平行论坛均超过500人。

中国创新创业大赛　6月，第五届中国创新创业大赛报名开启，广州就充分展现了创新创业资源丰富和创新创业氛围浓厚的风采，报名参赛项目总数高达2 054个，是2015年参赛项目的4倍。该次报名参赛的1 124家企业中，互联网和移动互联网行业领域的企业为388家，占广州赛区企业报名总数约30%，其次是电子信息（273家）、先进制造（149家）、新能源及节能环保（135家）、生物医药（110家）、新材料（69家）。在2016年9月结束的广东赛区行业总决赛中，广州赛区企业斩获一等奖3项、二等奖11项、三等奖24项、优胜奖86项，其中广州赛区互联网企业包揽了互联网行业近7成名次。

【科技招商】　2016年，通过上门招商、省市领导会见洽谈等多种方式，重点引进一批技术含量高、发展潜力大的项目落户广州，在谈项目共11项，跟进11个重点招商项目，其中广东合一新材料项目、北科大新材料研究院、美国翱飞公司优创动力虚拟办公项目、中国铝业有色研究院项目等4个项目已签约落户。实施羊城人才计划，着力引进海外人才和高端人才，形成人才集聚效应。在市委组织部带队下，赴新西兰、澳大利亚、新加坡等地宣传该市集聚产业领军人才政策，积极开展海外招商，与新西兰中国创新中心、澳华技术协会、新加坡—中国科学技术交流促进协会等机构达成友好合作关系，形成海外人才交流的合作机制。积极推进与港澳台合作，举办“2016穗港澳台科技创新论坛暨项目对接会”，与香港科技大学联合举办广州百万奖金国际创业大赛，集聚穗港澳台创新创业青年群体。努力拓展多种招商渠道，积极利用留交会、国际投资年会、科交会、双创周等大型会议平台开展招商工作，加强政策宣传，推进重点优质项目签约落地。与创新联盟合作举办“广州塔论坛”、与IDG合办“小蛮腰科技论坛”、举办广州国际创新节暨广州国际工程师论坛、与德勤合办“广州高科技高成长20强”企业评选等，通过开展多品类多层次的科技创新活动，积极展示广州投资形象，集聚创新要素。

【科普工作】

科普法规政策　修订并印发施行《广州市科学技术普及条例》，并采取多项措施认真做好宣贯工作。启动《广州市科学技术普及基地认定管理办法》修订工作，对科普基地实行分类认定，并明确规定科普基地必须履行向公众开放义务的具体要求及保障措施，以便更好地发挥科普基地的科普宣传示范与辐射作用。

科普宣传　举办“珠江科学大讲堂”，打造高端科普传播阵地。讲堂秉承“传播科学知识，普及科学精神和科学方法”宗旨，致力于为公众搭建与专家院士面对面、点对点的交流平台。截至2016年年底，讲堂已连续举办4年，共33期。举办广州科普讲解大赛，搭建科普学习交流平台。2016年“广州科普讲解大赛”暨第三届全国科普讲解大赛选拔赛共吸引了230多人报名，30多万人关注，吸引了包括澳门特别行政区代表队在内的54个代表队共160名选手参赛。

科普基地建设　2016年新认定24家市科普基地，并对第六批市科普基地进行考核。截至2016年年底，经认定的市科普基地达111家。2016年广州科普基地联盟正式更名为“广州科普联盟”，通过“广州科普”微信公众号的规范管理，定期推送科普文章、活动举办资讯等信息，加强科普基地与公众之间沟通交流。

广州科技活动周　按照科技部的统一部署，市科技创新委于5月14—21日组织举办了2016年广州科技活动周。2016年广州科技活动周以“创新引领　共享发展”为主题，重点突出科技成果转化带来的新技术、新产品和新创业，鼓励社会各界发挥自身特色优势，针对公众多样化的科技需求，广泛开展各种形式的群众性科技活动，普及科学知识、倡导科学方法、传播科学思想、弘扬科学精神，激发全社会创新创业活力。活动周期间，全市策划了两岸科普交流系列活动、全国科普讲解大赛、广州科普精品一日游、广州科普讲解大赛等各类活动100多场，参与人数达100万人次以上，媒体宣传报道达180篇（幅），取得了良好的社会效果。

【科协工作】　2016年，广州市科学技术协会围绕广州市“十三五”开局之年的战略核心和工作重点，充分发挥桥梁纽带作用，组织动员广大科技工作者，全面履行科协职能，加大开放型、枢纽型、平台型科协组织的建设力度，努力为广州市建设国家中心城市全面上水平作出新贡献。

中国创新创业成果交易会　立足办好主会展，征集了国内外2 000多个创新创业成果进行展示，吸引6.7万人次入场参观，促成41个项目对接落地。精心安排首届“创交会杯”创新创业竞赛、中国风投圆桌峰会、版权专项展等38项活动，共同营造了广州的双创氛围，打造双创热点。

学会建设　发挥所属学会的组织和人才优势，实施创新驱动助力工程，引导科技工作者和学会在广州市创新发展转型升级中积极作为。8名国外高科技企业负责人和11名著名风投、创投机构合伙人参加中国风投圆桌峰会，为创业者指点迷津。60位来自生物、医疗、能源等前沿领域的“千人计划”专家齐聚广州，交流“高精尖”海归的创新创业经验与心得，与相关企业共享“双创”成果。争取市委组织部参与院士专家工作站和学会科技服务站共建工作，召开“广州市院士专家工作站座谈会”总结工作成果。目前已建立院士专家工作站12个、各种学会科技服务站22个、博士企业工作站（点）30个，共组织开展学会企业对接、调研考察、业务培训、学术交流等活动100多场次。面对全市中小型企业深入开展TRIZ技术创新方法培训8场600多人次，组织开展专利工程师培训13场1 200人次，举办广州地区创新方法创业大赛，征集参赛项目100多项。在广州地区推广专利信息应用数据库，被727家企业采用，产生60个专家团队帮扶企业的应用案例。

公民素质建设　实施科普惠民服务工程，对基层公众（农民、社区居民、城镇劳动者等）提供多形式、多类别的科普服务，助力基层公众科学素质的提升。“全国科普日”期间全市268个单位共组织开展了315项活动，参与人数超过200万人次。“科普大讲坛”全年14期讲座共吸引5 000多名观众参加，其中有3期讲座被纳入广东省干部网络培训学院课程，“科普一日游”和“科普自由行”有效整合广州地区的180多家科普场馆和科普资源单位成为市民的“科普学堂”，不断丰富“千师万苗工程”活动内涵，组织开展了市青少年科技创新大赛、市青少年机器人竞赛、师苗结对辅导培育和项目资助、科普大篷车等活动共90场，54 000名青少年参与活动。

【科技服务体系】　2016年，广州市重点开展了科技服务业促进政策的制定与落实、科技服务业统计监测工作。广州市设立了科技服务业发展专项，共支持33家科技成果转化示范机构、检验检测机构、科技服务机构等三类机构建设，发展壮大一批科技服务龙头机构和培育一批服务品牌。同时，为引导和鼓励中小微企业开展科技创新活动，在广州市首次实施了科技创新券扶持政策，面向全市12区中小微企业和创客申领创新券项目394项，共发放额度5 269.24万元创新券；面向全市140多家中小微企业审核兑现创新券服务项目217项共计616.96万元；组织发布了5批共计528家科技创新服务机构，由市内中小微企业及创客向其购买科技服务；为做好政策宣传，先后组织了2次区科技行政主管部门负责人的政策宣讲与系统操作使用培训，10场次的企业政策宣讲，让经办人熟悉政策与系统操作。创新券政策有效地将创新主体企业与创客、创新服务提供主体连接起来，活跃了科技服务的供需市场，对广州市科技服务市场的培育发展发挥了积极的促进作用。

【科技信息网络建设】　2016年，市科创委网上政务服务依托于已建成的协同政务平台开展，取得了良好成效。据统计，2016年内共接受科技计划项目申报17 000项，在线填报合同共计1 700项，支撑完成项目网评13 300项，接受2016年度税前加计扣除项目申报15 000项，比去年同比增长近100%，接受科技奖申报数量共计245项。除做好政务平台日常运维工作外，2016年还根据需求开发、完善了广州市科技创新券管理系统、产业领军人才管理系统并上线运行。其中创新券管理系统主要新增了创新券申请及受理、创新券兑现及受理、服务目录管理、查询统计等功能，上线期间共受理申请446项，发放5 269.24万元创新券；广州市产业领军人才管理系统实现了人才申报、受理、网上评审等功能，完成了企业创始人、投资人、CTO等职务的专家征集、入库、标识工作。

为建立广州市区统一的科技创新企业基础信息数据库，形成以培育国家认定高新技术企业为主要目标的企业梯次数据库，建立科技创新企业信息更新长效管理机制，优化科技资源配置、促进企业科技创新，市科创委于2016年启动了广州市科技创新企业数据库建设项目工作，截至2016年年底，已完成了需求调研和分析、数据结构设计、系统功能框架设计、数据整合及系统开发等工作。科技创新企业数据库的建设主要以广州市企业基础数据库及科创委业务系统数据库为数据源，从中提取、整合企业基础信息及相关联的科技立项、科技成果及知识产权信息入库。据统计，截至2016年年底，库内已有科技创新企业12.7万多家。系统已实现企业信息管理、查询、统计分析、图表分析、决策分析等九大功能模，其中决策分析包括了企业生产周期分析和行业前景分析，探索采用机器学习算法，从6个维度（存活率、注册率、注册数、注销率、注销数、注册数/注销数）对企业数据进行了初步分析。

为了满足公众对政务信息公开的需要，2016年持续努力做好信息维护工作，不断提高政务信息服务水平和质量，按照规范流程，完成市科创委门户网站、广州科普网、科创委微博、微信上的各类信息的采编、发布工作，2016年共采编发布网站信息10 388篇、微博2 466条、微信1 211条，完成3个专题及47期每周综述的编制工作。在由《南方都市报》组织开展的“2016广州市直部门政务新媒体榜”评审活动中，市科创委“广州创新”微信公众号获“勤奋号”称号。

【防震减灾工作】　2016年，广州市地震局在市科创委的领导下，全面贯彻落实习近平总书记7.28调研考察唐山重要讲话精神，结合广州市防震减灾工作实际，积极推进“局省合作实施方案”重点项目，重点推进“广州市防震减灾科普馆”和“基于地理空间信息的广州市重点区域地震小区划项目”2个项目建设。至年底，已完成全部建设内容并通过专家验收。

地震监测　启动地震烈度速报和地震预警系统建设工作。一是完成中国地震烈度速报和预警台网工程项目广州市部分的9个基本站、52个一般站（含备选点）台站勘选工作；二是建设“广州市地震烈度速报系统建设项目（2015）”，该项目建成后能在震害发生后及时提供地震烈度分布范围，为强震后的地震应急救援工作提供科学依据。

震害防御　2016年新增花都区红棉社区为国家级防震减灾示范社区；新增（升级改造）防震减灾科普示范学校3所，包括白云区江夏小学（升级改造）、番禺区德兴小学、荔湾区文伟中学。至2016年底，全市共有地震安全示范社区26个（国家级8个，省级13个，市级5个）。

应急救援　“5·12”全国防灾减灾日，以

广东财经大学为主会场，举行了一场超过4 000人参加的地震应急疏散演练活动。大力加强应急救援志愿者队伍的建设和培训工作，共开展4期“地震应急第一响应人”培训、1期“地震应急救援志愿者队伍”培训，参加培训的人员超过300人。截至2016年年底，全市共有地震应急救援志愿者接近1 000人。

科普宣传　加大宣传，加强城市防震减灾文化建设。利用汶川地震、唐山大地震纪念日等节点，组织开展“防震减灾科普宣传和政策咨询活动”。2016年，市地震局在广州市政府大院、广东财经大学、天河区骏景社区以及其他学校、社区、科普基地等一线基层单位，开展现场宣传科普活动，参加人数超过1 000人。

（广州市科技创新委员会　陈　宏）

深圳市

【概况】　2016年以来，深圳经济特区认真贯彻落实党的十八大和十八届三中、四中、五中、六中全会对创新驱动发展作全面部署、习近平总书记系列重要讲话和对科技创新工作的重要批示精神，深入实施创新驱动发展主战略，深化供给侧结构性改革，激发科技创新源动力，加快建设现代化国际化创新型城市和国际科技、产业创新中心。2016年深圳全社会研发投入超过800亿元，占GDP比重提高至4.1%。

【科技政策法规】　2016年，深圳在已有的创新政策的基础上，加强创新政策顶层设计。出台《关于促进科技创新的若干措施》，从改革科技体制、提升创新能力、强化对外合作、优化创新生态等4个方面提出62条措施，其中新政47条。发布《深圳市促进重大科研基础设施和大型科学仪器共享暂行管理办法》，加快推进市重大科研基础设施和大型科学仪器向社会开放共享，进一步提高科技创新资源利用效率和共享水平。

【高新技术产业】　2016年，高新技术产业实现产值19 222.06亿元，同比增长11.13%，实现增加值6 560.02亿元，同比增长12.18%。

实施国家高新技术企业培育计划，引导和支持企业加强技术研发能力，培养扩大科技型企业规模。2016年新增国家高新技术企业2 513家，国家级高新技术企业总数达到8 037家。开展深圳市高新技术企业认定工作，2016年新增市高新技术企业679家，总数达到2 772家。

【知识产权保护】　2016年，深圳市知识产权产出继续保持稳定增长，数量和质量均大幅提升，实现多个全国第1。2016年，深圳市国内专利申请量突破14万件，达145 294件，同比增长37.74%，其中发明专利申请56 336件，同比增长40.74%；国内专利授权75 043件，同比增长4.05%，其中发明专利授权17 666件，同比增长4.18%；累计国内有效发明专利突破9万件，达95 369件，同比增长13.67%，每万人口发明专利拥有量80.09件，居全国各大城市第1名；PCT国际专利申请量达19 648件，同比增长47.64%，连续13年居全国各大城市第1名。

2016年，深圳市商标注册申请量为253 275件，同比增长39.76%，相比2014年商标注册申请量接近翻番；商标注册核准量为139 763件，同比增长18.22%，注册核准量居全国大中城市第3名，位居广东第1。截至2016年年底，深圳累计拥有驰名商标166件，广东省著名商标506件，深圳品牌的影响力进一步提升。

【科技服务体系】　2016年，继续完善科技服务体系建设，培育和壮大科技服务市场主体，鼓励和引导开展各类科技服务，逐步形成涵盖研发设计、技术转移、检验检测认证、创投孵化、知识产权等在内的科技服务体系。继续开展科技创新券资助，向3 000余家中小微企业发放创新券总额约1.5亿元。

2016年，深圳市技术转移促进中心登记技术合同交易金额468亿元，其中技术交易金额459亿元，登记技术合同9 826份。第八届中国（深圳）创新创业大赛对接区级赛事/专业赛/海外赛17个，在“深创赛”官网上注册项目数量达3 353个，共决出了总决赛一、二、三等奖12名（企业组、团队组各6名）。深圳赛区选送了66名优秀选手参加国赛，其中企业组选手41名，团队组选手25名。共获得第一名2个，第二名1个，第三名2个，“优秀企业”和“优秀团队”33个，获奖率达到50%。在生物医药行业总决赛中，深圳赛区包揽了团队组冠、亚、季军。

【大众创新、万众创业】 培育了66家创客服务平台和237家创业孵化载体；69家创客空间获得国家级众创空间称号，2家孵化器获得国家级孵化器称号，国家级孵化器累计12家。成功举办2016年全国双创周深圳主会场和深圳国际创客周活动，共举办169场活动，辐射67万人，接待参展览观众55万人；成功举办2016中国（深圳）IT领袖峰会，提升峰会国际化、专业化水平，成为推进大众创新的重要平台。

【创新载体】 2016年，新增重点实验室、工程实验室、工程研究中心、企业技术中心等各类创新载体210家，其中国家级新增14家；累计建成创新载体1 493家，其中国家级94家、省级165家。

【科技奖励】 2016年深圳市获得16项国家科技奖，包括国家自然科学奖1项、技术发明奖3项、国家科技进步奖12项，其中，北京大学深圳研究生院主持攻关项目“具有重要生物活性的复杂天然产物的全合成”获得2016年度国家自然科学奖二等奖，实现深圳市推荐主持项目在该奖项零的突破。华为、中兴、宇龙3家深企参与的“第四代移动通信系统（TD-LTE）关键技术与应用”项目获2016年度国家科技进步奖特等奖。

【科技金融】 通过科技金融计划，引导、放大政府财政科技资金的杠杆作用。2016年，新入银政企合作项目库399项，对131个银政企合作贴息项目予以支持，200多家入库企业获得合作银行贷款，授信额近50亿元。

【对外科技交流活动】 全面启动海外孵化器建设试点工作，选取美国旧金山、波士顿、法国大巴黎地区作为第一批海外孵化器建设试点地区，集聚和配置全球高端创新资源。成功举办深圳—以色列科技合作论坛暨项目对接会。实施国际科技合作计划，2016年共资助48个项目。

【产学研工作】 推动深圳市中光工业技术研究院暨中村修二激光照明实验室、深圳数字生命研究院落地深圳，筹建深圳精密加工制造中心、深圳数学研究院。成立NSFC—深圳机器人中心项目，设立深圳国家自然科学基金机器人基础研究中心。创新体制机制，采取量身定制的政策措施，在基因组学、超材料、智能机器人、大数据、石墨烯等前沿技术领域，培育集科学发现、技术发明、产业发展“三发”一体化的新型研发机构，2016年新成立新型研发机构23家。

（深圳市科技创新委员会　程　山）

珠海市

【概况】 2016年，珠海市全社会研发投入（R&D）55.23亿元，占GDP的比重达2.48%。拥有国家级工程技术研究开发中心4家、省级101家、市级62家；已建立国家级企业技术中心3个、省级50个、市级重点企业技术中心178个。全市共有公共技术服务平台35个，国家重点实验室1个，拥有广东省战略性新兴产业基地5家。

【科技政策环境】 2016年，珠海市召开了两次市创新驱动发展领导小组会议，明确市创新驱动发展领导小组职责和工作机制。充分发挥特区立法权优势，完成《珠海经济特区科技创新促进条例》修订工作，重点增加了政府远期约定购买、创新科技金融服务、鼓励发展科技企业孵化器、促进科技成果转化等创新性条款，并于2016年10月1日起施行。制定出台《珠海市引进建设重大研发机构扶持资金管理暂行办法》《珠海市高新技术企业培育专项资金管理办法》《珠海市科技企业孵化器管理和扶持暂行办法》《珠海市知识产权质押融资风险补偿基金管理办法（试行）》等一列政策措施，进一步完善了科技政策环境。

【科技计划项目】 2015年，珠海市科技计划项目下达经费18 879.06万元，重点安排在企业研究开发费补助、扶优扶强贴息资金及新型研发机构和科技创新公共平台资金方面。2016年，珠海市获得省科技型中小企业技术创新资金立项19项，共获得670万元资金资助，其中珠海市新德汇信息技术有限公司承担的“出入境便民服务智能化系统及关键设备”和珠海国佳新材股份有限公司承担的“治理重金属工业废水污染用环保修复凝胶材料及其智能移除装备”2个项目为重点创新项目。

【产学研合作】 2016年，珠海市新型研发机构共计27家，主要分布在生物医药、电子信息、装备制造等领域，基本实现了在全市产业区的全覆盖。其中新增中航通飞研究院有限公司、珠海天威打印耗材及增材制造技术研究院、华南理工大学珠海现代产业创新研究院、佳医疗器械创新研究院4家省级新型研发机构，经认定的省级新型研发机构累计达到12家，居全省第5。

2016年引进了广东省科学院在珠海市建设海洋工程装备技术研究所、航空航天装备技术研究所、生物医药技术研究所3所珠海市重点产业急需的研发机构。目前已落户相应产业聚集区。

【高新技术产业】 2016年，珠海市新认定高新技术企业407家。截至2016年年底，珠海市高新技术企业累计达到787家。全年787家高新技术企业的工业总产值2 496.85亿元，高新技术产品收入1 945.33亿元；实现净利润268.77亿元，实际上缴税费总额170.20亿元。2016年，开展三批广东省高新技术企业培育库入库申报工作，经评审有466家企业成功入库。

2016年，珠海市高新技术产品产值达2 446.56亿元，同比增长9.3%，占全市规模以上工业企业工业总产值的56.16%。

【人才队伍建设】 2016年，珠海市继续实施“蓝色珠海高层次人才计划”，全年评出67名市高层次人才、149名青年优秀人才、8个创新创业团队。新引进“千人计划”专家20名，省“领军人才”5名。截至2016年年底，全市有“千人计划”专家50名、省引进创新创业团队2个、省“领军人才”12名。加大海外引才力度，组团赴澳大利亚悉尼、墨尔本开展“招才引智”推介洽谈活动，协调举办“创业导师走进珠海留创园”、广东省第八届海外专家南粤行珠海专场等活动，吸引高端人才落户珠海。

4月14—15日，首届中国（珠海）国际人力资源服务产品和技术展在珠海举办，首次将全球最大的人力资源类的世界级博览会“美国人力资源技术展”引入中国。展会汇集了包括美国甲骨文公司、思爱普公司、自动数据处理公司等在内的66家全球顶尖人力资源服务商和技术产品供应商，美国第24任劳工部部长赵小兰女士等多位国内外重量级嘉宾出席，安排25场专业论坛，展示涵盖软件、云计算、大数据、外包等人力资源技术、产品及服务领域的最新成果和发展趋势。同时，珠海的格力电器、中航通飞、正和国际、南方人力資源公司、北京师范大学珠海分校等10家企业和单位也携其特色产品和服务解决方案亮相，有超过7 000名专业人士参加展会。

【孵化体系建设】 2016年，珠海市科技企业孵化器共计27家，面积125万m^2，孵化器内企业超过1 500家。2016年新增国家级孵化器2家、省级孵化器5家，累计达到3家国家级孵化器和8家省级孵化器。

出台了《珠海市科技企业孵化器管理和扶持暂行办法》，设立专项资金，推进科技孵化器孵化能力建设；并组织开展2016年科技企业孵化器资金项目。

【科技成果及奖励】 2016年，珠海市登记科技成果122项。珠海市有14个项目获2016年度广东省科学技术奖，其中，中华人民共和国珠海出入境检验检疫局的“食品安全高风险因子现场快速检测体系的构建及其标准化”、珠海银隆新能源有限公司“大容量锂离子电池储能电站关键技术研发与应用”、广东珠海金湾发电有限公司“火电厂超低排放系统优化技术研究及工程实践”、珠海格力电器股份有限公司“家电产品绿色制造技术集成开发与示范应用”、珠海联邦制药股份有限公司“基因工程糖尿病治疗药物重组人胰岛素系列产品的研发及产业化”5个项目获2016年度广东省科学技术奖二等奖，另9个项目获三等奖。

【科技金融】 2016年，珠海市加快发展科技金融，扩大创业投资基金规模，截至12月底，全市共设立4只财政性引导基金，总规模达22.43亿元。推动金融业态聚集，截至2016年年底，全市备案创业投资机构数达到118家，备案创业投资管理资本规模达到520.31亿元。鼓励科技贷款，全市已设立6家科技型支行，建立了4 000万元规模的珠海市知识产权质押融资风险补偿基金，完成知识产权质押贷款审批6笔，总金额1 350万元。推动科技企业上市、挂牌，截至2016年12月底，全市上市的高新技术企业达到18家，金融机构向高新技术企业贷款余额达到109.18亿元。

【知识产权工作】 2016年，珠海市制定印发《珠海市专利保险试点工作实施方案》《珠海市深入实施知识产权战略 支撑创新驱动发展2016年工作要点》。2016年，珠海市有5家企业通过国家知识产权优势企业认定，累计有国家知识产权优势企业8家，1家企业通过国家知识产权示范企业认定，累计国家知识产权示范企业2家；1家企业通过省知识产权示范企业认定，累计有省知识产权优势企业32家；省知识产权示范企业12家；8家企业通过市知识产权优势企业认定，累计有市知识产权优势企业82家。2016年，珠海市作为全省知识产权质押融资风险补偿基金试点城市，获中央财政资金1 000万元支持，8月，市政府配套3 000万元，成立珠海市知识产权质押融资风险补偿基金，出台《珠海市知识产权质押融资风险补偿基金组建方案》《珠海市知识产权质押融资风险补偿基金管理办法（试行）》，组建知识产权质押融资服务联盟，全市共完成2项专利权质押，融资金额1 700万元，知识产权质押融资工作取得阶段性成果；国家横琴平台建设进展顺利，5月，国家知识产权专利检索中心七弦琴国家平台代办处成立，10月，国专公司七弦琴国家平台代办处成立，两个知识产权服务国家队进驻珠海，全国32个省市的知识产权局来横琴实地考察合作的达到26个。

专利产出 2016年，珠海市专利申请18 059件，同比增长59.33%，其中：发明专利申请7 642件，增长73%；实用新型申请8 215件，增长53%；外观设计申请2 202件，增长43%。专利授权9 287件，其中发明专利授权1 796件，实用新型授权5 953件，外观设计授权1 538件，年末有效发明专利5 470件。2016年，珠海市每百万人均发明专利申请量4 677件，比上年增长70.82%，排名全省第2位。珠海市每万人口所拥有的有效发明专利量33.5件，增长47.58%，排名全省第2位。PCT国际专利申请受理量239件，排名全省第6位。

专利奖励　2016年，珠海格力电器股份有限公司、珠海优特电力科技股份有限公司、炬芯（珠海）科技有限公司、珠海云洲智能科技有限公司、广东省特种设备检测研究院珠海检测院、珠海市安粤科技有限公司、广东溢多利生物科技股份有限公司、天大药业（珠海）有限公司、珠海安联锐视科技股份有限公司、中国铁建港航局集团有限公司等10家企事业单位的9项专利获中国专利优秀奖，珠海格力电器股份有限公司的1项专利获中国外观设计优秀奖，获奖总数约占全省获奖项目13.8%。珠海格力电器股份有限公司1项专利获2016年广东专利金奖，炬芯（珠海）科技有限公司等10家企业10项专利获2016年度广东专利优秀奖。

执法维权　2016年，珠海市制定并印发《珠海市知识产权局2016年专利执法维权工作方案》，全年受理专利纠纷和涉嫌假冒专利案件10件，结案8件，结案率80%。2016年珠海市知识产权局联合市工商局、市质监局等部门，开展了多次联合执法检查行动，出动执法人员共32人次，检查包括药品、食品、箱包、皮具、家用电器和玩具等共1 200余件。

宣传培训　全年共举办各类知识产权宣传活动24场，约3 500人参加，包括4·26世界知识产权日系列宣传活动、普法宣传、中国专利周宣传活动、知识产权进校园、百所千企进园区、知识产权高端论坛、沙龙等。制作并发行专利周专刊《珠城知萃》2 000余册，制作并发放《4·26知识产权宣传专刊》30万册。积极借助微信等新兴媒体，多形式、多渠道推动知识产权的宣传普及和知识产权文化建设，大力营造尊重和保护知识产权的浓厚氛围。

【科普工作】　2016年，珠海市组织开展了科技进步月活动和全国科普日活动。期间，与青少年妇女儿童活动中心联合举办了2016年科技进步月系列活动启动仪式暨趣味科普体验活动，精心设计了高仿真的航空模拟飞行操控体验活动、橡皮筋动力航模组装比赛、专业航模静态展示等丰富多彩的科普体验项目，吸引上千名学生、家长和老师参加。在全国科普日，联合市博物馆举办了2016年全国科普日珠海主场活动——珠海第二届陨石科普文化展，展览吸引了近4万人参观；与珠海市5所高校的天文社团共同举办6场路边天文科普活动，有近3万人次参与活动。

在青少年科普方面，组队参加全国和省青少年科技创新大赛，在第31届全国青少年科技创新大赛上，珠海市选手共获得一等奖4项、二等奖2项、三等奖1项和专项奖1项；举办第32届珠海市青少年科技创新大赛。举办2016年“大手拉小手——科普报告希望行”活动，邀请中科院8位老专家，深入该市51所学校和2个部队驻地做了62场科普报告，受众达3万多人次；与珠海市营养学会等单位联合举办2016“朗京杯”珠海公共营养师职业技能竞赛；开展科普大篷车进学校、进社区活动近30次，参加活动的青少年学生达3万多人次。在农村科普方面，根据各区、镇村农民的生产实际需要，开展科技下乡活动、举办“葡萄栽培技术培训班”“尖吻鲈养殖技术培训班”等各类农村实用技术培训班20多次。社区科普方面，召开社区科普工作经验现场交流会，与香洲区科协和狮山街道办共同举办了首届社区科普嘉年华。继续推进“科普示范社区”创建活动。组织市针灸学会、市营养学会等8个科技团体分别走进驻珠部队的10个基层连队开展科普进军营活动。首次开展了珠海市公民科学素质微信竞答活动。

同时，珠海市进一步加强科普能力建设。为充分调动和发挥社会组织的作用，继续在全市范围开设珠海科普讲堂，择优资助10个主题的科普讲堂项目，共举办近100场次的科普讲座。开展了优秀科普作品的征集，择优资助《一个青年中医之路》等3部科普作品。支持社区、农村加强科普能力建设，香洲区华发社区被评为全国科普示范社区；斗门区乾务镇湾口村周景红被评为全国“基层科普行动计划”农村科普带头人。加强科普教育基地建设，汤臣倍健“透明工厂”营养健康科普教育基地被省科协命名为“广东省科普教育基地”（2016—2020年）；新认定市疾病预防控制中心健康体验馆、广东逸丰生态实业有限公司逸丰生态园2家珠海市科普教育基地；对期限已满的科普教育基地进行了复审。

【防震减灾】 继续开展防震减灾示范城市的创建活动。开展并完成了全珠海市地震灾害风险点危险源排查整治工作。完成了《珠海市防震减灾“十三五”规划》编制工作并颁布实施。开展责权清单的梳理和录入、行政许可和行政处罚等信用信息公示工作。根据国家和省的要求，及时调整了建设工程场地地震安全性评价中介服务，取消了《珠海市建设工程抗震设防要求审核行政许可》。完成中国地震局与广东省人民政府合作项目“珠海市（香洲主城区）震害预测与对策系统建设”第二期任务。配合广东省地震局完成了国家地震烈度速报台网及地震预警台设在珠海市的6个基本点（强震动观测站）和14个一般站（烈度仪观测站）站址的勘选工作。配合中国地震局测量队开展地震监测工作。对本年度及每季度珠海市地震趋势进行综合分析和预测，完成了年度及每个季度地震趋势分析报告。

积极应对“7·31”广西梧州M5.4级地震影响，地震发生后，第一时间核实震情信息，第一时间向市委、市政府、市应急办通报震情，同时及时处理市民来电咨询，解答疑问，耐心、细致进行解释工作，消除市民的担忧。在全市范围内新建了5个地震应急避难场所，在高新区唐家湾镇政府机关大院和全市12个社区开展了地震灾害综合应急救援演练。举办了“珠海市地震应急救援志愿者培训班”，300名志愿者参加了培训。编辑、印刷《防震减灾基本知识手册》3万册、《面对灾害　科学避震》宣传海报3 000份、三折页10万张，分发到全市各区及大、中、小学和社区。在珠海市第三中学、第八中学、珠海市文园中学、香洲区第十五小学、香洲区桃园幼儿园，以及珠海市高新区举办了“地震与地震灾害”“应急避震疏散及自救互救”等6场专场讲座，约有3 000人听取了讲座。

（珠海市科技和工业信息化局　黄昭颖　甘　露　翟　玥　罗玉宏　郑　敏　肖茜虹　权　超　杨小华）

汕头市

【概况】　2016年，汕头市科技局按照市委、市政府的工作部署，深入贯彻落实全省科技创新大会精神，抓好科技战略的顶层设计，培育壮大以高新技术企业为重点的科技创新主体，推动科技创新平台建设，加速科技成果转化，各项工作取得新的进展。

全市共有24个项目获省科技计划项目立项，获扶持资金3 560万元；67家企业的研究开发投入获省财政补助，共计6 129.78万元；132家企业通过高新技术企业入库培育评审，获省奖补资金4 515.42万元；合计获省支持1.4亿元。新增高新技术企业180家，通过重新认定高企24家，总数达到324家，净增174家，比2015年增长116%。新认定国家级科技企业孵化器培育单位1家、市级孵化器7家。新增省级工程技术研究中心10家，总数达到117家；新增市级工程技术研究中心16家，总数达到180家；新增省级新型研发机构4家，总数达到6家。

【科技创新环境建设】

科技政策　汕头市根据实际需要不断完善科技政策体系，2016年相继出台《汕头市关于加快新型研发机构发展的若干意见》《汕头市科学技术局新型研发机构认定管理办法》《汕头市科技企业孵化器倍增计划实施方案》《汕头市科学技术局、汕头市财政局关于科技创新券后补助实施细则》和《汕头市科学技术局关于工程技术研究中心认定管理办法》等政策措施。

科研团队引进　2016年，在市委组织部的牵头组织下，启动了汕头市引进创新科研团队专项计划，自主引进一批海内外高层次创新科研团队和领军人才，支撑汕头科技发展和产业的转型升级。汕头市5家企业申报首批引进市级科技创新创业团队，经过多个环节，最终经市人才工作领导小组批准，4家企业成功引进汕头市首批科技创新创业团队，获得700万元的资金支持。启动汕头市高层次人才特殊支持计划，共有28人申报，其中申报科技创新领军人才的26人，申报科技创业领军人才的2人。

2016年，汕头市广东拓捷科技有限公司的谢庆强入选广东省科技创业领军人才，获得省80万元的资金支持。西陇科学股份有限公司入选省“扬帆计划”，获得300万元的资金支持。

创新创业大赛　6月，市科技局牵头广东省科技金融综合服务中心汕头分中心组织发动符合条件的创新创业团队和企业参加第五届中国创新创业大赛（广东赛区）暨第四届“珠江天使杯”科技创新创业大赛，共推荐77家企业和42个团队报名参赛。经大赛组委会评审，有39家企业和10个团队进入复赛。有7家企业和1个团队进入省决赛，其中有4家企业还有1个团队晋级国赛决赛。有6家企业获得省优胜奖，29个项目获得省优秀奖。汕头三三智能科技有限公司获得全国优胜奖。

【科学技术普及】

科技宣传　5月15—6月15日在全市广泛开展了以“创新引领·共享发展”为主题的“科技进步活动月”活动，活动包括“科普一日游”“科普知识进校园”“如果我是科学家”等为主题的10多项大型科技活动。12月16日，市科技局与市教育局、共青团汕头市委员会共同签署汕头市青少年科技创新人才培养跨界战略合作意向书，继续开展由汕头市青少年科技创新促进会、汕头市青少年活动中心承办的“科学家走进汕头校园讲科学”活动。

科普基地建设　市科技局配合省科技厅对汕头市4家省青少年科技教育基地进行了考核，3家通过、1家被取消资格；广东邦宝益智玩具股份有限公司被认定为省青少年科技教育基地。

汕头科技馆　2016年汕头科技馆累计接待公众约21万人次，举办“节约保护水资源科普图展”等临时科普展览8场（次），开展各科普活动22场（次），举办承办各种讲座、报告会、培训会211场（次），开展教育培训共202课次，接待学校团体参观99批次，接待全国各级党政机关领导及海外嘉宾参观16批次。新增建设“3D全息投影技术展示室”和“机械原理体验室”二常设展室，提升科技馆科普基础能力建设，丰富科技馆科普内容。

3月26—4月9日，汕头科技馆承办“首届机器人科技展”在五矿绿城·御园举办，12种机器人吸引众多观众驻足观看体验。

4月16日，由汕头市教育局、市科协主办、汕头科技馆协办的“2016年汕头市中小学校智能机器人竞赛”举办。该次竞赛来自全市47所学校的99支队伍共198名选手，参加“智能机器人超级轨迹”等7个项目的角逐，共决出一等奖22项、二等奖30项、三等奖42项。“汕头科技馆”队获“综合技能”项目小学组一等奖。10月29—30日，汕头科技馆组织市蓬鸥中学及广东第二师范学院龙湖附属中学两所学校共派出4支队伍师生共20人参加由省科技厅、省教育厅、广东科学中心和广州市教育局联合承办的“第五届广东省创意机器人大赛”，汕头市蓬鸥中学获得编程型二等奖及基础性三等奖各一项、优秀园丁奖两项，广东第二师范学院龙湖附属中学获得基础性二等奖及三等奖各一项、优秀园丁奖一项，汕头科技馆获得优秀组织奖。

5月6—10日，“汕头市首届‘市长杯’工业设计大赛暨工业设计周”在汕头科技馆举办。智能美妆魔镜、智能仿生簇绒枪刺机械手、航拍无人机、对话机器人、彩色多普勒超声诊断系统、数控清废机等工业设计作品纷纷亮相，博得专家和观众的一致好评。

5月21—6月9日双休日期间，汕头科技馆组织汕头市科普教育联盟25家成员单位共同参与举办“汕头科普一日游”活动，根据不同特色、区位将科普基地、企业科技（文化）展厅和环保示范点，包装成7条科普游线路，组织市民免费参加科普一日游活动。活动有8 000多名市民参与网上报名，经电脑随机抽取1 456人参加。

5月28日，由市科技局、市委宣传部、市科协共同主办，汕头科技馆协办的“2016年汕头市‘科技进步活动月’暨‘我是未来科学家’科普系列活动”启动仪式在汕头科技馆举行。2016年“科技进步活动月”主题为“创新引领，共享发展”。

9月17—23日，汕头科技馆举办了“创新放飞梦想，科技引领未来”为主题的“全国科普日”活动。馆内各科普展厅向市民免费开放，精心安排了展品互动式讲解、虚拟现实体验、3D打印展示、智能机器人表演等科普活动，为广大市民送上一场场形式多样、内容丰富、体验实践和寓教于乐的“科普大餐”。

11月26日，由汕头市科技局指导，汕头市高新技术企业协会联合工业和信息化部电子第五研究所承办的“创新驱动转型升级”科技大讲堂在汕头科技馆举办。

【科技创新载体】

科技企业孵化器　制订出台《汕头市科学技术局关于市级科技企业孵化器认定管理办法》，开展对市级科技企业孵化器认定工作，首次认定市级科技企业孵化器7家。另外，汕头高新区汇盈电子商务服务有限公司的汇盈科技企业孵化基地通过评审，被认定为国家级科技企业孵化器培育基地。至此，全市经认定的国家级科技企业孵化器1家，国家级科技企业孵化器培育单位1家，名列粤东西北前茅。

汕头软件园　2016年，汕头软件园第27批和第28批入园企业的评审工作，新认定汕头市永涵电子科技有限公司、汕头市辉鸿电子商务有限公司、汕头市胜发电子商务有限公司和汕头市智盛科技有限公司等4家企业为汕头软件园入园企业，入园企业总数达到76家，其中高新技术企业15家，经过ISO质量体系认证的企业10家，经过系统集成资质认证的企业6家，其中获得二级资质认证的企业1家、三级资质认证的企业4家、四级资质认证的企业1家。目前，园区产业结构逐步优化，产业规模持续扩大，科技创新日趋深入，企业产品在市场的竞争力也日益增强；聚集效应日益凸现，成为区域特色产业发展的重要一极。

【产学研结合】　2016年，汕头市先后与华南农业大学、广东石油化工学院、江南大学签署战略合作框架协议，先后组织了企业到南方医科大学、华中科技大学、西北工业大学、西安交通大学、广东省科学院和厦门大学等高校、科研院所开展产学研对接，部分高校、科研院所的专家教授也专程莅汕考察调研。12月13—15日，组织企业到香港中文大学深圳研究院、香港中文大学农业生物技术国家重点实验室、香港大学工程学院开展产学研对接。2016年，全市共承担省级产学研合作项目5项、应用型科技研发专项资金项目3项，共获得资金扶持2 500万元；推荐了38个单位与高校、科研院所合作申报了2017年度省科技发展专项资金项目（第二批）中产学研合作领域的项目。

【对外交流与合作】　2016年，依托广东以色列理工学院落户汕头这一重大契机，重点与以色列开展科技合作。继续支持汕头中以国际技术转移中心开展工作，跟踪落实市领导两次带队到以色列访问达成的合作意向。重点参与汕头IAI航空项目，IAI已确认与该市3家企业开展联合技术研发，并已正式联合申报广东—以色列产业研发合作计划。组织收集汕头市各有关单位关于支持中以（汕头）科技创新合作区的优惠政策，完成了《关于将中以（汕头）科技创新合作区确定为中国和以色列两国共建特色产业创新园区的请示》（代拟稿）的上报工作。5月3—5日，以色列理工学院执行副校长、研发基金会负责人韦恩·卡普兰教授，以及技术转移办公室主任本杰明·索佛一行莅汕访问，专程调研中以（汕头）科技创新合作区规划建设情况和中以技术转移情况，并与汕头市主要领导和企业界代表分别进行了座谈。8月，组织召开了以色列理工学院留学生科技座谈会。10月，市领导带队到江苏常州参加中以创新合作联委会中方工作组第二次会议。

2016年，共组织推荐了7个项目申报国际科技合作、粤港联合创新等领域2017年度省科技发展专项资金项目。

【高新技术企业培育】　汕头市大力开展高新技术企业培育工作，实施科技创新发展战略，制订扶持高新技术企业优惠政策，推动高企认定和培育工作，全市分3批共180家企业通过省评审，获得国家高新技术企业称号，全市净增高企174家，总量达到324家。2016年经评审共两批194家企业列入高新技术企业培育库，共获得省奖补资金6 523.77万元。另外，2015年评审入库的在库企业28家，也获得省补助金额405.84万元。

根据汕头市委、市政府的战略部署，在省科技厅等部门的大力支持下，汕头高新区2016年用“政区合一”的模式和“以升促建”为目的，正式启动了新一轮国家级高新区的申报工作，经过一年的努力，取得了明显的效果。

【科技计划项目】　2016年，全市共有24个项目获省科技计划项目立项，获扶持资金3 560万元；67家企业的研究开发投入获省财政补助，共计6 129.78万元；194家企业通过高新技术企业入库培育评审，获省奖补资金6 523.77万元；合计获省支持1.6亿元。

【农村与民生科技】　2016年汕头市科技局共组织推荐申报省级社会发展、农业领域科技计划项目35项，获得立项10项。市级社会发展、农业领域科技计划项目组织申报107项。2016年汕头市科技局开展“精准扶贫”工作，选派干部长期驻村扶贫，完成精准扶贫入户调研摸查工作，制订3年帮扶工作方案，并多次到挂钩贫困村开展走访慰问活动，全年共为挂钩贫困村发放慰问物资33 390元。2016年，汕头市科技局按照《汕头市创建国家节水型城市实施方案》的部署，开展节水宣传工作，联合市科协、汕头科技馆分别于汕头科技馆、汕头第一中学、汕头东厦小学、汕头市丹霞小学、广东第二师范学院龙湖附属中学、汕头市丹霞社区、汕头市蓬鸥中学举办了“节约保护水资源科普图展”。

【科技成果及奖励】　2016年，全市共受理、登记技术合同57项，技术交易额7 456.908万元。2016年，汕头市科学技术奖获奖项目34项：其中一等奖9项、二等奖13项、三等奖12项，其中达到国际先进水平10项、国内领先水平17项、国内先进水平6项、省内先进水平1项。全年共组织8项科技成果申报省科学技术奖励，有5个项目获2016年广东省科学技术奖，其中“超细粉体原位改性聚苯乙烯树脂聚合新技术”获二等奖，其余4个项目获三等奖。

（汕头市科学技术局　余馥娜）

佛山市

【概况】 2016年是实施“十三五”规划的开局之年，也是佛山市建设国家创新型城市的重要一年。2016年，全市共建省级工程中心395家，组建数量位列全省第2；建成14家国家级科技企业孵化器（全省地级市排名第1）和21家国家级孵化器培育单位（省级孵化器）；全市高新技术企业为1 388家；全市专利申请量56 455件，同比增长41.91%。落实国家和省扶持技术市场发展的各项优惠措施，共受理技术合同登记207项，合同成交金额1.75亿元，其中技术交易额1.67亿元。科技服务载体质量不断提高，为加快推进珠三角国家自主创新示范区建设，以“一环”沿线佛山国家高新区、乐平智能创新示范园、佛山国家火炬创新创业园、顺德北部片区创新走廊等载体为节点，打造“一环创新圈”，建设有影响力的创新高地。新型科技服务组织和服务业态不断涌现，截至2016年年底，佛山市共建有各类新型研发机构超过50家，获认定省级新型研发机构共30家（全省排名第2），参与新型研发机构建设的科研院校达40家。创新服务队伍发展迅速，全市目前拥有国家“千人计划”专家41人，省“珠江人才计划”领军人才及团队9个、省“特支计划”人才11人，市科技创新团队59个，市创新创业领军人才177人，博士2 100多人。

【科技政策环境】

科技创新政策　2016年，佛山市出台了《佛山市实施创新驱动发展战略2016年工作要点》和《佛山市创新驱动发展三年行动计划（2016—2018年）》等政策文件，深入推进国家制造业创新中心建设各项工作，有力推动了佛山市经济社会新一轮发展。为确保“粤府〔2015〕1号”文和佛山市科技创新16条政策的贯彻落实，市各职能部门按照职能分工，出台了一系列具体政策。《佛山市科技创新券实施方案（试行）的通知》《佛山市企业研究开发经费投入后补助实施方案》《关于创新产品与服务远期约定政府购买试行办法》《佛山市人民政府办公室关于印发佛山市科技企业孵化器产权分割管理暂行办法的通知》《佛山市科技企业孵化器信贷风险补偿资金实施细则的通知》《佛山市科技企业孵化器创业投资风险补偿资金实施细则》《关于进一步改革科技人员职称评价的若干意见》等相关配套文件已正式印发。

税收优惠政策　进一步推动落实企业科技创新税收优惠政策，佛山市科技局加强与税务部门、财政部门的沟通交流，联合市国税局、地税局共同开展了6场税收优惠政策宣讲培训会，广泛发动企业申报研究开发费用加计扣除，降低企业研究开发成本，提升企业科技创新能力。2016年，佛山市共有276家企业申报了研究开发费用税前加计扣除，累计研发费用加计扣除额达140 369万元，按照25%所得税税率计算，减免税额达35 092.25万元。

科技创新宣传　2016年，佛山市科技局与《南方日报》开展深度合作，刊出有关“互联网+”博览会、智能制造、创新创业人才等主题的7个专版；与《佛山日报》合作，开展了有关知识产权等主题的3个专版；科技局领导带队上线佛山电台民生直通车、市政府对话民生等网络节目，与广大市民、网友在线互动，解读佛山市科技创新有关政策和工作进展情况。此外，佛山市科技局积极借助新媒体方式，利用新媒体快速、高效的传播优势，继续运作好“佛山科技”“佛知界”两大官方微信公众号和“佛山科技”政务微博号，第一时间将佛山科技局有关政策出台、工作动态进行发布，全年共发布微信信息超700条、微博信息近900条。

【产学研结合】

新型研发平台建设 围绕新兴产业重点领域，布局建设重点实验室、新型研发机构等一批新兴产业创新平台。重点建设佛山中科院产业技术研究院、佛山智能装备技术研究院、广工大数控装备协同创新研究院、华南智能机器人创新研究院等重大平台。支持美的集团等大型骨干企业申报国家级重点实验室、省级技术创新中心、国家工程技术研究中心等重大创新平台，帮助企业更有效集聚创新资源，提升创新能力。截至2016年年底，佛山市建有各类新型研发机构超过50家，获认定省级新型研发机构有30家（全省排名第2），参与新型研发机构建设的科研院校达40家。

广工大数控装备协同创新研究院经过近3年发展，引进国内外高端人才160多人，孵化60多个高端创业团队，研发创新产品30多项，申请专利近300件，先后获批为国家级众创空间、广东省首批新型研发机构、广东省首批前孵化器试点单位、广东省众创空间试点单位。华南智能机器人创新研究院成功引进新加坡南洋理工大学、哈尔滨工业大学、华南理工大学等6个机械装备和新材料创新科研团队近50人。中科院产业技术研究院充分整合中科院在佛山资源，引进德国史太白技术转移转化与双元制教育体系，着力打造中科院佛山育成中心创新创业生态圈。

院市合作平台建设 中科院和佛山市科技局合作共建专业中心7个，各类公共技术研发与服务平台103个，其中，获得省认定的新型研发机构9个；开展项目合作1 300多项，其中476个创新项目获得各级政府支持立项，扶持资金达43 045万元；形成新产品300多项，近百个项目实现产业化。佛山市通过引进和集聚中科院及所属相关研究所优势科技资源，持续支撑企业创新发展，本土民营企业的自主创新能力不断得到提升。截至2016年年底，院市合作期间累计中科院61家院所直接与本地500多家企业展开合作，辐射影响企业近3 000家，其中，244家企业通过开展院市合作顺利并被评为高新技术企业，19家企业成功挂牌上市，新育成企业87家。

经过院市双方共同努力，截至2016年年底，共申请专利217项，授权105项。其中，发明专利申请169项、PCT专利2项、实用新型专利31项、软件著作权10项、外观专利7项。双方已实施合作项目和成果转化近1 100项，实现销售收入500多亿元，其中属于战略性新兴产业项目600多项，约占项目总数的67%，涉及新材料、先进制造、生物医药等产业和领域。

通过中科院“百人计划”“院士工作站”和“科技特派员”等渠道，积极引入一批中科院科技领军人才和创新团队。截至2016年年底，全市共引进中科院创新团队89个，引进高端科技人员671人，其中引进院士8人、“千人计划”5人、“百人计划”15人，副研究员及以上187人，博士学位的266人、硕士学位以上的456人。

【科技计划项目】 2016年，佛山市科技局继续加强和完善科技计划项目经费管理，按照业务类别划分的9个业务科室，根据评审、监督、评价的业务流程整合成3个大中心，形成一室三部的架构，将项目评审、监督和评价3个环节分由3个部门独立负责，对科技项目立项、实施、验收、考核等环节实行分开管理，做到互相监督，促进各项行政权力的规范运行，提高科技局工作效能和管理服务能力。

市级科技项目方面，在完成2008年及以前市级产学研项目验收结题工作后，市科技局进一步加强对2009—2012年度市级产学研专项资金项目和市级院市合作项目的验收结题工作，委托第三方机构对228个尚未验收结题的项目进行限期验收。同时，做好佛山市院市合作创新载体建设项目（2013和2014年共组织了2批）的中期评价和项目推进工作，截至2016年年底，佛山市院市合作创新载体建设项目中2013年的10个立项项目中8个项目通过了中期评估，2014年的12个立项项目中11个项目通过了中期评估。

【科技成果与技术市场】 佛山市从2013年开始进行事权下放改革，将科技成果登记审核业务下放到各区，截至2016年年底，已完成省级科技成果登记5项，市级科技成果登记60项，共受理审核技术合同登记207项，合同成交金额1.75亿元，其中技术交易额1.67亿元。

佛山市共有12项科技成果获得2016年度广东

省科学技术奖，获奖数量位居全省第3，其中由广东精铟海洋工程股份有限公司独立完成的“海洋石油自升式钻井平台升降系统”项目获得一等奖，是佛山市时隔10年后再次获得的殊荣。该12个项目均以企业作为第一完成单位，体现了佛山市以企业为主体的创新特点。此外，广东精艺金属股份有限公司、佛山市国星光电股份有限公司和佛山市神威热交换器有限公司共同参与完成的项目荣获国家科技进步奖二等奖，广东申菱环境系统股份有限公司和广东昭信企业集团有限公司参与完成的项目分别荣获国家技术发明奖二等奖。共有123个项目列为2016年度佛山市科学技术奖资助经费项目，其中科技进步奖一等奖10项、二等奖26项、三等奖46项；专利金奖6项、专利优秀奖35项，对获奖项目完成单位及完成人颁发资助经费905万元。

【高新技术与战略新兴产业发展】　截至2016年年底，佛山市高新技术企业数量达1 388家，较2015年增幅93.6%，共有1 066家企业申请高新技术企业培育入库，首批认定583家，高新技术企业培育储备力量初步形成。全面落实高新技术企业优惠政策，2016年全市国税、地税系统预计共有771户企业享受高新技术企业优惠政策，减免企业所得税超过12亿元。

在2016年高新技术产品认定中，全市共受理了876家企业提交的2 935份申请材料。经专家评审和结果公示，最终有834家企业合计2 596件产品通过了评审（禅城89家企业共270件产品、南海270家企业共771件产品、顺德370家企业共1 224件产品、高明23家企业共68件产品、三水82家企业共263件产品）。

【孵化育成体系】　截至2016年年底，佛山市共有孵化器38家，其中10家国家级科技企业孵化器，21家国家级孵化器培育单位（省级孵化器），15家国家级众创空间、16家省级众创空间，孵化场地面积已达122多万m^2，入孵科技企业超过1 282家，累计毕业企业达356家。佛山开展孵化器后补助工作，共给予12家孵化器1 313.16万元补助；立项资助10个新建孵化器和12个众创空间，扶持金额共1 160万元。

6月，成立佛山市科技企业孵化协会，促进信息与资源的整合共享，进一步提升各孵化载体创新创业服务能力，吸引资金、人才、项目落地，搭建平台促进科技创新创业及孵化载体融合发展。目前，协会正与闹客邦、MadNet联合出品中国首本《佛山创业地图》，地图涵盖上市公司篇、明星创业公司篇、投资人篇、孵化器篇、创客聚集地篇等。

“新型研发机构+孵化”的运作模式　佛山努力打造研发、成果转化及孵化公共服务平台。广工大数控装备协同创新研究院经过近3年的建设发展，孵化出20多家高新技术后备企业和60多个高端创业团队，先后获批为国家级孵化器、国家级众创空间等。在6月举行的国家“十二五”科技创新成就展上，该研究院“工匠创客汇”作为广东省众创空间的唯一代表，其参展的重点创业项目获得了李克强总理的肯定。佛山努力营造协同创新环境以聚集产业。上海硅酸盐研究所、广东省微生物研究所等研究院所落户佛山火炬创新创业园，开展技术转移转化服务、分析检测、技术诊断、人才培养等工作。香港科技大学在瀚天科技城建立了LED-FPD工程技术研究开发中心。这种基于实体载体的平台互动合作，有效地集聚了产业创新资源，弥补了佛山本土科教资源不足的缺憾，并大力促进了以产业化、市场化为导向的技术创新活动。

“互联网+”特色　全面实施“互联网+”行动计划，推动互联网新技术、新模式、新理念与经济社会各领域全面融合，佛山市孵化器亦呈现出良好的“互联网+”特色。如佛山泛家居电商创意园是国内首个以“互联网+”驱动本地产业转型升级的主题园区，已成功吸引和孵化道氏科技、汉广科技、北京中陶科技、思力国际等100多家“互联网+”企业和机构，囊括电商、设计、智能硬件等多种业态。广州五行电子商务公司在绿岛湖片区打造电商生态城，将吸引包含B2C、传统电子商务、快品牌电子商务、移动电子商务、文化电子商务等在内的一系列电商交易平台等创新经营企业和服务企业集聚。

【创新能力建设】

企业创新平台　2016年全市新增1家国家地

方联合工程研究中心（广顺公司自润滑流动动力机械技术），累计建有国家地方联合工程实验室3家，国家级企业技术中心16家；新增省级企业重点实验室2家，累计建有省重点实验室17家，省工程实验室3家；新增省级工程中心106家，累计建有省级工程中心395家（全省排名第2），省级企业技术中心150家；新增市级工程中心164家，累计建有市级工程中心627家，市级企业技术中心128家。2016年，佛山市规模以上工业企业建有研发机构率可达22%。

创新人才队伍　2016年立项团队共19个，资助经费达7 800万元，随着佛山市落实资助办法的政策力度不断增大，无论是立项数量还是资助金额，都在稳步上升。特别是2016年，申报佛山市创新创业科研团队的热情被充分激发，申报数量由2013年度的73个增加至2016年度的132个，增幅80%，主要集中在节能环保、生物医药、制造与装备、新材料和新型电子信息领域。申报团队构成越来越多元化，高校医院、科研机构、企事业单位以及海外高层次人才均有团队申报；申报团队整体层次较高，创新实力较强，汇聚高层次人才646名，包括院士9名，"千人计划"入选者28名，长江学者9名，国家重点实验室负责人13人。

【科技金融】

科技型中小企业信贷风险补偿基金　2014年佛山市出台《佛山市科技型中小企业信贷风险补偿基金设立方案》《佛山市科技型中小企业信贷风险补偿基金管理办法》，共设立总额为3亿元的信贷风险补偿基金，基金通过风险补偿、贷款贴息等途径，引导商业银行增加对科技型中小企业的信贷支持。截至2016年年底，基金前三期资金1.43亿元已经到位，成功为271户科技型企业贷款提供增信服务，累计帮助企业获得贷款授信22.46亿元，提款企业237户，提款金额18.45亿元，11家企业已获新三板挂牌，有效撬动了社会资本对科技企业的支持。

科技金融服务　8月，中国银行古大路支行、中国银行佛山亿能国际广场支行、南海农商行科创支行、顺德农商行南海支行被认定为佛山市科技支行，成为佛山市科技型中小企业信贷风险补偿基金的合作银行，对科技企业的扶持政策与科技企业的投融资服务实现对接。

金融科技产业公共服务平台　截至2016年年底，佛山市已建立了广东省科技金融综合服务中心佛山分中心、顺德分中心和广东省金融高新区分中心等3个科技金融服务平台，并成立了佛山市科技金融协会。

这些服务平台主要有3个功能。一是作为科技企业与金融机构沟通交流的平台。佛山市科技金融综合服务中心已与多家商业银行如中国银行佛山分行、工商银行佛山分行、中国人民财产保险等金融机构及陶瓷学会、广东省融资再担保有限公司等商企协会签订战略合作协议，加入平台的金融机构数量达16家，联合企业商协会33家服务中心。汇集银行、担保、保险、创业投资、小额贷款、融资租赁、投资基金等各类金融资源，为科技企业投融资服务。二是作为科技企业信用服务平台。为帮助更多科技企业获得金融机构的支持，针对科技企业信用情况透明度不高的问题，建设以科技型中小企业为主的信用评估系统。该系统包括信用信息采集、信用信息评价、信用信息管理3大功能模块，将企业基本情况、知识产权情况、科技项目情况、企业失信情况等方面对企业信用信息情况进行分析评判并做出相应的评价。通过互联网技术开发在线服务系统，使科技金融服务体系中的融资服务、信用服务等关联模块无缝对接。三是作为科技金融政策宣传、培训和服务平台。佛山分中心承担了佛山市科技型中小企业信贷风险补偿基金的企业审核认定、数据库管理维护工作，截至2016年年底，已为387家科技企业提供信贷风险补偿基金的认定和登记备案服务。佛山分中心举办了多场上市孵化座谈会、阿米巴企业管理培训、新三板投资研修班，接受服务的企业广东峰华卓立科技股份有限公司已在新三板市场挂牌，佛山市鸿益餐饮配送有限公司、佛山市陶瓷研究所有限公司被列入上市绿色通道。省金融高新区分中心承担佛山市和南海区科技创新券的管理工作。服务平台及时向企业传政府扶持政策、科技发展前沿信息，提供高新技术企业培育、投融资对接等多渠道、宽维度服务。

【知识产权工作】 10月，佛山市与省知识产权局签署合作协议，共建引领型知识产权强市，在更高的层面上开展全新的探索。

专利产出 2016年，佛山市专利申请量56 455件，同比增长41.91%，其中发明专利18 273件，同比增长58.81%；专利授权量28 719件，其中发明专利3 348件，同比增长55.79%，增长率持续走高。有效发明专利10 014件，同比增长41.70%。PCT国际专利申请470件，同比增长53.59%。在第十八届中国专利奖评选中，佛山市18项专利获得中国专利优秀奖，7项专利获得中国外观设计优秀奖，获奖数量再创历史新高。2016年，佛山市共有2家国家知识产权示范企业，17家国家知识产权优势企业。25家广东省知识产权示范企业，以及82家广东省知识产权优势企业。

知识产权质押融资 2016年，佛山市设立不少于6 000万元的知识产权质押融资风险补偿资金，代偿银行及类金融机构开展企业知识产权质押融资时产生的部分风险损失，政府承担比例最高可达70%。银行等金融机构按比例放大提供信贷额度，最高可达10倍。保险公司设立知识产权质押融资保证保险新险种为信贷提供保险支持，全面推动知识产权质押融资，激发企业知识产权创造和运用。2016年全市实现专利质押融资2.7亿元。

专利维权执法 2016年处理各类专利案件共81件，其中受理专利侵权纠纷案件17件；结案16件；调解或撤诉结案14件，做出处理决定结案2件，判定侵权案件2件；处理假冒专利案件57件，结案57件；展会处理案件9件；出动执法人员160余人次，检查禅城、南海、三水、高明区商品3 000多件。

知识产权培训 2016年，推进“1+5”佛山市知识产权协会服务联盟建设，制定统一服务流程和标准，实现市、区两级知识产权协会资源共享、人才交流、服务范围和服务能力的全面提升。开展专利特派员工作，选派一批特派员，深入企业和园区创新一线，提供“一对一”专业化服务。解决了企业知识产权服务不足问题，也为服务机构找到了市场，促进它们的良性发展。加快知识产权人才的引进和培养，构建以高层次知识产权人才、高水平管理人才和高素质实务人才为主体的知识产权人才队伍。建立覆盖全市五区的佛山市知识产权培训基地，分层次、分类别、有针对性地设计课程，培训企业高管、技术研发人员、专利管理人员、专利代理人、高校学生等，打造多维知识产权人才培训体系。建立企业IP经理人俱乐部，引导企业制定IP经理人管理和培养制度，完善IP经理职业晋升发展通道。推动高校设立知识产权学院和课程。

重要活动 4月26日，首届佛山发明人大会在禅城举办，以搭建佛山“互联网+”背景下创新创业人才交流平台为主旨的佛山创课讲堂。在大会上，佛山市知识产权局、佛山市工商行政管理局、佛山市版权局签订了专利、商标、版权协作框架协议，佛山市知识产权质押融资风险补偿资金宣布正式启动。

2月25日，佛山市知识产权维权援助中心、佛山市专利代理人协会联合东平知识产权事务所在银濠假日酒店举办了中韩专利代理申请事务交流会议，会议邀请了韩国YOU ME事务所的专利代理人金仁汉来与佛山市的专利代理机构和企业就韩国专利申请事务进行交流，并对韩国的专利申请制度进行了详细的介绍。

12月17日，佛山市知识产权维权援助中心联合市律协知识产权法律专业委员会、佛山市知识产权协会、佛山市版权协会、佛山市商标协会、佛山市顺德商标协会等单位举办2016年佛山市企业知识产权保护实务研讨会。参会企业代表260余人参加了该次研讨会。

【科技交流与合作】 为加快“中国制造2025”与德国工业4.0的对接，广东省佛山市牵头联合国内11座城市与德国7座城市于4月成立了中德工业城市联盟。成立以来，该联盟在推动两国城市共同做大做强现代工业、工业服务业和科技研发，为国内城市转型升级、城镇化建设和国际区域合作做出了有益探索，已逐渐成为中德两国地方交流的重要平台。

10月，中德工业城市联盟在佛山举办第二次全体会议，决定通过定期会晤和代表团互访等机制促进成员城市间的对话，重点建设联盟信息库、开展相关研讨及培训，推动德国企业与中国市场、资本的有效对接，实现两国城市间“强强联合、优势互补、互利共赢”。会议期间，德国巴伐利亚决定加强与广东省中德工业服务区的友好合作，将巴伐利亚州中国中心正式落户佛山。佛山科学技术学院与德国ELOGplan公司签署了协议，双方在应用型可持续发展与可再生资源循环利用领域展开合作。在我国商务部投资促进局和德国联邦外贸与投资署的共同指导下，该联盟成员城市规模不断扩大，截至2016年年底数量已增加到24座城市，其中中方城市14座，包括佛山、江门、株洲、肇庆、揭阳、云浮、焦作、南宁、台州、贵阳、柳州、南昌、马鞍山、深圳宝安；德方城市7座，包括亚琛、乌珀塔尔、因戈尔施塔特、吕塞尔斯海姆、博特罗普、劳恩海姆、凯尔斯特巴赫。另有中国城市茂名、德阳和德国城市凯泽斯劳滕被列为观察员城市，等候加入联盟。

【科普工作】 8月29日上午，佛山科学馆新馆正式对外开放。佛山科学馆新馆2009年立项兴建，2011年正式动工建设，总建筑面积2.8万m^2，目前，馆内设有“生命奥秘”“儿童天地”“科技与未来”“探索与发现”四大常设主题展厅，每天容纳观众4 000人次。截至2016年12月31日，佛山科学馆共接待游客30余万人次，接待团体近60批次。

广东省青少年科技创新实践能力挑战赛于11月18—19日在广州市举行，市科协组织佛山市中小学共16支代表队参加了该次比赛。经过两天的激烈角逐，佛山市代表队共获得6个二等奖、8个三等奖的好成绩。佛山市有10个作品还在比赛现场参加了“创客在行动——DIY玩具设计大赛”作品展评现场投票。经过全省师生的投票评选，佛山市同济小学《节能游乐场》《三足机器人》两项作品获得一等奖。

（佛山市科学技术局　陈觉敏）

韶关市

【概况】　2016年，韶关市出台落实了《韶关市加快推进科技创新驱动发展1+N政策意见》《韶关市科技计划项目资金管理暂行办法》等一系列科技计划项目及资金管理办法，保障全市科技创新投入，规范科技管理行为，提高财政资金使用绩效，激发全社会参与科技创新的积极性和主动性，为经济发展提供有力支撑。市级财政专项支持科技创新发展，自2009年开始，市本级科技部门项目经费预算在1 000万元以上。

【科技政策环境】　2016年，市委十一届八次全会、市十二次党代会坚定鲜明地提出把发展基点放在创新上，为引领经济发展新常态、实现转型升级提供坚实支撑和强劲动力。4月，市委、市政府动员部署了全市实施创新驱动发展战略工作。6月，市委成立了由市委书记担任组长的韶关市全面深化改革加快实施创新驱动发展战略领导小组，着力加强创新驱动发展的整体统筹协调。全年累计出台《韶关市创新驱动发展三年行动计划（2016—2018年）》等11个政策性文件及配套办法，创新发展的顶层设计和政策体系逐步完善。在韶关市国民经济和社会发展第十三个五年规划的建议以及规划纲要和《韶关市“十三五”科学技术发展规划（2016—2020年）》中，创新驱动发展作为核心战略和重大任务加以明确和部署。

表9-6-1　2016年韶关市出台的主要科技创新政策

序号	文号	标　题	发文时间
1	韶科〔2016〕15号	韶关市科学技术局关于发布《韶关市科学技术进步奖励办法实施细则》的通告	2016年3月15日
2	韶科〔2016〕22号	关于印发《韶关市科技创新券绩效评价工作方案（试行）》的通知	2016年4月5日
3	韶科〔2016〕26号	关于印发《韶关市科技企业孵化器认定和管理办法（试行）》的通知	2016年4月19日
4	韶府〔2016〕16号	韶关市人民政府关于印发韶关市创新驱动发展三年行动计划（2016—2018年）及2016年工作要点的通知	2016年4月22日
5	韶府办〔2016〕25号	韶关市人民政府办公室关于印发韶关市科技企业孵化器产权分割管理暂行办法的通知	2016年5月9日
6	韶科〔2016〕35号	韶关市科学技术局关于印发《韶关市实现2016年R&D/GDP目标工作方案》的通知	2016年5月11日
7	韶科〔2016〕41号	《韶关市“十三五”科学技术发展规划（2016—2020年）》	2016年5月31日
8	韶科〔2016〕49号	关于印发《韶关市2016年高新技术企业工作实施方案》的通知	2016年7月18日

（续上表）

序号	文号	标 题	发文时间
9	韶知〔2016〕5号	关于印发《韶关市知识产权（专利）事业发展“十三五”规划》的通知	2016年10月14日
10	韶财教〔2016〕118号	关于印发韶关市科技计划项目资金管理暂行办法的通知	2016年12月6日
11	韶财教〔2016〕119号	关于印发韶关市科技企业孵化器众创空间专项资金管理暂行办法的通知	2016年12月8日

【创新创业环境】　年内，市科技局制定并出台了《韶关市科技企业孵化器认定和管理办法（试行）》和《韶关市科技企业孵化器产权分割管理暂行办法》等一系列利好政策，鼓励发展科技企业孵化器。市科技局首次组织开展韶关市市级孵化器认定工作，南雄市电子商务创业园、新农业创新创业园、星火创客科技有限公司3家单位被认定为韶关市科技企业孵化器。2016年，101家企业和41个团队报名参加第5届中国创新创业大赛，有5家企业获得广东赛区三等奖、7家企业获得广东赛区优胜奖，5家企业和1个团队晋级全国总决赛。市科技局、市科技金融综合服务中心分别蝉联“广东赛区优秀组织单位”和“广东赛区优秀服务单位”称号。

2016年全市发放科技创新券170多万元用于支持科技型小微企业成果转化。

【科技计划项目】　2016年，韶关市获得企业研发省级财政补助专项资金1 400多万元、高新技术企业培育库入库奖补资金约1 500万元、科技发展专项资金1 130万元、应用型科技研发及重大科技成果转化等省级专项资金累计7 000多万元，各项项目实施进展顺利。

2016年，市级科技计划项目立项90项，支持613万元。其中2016年度产学研结合引导项目支持“益生菌发酵米乳风味饮品关键技术研究及产业化开发”等7个项目共106万元，农业科技项目支持“三眠蚕新品种的研发与推广等13个项目共100万元，创新资金（工业领域）项目支持“英诺维酒店直通车管理平台”等10个项目共107万元，科技金融项目支持“第五届中国创新创业大赛（广东韶关）创新创业服务平台建设”等5个项目160万元，社会发展领域项目支持“韶关中小微企业知识产权服务”等60个项目共90万元，专利技术实施计划项目支持“一种抽拉式线缆管理单元专利技术的实施应用”等5个项目共50万元。

【创新平台建设】　2016年，韶关市组建省、市工程技术研究开发中心23家，其中省级工程技术研究中心6家。依托韶关学院建立了广东省粤北机械制造工程技术研究中心、广东省粤北特色食品工程技术研究中心，是韶关市首次组建的公益类省级工程技术研究中心。截至2016年年底，全市累计省市工程中心达到63家，其中，省级工程中心24家。2016年，韶关市华工高技术产业研究院成功通过省级新型研发机构的认定。

【高新技术产业发展】　韶关市制定了《韶关市高新技术企业工作实施方案》，7月召开专题工作会议，在全市掀起培育高新技术企业的热潮；加强省、市联动纵向沟通和财税等部门横向联系，充分发挥科技中介机构作用，加大对高企政策的落实力度，采取传统形式与新媒体相结合的宣传培训辅导方式，为企业申报高新技术企业及培育库企业打下了良好的基础。先后举办高新技术企业政策宣传工作会4期、培训100多人次。全年新增27家高新技术企业，超过省下达的16家的指标，全市高企存量从2015年的38家增至65家，增幅达71%；35家企业申请省高企培育入库；30家企业56个高新技术产品通过省认定。截至2016年年底，全市累计65家高新技术企业营业收入108.73亿元，同比增长67.79%；上缴税收5.19亿元，同比增长20.7%。

【科技成果及奖励】　凡口铅锌矿参与的“有色金属共伴生硫铁矿资源综合利用关键技术及应用”项目，荣获2016年度国家科学技术进步奖二等奖。丽珠集团利民制药厂参与的“中药和天然药物的三萜及其皂苷成分研究与应用”项目，荣获2016年度广东省科学技术奖一等奖。省蚕科所、翁源信达公司的“华南桑树种质资源的鉴评创新及品种选育与应用”项目和南雄市古塘黑颈龟良种场参与的“广东陆生野生脊椎动物生物学研究及应用”项目，荣获2016年度广东省科学技术奖二等奖。广东金友集团有限公司参与的“银杏加工技术及其产业化”项目和韶关市凌迅信息科技有限公司参与的“森林灾害智能监测关键技术研究与应用”项目，荣获2016年度广东省科学技术奖三等奖。2016年评选出市级科技进步奖61项，其中一等奖6项、二等奖19项、三等奖36项。

有色金属共伴生硫铁矿资源综合利用关键技术及应用　项目以我国有色金属共伴生硫铁矿为研究对象，通过10多年的理论研究和持续攻关，取得了重大突破，形成了以“多晶型硫铁矿同步回收—表面疏水性控制深度精选—高温过氧焙烧脱硫制酸—直接联产铁精矿”为核心的成套新技术。从2009年开始，逐步在云南冶金集团股份有限公司、铜陵化工集团新桥矿业有限公司、江西铜业股份有限公司德兴铜矿、南京银茂铅锌矿业有限公司、深圳市中金岭南有色金属股份有限公司凡口铅锌矿、铜陵市华兴化工有限公司等国内大型企业得到全面推广应用，近3年累计新增经济效益20亿元。

中药和天然药物的三萜及其皂苷成分研究与应用　项目由暨南大学、中国药科大学、丽珠集团利民制药厂、广州康和药业有限公司等单位共同完成，围绕中药和天然药物中三萜及其皂苷类化学成分、药理活性和作用机制等开展了系统研究，在三萜及其皂苷类成分的发现、分离鉴定方法体系的构建、新药先导物发现和创新药物研发、名优中成药的二次开发等方面取得了一系列的创新性研究成果，获得了明显的社会和经济效益。

【产学研合作】　2016年，韶关市组织实施“猪场智能保育系统关键技术研发与应用”“丹霞冶炼厂酸解液氟氯脱除新工艺开发”“钒钛微合金化增强高性能耐磨锰钢件的研究及产业化”等产学研合作项目，推动本地企业与北京大学东莞光电研究院等高校、科研院所合作，取得良好效果。

2016年，韶关市科技局组织企业赴北京化工大学等高校开展产学研合作对接活动，达成14项初步合作意向。暨南大学韶关研究院、中科院广州化学所韶关技术创新与育成中心、韶关市华工高新技术产业研究院与本地企事业单位合作，实施一批产学研合作项目，开发了大孔径液压油缸复合滚镗装备、汽车喷涂涂料制造装备特种液压油缸、特种工程车辆支腿油缸、重型矿用卡车液压悬架油缸、多级同步液压油缸、超大型水电站液压启闭机油缸、轻型轨道车辆防折弯液压减振器等装备，促进了韶关市高端液压零部件行业产业发展。

8月18日，广东省新型特种精细化学品专业孵化器推介会暨韶关市精细化工产业升级研讨会在南雄召开。会议期间，省科技厅相关负责人对科技政策和人才政策及产业发展情况进行讲解；中科院广州化学所负责人介绍了广东省新型特种精细化学品专业孵化器相关情况，与会领导及专家学者实地参观了中科院广州化学所韶关技术创新与育成中心。此外，会议邀请了武汉大学、四川大学、中山大学、北京化工大学等省内外重点高校化工行业知名专家教授，分别作精细化工3个主题方向技术发展趋势的报告。专家们还就各自待转化的科技成果与企业代表进行交流洽谈。

【人才队伍建设】　深入企业开展人才需求的调研，韶关市科技局会同组织部门制订了《韶关市扶持紧缺适用人才创新创业实施意见》《韶关市引进百名紧缺适用人才实施意见》《韶关市“百名”享受市政府特殊津贴人才选拔管理实施意见》和《韶关市“十三五”人才发展规划》等一批人才政策。组织全市3家企业申报广东省“扬帆计划”引进创新创业团队。

【科技金融】　2016年，韶关市印发了《韶关市科技信贷风险准备金管理办法》，制定了《〈韶关市科技信贷风险准备金管理办法〉实施细则》《韶关市科技信贷风险准备金入池企业评分细则》《韶关市科技金融综合服务中心管理制度》

等7项管理制度，从政策层面对科技金融结合予以支持。年内组织开展11场科技金融宣讲会，累计参加800人次，现场为企业解答解决问题50多个。截至2016年12月底，共有6批33家科技型企业成功入池并累计获得1.74亿元科技信贷风险准备金信贷额度，其中已有9 776.5万元转化成融资贷款且已发放到相关企业。

【知识产权工作】 韶关市积极推进企业知识产权贯标工作，成立省知识产权维权援助韶关分中心，开展专利宣传、执法等行动，提高知识产权对科技创新的保障作用。2016年，全市专利申请量3 428件，专利授权量2 087件。截至2016年年底，全市拥有国家级、省级知识产权试点县（区）7个，省级知识产权优势、示范企业13家，省级中小学知识产权教育试点（示范）学校10所。

【农业科技】 2016年，韶关市制定广东韶关国家农业科技园区建设实施方案，在园区核心区组织申报省、市科技计划项目4个，培育一批科技型农业龙头企业，加快形成以优质粮食、优质油料、优质蔬菜、特色种植、生态休闲农业为主的五大主导产业，将园区加速打造成农业新技术集成创新和应用示范的重要基地。2016年，韶关市向国家推荐申报了两个“星创天地”，其中“韶关市玉蕈创业园”得到国家正式备案。韶关市科技局获得专业镇专项经费250万元。

韶关市玉蕈创业园是韶关市第一个备案的国家级“星创天地”，以韶关学院英东生命科学学院方白玉副教授为负责人，致力于工厂化栽培银耳等珍稀食药用菌的研究开发，推进学校创新驱动发展战略和产学研合作，服务学校应用型、技术型、创新型人才培养，为地方经济和社会发展培养食药用菌产业高级技术人才，为大学生创新创业提供良好实践平台。

【科普工作】 3月，韶关市举办2016年文化、科技、卫生“三下乡”活动启动仪式，现场为群众开展垃圾分类、防震减灾、紧急避险、环境保护、食品安全、天文气象、妇女、儿童保护等多方面的咨询服务；8月，举行2016年韶关市“全国科普日”活动启动仪式，邀请了华南农业大学教授在乳源大桥镇和游溪镇、翁源县坝仔镇和周陂镇授课，现场派发《蔬菜栽培关键技术》《柑橘栽培关键技术》《水稻栽培关键技术》《经作主要品种栽培关键技术》等农技书籍资料5 000多册，接受现场农民咨询。组织开展“科普自由行”活动，充分发挥科普教育基地科普资源优势，激发基地开展科普教育服务的热情，提高基地科普服务能力，推动韶关市科普教育基地向纵深开发和应用，让更多的公众能走入科普教育基地亲近自然、体验科学，共享科技成果。

【防震减灾】 2016年，韶关市完成了“韶关市地震应急指挥系统”建设项目并启用。年内，韶关市地震局积极开展防震减灾科普知识宣传工作，利用“5·12防灾减灾日”、唐山地震纪念日、市交通广播电台等开展地震科普知识宣传活动，发放资料3 000余份；邀请省地震局专家到市第十中学、市委党校进行防震减灾法规知识专题讲座；组织全市中小学校开展地震应急疏散演练；组织申报国家、省地震安全示范社区工作，2016年韶关市获得国家示范社区2个、省示范社区1个。

（韶关市科学技术局　刘锡禧）

河源市

【科技创新大会】　5月13日，河源市委、市政府在市高新区召开全市创新驱动发展大会，总结2015年科技创新工作，部署2016年及今后一个时期全市创新驱动发展工作。会上举行了科技金融战略合作协议、“河源众创空间”建设运营合作协议、科技企业孵化基地建设协议、河源广工大协同创新研究院与深圳市微纳集成电路与系统应用研究院战略合作框架协议的签约仪式以及广东省科学院河源研究院、广东省科学院—韩国电子部品研究院联合研究中心、广东省科学院电子专业孵化器、河源市创业创新孵化基地揭牌仪式。

【高新技术发展】　2016年，该市净增35家高新技术企业，增长率达112.9%；34家企业入选广东省高新技术企业培育库。截至2016年年底，该市高新技术企业总数达到66家。市高新区突出抓好科技孵化基地、创业孵化基地、人才驿站等园区配套工作建设，园区科创水平明显提高。全区高新技术企业达32家，占全市高新技术企业的48%，推动25家规模以上企业进行技术改造，加快产业换代升级。实现了国家级孵化器、国家级博士后工作站、国家级众创空间等3个“零”的突破；河源广工大协同创新研究院众创空间、河源电子商务产业众创空间被认定为国家级众创空间，高新区成为首批省级“双创”基地。

【科技创新环境】　8月15日，市政府出台了《河源市促进科技创新的若干政策措施》《河源市科技企业孵化器项目用地和产权分割管理暂行办法》《河源市人民政府关于扎实推进知识产权战略推动创新驱动发展的实施意见》，为该市的实施创新驱动发展战略营造了良好的政策环境。同时，该市大力抓好政策落实落地，积极开展2016年度政策兑现工作，全年共兑现落实了科技创新政策奖励资金共计4 540万元，确保科技创新政策落到实处。2016年，该市建设了河源市科技业务管理阳光政务平台，实现了科技项目从申报到结题验收全过程“留痕”管理，全面提升了该市科技创新治理服务水平。

【产学研合作】　2016年，该市政府与广东省科学院签订了战略合作协议，共同推进河源市省科院研究院建设。2016年，共有150多家企业与国内知名高校和科研院所开展了合作，近10家企业与广东工业大学、广东省农业科学院等高校院所建立了入驻专家教授机制，多名博士或教授成为科技特派员入驻该市企业，形成了科技特派员工作的长效机制。

【科技创新载体建设】　2016年，河源市新组建了省级工程技术研究开发中心19家、市级工程技术研究开发中心37家、市级新型研发机构6家、市级农业科技创新中心10家。截至2016年年底，全市有省级以上企业工程技术研究中心43家、市级工程技术研究中心64家、市级新型研发机构6家、市级农业科技创新中心39家。

【科技成果与奖励及技术市场】　2016年，该市获2016年度广东省科学技术奖二等奖2项、三等奖4项。组织认定高新技术产品104项。

【孵化育成体系建设】　2016年，该市新增国家级科技企业孵化器1家、国家级科技企业孵化器培育单位1家、国家级众创空间2家、省级众创空间试点单位2家、科技部备案的星创天地6家。截至2016年底，该市共有国家级科技企业孵化器1家、国家级科技企业孵化器培育单位（省级）1家；国家级众创空间2家、省级众创空间试点单位2家、市级众创空间3家。

【科技人才队伍】 2016年，组织实施“扬帆计划”，依托广东美晨通讯有限公司引进的移动终端智能化制造平台创新团队1个，获省专项经费支持300万元。该团队以德国鲁尔西应用科学大学的德籍华人雷志春为团队带头人，围绕以移动终端为代表的离散制造平台，开展离散制造标准化和智能化核心关键技术研究，用智能终端芯片实现智能制造设备的采集、识别、控制、执行以及人机界面和通讯。设计开发面向离散制造的移动终端智能化生产平台，进行产业化和示范推广，实现离散智能制造、绿色制造和柔性制造。

【知识产权工作】 2016年，河源市专利申请总量为2 969件，同比增长96.49%，增长率居全省第2，其中发明专利427件，同比增长106.28%，增长率居全省第3；实用新型专利764件，外观设计专利540件。全年专利授权量1 294件，同比增长55.53%，增长率居全省第1，其中发明专利52件，同比增长73.33%，增长率居全省第2。

实施市级专利技术实施计划5个项目。获认定国家级、省级知识产权优势企业各1家，获认定市级知识产权优势企业5家。截至2016年年底，全市累计有国家级知识产权优势企业2家，省级知识产权优势企业9家、示范企业1家，市级知识产权优势企业20家。

【科普工作】 2016年，河源市科技局联合中共河源市委组织部、河源市科技协会组织开展了河源市科技进步活动月系列活动，文化科技卫生三下乡活动等科普宣传活动，围绕“创新引领共享发展”主题，开展大型科技下乡活动、科技创新政策宣传活动，提升河源自主创新能力、营造创新创业良好环境。

【防震减灾】 2016年，完成国家地震烈度速报与预警工程项目3个基准站、10个基本站、71个一般站的台址勘选和用地落实工作；积极组织申报国家、省、市级地震安全示范社区，新认定市级地震安全示范社区9个；积极开展“5·12防灾减灾宣传周”防震减灾宣传系列活动，启动河源市数字地震科普馆项目建设；积极参与新丰江大坝突发事件应急演练活动，大力指导中小学校开展地震应急疏散演练活动，着力推进地震应急避难场所建设，及时有效做好地震应急处置工作。

【专业镇】 探索专业镇产业发展的新模式和新经验，对全市专业镇产业发展情况进行摸底调查，提出该市专业镇发展工作思路和主要抓手，突出抓好专业镇协同创新平台，促进专业镇转型发展。2016年新增省级专业镇2家，截至2016年年底，全市专业镇总量达到60家（其中省级24家，市级36家）。

【农业科技】 聚焦精准扶贫精准脱贫，发挥农村科技特派员带动农户脱贫的作用，通过鼓励农村科技特派员深入贫困村、贫困户开展创新创业服务，有效带动了贫困村或贫困户脱贫。加快医疗卫生等科技进步。围绕人民群众关注的热点、难点和社会问题等，组织开展了市级社会发展领域科技计划项目的申报工作，2016年共有113个项目获得市级社会发展科技计划项目立项，领域涉及医疗卫生、生态保护、环境治理和食品安全等。通过项目的实施，促进了医疗卫生、社会发展等领域的科技进步。

（河源市科学技术局　黄　强）

梅州市

【科技政策环境营造】 2016年，梅州市科技部门组织制订印发了《2016年实现全市R&D/GDP目标工作方案》《梅州市深入实施知识产权战略加快创新驱动发展五年行动计划（2016—2020）》《梅州市促进中小微企业创新专利资助管理办法》《梅州市加快科技企业孵化器建设实施办法》《关于加快众创空间发展服务实体经济转型升级的实施意见》等科技创新文件，深化科技创新体制机制建设。

【产学研合作】

院士咨询会　11月3—5日，由梅州市委、市政府与广东院士联谊会共同主办“粤东西北院士专家行暨2016年梅州市创新驱动发展战略咨询会”，梅州市与广东院士联谊会签下了战略合作协议，全国首个院士团队创新创业驿站——广东院士团队创新创业（梅州）驿站落户梅州。通过精准对接，成功促成了饶芳权院士团队与广东鸿源机电股份有限公司、廖万清院士与嘉应学院医学院、汪懋华院士与振声科技股份有限公司、孙大文院士与分子态生物股份有限公司达成共建院士专家工作站协议，重点围绕发展战略规划、技术项目对接、人才培养等开展深入合作。

科技平台建设和技术创新联盟　由丰顺县科技局和培英公司等18家龙头企业，联合省内外的5家高校科研院所、3家行业协会，共同申报“广东省电声产业技术创新联盟”，经省科技厅组织的专家评审已批准组建。截至2016年年底，梅州市有大埔陶瓷产业、丰顺电声产业2家省级产业技术创新联盟。

专项申报　按照2016年“省级应用型科技研发扶持专项资金项目”重点支持方向，推荐富源、振声、富远、雄龙和丰等4家重点企业列入专项，共争取专项扶持资金1 700万元。其中由广东富源科技股份有限公司承担的“蓝宝石人工晶体材料在消费类电子产品的应用研发及产业化”获得省科技厅800万元的省科技专项支持。

【创新平台建设】 截至2016年年底，全市共有省级专业镇45家，其中工业类专业镇19家、农业类22家、第三产业（旅游）4家；市级专业镇20家。据统计，2016年全市省级专业镇特色产业产值达299亿元，占GDP比重超过28.6%。截至2016年12月底，全市共有省级工程技术研究开发中心45家、市级工程技术研究开发中心29家；6家机构进行孵化器登记；12家机构进行了众创空间登记，有5家成功被认定为省级众创空间试点，在2016年粤东西北监测评价中名列第1。

【科技计划项目】 按照省科技厅申报指南要求，完成了2016年省科技计划项目立项及2017年项目申报工作。截至2016年年底，梅州市结转下达的省科技计划项目65项，共获得经费5 987.27万元。其中：产学研结合项目10项，获经费895万元；省应用型科技研发专项资金（重大专项）项目4项，获经费1 700万元；科技型中小企业创新基金项目2项，获经费60万元；高新区及孵化育成体系建设领域项目2项，获经费400万元；广东省企业研究开发省级财政补助项目25项，获经费1 542.27万元；“扬帆计划”项目1项，获经费300万元；技术交易体系与科技服务网络建设领域5项，获经费150万元。

2016年度，共受理市级科技计划项目医研类161项、其他社会发展类7项，经分类后组织专家进行评审，根据评审结果，分两批次下达共156项。

【科技成果与奖励及技术市场】 2016年，梅州市科学技术奖评审委员会办公室通过审核和鉴定，共受理项目45项，其中农业类10项、医药卫生类13项、工业类22项。根据科技成果登记系统统计，2016年成果自我转化效益152 553万元，净利润48 566万元，实交税金8 346万元，出口创汇6 629万元，合作转化收入4 550万元。根据《梅州市科学技术奖励办法》和《梅州市科学技术奖励办法实施细则》规定和程序，2016年共评出一等奖3项、二等奖13项、三等奖27项，缓评2项。

基于实木封边的表面平整度调控与异型处理技术　该技术针对速生材单板的家具结构件进行结构与工艺的开发，在对速生桉木等家具用速生材单板层积材基本性能研究的基础上，重点进行新型速生材多层单板胶合弯曲木家具零部件和速生材单板层积材板条穿榫竖拼板两个家具结构件制造关键技术的研发，探寻利用速生材单板层积材代替天然实木制造家具和木制品的路路径与方法，以提升速生材的使用使用价值，加快实现和提高基于速生材单板的实木和板木家具产品设计与先进制造技术。

龙脑型阴香高产株选育及高效扩繁技术研究与应用　以富含天然右旋龙脑的药源植物阴香为调查研究对象，筛选抗性好、生长快、枝叶中有效成分含量高的单株作为母树，通过高位换冠嫁接方式建立良种采穗圃，同时开展无性繁殖技术研究，培育出优良无性系苗木，保持优株的优良性状，为梅州地区发展林药植物阴香（梅片树）的大规模种植、加工提供技术支撑。项目经多年研究，从普通阴香植株中筛选出生长快、枝叶中右旋龙脑含量高（占鲜枝叶的0.5%～1%，比普通株提高5～10倍）、扩大种植后性状保持稳定的龙脑型阴香优良无性系，并开展了种植推广，枝叶回收、加工应用。

深两优870的选育及配套高产栽培技术研究推广　通过14年来两系不育系选育、深08S×P5470的育、繁试验，选育出优质、高产、高抗、广适的两系新组合深两优870，并配套良法栽培、示范推广。经鉴定整体技术达国内先进水平，社会、经济、生态效益显著。

一种生产高锰酸钠的方法　项目采用自有的免氯化一步法制备高锰酸钠的发明专利技术，摒弃设备要求高、能耗大、反应条件苛刻且危险的氯化二步法，工艺流程简便实用，反应在常压下进行，反应条件和产品质量容易控制，安全、节能、环保，无三废排放，产品约50%出口创汇，取得了较好的经济和社会效益。

【高新技术及战略性新兴产业发展】　截至2016年年底，该市有存量高新技术企业87家，其中2016年新增31家。据高企快报统计，规模以上高新技术企业产值89亿元，占规模以上工业总产值比重的12.67%；规模以上高新技术企业增加值32.3亿元，占规模以上工业增加值比重的14.62%；规模以上高新技术企业利润总额为5.74亿元。

该市高企分布地域相对分散，各县（市、区）均有认定，其中又以省级高新区、梅县区和兴宁市占的比例相对较大。领域涵盖国家重点支持的除航空航天技术外的7大领域，其中电子信息、生物与新医药、新材料及高新技术改造传统产业占的比重较大。全市共组织申报高新技术产品认定64个。

【农业科技】　由市科技局牵头4企业、3家研究院所共同承担重点农业科技项目《梅州金柚产业提升科技平台建设》，列入2016年粤东西北科技创新环境建设专项计划，获得专项经费650万元，项目的实施将进一步推动梅州市支柱产业的转型升级。

【科技人才队伍建设】　梅州市“扬帆计划”从2013年起实施，至2016年共立项8项，总金额达2 400万元。全年有5家企业申报“扬帆计划”（新能源及环保2家、农业1家、新材料1家、高端装备制造1家），申报省科技经费达2 400万元；共推荐42人进入省级科技人才专家库，均具有副高以上职称，此外有40多人在入库审批中；有1 046人列入市级科技人才专家库。广东自远环保有限公司于2016年获得“创新创业团队”项目立项。

【知识产权工作】　11月24日，梅州市人民政府和广东省知识产权局决定建立知识产权合作会商机制，共建知识产权服务粤东西北创新驱动发展试验市并签订协议书，重点建设专利技术孵化产业园区，共同推动梅州市有效运用知识产权服务创新驱动发展。以梅县区“国家知识产权强县工程试点区”为抓手，推进知识产权质押融资试点工作，截至2016年年底，共完成2 196万元知识产权质押融资贷款。

专利申请及授权　2016年，梅州市专利申请量2 146件（其中发明专利186件，实用新型专利1 084件，外观设计专利876件）；专利授权量1 544件（其中发明专利74件，实用新型专利792件，外观设计专利678件）。

知识产权优势、示范企业　广东宝丰陶瓷发展股份有限公司被认定为2016年广东省知识产权优势企业。广东嘉元科技股份有限公司的“电解铜箔生产废水处理工艺”、广东华威化工集团有限公司的“一种高威力乳化炸药及其制备方法”等2个项目获得2016年广东专利优秀奖。截至2016年年底，该市共有广东省知识产权优势企业12家、广东省知识产权示范企业2家，共获得广东专利优秀奖8个。

知识产权执法　出动专利执法125人次，受理专利纠纷案件1宗，结案1宗；办理省局移交的假冒专利案件1宗，结案1宗；查处假冒专利案件6宗，结案6宗，涉案金额2.13万元；全市共出动“双打”执法3 520多人次，立案查处各类案件125宗，涉案金额49.19万元。全市范围没有出现集中性、区域性制售假冒专利商品的行为事件。至2016年年底，该市共有62家企业和商家获得“正版正货”称号。

【科普工作】　至2016年年底，已建成场馆类科普场地2个、科普画廊143个、农村科普活动场地819个，年度科普经费使用额1 446.8万元。至2016年年底，全市共有科普专职人员566人，比前年略有增加。

梅州市科技局、市知识产权局和市地震局紧密结合工作实际，积极开展科普活动。5月12日，梅州市地震局举办“5.12防灾减灾日”宣传活动：发放宣传小册500份，摆放宣传展板9幅，浏览及咨询人数达500人次。7月，市地震局投入3万多元，租用了21台邮政社区视频机，覆盖到梅州市各级各类公共场所、小区、单位、学校和窗口服务行业，播放期限14个月，30秒的宣传，同时在市区300部公交车上安装的视频机播放防震减灾宣传图片。除传统的宣传手册、海报外，2016年全年电视台、电台播出科普节目约1 000小时；开展科普活动105次，参与人数近4万人；举办各类实用技术培训502次。

【防震抗灾】

地震监测预警体系建设　截至2016年年底，该市共有2个测震台、1个强震台、12个地震预警台（广东省地震预警台网的部分）、32个流动重力点和6个地震前兆观测站，分布广，布局合理。全市投入30多万元建设了市地震应急指挥中心，实现与省地震局视频互联互通、台站运行情况实时监视、地震灾害快速评估等，进一步提升了该市地震应急救援的指挥能力。在2016年10月蕉岭3.5级地震应急反应中起到重要的作用。

防震减灾示范社区创建　截至2016年年底，已建立了5个省级示范社区，分别是：大埔县湖寮镇城北社区居委会、梅县区锭子桥社区、蕉岭县城西社区，梅江区长沙镇墟镇社区、梅江区江南街道办红光社区。

开展防震减灾专题培训和演练　2016年3月，举行城市地震应急综合演练活动。省地震局派出现场工作组及地震应急救援车，市地震局等42个单位、15支专业应急救援队伍共3 500人参与演练，现场共发放宣传小册1 000份。

（梅州市科学技术局　卓翠娟）

惠州市

【概况】 2016年，按照惠州市委、市政府的部署安排，在省科技厅的指导下，结合开展“两学一做”专题学习教育，惠州市继续实施创新驱动发展战略和知识产权战略，集聚国内外创新资源，改善创新环境，提升科技服务水平，发挥科技创新在加快转型升级中的支撑引领作用。惠州市获批为国家知识产权示范城市，获评中国智慧城市建设50强。7月，全市开展《中华人民共和国促进科技成果转化法》执法检查，全国人大常委会执法检查组充分肯定惠州市科技成果转化法实施及科技创新工作。

【科技政策环境营造】 2016年，惠州市继续完善“1+6+N”系列创新政策文件，新出台6个配套政策文件。以省科技创新考核指标为指引，制定《关于建立创新驱动发展工作考核指标体系及目标的意见》，将创新驱动发展工作考核指标体系10个量化指标细化分解到各县区；将创新驱动发展“八大抓手”（指稳增长、供给侧结构性改革、振兴实体经济、项目投资、绿色发展、区域合作和对外开放、关键性改革突破和兜底线促稳定等8个方面）指标与惠州实际相结合，增加高技术制造业指标，形成惠州市创新驱动发展“8+1”指标体系。围绕省政府发布的《珠三角国家自主创新示范区建设实施方案（2016—2020年）》要求，出台《惠州国家自主创新示范区建设实施方案（2016—2020年）》。

【高新技术企业发展】 2016年，惠州市实施“企业成长计划”，开展企业创新能力调查，将有潜力的企业纳入高新技术企业培育库，组织专家为企业创新发展把脉，提升创新水平，对已获批准的创新型企业和高新技术企业，在各类科技计划项目中给予重点支持，把高新技术企业作为开展“企业服务月”活动的重点对象，召开培育发展高新技术企业座谈会，面对面为企业解决困难和问题。全年组织3批288家企业申报高新技术企业认定。截至2016年年底，全市高新技术企业466家，比上年增加211家，增幅83%，超额完成年初下达任务，是5年前的4.2倍；组织3批330家企业申报省高新技术企业培育库入库，全市共有省高新技术企业培育库入库企业463家，比上年增长184%。

【高新区发展】 2016年，仲恺高新区密集出台了“创新券管理”“瞪羚企业管理”“孵化器扶持办法”及“省级双创示范基地工作方案”等一批创新政策，基本形成了适应创新创业发展的政策体系。仲恺高新区构建“众创空间—孵化器—加速器”全链条孵化服务体系，国家级科技企业孵化器3家，国家级众创空间8家，孵化器面积39.5万m^2，在孵企业336家，毕业164家。高新技术企业达182家，高新技术企业培育入库数105家。鼓励企业自建或联合国内外高等院校、科研院所共建新型研发机构，全区省级新型研发机构增至6家。

【孵化器体系建设】 2016年，惠州市先后出台《惠州市科技企业孵化器认定和扶持办法》《惠州市科技企业孵化器项目建设和产权分割管理暂行办法》和《惠州市科技企业孵化器倍增计划实施方案（2016—2020年）》，通过孵化器和众创空间把技术、人才、资金等创新要素有效地聚集起来，把创意转变成产品，把科技企业的“苗子”孵化培育成真正的科技型企业。全年建成科技企业孵化器22家，其中国家级孵化器5家，孵化面积70.2万m^2，在孵企业723家。累计孵化企业1 023家。建成众创空间20家，其中国家级众创空间11家、省级众创空间2家，累计引进孵化团队和项目374个。

【新型研发机构】 2016年，惠州市认定省级新型研究机构3家（中科院自动化研究所惠州先进制造产业技术研究院、惠州华阳汽车电子研究院、惠州市硕贝德科技创新研究院），认定市级新型研究机构2家（惠州市广工大物联网协同创新研究院、惠州TCL云创科技研究院），全市建成新型研发机构9家，集聚一批人才团队，突破高端创新资源较为匮乏、与社会经济发展不相适应的局面。

【专业镇】 2016年，惠州市科技局修订下发《惠州市科学技术局关于技术创新专业镇管理的暂行办法》，新认定省级技术创新专业镇4家：惠阳区永湖镇（精细化工专业镇）、龙门县平陵镇（建材专业镇）、龙门县永汉镇（养生旅游专业镇）、博罗县长宁镇（旅游专业镇）。认定省级专业镇共24家，建立中小微企业服务平台23个。实施专业镇科技专项，加快传统产业优化升级。组织参加省专业镇赴山东、香港、内蒙古的学习交流活动。惠东县吉隆镇获评中国产学研合作创新示范镇。

【产学研结合】 惠州市围绕支柱产业和战略性新兴产业发展需求，重点布局在潼湖生态智慧区集中建设创新特区。引进华大基因建设惠州基地，将基因应用延伸至农业、生态、环保、健康等产业；引进共建中科新能源研究院，研发生产性能优越的镁基系列电池；引进夏佳文、王复明两名院士到惠州学院工作，开展人才培养和科技研发。夏佳文院士团队在惠州研制全球领先的重离子治癌加速器；王复明院士团队与惠州共建工程检测修复技术研究院，形成具有国际领先水平的基础工程设施非开挖技术创新平台；与教育部科技发展中心共建中国高校（华南）科技成果转化中心，保障全国高校优秀成果源源不断输送到惠州；与欧洲微电子研究中心（IMEC）就在惠州建立广东IMEC中心签署合作备忘录。

【国际科技合作】 2016年，中山大学惠州研究院与以色列希伯来大学洽谈联合研发项目，并申报了市级科技计划项目。以色列速量公司与惠州企业开展农业科技合作。惠州学院彭永宏校长率队访问乌克兰国立技术大学，双方共同签署新增合作协议书；两校联合研究项目进行阶段总结，并制订工作方案。

【科技金融】 2016年，筹备成立了惠州市知识产权质押融资风险补偿基金管理委员会，出台了《惠州市知识产权质押融资风险补偿基金管理办法（试行）》，鼓励和引导金融机构加大对科技型中小微企业的信贷支持，确定首批基金合作银行4家，并签署了业务合作协议，设立3 000万元知识产权质押融资风险补偿基金，当企业以专利质押向金融机构贷款后产生偿还风险时，由基金按一定比例补偿金融机构的损失。

【知识产权工作】 2016年，惠州市获批为国家知识产权示范市。专利授权继续保持“量增质升”良好态势，全市专利申请量26 123件，其中发明专利申请量6 363件；专利授权量9 891件，其中发明专利授权量1 242件，各项指标在全省排名第6位。截至2016年年底，全市有效发明专利3 645件，专利密度由2010年的0.64件增至2016年的7.66件。PCT专利申请310件，名列全省第5；电子类专利申请率多年位居全省前茅。

全市获得第十八届中国专利优秀奖5项，获奖数量为历年之最。惠州企业获得中国专利金奖2项，中国专利优秀奖9项，广东专利优秀奖9项。

2016年获认定国家级知识产权优势和示范企业9家。全年全市新增通过贯标认证企业8家，培育省级知识产权示范企业11家、省级知识产权优势企业28家。

出台《专利权质押融资贴息项目操作规程》，对拥有发明专利或者实用新型专利的科技型企业的质押融资项目贴息资助；全市金融机构年内发放专利权质押贷款3笔共1 750万元，16家企业购买了40件专利执行保险，有效缓解科技型企业融资难题。

【科技成果】 2016年，惠州市科技局组织科技成果鉴定6项，完成科技成果登记17项，技术合同认定登记27份，合同总金额1.21亿元，其中技术交易额1.19亿元，首次突破1亿元，比2015年增长71%。2016年度全市获省科技奖共5项。其中，牵头获得三等奖2项；参与获得二等奖2项、三等奖1项。

【防震减灾】 2016年，市地震局加强防震减灾社会管理，努力创建防震减灾示范城市。完成惠州市防震减灾“十三五”规划的编制工作。稳步推进防震减灾示范城市创建工作，市中心城区1990年以前建设的建（构）筑物抗震性能排查与鉴定项目完成排查工作。协助省地震局完成“局省合作项目”收尾工作，完成大亚湾—惠东断裂探测及地震危险性评价项目野外作业现场协调与阶段检查工作。配合中国地震局、省地震局在惠州市布设73座预警台站的建设和部分原有地震监测台站的改造工作。做好建设工程抗震设防的服务工作，基本摸清该市地震灾害风险点危险源。

（惠州市科学技术局　刘传和）

汕尾市

【科技环境与制度建设】　根据深莞惠经济圈（3+2）党政主要领导第九次联席会议精神，汕尾、深圳、东莞、惠州、河源五市科技部门加强协调协作，积极推进《深圳市、东莞市、惠州市、汕尾市、河源市共建区域创新体系合作协议》有关合作事项的落实，明确了重点共建事项：构建知识产权联合保护机制，构建推进科技服务业合作机制，构建科技人才培训、技术交流机制，构建省级重大科技专项联合申报机制，构建深圳市以科技计划项目支持汕尾市、河源市的帮扶机制。

2016年汕尾市先后出台了《中共汕尾市委、汕尾市人民政府关于全面深化科技体制改革加快创新驱动发展的实施意见》《汕尾市人民政府关于加强科技企业孵化器用地管理的意见》《汕尾市促进科技创新及服务平台建设三年行动方案（2016—2018年）》《汕尾市支持新型研发机构发展试行办法》《科技创新券实施管理办法》等10多项支持科技创新政策文件和配套政策，着力推动创新载体、创新平台、创新能力、服务能力、创新人才队伍等方面建设，推动该市创新资源有效集聚，为全市的科技创新营了造良好的政策环境和社会氛围。

参照《广东省科学技术发展“十三五”规划》（修订征求意见稿），结合汕尾实际，开展了《汕尾市科学技术发展“十三五”规划》（以下简称《规划》）的编制工作。《规划》涉及科技体制改革、发展壮大战略性新兴产业、着力推进重点领域技术升级、提高科技园区发展水平、提升自主创新能力、促进科技金融结合、聚集高端创新资源等11部分内容，提出了汕尾市“十三五”期间科技工作的发展目标、发展方向和保障措施，为该市“十三五”期间的科技创新工作指明了发展目标和方向。

12月16日，市科技局召开了科技企业“重品行、树形象、做榜样”道德座谈会，加强对全市科技界企业人员的责任教育，提升道德境界。会议特邀专家刘定发研究员主讲科技企业道德。市科技局高新科全体人员，各县（市、区）科技局分管领导，各企业代表共50多人参加了会议。

【科技计划项目】　2016年，全市共申报省级科技专项项目33项，其中14个项目获省立项，含“扬帆计划”项目资金，共获得省财政资金1 830万元。2016年，市级科技发展专项资金共受理申报项目33项，经专家评审及公示，市科技局与市财政局联合下达项目类11项（平台类5项，攻关类6项），奖补类16项（其中研发中心10项，高企培育入库5项，高企认定1项），下达项目经费200万元。2016年度市级科技计划（社会发展领域）项目共受理此类项目申请23项，经专家评审及公示，获立项19项（无经费项目）。2016年，汕尾市开展了科技创新券后补助申报工作，经市财政局委托第三方中介机构进行绩效评价，确定对5家企业给予130万元的创新券补助。

【科技创新体系】　2016年，汕尾新增新型研发机构2家，累计8家。其中汕尾市创新工业设计研究院、汕尾市海洋产业研究院和汕尾市青梅产业研究院获省认定为省级新增新型研发机构。

2016年，汕尾市新增市级研发中心9家，总数达到40家。截至2016年年底，汕尾市已建设省级工程中心5家、人才驿站19家、科技特派员工作站2家、博士后工作站1家、创新联盟2个（其中由汕尾市现代畜牧产业研究院、省农科院、华南农业大学等部门联合组建的“广东省生态循环型畜牧产业技术创新联盟”获得省科技厅认定）

截至2016年年底，全市共有省级专业镇8

个，涉及珠宝首饰（海丰可塘镇）、服装（海丰公平镇）、圣诞礼品（陆丰碣石镇）、家具配件（陆丰甲子镇）、海马养殖与加工（陆丰甲子镇）、青梅种植与加工（陆河东坑镇）、电子机械（市城区红草镇）、金银首饰（海丰县梅陇镇）等特色产业。

【科技成果管理】 完成了由广东金牌生物科技股份有限公司、汕尾市青梅产业研究院等单位申请的“混菌发酵青梅醋饮料的生产技术”的市级科技成果鉴定、登记工作；完成了由汕尾市金瑞丰生态农业有限公司、汕尾市现代畜牧产业研究院、广东省农业科学院、华南农业大学、广东工业大学等单位申请的“生态循环农业关键技术集成及产业化”市级科研成果鉴定工作。按省科技厅的统一部署，推荐了汕尾市金瑞丰生态农业有限公司等单位完成的“生态循环农业关键技术集成及产业化”参与2015年度省科学技术奖评选工作，获省级科技进步奖三等奖。

【高新技术产业】 2016年5月汕尾市实现了高新区的扩区工作，高新区面积由原来的2.72km^2，扩展至6.76km^2。

2016年，汕尾新增国家高新技术企业8家，全市高新技术企业总数达到12家，比2015年增长200%；新增省级高新技术企培育库申报入库企业7家。2016年，高技术制造业增加值59.15亿元，增长13.1%，占规上工业的比重21.7%。

【科普宣传工作】 6月14日，汕尾市、海丰县两级联动在海丰县赤坑镇隆重举办2016年“科技、卫生、文化”三下乡集中服务暨“科技进步活动月”活动，来自全市各行各业的专家、科技工作者近160人，群众3 500多人参加了活动。

【知识产权工作】 配套知识产权创新发展新政，促进知识产权强市体系建设。紧紧围绕创新驱动发展战略布局，以深化知识产权体制机制改革为动力，以加强知识产权保护和运用为重点，以优化知识产权公共服务为基础，着力完善激励和保护创新的法制环境，发挥知识产权对创新发展的支撑和引领作用，加快知识产权强市建设步伐，该市先后出台了《汕尾市打击侵权假冒下一阶段工作方案》《汕尾市加强互联网领域侵权假冒行为治理工作方案》《汕尾市人民政府关于印发建设引领型知识产权强市实施方案的通知》等政策文件，为相关工作的开展提供了制度保障。

成立了由副市长任组长的汕尾市打击侵权假冒工作领导小组，成员由市委宣传部等27个成员单位的分管副职领导担任，联络员由市委宣传部等27个成员单位的相关部门负责人担任。领导小组办公室设在市知识产权局，承担日常工作。领导小组的成立，为打击知识产权侵权假冒工作提供了组织保障。4月22日，汕尾市知识产权局联合市工商局、市公安局、市文广新局、汕尾海关和海丰县知识产权局等有关单位在海丰县进行知识产权联合执法行动，查获涉嫌假冒专利产品2宗，有效规范了市场经济秩序。

知识产权宣传与培训 3月22日，省市科协联合在陆河县举办广东省文化科技卫生“三下乡”暨“千会服务千村”行动集中服务活动，现场发放了《知识产权ABC》等资料400多册。4月26日，汕尾市知识产权局联合市工商局、市文广新局、汕尾海关等单位，在市城区开展主题为“加强知识产权保护运用，加快引领型知识产权强市建设”的宣传咨询活动。活动现场派发《中国知识产权报》《知识产权ABC》宣传册子、海关知识产权宣传册子、知识产权法规读物等600多册，接受群众咨询250多人次，现场解答群众有关专利、商标、版权和进出口贸易等知识产权相关的问题，联合宣传单位相关领导到场并接受群众咨询。

11月25日，专利促进工作培训班在陆丰市举办。市知识产权局叶汉余局长、杨敏文副局长和知识产权科人员，以及来自各县（市、区）知识产权局业务（副）局长、业务股长，各产业企业、各园区企业专利管理人员及专利代理机构相关人员参加了培训班，参训人数120多人。

专利产出 1—12月，全市专利申请量1 087件，同比增长17.13%；授权量641件，同比增长-1.69%。其中发明专利申请量206件，同比增长103.96%；发明专利授权量42件，同比增长-14.28%。

【防震减灾】 1月19—22日，省地震局应急与信息中心有关技术人员对汕尾市地震局地震应急指挥中心进行设备和软件的配套加装，并实现与省地震应急指挥中心数据联调，至此，汕尾市地震局地震应急指挥中心建设任务圆满完成。汕尾市地震局地震应急指挥中心集地震应急指挥、视频会商、现场数据采集通信、地震快速评估及辅助决策、宣传教育等功能于一体，有力地提升了汕尾市地震应急救援处置能力。

汕尾市已完成全省“珠江三角洲地震预警台网”汕尾19个新建预警台的建设工作。到2016年年底，全市累计建成的强震台、测震台、GPS基准站、前兆观测台、预警台等各类地震台站共29个，具备准确快速测定地震发震时间、震中位置、震级大小的能力，使市地震监测预防能力大幅增强。

充分利用前兆观测台和2个GPS基准站的观测资料，提出地震区域趋势判定意见，参与全省地震趋势会商活动并代表粤东片区作报告，于2016年11月14—15日成功举办粤东闽南防震减灾联防协2017年度地震趋势会商会议。

根据《关于协助落实国家地震烈度速报与预警工程项目台站勘选及用地的通知》的文件精神和省地震局的工作部署，项目将在汕尾市行政区域内新建9个基本站（在已有地震预警台上改造升级）和24个一般站。2016年，汕尾市积极开展台站勘选工作，截至2016年年底，已完成24个一般站台址初选并将台址相关信息上报省地震局，下一步将开展实地踏勘。

2016年，积极开展城市地震灾害风险点危险源排查整治专项行动，由市政府统一部署，市地震局牵头开展对大型化工厂、炼油厂及储存设施、大中型水库大坝、县级以上中心城市中小学校舍等的风险点、危险源排查整治工作。加强建设工程抗震设防要求管理和监督。利用“汕尾市区地震小区划研究报告”和《中国地震动参数区划图》等资料，为4个单位和一般工程项目选址提供地质稳定性依据，如“协鑫海丰县100LMWp农业光伏发电项目”“协鑫海丰县赤坑镇150MWp渔光互补电站项目”；为4个建设工程提供抗震设防参考依据，如“汕尾水文测报中心”“汕尾市区站前路市政工程”“汕尾市区东城路中段道路工程”等。

5月12日，汕尾市科技局、汕尾市地震局在汕尾市科技馆隆重举行了“2016年汕尾市防震减灾科普知识展览活动”启动仪式。

（汕尾市科技局　罗伟明）

东莞市

【概况】 2016年，东莞市紧紧围绕国家、省实施创新驱动发展战略的总体部署，加大力度实施创新驱动发展战略，推动全社会创新能力持续增强、创新资源加速集聚、创新环境不断改善。全社会研发投入为164.8亿元，占GDP比重达2.41%。是年，东莞市被评为2015年度国家知识产权示范城市工作先进集体，获批省首批“互联网+创新创业”示范市，并在2015年珠三角创新驱动发展工作考核中位列深圳、广州之后居第3位，首次实现了实施创新驱动发展战略走在全省前列的目标。

【科技政策体系】 继续深入贯彻落实《东莞市委、东莞市人民政府关于实施创新驱动发展战略走在前列的意见》精神，认真执行《东莞市实施创新驱动发展战略 2016年工作要点》，不断完善东莞市创新驱动“1+N”扶持政策体系，以确保创新驱动各项工作落到实处。

【高新技术企业培育发展】 继续深入实施高新技术企业“育苗造林”行动计划，通过科技招商引进、后备培育以及科技孵化等多种途道，继续做好高企认定及培育入库工作。

全市科技型企业超过5 000家，2016年分别新增国家高企及高新技术企业入库1 281家、1 227家，完成高企数量比2015年翻一翻的目标。

8月23日，广东省推进珠三角创新驱动发展培育高新技术企业工作现场会在东莞召开，省委、省政府、省人大、省政协主要领导出席。

【企业研发机构建设】 2016年东莞市制定颁发了《东莞市工程技术研究中心和重点实验室建设资助办法》，加大了工程技术研究中心和重点实验室的支持力度，简化了审批流程。36家企业获认定为省级工程技术研究中心，受理市级工程技术研究中心和重点实验室认定申请69家。开展规模以上工业企业设立研发机构备案，新增备案企业620家，累计达1 440家。

【珠三角国家自主创新示范区建设】 开展自创区科技创新资源要素基础调研，形成终稿报东莞市自创区领导小组办公室；配合省科技厅起草制定了《珠三角国家自主创新示范区建设实施方案（2016—2020）》，在珠三角国家自主创新示范区的建设布局中进一步凸显东莞的创新定位和创新优势；组织松山湖高新区、税务部门、新型研发机构及相关企业，开展了国家自主创新示范区先行先试政策在全市实施效果的评估并形成了相关的评估报告。

【新型研发机构建设】 牵头引进建设东莞材料基因高等理工研究院、东莞先进光纤技术研究院等；积极动员相关单位申报省级新型研发机构认定，新增省级新型研发机构6家，全市新型研发机构达32家。

【专业镇】 进一步推动横沥模具协同创新中心、虎门服装产业协同创新中心和桥头环保包装协同创新中心的建设，指导常平、茶山、高埗和厚街等筹建专业镇创新服务平台。6月15日，全省专业镇协同创新工作现场会在东莞市召开。

【科技企业孵化器建设】 东莞制定了市级孵化器配套政策《东莞市科技企业创业导师认定和管理暂行办法》，进一步规范全市科技企业创业导师的认定与管理，首批共有21位科技企业创业导师通过认定备案。组织申报省和市科技企业孵化载体认定，全市共有科技企业孵化器59家，其中，国家级孵化器11家、国家级科技企业孵化器培育单位21家，国家级孵化器培育单位数量居全省地级市首位。

【“互联网+”创新创业】 全市出台了《东莞市建设“互联网+”创新创业示范市实施方案（2016—2020年）》和《东莞加快科技四众平台建设实施管理暂行办法》。组织科技四众平台认定，2016年全市新增省级众创空间7家、国家级众创空间9家，总数分别达到19家和15家，均位列全省地级市首位，其中大连机床的智能制造国家专业化众创空间成为首批国家专业化众创空间示范名单；在常平镇率先开展“互联网+创新创业”示范镇试点工作，摸索实践“互联网+创新创业发展模式”。1月7日，省科技厅在东莞召开全省科技四众平台建设推进工作会议，同时举行东莞市建设“互联网+创新创业示范市”启动仪式，标志着该市正式开启了建设“互联网+创新创业示范市”的篇章。

【“赢在东莞科技创新创业大赛”】 全市共有315个项目报名参赛，其中企业组137个、团队组84个，大学生组94个；将“赢在东莞科技创新创业大赛”纳入市教育局正在筹办的东莞大学生创新科技节活动；首次承办中国创新创业大赛港澳台赛，促进港澳台创新创业资源与东莞创业孵化体系的对接，共有6个项目来莞落户注册企业。

【科技人才队伍】 全市共引进省市创新科研团队53个（省创新科研团队26个，市创新科研团队27个），其中省级团队数量占全省近1/4，稳居全省地级市首位；积极推进第三批市团队项目的组织实施，共受理申报项目30项，对11个团队给予经费资助。进一步完善团队项目管理服务工作，在开展创新科研团队项目财政专项资金委托引进监管的同时，引入科技项目监理对团队项目进行实时动态管理。

【优化创新创业环境】 通过加强创业人才引进、加快孵化平台建设等措施，深化东莞与港澳台地区在创新创业资源上的共享与对接，东莞专门出台了《东莞市莞港澳台科技创新创业联合培优行动计划（2016—2020）》，引导更多港澳台科技创新创业人才来莞创业。

【科技金融】 出台了《东莞市创新创业种子基金绩效评价管理暂行办法》，采取与受托管理机构联动投资的方式，引导民间资本投资市内注册的种子期、初创期等创业早期科技型中小微企业。截至2016年年底，已完成对18家企业的投资尽职调查，并成功投资项目3个。依托广东省科技金融综合服务中心东莞分中心，与广东省金融高新区股权交易中心共建东莞运营中心进行区域股权交易服务；依托科技企业孵化器等服务机构新建了5个科技金融工作站，截至2016年年底，全市科技金融工作站达到38个，继续做好科技金融服务业体系建设工作。面向全市高新技术企业和中小型科技企业全面推广科技保险业务，召开了全市科技保险政策宣讲暨业务辅导工作会议，分片区在塘厦、长安、寮步召开科技保险业务宣讲会，2016年全年推动39家企业购买科技保险，保额达34亿元，保费约399.49万元，申请保费补贴约114.56万元。

【国际科技合作】 有效推动重点国际科技合作项目建设，一方面会同松山湖（生态园）科创局共同推动中俄高技术转移中心项目立项，鼓励清华东莞创新中心通过拓展技术合作渠道打造东莞—俄罗斯国际科技交流合作平台，为全市践行“一带一路”建设提供先行先试的特色经验；一方面推荐清华东莞创新中心成功获批“国家级国际科技合作基地”，全市共建有国家级国际科技合作基地6个，省级国际科技合作基地21个。12月9—11日，2016中国（东莞）国际科技合作周成功举办。

不断深化国际科技合作交流，组团赴美国、加拿大开展科技金融交流合作，进一步推动海外科技金融资源落户东莞；组团前往韩国开展知识产权调研活动，学习韩国知识产权管理经验、韩国企业知识产权管理制度建设情况以及韩国知识产权代理机构运营情况；组织赴香港、澳门，就维港投资与广东省的合作和相关科技项目落户东莞、广东省第三代半导体合作、参加澳莞科技创新交流会等事宜进行了沟通交流；组织相关单位赴台湾开展科技创新创业和科技合作交流，学习借鉴台湾孵化器管理的先进经验，提高全市科技企业孵化器的服务水平。

【知识产权工作】 大力推进企业贯标工作和培育知识产权优势企业，全市共有61家企业通过贯标认证，位居全省第3。全年受理专利侵权纠纷案件44宗，结案44宗，查处移送假冒专利案件19宗，处理展会侵权纠纷案件47宗；在东莞理工学院、厚街镇、知识产权保护协会设立知识产权维权援助中心工作站，建立了全市重点企业知识产权保护及维权援助直通车服务机制。

全市专利申请量和授权量分别为56 653件和28 559件，分别同比增长48.72%和6.48%，分别位居全省第3位和第4位；其中，发明专利申请量和授权量分别为17 024件和3 682件，分别同比增长52.45%和31.74%，分别位居全省第4位和第3位；发明专利申请量占总量比例达30%，首超3成。PCT国际专利申请量为876件，同比增长160.71%，位居全省第3位。截至2016年12月，国内有效发明专利量为11 154件，位居全省第3位。

（东莞市科学技术局　王少波）

中山市

【概况】　2016年，中山市科技局（市知识产权局）落实创新驱动发展战略，推进科技体制改革，搭建创新创业平台，为全市经济社会发展提供强有力的创新动能。全市有高新技术企业882家，比2015年的427家数量翻番，增长107%，增速居全省第2位。全市省市级工程中心增至711家，市级以上新型研发机构增至46家。新增国家级创新平台（及分支机构）1家、总数增至10家，市级院士工作站1家、总数增至8家。

【科技计划】　2016年，中山市安排产业扶持专项资金15亿元，其中科技专项资金从2015年的1.8亿元增加到4.9亿元，包括使用科技发展专项资金4.24亿元，安排科技金融专项（投资基金）2亿元、科技创新专项资金9 116万元、新型研发机构专项资金4 930万元、科技金融专项资金423.7万元、科技创新券专项资金2 008.97万元、高新技术企业发展专项资金2 556万元、科技企业孵化器专项资金1 165.33万元、协同创新专项资金2 200万元；使用科学事业费1 298万元，安排社会公益研究专项资金798万元、科技奖励专项资金500万元；使用知识产权专项资金1 999.8万元；使用人才发展专项资金1 916万元；使用科技统计规范化建设工作经费200万元；使用广东省科学院中山分院建设经费1 000万元。全年新获省科技专项经费4.71亿元，增长18.9%。

【科技管理改革】　2016年，中山市在2015年出台的“1+N”创新系列政策的基础上，调整和完善相关政策措施，提高高新技术企业的资助力度，扩大科技创新券的受益面，新增协同创新平台、企业转型升级、科技金融、科技统计、广东省科学院技术转移等专项，和仪器共享补助券、孵化器路演、专利权质押融资贷款费用资助、专利海外维权等多种扶持。市科技局牵头制定《珠三角（中山）国家自主创新示范区建设实施方案》和《中山市创新驱动发展近期重点工作计划》。8月，中山市加快实施创新驱动发展战略领导小组设于市科技局，统筹推进全市实施创新驱动发展战略。

【科技服务管理】　2016年，中山市科技局制定《中山市科技局科技项目相关责任主体信用管理办法（试行）》《中山市科学诚信红黑榜公布管理实施细则》《中山市科技咨询与评估专家信息库管理暂行办法》和《中山市科技项目结题管理暂行办法》，规范项目结题程序，加强科技诚信建设。全年有26个项目承担单位及法人代表和43名项目负责人被列为“严重失信”，有2个项目承担单位和3名项目负责人被列为“一般失信”。年内，组织市级科技计划项目结题316项，医疗卫生类项目结题181项。

开展市科技奖励评审和省科技奖励推荐，受理市科学技术奖申报285项，评审产生市科技进步奖97项、专利奖32项、新型研发机构优秀奖3项。申报省科学技术奖励科技成果20项，全市拟奖励单位7个，其中二等奖3个、三等奖4个。组织科技成果会议鉴定35项，其中国内领先25项，国内先进9项，省内领先1项；组织函审鉴定29项，其中国内先进2项、省内领先4项、省内先进9项、市内领先9项、市内先进5项。

推进“一站式”行政服务，实施行政审批标准化工作，整合交叉审批事项，精简审批材料，压缩审批时限，全年市科技局行政服务中心窗口办理事项6 536件。推进信息化建设，中山市大型科学仪器设备共享服务网上线运行，科技创新管理一体化平台按计划实施。加强技术市场管理，办理技术合同认定登记99项次，合同交易总额超

8 118万元，技术交易额7 971万元。办理科技查新报告69项。

【科技企业培育】 2016年，中山市实施高企培育计划，提升高企规模和质量。党政主要领导赴美国、德国、瑞士等国家，赴清华大学、香港大学、成都电子科技大学、中科院大学等创新资源富集的院校，引进国内外优质创新资源。瑞士与以色列中小企业创新联盟、中德生物医药与健康产业基地、英国考文垂创新中心、港大高等创新基地落地中山，为高企发展提供技术源头支撑。推出创新驱动发展系列政策，市财政设立高新技术企业等专项资金15亿元；提升认定为高新技术企业的补助力度，从原来的10万元提高到20万元；落实高新技术企业人才入户入学积分工作，全年有307人获加分；设立市各类创业投资机构40家，规模86.6亿元，为高企发展提供资金支持。全市上市及上新三板挂牌的高企有56家，占全市79家上市及上新三板挂牌企业71%。高企总数882家，比上年增长107%。推荐申报省高新技术企业培育库企业，全年入库培育企业529家。推荐申报省级高新技术产品，1 567件产品获省公示，是2015年的近3倍。

【技术创新平台建设】 2016年，市科技局推动企业设立研发机构，以中山工业技术研究院为平台，吸引国内外高校、科研机构和大型龙头企业合作共建高水平的新型研发机构。新认定市级工程中心118家、省级工程中心47家，全市有省市级工程中心711家，其中省级168家、市级543家。新增市级以上新型研发机构22家，其中省级3家，全市有市级以上新型研发机构46家，其中省级9家。

开展首批协同创新中心认定，认定市级协同创新中心16家，组建“中山市红木家具产业协同创新中心”“中山市灯饰设计与产业应用协同创新中心”“中山市菊城智造协同创新中心”等公共服务平台，吸引参与全市协同创新体系建设的高校院所25家。

新增省部产业技术创新联盟5个，分别为广东省智能制造装备产业技术创新联盟、广东省中药破壁饮片产业技术创新联盟、广东省风电产业技术创新联盟、广东省移动光源产业技术创新联盟和广东省沉香产业技术创新联盟，总数增至10个。

与北京理工大学、武汉大学、武汉理工大学、华南理工大学“1+4”市校共建平台续签合作协议，引进广东省科学院中山分院、国家超级计算广州中心中山分中心、快速制造应用技术研究院等高端研发机构。加强与中科院系统合作对接，引进激光半导体材料与器件、下一代通信心产业创新平台、中科富海大型低温制冷设备产业化基地等重大项目，并与南京工业大学、新加坡南洋理工大学合作引进石墨烯技术产业化项目。首次设立广东省科学院技术转移专项经费，专项支持广东省科学院中山分院科技研发平台及科技成果转化项目。

【科技企业孵化器建设】 2016年，市科技局引导龙头企业、高校院所、社会组织等创新主体开展孵化育成体系建设，组建全市孵化器协会，推动孵化服务水平提升和交流合作。出台《中山市科技企业孵化器与众创空间认定管理办法》和《中山市科技企业孵化器与众创空间专项资金使用办法》，明确规定科技企业孵化器与众创空间的认定，并加强对面积、路演活动、孵化器从业人员等方面的扶持力度。开展2016年度市级科技企业孵化器与众创空间的认定以及专项资金补助审核工作，动员有条件的孵化器申请国家级科技企业孵化器、国家级众创空间、国家级科技企业孵化器培育单位和广东省众创空间试点单位。至年底，全市有科技企业孵化器及众创空间66家，孵化面积109.33万m^2，在孵企业数1 751家。其中市级以上科技企业孵化器及众创空间48家，有国家级科技企业孵化器3家，省级科技企业孵化器6家，国家级众创空间1家，省级众创空间5家。

【科技人才建设】 2016年，市科技局修订创新创业科研团队引进、国家级创新平台（及分支机构）建设、市级院士工作站建设等3项人才政策，强化柔性引进，放宽团队引进门槛、优化评审程序、首次引入财政资金银行托管机制，加大中山市创新创业高端人才的政策虹吸效应。组织高层次科技人才申报国家和省科技人才计划，新增国家“万人计划”科技创业领军人才2人、总数增至3人，“广东特支计划”科技创业领军人才1人、总数增至3人。组织10个团队申报第六批省级创新科研团队，其中进入最终评审环节团队5个。新增市级创新创业科研团队10个，总数27个。新增国家级创新平台（及分支机构）1家、总数增至10家；市级院士工作站1家、总数增至8家。

【科技金融结合】　2016年，中山市通过与上市公司、产业园区等共同发起设立的市场化运作的科技创新创业投资基金有4支，总规模11.7亿元，投资在中山的项目10个，投资金额1.5亿元。火炬开发区联合科技贷款风险准备金运行吸引8家商业银行科技支行加入，进入科技贷款入池企业库企业有5批次292家，获批准贷款有效项目194个、金额14.04亿元。联合科技信贷风险准备金升级为市级科技信贷风险准备金，规模从1亿元提高至2亿元，缓解科技企业“融资难”“融资贵”问题。全市有科技保险参保企业47家，保费613万元，保险金额72.6亿元，惠及企业高管和关键研发人员475人；专利保险参保企业20家，投保专利数量219项，保费21.55万元，保险金额1 061.1万元，全省的科技保险近一半的保单来自中山，初步形成政府、企业、保险机构等多方共赢的局面。

【创新创业大赛】　5月30日，中山市首次设立中国创新创业大赛广东·中山赛区，并举办中山市首届科技创新创业大赛，有参赛企业和团队266家，晋级队伍127支，在省赛区决赛获奖队伍32支，获奖数居全省第2位。市科技局推进往届获奖项目与创业投资基金、科技支行等金融机构的对接，与投资机构成功融资的企业有4家，累计投资金额5 700万元，获银行贷款企业13家，共2.16亿元。科技金融专项创新创业大赛补助专题，对2015年在国家决赛、省赛获奖的38家企业和团队补助325万元。

【科技创新券】　2016年，中山市科技局加大对中小微企业自主创新的扶持力度，提高创新券发放额度、降低使用条件，并增加新的科技创新券种——仪器共享服务券。年内，有396家企业领取创新券685张，总额度为4 530万元，是2015年的2倍多。开展3批次的科技创新券兑现工作，兑现创新券420张、金额2 382.18万元。

【知识产权工作】　2016年，中山市印发《中山市知识产权事业发展“十三五”规划》，全年全市通过企业知识产权管理规范贯标认定企业有31家，全省排名第4位，新增国家知识产权优势企业5家、省知识产权示范企业2家、省知识产权优势企业5家，市财政资助各类专利项目4 715项。

专利产出　2016年全市发明专利申请量7 597件，增长56.1%，发明专利授权量1 207件，增长21.7%，全市PCT（即专利合作协定）专利申请量153件，增长51.5%。获国家专利优秀奖7项、国家外观设计优秀奖2项、省专利金奖1项。

知识产权、金融与产业融合　成立总规模为4 000万元的知识产权质押融资风险补偿资金，出台《中山市科技企业知识产权质押融资风险补偿办法》，通过政府、银行、知识产权服务机构、保险公司“四方联动”推动知识产权、金融与产业融合。通过专利检索、专利信息分析、专利布局等研究，开展海洋工程装备、电动汽车、游戏游艺、智能化印刷装备、五金锁具5个产业专利导航工程项目，为产业创新发展提供科学指引。其中，海洋工程装备产业转型升级专利导航项目获珠江三角洲地区重点产业转型升级专利导航工程优秀执行项目。

公共服务平台建设　市科技局完善知识产权公共服务平台建设，利用专利公共服务平台强大数据库，为企业提供专利检索分析2 400多次，依托公共服务平台开展专利运营，促成专利交易165件；依托汤姆森专利信息检索系统开展专利信息检索分析，为企业免费推送专利信息服务；利用“中国外观设计专利智能检索系统”为灯饰企业提供检索服务4 938次。全年，开展知识产权系列培训29场，培训人员3 000多人次，提升全市知识产权工作人员的综合素质。

专利行政执法　2016年，中山市人民政府与拱北海关签约开展知识产权保护战略合作，成立中山海关知识产权保护工作室，解决重点产业知识产权海关关口保护等问题。加快知识产权快速维权中心建设，完善中国中山（灯饰）知识产权快速维权中心的机制和功能建设，推进中心迈向国际化。9月20日，中山市家电知识产权快速维权中心在黄圃镇挂牌成立；中山市红木家具知识产权快速维权中心获市政府批准设立；全市有3家市级知识产权快速维权中心覆盖灯饰、家电、红木家具三大产业。全年全市专利侵权纠纷行政立案583宗，结案544宗，立案数和结案数居全省首位，涉及专利侵权调解金额77.95万元；查处假冒专利案件17宗，查处违法从事专利服务案件6宗，出动执法人员1 923人次，检查企业、门市523家，涉及灯饰、家电、五金、家具等多个领域，打击侵权假冒行为，规范市场竞争秩序。

（中山市科学技术局　蔡　蕊）

江门市

【概况】　2016年，江门市各级、各部门认真贯彻市委、市政府工作部署，紧紧围绕“加快创新发展”，深入实施创新驱动发展战略，大力开展技术改造和核心技术攻关，狠抓高新技术企业、科技型小微企业培育和创新平台建设，创新人才队伍不断壮大，科技金融结合进一步融合，全市科技创新能力加速提升。制定了科技发展“十三五”规划、“江门创造2025”、自创区建设实施方案。成功举办“中国青创汇”全国小微企业创业创新周活动。推动五邑大学开门办学，启动“环五邑大学创新经济圈”建设。国家知识产权试点城市通过验收。

积极推进产学研合作，在资源循环利用、水性环保涂料、绿色照明等产业领域实施省、市重大科技专项，开展核心关键技术攻关。2016年承担省重大科技专项5项，获扶持资金2 000万元；组织实施市级重点科技计划项目200项，推广应用科技成果600多项。推动新一轮技术改造，出台《江门市“机器人应用”专项资金实施细则》《江门市工业企业技术改造事后奖补实施细则》等政策。在连续两年增长超100%的基础上，2016年完成技改投资184.39亿元，同比增长63.5%，增幅全省排名第4。大力推广机器人应用，50家企业上马“机器人应用”项目。

【科技人才队伍建设】　3月，出台《江门市人民政府关于完善体制机制加快建设人才强市的若干意见》（江府〔2016〕6号）。引进海外高层次人才创业项目9个，国家“千人计划”项目2个，2人入选“广东特支计划”；有2个项目、58人入选“扬帆计划”。全市设立博士后科研工作站和创新实践基地54家，高级职称专业技术人才达1.2万名。

【科技创新平台建设】　制定实施《江门市科研机构建设工作推进方案（2016—2020年）》，有序推进江门市科技创新平台体系建设。方案以“分类指导、梯次建设”的基本思路，建立省、市、区（产业园区、专业镇）、企业多级联动机制，主要从“引导各类企业自建科技创新平台，实现企业创新平台的‘从无到有’”“加大对已建科技创新平台的培育力度，实现创新平台建设水平的‘由低到高’”“推动各类科技创新平台服务向产业延伸，实现技术创新服务的‘由点到面’”3个层次，有序推进江门市科技创新平台体系建设。重点加速拓展科技创新平台建设在5亿元及规上工业企业中的覆盖面。

2016年，江门市以增强产业自主创新能力为主线，加强政策资金支持，深化政产学研合作，加强指导和培育力度，大力建设科技创新平台，自主创新体系日趋完善。截至2016年年底，江门市已建成3个国家级企业技术中心和摩托车、半导体光电产品2个国家级重点实验室，3家院士工作站，1家省级企业重点实验室，4家市级重点实验室，5家省级、12家市级新型研发机构，115家省级、443家市级工程技术研究中心，3家省级、2家市级产学研结合技术创新联盟。规模以上工业企业研发机构建设覆盖率达16.64%，江门国家高新区达22.6%。创新服务平台52个，其他服务机构38个，基本覆盖了江门市重点产业领域，为江门市创新驱动发展提供了重要的支撑。

积极培育企业科研机构，发挥企业主体的创新活力。珠西智谷智能装备协同创新研究院、南方教育装备制造研究院、广东陈皮研究院建设成为市级新型研发机构，新组织认定广东富华车辆关键零部件研究院、嘉宝莉高性能环境友好涂料与涂装技术研究院、广东嘉士利食品营养健康与安全研究院3家单位为本年度第一批市级新型研发机构（市级新型研发机构达11家）。

重点依托研发条件较好的大中型企业、高新技术企业、创新型企业以及高层次人才团队企业，分批次建设一批市级、省级的企业科研机构或协同创新平台。2016年度，江门新建1家省级，4家市级新型研发机构，1家省级企业重点实验室，5家市级重点实验室，3家省级产学研技术创新联盟，20家省级、212家市级工程技术研究中心，13家市级科技特派员工作站。其中嘉宝莉环境友好涂料技术广东省重点实验室建设等8个创新平台获得省立项支持，扶持资金达710万元。同时，地方政府、企业积极开展产学研合作，计划共建一批举足轻重的科技创新平台。江门国家高新区和华夏幸福签约，力图打造珠西“新南山”。无限极与英国剑桥大学合作共建无限极剑桥研究中心，四方威凯与巴斯夫共建涂料实验室，维达与瑞典爱生雅合作共建企业研发中心。

【科技园区建设】 2016年，市委、市政府高度重视珠三角国家自主创新示范区建设工作，成立了江门市建设珠三角（江门）国家自主创新示范区领导小组，以市政府名义制定和实施了《江门市人民政府关于印发<珠三角（江门）国家自主创新示范区建设实施方案（2016—2020年）>的通知》。构建以高新区为核心，统筹全市创新活跃区域的“1+6+N”创新格局，引领带动江门全市创新驱动发展。

建立高新区一区多园管理机制，除原设在江海区的国家级高新区外，蓬江区、鹤山市和开平市在相关园区已陆续加挂高新区分园区的牌子，进一步夯实了江门国家自创区建设的基础。夯实全市江门国家自创区载体，确定全市江门国家自创区具体区块分8个片区，总规模49.8881km^2，其中高新区作为核心区占63.88%。

狠抓高新区建设。江门高新区集江门国家自创区核心区、江门全国小微企业创业创新示范城市核心区、国家创新型特色园区、“侨梦苑”核心区和全国博士后创新（江门）示范中心具体运作管理单位等多项市的战略性重点创新工作于一身，实现了创新资源的快速集聚。 2016年高新区实现了“创新”立区，在科技金融方面，设立江门启迪之星天使投资基金和江门粤科二期基金，已募集资金约1.2亿元，其中江门粤科二期基金已对3家企业累计投放1 850万元。在加强人才建设方面，正制定《江门市高新区促进博士后创新创业暂行办法》和《江门高新区创业创新人才、团队扶持奖励暂行办法》，通过启动资金资助、安家补贴、项目土地安置、贷款贴息激励措施，加大吸引和留住人才力度。在创新产业载体方面，打造中欧（江门）中小企业国际合作区光机电一体化产业基地和江门高新区（江海区）大健康产业核心区。在高端创新平台方面，与五邑大学共建国际大健康研究院，并引进利物浦热带医学院参与组建。2016年，高新区各项创新指标均走在全市的前列，R&D占GDP比值、高新技术产品产值占工业总产值比值、国家级高企数量增幅、发明专利人均拥有量等指标均居全市第1。其中新增国家高企42家，增幅达86%，总量达91家；现有科技型小微企业257家，技术合同成交额4 134万元，新增市级以上工程技术中心45家，增幅86.53%。成功创建了市级众创空间5家、市级孵化器6家，其中国家级孵化器和国家备案众创空间各1家，双双实现“零的突破”。

【孵化育成体系建设】 2016年，江门市7个县区均加快筹建科技企业孵化器，基本实现科技企业孵化器全覆盖。2016年新认定市级孵化器8家，并推动发展较好的孵化器更进一层，其中，江门市大学生创业孵化服务中心通过国家级孵化器培育单位认定，江门市高新技术创业服务中心有限公司获批国家级孵化器称号。截至2016年年底，全市建成孵化器12家，其中国家级孵化器2家，国家级孵化器培育单位1家。总面积约27万m^2，在孵企业约520家，累计毕业企业约200家。

2016年，3家众创空间被认定为省级众创空间试点单位，2家在国家备案，市级通过验收7家。截至2016年年底，江门市建成的众创空间达到8家，包括国家众创空间备案单位2家，省级众创空间试点单位2家。总面积1.4万m^2，服务团队项目210个。其中江门高新区的启迪之星（江门）众创空间，在短短的一年时间里，先后获得市级、省级众创空间资质认定，并成功在国家众创空间备案。

【专业镇】 2016年，江门市积极实施创新驱动发展战略，加强专业镇产业协同创新中心建设，实现专业镇各创新要素协同创新发展。进一步充分利用高校及科研院所力量，全面开展“江门市专业镇转型升级顾问小组示范计划”、建设好江门市川岛镇滨海旅游电子商务服务平台和荷塘灯饰公共技术服务平台等，通过推动蓬江区、司前镇、川岛镇等示范性专业镇的转型升级发展、带动全市专业镇的转型升级。经过一年多来的培育和发展，台山市大江镇的传统家具产业成功通过省级技术创新专业镇的认定。截至2016年年底，全市共建23个省级、10个市级专业镇，专业镇产业规模和创新水平进一步提升。发动市内省级专业镇参加由省专业镇促进会组织的专业镇培训交流活动，实地学习考察了山东省青岛市等3市经济发展情况，学习了产业政策制定、科技合作、园区规划及平台建设等经验。

【特色产业基地建设】 3个国家火炬特色产业基地（国家火炬计划江门半导体照明特色产业基地、国家火炬计划江门新材料产业基地、国家火炬计划江门纺织化纤产业基地）持续稳步发展。基地内企业数1 038家，认定为高新技术企业95家，工业总产值614.44亿元，净利润28.62亿，承担省级科技项目21项，市级科技项目35项。

【产学研结合】 江门市引导企业开展自主科技创新，积极推进产学研合作，在资源循环利用、水性环保涂料、绿色照明等产业领域实施省市重大科技专项，开展核心关键技术攻关。

积极探索产学研合作新模式　发挥市高新技术产业促进会等行业协会的号召力和影响力，2016年组织江门市高新技术企业赴上海交通大学、复旦大学、同济大学、湖南大学、湖南师范大学、中南大学等开展技术交流与合作。截至2016年年底，全市共引进这些名校大院科技特派员达230名，实施重点科技成果转移转化项目100项。

应用型科技研发项目实施　支持有实力的企业承担应用型科技研发项目，发挥企业研发能力和技术优势，与高等院校、科研单位等合作开展技术研发，实施科技成果转化应用，提高企业技术水平。2016年，广东华艺卫浴实业有限公司、嘉宝莉化工集团股份有限公司等企业主导开展的省应用型科技研发专项资金项目获得立项，立项资金达2 000万元。其中广东华艺卫浴实业有限公司主导的“新一代环保黄铜水龙头关键技术开发与产业化应用”技术项目，立足卫浴行业对新一代环保黄铜水龙头材料的重大共性需求，围绕其产业化过程中涉及的新材料开发、产品设计、高效制备加工、制造成本评价、产品检测与质量控制等关键技术，进行中试和产业化研发，实现其一体化成型，形成其应用标准，生产出多样化的成套系列产品，构建其应用示范生产线，通过以点带面，推动新一代环保黄铜新材料在行业内的运用并提升产品制造的自动化水平，实现水龙头产业从“低铅”向“无铅”的转型升级。

企业与高校联合组建创新联盟建设　截至2016年年底，全市一共组建了“广东省轨道交通装备产业技术创新联盟”等3省级、“广东省水性涂料产业技术创新及知识产权保护战略联盟”及“广东省电子废弃物循环利用产业技术创新战略联盟”等4市级产学研产业技术创新联盟，实现企业、高校和科研机构在战略层面的有效结合，全力提升产业的整体创新水平。

【科技金融】 继续发挥“江门市小微企业科技信贷风险准备金”（简称“邑科贷”）作用，面向科技型小微企业提供融资服务，利用财政资金的杠杆效应，带动建行江门分行向江门科技型小微企业提供3亿元的科技贷款。2016年审核通过11家企业的申请，企业获得融资1 460万元。

贯彻落实《江门市科技金融专项扶持资金操作细则》，持续开展市级科技金融扶持资金科技贷款贴息，鼓励企业利用科技支行的科技贷款实施科技开发项目。2016年，共确定了74个项目为江门市级科技金融扶持资金贷款贴息备案项目，通过备案的贷款规模为5.665亿元，其中47家单位申请结算，拉动贷款金额4.1亿元，结算金额35 213万元，合共安排扶持资金623.9151万元。与2015年结算相比，拉动银行贷款额增长73%，对企业的贴息扶持增长38%。

继续推进“江门市科技风险投资基金”的运作，引导社会资金向高新技术及战略性新兴产业聚集，为科技企业创新发展拓宽融资渠道。截至2016年年底，江门市风险投资基金总规模达6.4亿元，已合共投资项目14个，总投资额26 538.45万元。其中，首期基金募集规模达2.5亿元，已确定投资项目9项，总投资额21 188.45万元，二期基金募集规模达9 000万元，投资项目3项，投资额合共1 850万元。鹤山市与省粤科金融集团设立2.5亿的粤科新鹤创业投资基金，投资项目2项，合共3 500万元。高新区设立江门启迪之星天使投资基金，规模达5 000万元。

积极加强与金融机构合作，引导商业银行依托国家高新区、科技园区合理布局和设立科技金融机构。全市已设立科技支行6家、科技小贷公司2家，还设立一站式的广东省科技金融服务中心江门分中心和江门高新区分中心开展配套服务，使科技企业融资余额实现翻番。2016上半年，全市高新技术企业融资余额为204.24亿元，比年初增加103.08亿元，增长101.90%。

借鉴江门市社会信用体系服务平台建设工作经验，成功搭建了江门市科技金融信用信息服务平台，该平台集纳了企业、金融机构和政府部门的大量信息和数据，通过“信用培育+信用评级+融资推介+政策扶持”模式进行线上线下对接，引导金融机构加大对科技型企业的信贷支持，为科技型企业融资对接起到重要作用。据统计，2016年高新科技企业和科技型中小微企业中已有一百多家完成评级，获得融资达50亿元。

【科技成果及奖励】 2016年度，江门市共有42项科技成果通过市级鉴定，其中“益生元低聚果糖国家标准样品分离与制备”项目的实施成功分离并制备出6种纯度大于99.5%的低聚果糖国家标准样品，鉴定委员会认为该项成果整体技术达到国际先进水平。“油料功能脂质高效制备关键技术与产品创制”获得2016年度国家科学技术进步奖二等奖，此外，江门市还获得2016年度广东省科学技术奖一等奖1项、二等奖1项、三等奖4项，第一完成单位获奖总数为4项，其中，无限极（中国）有限公司主要完成的“中草药多糖快速筛选、制备关键技术及产业化应用”为2016年度广东省科学技术奖一等奖，这是江门市实体工业企业首次荣获省科学技术奖一等奖。

2016年，按照《江门市科学技术奖励实施办法》及实施细则的有关规定，经过形式审查、学科（专业）评审，市科技奖评审委员会综合评审，以及网上公示和异议处理等程序，择优评选出85项优秀科技成果。根据《江门市人民政府关于颁发2016年度江门市科学技术奖的通报》，授予这批科技成果2016年度江门市科学技术奖，其中一等奖10项、二等奖32项、三等奖43项。

【知识产权工作】

知识产权创造　2016年，江门市专利申请首次突破万件大关，达到13 365件，同比增长39.87%，其中发明专利申请3 244件，同比增长33.06%；专利授权6 762件，同比增长5.92%，其中发明专利授权544件，同比增长7.09%；江门市有效发明专利2 135件；全市PCT国际专利申请76件，同比增长52%。

结合国家小微企业创业创新基地城市示范工作，在国内率先建立科技型小微企业标准体系和名录库，目前已公布确定6批1 311家企业进入名录。落实《江门市知识产权局科技型小微企业专利创造扶持办法》，对科技型小微企业、专利服务机构提出了倾斜性扶持措施，积极推动科技型小微企业的创新发展，努力营造“大众创业，万众创新”的社会氛围。2016年，组织了2批次江门市科技型小微企业专利创造资助项目申报，共安排资金384.715万元用于资助2 110项专利申请和授权，惠及360家科技型小微企业。2016年，江门市小微企业共获得授权专利2 141件，小微企业的创新和知识产权保护能力逐步激发。

知识产权运用　大力推进国家知识产权试点城市建设，江门市知识产权运用能力得到不断提升。2016年10月，江门市国家知识产权试点城市建设顺利通过省知识产权局考核验收。

通过制定完善知识产权质押融资和专利评估的扶持政策，2016年，受理知识产权质押贷款项目备案申请14项，贷款需求9 210万元，成功实现专利质押融资贷款2 409万元。江门市还与建行江门市分行搭建合作平台，出台《科技型小微企业“邑科贷”业务管理办法》，设立风险准备金池，着力推动专利贷等五款子产品的信贷业务。8月，江门市被国家知识产权局确定为专利质押融资试点。

8月，江门市被国家知识产权局确定为专利保险试点，通过制定《江门市专利保险试点工作方案》，积极研究设计被市场认可、操作性强的专利保险种类和运营模式，促进知识产权与金融资源的紧密结合，保障知识产权价值实现，助力企业创新发展。

企业知识产权管理规范国家标准实施工作取得突破。无限极（中国）有限公司、鹤山广明源光科技股份有限公司、天地壹号饮料股份有限公司、雅图高新材料有限公司和江门市新会区森木古典家具有限公司先后通过《企业知识产权管理规范》管理体系认证外审认证，通过开展贯标工作，有效规范企业自身知识产权管理工作，提升了企业知识产权管理水平。

实施江门市轨道交通装备产业发展专利导航工程项目，建立江门市轨道交通装备产业专利信息专题数据库，形成江门市轨道交通装备产业发展专利导航研究报告及产业转型升级决策建议等，充分发挥知识产权对产业发展促进作用，助推江门市战略性新兴产业发展。

知识产权保护　江门市高度重视知识产权宣传教育工作，始终将其作为知识产权工作的重要组成部分常抓不懈，以企业、商会、行业协会、孵化器和产业园区为主要阵地，充分发挥下属科技服务中心和专利代理机构的作用，将政策宣讲，知识普及作为重点，全市知识产权保护意识提升到了新的高度。2016年，开展了以“加强知识产权保护运用，加快引领型知识产权强省建设”为主题的一系列知识产权宣传教育活动，如在4月25日，市知识产权局在火炬高新技术创业园开展知识产权进园区主题活动。在4月26日，举办了一期知识产权保护和贯标培训班，努力提高知识产权行政人员管理水平，提升企业知识产权创造、运用、管理和保护能力。12月15日，举办了美国知识产权制度巡回研讨会，提高企业专利涉外实务能力，加强了知识产权对外合作交流。通过举办形式多样的知识产权宣传培训活动，促使知识产权意识进一步提高，增强了人们对政府保护知识产权的信心，对进一步推动科技自主创新、实施知识产权战略起到了积极的作用。

江门市不断加强行政执法，建立日常执法与专项行动相结合的行政执法工作体系，利用行政保护程序简单、流程快、时间短、成本低的优势，打击各类专利违法行为，维护专利权人的合法权益，着力营造良好市场秩序。2016年，立案专利侵权纠纷案件18件，假冒专利案件2件。建立知识产权信息协作共享机制。为进一步加大打击知识产权侵权假冒违法犯罪力度，不断完善知识产权保护长效机制，形成知识产权保护合力，4月，市知识产权局联合江门海关、市中级法院、市公安局、市工商局等五部门建立知识产权信息共享协作机制，协作机制明确了各部门收集、共享知识产权侵权假冒案件信息的责任，建立了联络员制度和定期联席会议制度。为进一步深化行政执法体制改革，积极稳妥地推进简政放权工作，制订了《江门市知识产权局江门市科学技术局关于进一步加强专利行政执法工作的意见》，切实加强了专利行政执法工作，建立健全长效机制，充分发挥专利行政执法工作在推动大众创业、万众创新中的重要作用。

【高新技术产业】　加大财政支持和引导科技创新的力度，积极组织开展各类科技创新项目申报，2016年度省下达扶持资金16 979.06万元，市级财政下达扶持资金1 926.84万元，为高新技术企业发展提供有力支持。构建以高新区为核心，统筹全市创新活跃区域的“1+6+N”创新格局，引领带动江门全市创新驱动发展。

2016年，江门以发展培育科技型小微企业为抓手，构建“科技型小微企业—高企培育入库企业—高新技术企业—创新型企业”多级联动、逐级提升的科技型企业育成体系，培养和发掘一批拥有核心关键技术的优秀企业。2016年共组织239家企业申报高新技术企业，通过217家，比上年净增161家，增幅82%，使全市高新技术企业存量达357家。据2016年高新技术企业统计数据，高新技术企业工业总产值1 142.88亿元，净利润110.96亿元，实际上缴税费总额81.90亿元，享受减免税总额15.39亿元。

组织266家企业申报省高新技术企业培育入库，成功入库227家，获省高新技术企业培育奖补资金9 675.96万元。常年受理江门市科技型小微企业名录库申报，把入库的科技型小微企业作为培育高企的后备梯队，至2016年年底在库企业1 518家。5家企业被评为2016年广东省创新型企业，至此江门创新型企业17家。

组织127家企业393个产品申报2016年广东省高新技术产品认定，有366项产品被认定为广东省2016年高新技术产品。

【科技型中小企业技术创新】 2016年，江门市获得省科技型中小企业技术创新基金项目立项5项，扶持资金150万元；组织申报市创新资金项目123项，获得市级创新基金项目立项17项，资助经费570万元（其中市本级财政安排资金285万元，辖区市、区财政安排285万元）。市创新资金拉动辖区资金、省创新专项资金比为1∶1∶0.53，通过创新基金的支持，将带动企业投入6 000多万元，预计实现产值约2亿元，政府资金投入带动产出比达1∶35.1。完成13项国家级、90项市级创新基金项目的跟踪管理服务；按时完成9项国家级、9项省级和8项市级目的组织验收工作。

【农业科技】 强化现代农业科技支撑，助推江门市向农业强市发展。重点支持本市农业科研机构、农业龙头企业等单位组建创新平台，支持广东汇海农牧科技集团有限公司、广东鲜美种苗股份有限公司等8家农业龙头企业组建市级工程技术研究中心。组织推荐广东绿爱生物科技股份有限公司等6个单位申报2016年度广东省农业科技项目，进一步增强农业创新能力。支持农业技术示范与推广活动，由江门市农业科学研究所申报“特色蔬菜品种与节水节肥技术集成应用示范”和“优质高产绿肉节瓜新品种的选育与示范推广”项目，均获得2016年度省科技厅立项支持，分别给予30万元和15万元的专项资金支持。

【科技合作与交流】 充分发挥深圳作为国家首个创新型城市、国家自主创新示范区的示范作用，以及江门作为国家级小微双创示范城市、“珠西战略”策源地和主战场的战略优势，推动江深双创合作，促进两地在创业创新平台、体制机制改革、人才建设等多方面展开对接，实现珠江东岸与西岸联动发展，并与全国15个小微双创示范试点城市共同形成“1+15”双创的全国格局。

10月14日，江门市大众创业万众创新活动周系列活动暨江门市科技创新创业大赛表彰及江深合作推进会举行。现场，珠西云谷与深圳市优宝创科技有限公司、深圳天天生活科技有限公司等多家深圳企业现场签约入驻，启动了首届深圳创业沙拉（江门），首届深圳创业沙拉（江门）于10月28—30日在珠西云谷众创空间内举行，作为市创新创业大赛的一个分赛事，创造良好的创业氛围，帮助江门年轻的创业者对接深圳甚至是国外的一些优秀孵化资源和风投。

根据《广东省科学技术厅关于发布2017年广东省科技发展专项资金前沿与关键技术创新类项目（粤港联合创新领域）指南的通知》的精神，推荐嘉宝莉、嘉士利、海信、朗天等公司申报的粤港项目4项。

以高新技术产业促进会为载体，主办或协办各类展会活动，包括全国“双创活动周”江门分会场展会、会员单位走访活动、西安科技交流对接活动等，通过高新技术产业促进会协助，联系和推荐了江门市一大批优秀的创新创业企业到各式平台展示和推介，促进了江门市科技企业的发展。

【防震减灾】 按照《防震减灾法》要求，江门市地震局坚持“以防为主，防抗救相结合”的防震减灾工作方针，坚持走防震减灾与经济社会相融合的发展道路，不断强化监测预报、震灾预防和紧急救援三大体系建设，较好地完成了年初制定的各项工作任务。

制度建设 实行24小时值班制度和做好地震信息报送工作。自2015年1月实行地震24小时值班制度以来，江门市地震局值班人员严格遵守值班制度，坚守岗位，尽职尽责，及时准确报告震情灾情信息，2016年向市政府报告《震情速报》和《突发事件信息专报》共27期，《地震简报》12期和季度地震活动情况4期，没有发生迟报、漏报、误报现象。

应急处置 积极处置“7·31”广西梧州5.4级地震。7月31日，广西梧州市苍梧县发生5.4级地震，江门市多数群众有感。地震发生后，江门市地震局迅速进行应急处置指挥工作，收集和上报震情，做好地震信息发布工作，同时加强防震减灾宣传，维护了江门的社会稳定，受到省地震局点名表扬。

“十三五”规划编制　2015年上半年，江门市防震减灾“十三五”规划编制工作启动。2016年4月8日，规划通过专家论证。4月22日，《江门市防震减灾“十三五”规划》正式印发。

江门市地震应急指挥中心建设　11月，江门市地震应急指挥中心建成。江门市地震应急指挥中心面积达170m^2，集通信、指挥、调度和值守于一体，具备灾情速报、快速响应、辅助决策等功能，能够做到通讯快速、准确、保密，实现省市地震应急指挥中心视频互联，达到高速有效的指挥，为今后地震应急工作打下坚实基础。

地震烈度速报与预警工程项目台址勘选工作

国家地震烈度速报与预警工程项目是国家和省“十三五”重点项目，江门市列入省项目的重点建设地区。江门市地震局专门成立工作小组，全力配合，加强对台站勘选及用地工程项目的领导协调，经过一个多月的实地考察、仔细测试和记录等选址工作，在4月上旬完成了全部的6个基准站、15个基本站、79个一般站的台址勘选，为下一步地震烈度速报台站建设做好了前期准备。

地震应急演练　9月21日，江门市地震局组织开展2016年江门市地震应急通讯及现场处置模拟演练，市、县、镇、村相关单位工作人员和防震减灾助理员共180多人参与演练。　12月27日，江门市地震局组织开展江门市突发地震事件“双盲”演练，江门市和各市（区）地震工作部门参与演练。此次演练以“双盲”形式进行，即演练前不通知参演人员演练时间、地点和演练内容，以更贴近实战的情景检验预案、锻炼队伍、磨合机制和提升能力。

另外，江门市地震局还积极参加每月进行1次的省市地震应急指挥系统联调和应急演练，指导学校等企事业单位进行地震应急疏散演练。

地震应急基础数据管理及应用系统建设。2015年8月，江门市地震局实施“江门市地震应急基础数据管理及应用系统开发项目”，建设地震应急基础数据的管理和应用系统。2016年11月3日，“江门市地震应急基础数据管理及应用系统开发项目”通过专家组验收，专家组认为：地震应急基础数据管理及应用系统功能符合国家、行业标准，功能齐全，易用性好，项目能为防震减灾和地震应急工作提供良好的决策支持服务。

示范工程建设　江门市地震局委托五邑大学专业团队，对江门市11个示范社区和13条地震安全农居示范村的工程的建设和财政资金的使用情况进行了全面的调查，形成相应的报告。5月27日，《江门市地震安全示范社区项目总结验收报告》和《江门市地震安全农居示范工程建设项目绩效评价报告》印发。

2015年8月24日，市政府办公室印发《江门市创建广东省防震减灾示范城市实施方案》。2016年5月4日，市政府召开全市防震抗震救灾工作联席会议暨创建广东省防震减灾示范城市工作推进会议，总结了前段时间示范城市创建工作成果，并对今后的示范城市创建工作进行了部署。6月23日和8月23日，江门市地震局先后两次到阳江市地震局调研，借鉴学习阳江市防震减灾示范城市创建的成功经验和做法。

省级地震安全示范社区建设　2016年，江门市新增蓬江区环市街道怡康社区、江海区礼乐街道文昌沙社区、新会区会城街道碧桂园社区和鹤山市沙坪街道凤凰社区4个社区的地震安全示范社区创建培育工作，另外，蓬江区环市街篁庄社区、江海区滘头街道仁美社区、江海区礼乐街道文苑社区、新会区会城街道南园社区和新会区会城街道明兴社区5个省级地震安全示范社区正在申报“国家地震安全示范社区”。

防震减灾知识宣传普及工作　5月7日，围绕“减少灾害风险，建设安全城市”主题，江门市地震局联合新会地震台举办“新会地震台公众开放日”宣传活动。

江门市地震局还积极开展和参加“平安中国”等一系列宣传活动以及防震减灾知识“五进”等活动。5月19日，到新会大鳌镇参加江门市科技文化卫生三下乡“科普集市”活动，悬挂防震减灾宣传横幅，派发地震知识宣传折页。5月10日、5月12日和5月17日，江门市地震局分别在恩平海外联谊学校、江门市农林小学和江门市怡福中学等中小学校举办防震减灾知识讲座，指导学校进行地震应急疏散演练。“7·31”广西梧州5.4级地震发生后，8月1日接受江门电视台采访，介绍本市受此次地震的影响情况，并宣传应急避震知识。

【科普工作】

科学素质纲要实施 8月16日，江门市政府召开全市全民科学素质工作会议，总结“十二五”时期全民科学素质工作，对“十三五”时期全民科学素质工作进行动员部署。江门市科协积极履行江门市科学素质纲要办职责，制订了“十三五”全民科学素质工作实施方案呈市政府，计划到2020年，科技教育、传播与普及长足发展，建立适应创新型广东建设需求的公民科学素质组织实施、基础设施、条件保障等体系，公民科学素质建设的公共服务能力显著增强，促进创新驱动发展战略在全社会的深入实施，促进创新、协调、绿色、开放、共享发展理念深入人心，促进重点人群科学素质工作均衡发展，公民科学素质建设的公共服务普惠共享水平显著提升，公民科学素质建设的长效机制不断完善。

基层科普行动 组织开展评选市级科普惠农兴村计划项目13个，推荐国家和省级项目6个，获得国家和省基层科普行动计划“奖补”资金共85万元，市级项目“奖补”资金35万元。其中，新会区陈皮协会、开平市马冈镇养鹅协会获得全国农村专业技术协会（奖补）、恩平市黄亚山公司科普基地获得全国农村科普示范基地（奖补）、蓬江区白沙街道农林社区获得全国科普示范社区（奖补），鹤山市双合镇双桥村委麦健辉获得广东省农村科普示范带头人（奖补）。新会区和开平市通过复评，再次被中国科协命名为全国科普示范县（市、区）。

市科技局联合基层科协开展群众性的主题活动。3—4月，市科技局联合开平科协举办了广东省“中国流动科技馆巡展”（开平站）活动，展示了8个主题的60件互动科普展品、3D科普电影和魔幻科普秀等项目。从3月份起，联合蓬江区、江海区和新会区科协开展“科普进社区-健康大讲堂”活动，举办40多场科普讲座。3—9月，分别联合荷塘镇、大鳌镇、礼乐街等基层科协以及台山市科协举办了4场大型主题科普集市，参加单位共80个。

提升基层科协组织发挥服务示范作用，各市、区科协利用契机开展各类形式丰富的科普活动，如台山市科协举办“世界知识产权日”和“防灾减灾日”科普活动；各镇级科协及科普教育基地因地制宜开展技术培训及科普宣传，如新会区大鳌镇面向种养农户举办渔业等培训班，新会（广东）桥梁博物馆举办大学生“科普一日游”科技活动等；各市级学会、协会发挥组织网络、人才智力和科技优势，依托“市级学会科技服务站”开展科技服务基层行动。四是鼓励企业面向社会服务。是年，联合市科技局组织开展了“科普一日游”活动。新会南方教育装备创新产业城、新会无限极（中国）有限公司科普馆、开平健之源科普教育基地和塘口仓东村教育基地等企业和单位，开放科普展厅，向公众普及科学文化知识和增强公众科技创新意识。

青少年科技教育活动 组织科普专家开展科教培训，邀请了中国科学院8名老科学家开展了“大手拉小手——科普报告希望行”活动，面向全市4万名青少年举办了60场的科普讲座。积极举办各类科技创新竞赛活动，联合市教育局举办了首届“江门市青少年科技实践能力挑战赛”，组织学生参加了在珠海市举行的第31届广东省青少年科技创新大赛，参加省第16届青少年机器人竞赛和第3届广东科技模型模拟飞行比赛，均获得优异成绩。整合校内外科普资源，推动青少年科技教育活动深入开展，多次邀请了广东科学馆和省航空学会的科普专家，为全市10所学校近万名学生开展了科普大篷车进校园活动和航空科普进校园活动。蓬江区辖区多所学校也以“创客”教育为主题开展了校园科技节，用科技加艺术激发创意，丰富青少年的科普教育形式。

（江门市科学技术局　黄京华）

阳江市

【产学研结合】　截至2016年年底，阳江市建立了省部产学研示范基地4个，特派员工作站3个，产学研创新联盟2个，广东省新型研发机构1个。共有25家高校向该市55家企业派驻了88名科技特派员。企业、专业镇与高校开展技术攻关，联合申报省科技计划项目，其中阳江鸿丰实业有限公司等4个单位申报的项目获得省级扶持经费。

院地合作　2016年5月，阳江市政府与省科学院签订了《广东省科学院、阳江市人民政府全面战略合作框架协议》，依托省科学院在人才、技术和信息资源方面的优势，围绕阳江市五金刀剪、镍合金产业的发展需求，为企业提供有力的创新技术支撑。同时，结合阳江市专业镇产业发展情况，阳东区东城五金刀剪专业镇联合广东省科学院共同合作搭建五金产业信息化服务平台，为该市五金刀剪企业提供协同创新服务。

为贯彻落实省科学院与阳江市政府全面合作框架协议，8月25日，省科学院与阳江市政府举办产学研合作活动暨应用推广讲座。阳江市市直有关单位负责人以及100家阳江五金刀剪企业代表参加了该活动。会上，“阳江五金刀剪产业信息服务平台”启动上线。省科学院向阳江十八子集团、广青金属科技公司、广东永光刀剪公司等3家企业代表授予广东省科学院企业工作站牌，与会领导嘉宾共同为企业代表举行了阳江市五金刀剪产业技术线路图赠书仪式。

【技术创新平台】　2016年，阳江市新增省级工程技术研究中心3家，市级工程技术研究中心4家。截至2016年年底，全市共有22家省级工程技术研究中心，有68家市级工程技术研究中心。阳江市五金刀剪产业技术研究院通过了广东省新型研发机构认定，成为该市首家省级新型研发机构。

【科技服务体系】　截至2016年年底，阳江市从事科技服务活动人员共467名比上一年增长4.47%。全市共有科技服务业机构35家，其中市直4家、江城区3家、阳春市15家、阳西县13家，为全市农业、科技等行业提供了科技咨询、技术推广等专业技术服务。2016年，培育发展2个阳江市科技服务业机构，扶持项目经费共16万元。

【科技计划项目】　2016年，共组织实施省级科技计划项目7项，市级科技计划项目51项。市科技计划项目共设5大专项20个专题，其中，“重大科技专项”设1个专题即五金刀剪激光加工技术创新示范；“产业技术创新专项”设4个专题，即科技型中小企业技术创新项目、工业高新技术领域技术攻关、现代农业新技术研究与示范、社会发展领域技术攻关；“协同创新专项”设8个专题，即孵化育成体系专项建设、省级众创空间培育、产学研协同创新项目、院士工作站建设、工程技术研究中心建设项目、专业镇产业协同创新中心建设项目、阳江市新型研发机构认定、阳江市新型研发机构建设项目；“科技创新环境建设专项”设3个专题，即阳江市重点实验室建设、科技服务骨干机构培育、阳江市引进创新科研团队项目；“知识产权发展专项”设4个专题，即专利技术实施计划项目、知识产权优势示范企业项目、企业知识产权管理规范实施项目、知识产权服务提升项目。

【科技成果】　2016年，阳江市优秀科技成果不断涌现，发展态势良好。全年共登记科技成果10项，其中由企业完成4项，医疗及其他机构完成6项。

2016年，阳江市组织开展了2014—2015年度市级科技奖评审工作，共评选出35项获奖项目，其中，一等奖3项、二等奖10项、三等奖22项。同时，推荐了优秀项目申报2016年度省科技奖，2个项目获得省科技奖三等奖。

【高新技术产业】 2016年，全市共有23项产品获省科技厅认定为“广东省高新技术产品”。广东美味源香料股份有限公司等10家企业纳入广东省高企培育库；广东金辉刀剪股份有限公司等6家企业被认定为高新技术企业；广东银鹰实业集团有限公司等6家企业通过高新技术企业重新认定。2016年，全市25家高新技术企业工业总产值达158.8亿元。

2016年，阳江高新区科技企业孵化器、银铃跨境电商专业孵化基地等2个科技企业孵化器认定为广东省国家级科技企业孵化器培育单位，阳江高新区众创空间认定为广东省众创空间试点单位，均实现了零的突破。

【农业科技】 2016年，全市共有16个市级农业科技项目立项，扶持项目经费共128万元。至2016年底，阳江市共有省农村科技特派员工作站45个，农村科技特派员团队3个，农村科技特派员法人团队2个，农村科技特派员104名。分别在阳西县、江城区、海陵区、高新区建设农村信息服务中心7个，农村信息培训中心5个，信息化体验站点240个，有力推进了农村信息化基础设施的建设，农业新品种、新技术的开发、推广、应用也取得较好成效。

【科技人才队伍】 阳江十八子集团有限公司引进的高品质刀剪材料制备的工艺创新及产品研发团队入选2016年省“扬帆计划”，获得省300万元资金扶持。2016年，阳江市共有3个创新团队获得市级创新团队立项。至2016年，阳江市共有6个省“扬帆计划”创新团队，7个市级科技创新团队。创新团队素质高，能力强，既为阳江市带来核心技术，也培养一批科技人才。

【专业镇】 至2016年年底，阳江市有省级专业镇15个、市级专业镇14个，覆盖了五金刀剪、金属制品、海洋养殖与捕捞、农业种养、旅游等五大领域。阳春市圭岗镇、阳春市合水镇分别开展的“阳春市圭岗镇专业镇—珠海对口科技合作建设”“合水蚕桑专业镇产业升级示范建设”项目获得了省科技经费扶持。围绕专业镇特色产业技术创新的需要，阳江市建立了东城镇五金刀剪产业技术创新服务平台等3个专业镇中小微企业服务平台。

【知识产权工作】 2016年，全市专利申请量2 171件，获专利授权量1 456件。认定市级知识产权优势企业1家。扶持2项市级专利技术实施计划项目、1项企业知识产权管理规范实施项目、6项县（市、区）专利申请促进项目。评选出“2014—2015年度阳江市专利奖”29项。12月，首家知识产权管理规范贯标企业通过认证。

维权诉讼 2016年，出台了《阳江市知识产权局专利行政执法职权和责任分解制度》和《阳江市知识产权局2016年打假工作方案》。12月，“阳江市五金刀剪产业知识产权快速维权中心”加挂“中国阳江（五金刀剪）知识产权快速维权中心”牌子，开通专利快速授权维权服务通道。2016年共调处专利纠纷案件19宗，调处假冒专利案件16宗，结案率100%。

行政执法 阳江市知识产权办公会议成员单位联合开展了“双打”专项行动、燃油专项打假行动、“清风”行动，开展执法检查共52次，出动520多人次，检查80多家经营场所，检查商品7 500多件。2016年，县区专利行政执法试点工作取得进一步成效，江城区调处结案侵权纠纷案件9宗，阳东区调处结案侵权纠纷案件2宗，阳春市调处结案侵权纠纷案件1宗。

宣传普及 举办了“4.26”知识产权宣传周、中国专利周、知识产权进校园等宣传活动11场次，派发宣传资料5 000多份，刊登知识产权专题特刊3期，发布知识产权政务信息14篇。举办知识产权培训讲座12场次，累计培训相关人员3 500多人次。

【科普工作】 2016年，阳江市以“科技进步月”“全国科普日”“防灾减灾日”为契机，组织开展一系列主题科普活动，普及科学知识，在全社会营造崇尚科学的良好风尚。

主题科普活动 6月25日，阳江市在阳西县织贡镇开展科技咨询暨食品安全宣传活动。9月20日，在大八镇举办2016阳江市“全国科普日”活动启动仪式。据统计，2016年科技进步月、全国科普日活动期间，全市共举办科普展览15次，科普讲座、科普报告会30次，科技咨询服务44次，义诊24次，科技培训14次，发放宣传资料共5万多份。

学术交流活动　2016年，阳江市共举办《阳江科协论坛》4期，在《阳江日报》主办《科普之窗》栏目12期，市级学会共开展各类学术活动56场次，交流学术论文105篇，为科技人员提供了学术交流的园地，促进了该市的学术交流的发展和科技繁荣。2016年8月30日，阳江市召开了2016年学会工作会议暨学会秘书长第二次联席会议，会议对2015年度学术活动周活动项目进行表彰，极大地激发了科技工作者的热情。

科普服务工作　组织实施基层科普行动计划。经过好中选优推荐申报，2016年阳江市共3个单位和个人获得中国科协、财政部以及省科协、省财政厅的表彰，分别是：阳西县绿康水产养殖专业合作社农村科普示范基地荣获2016年度全国科普惠农兴村先进单位称号；阳东区雅韶镇五丰村委会柳西村谭计成荣获2016年度全国科普带头人称号；阳东区新洲镇兴农果蔬生产专业合作社科普示范基地荣获2016年度广东省科普惠农兴村先进单位称号。

【防震抗灾】　2016年，阳江市获得了国家级防震减灾示范城市，是全国首批3个国家级防震减灾示范城市之一。

地震基础设施建设　完成阳江市GNSS地壳运动观测网12个观测站和1个基准站基建，其中1个基准站和3个观测站还进行了仪器采购、安装、调试和试运行；完成国家地震烈度速报与预警工程项目在阳江市境内60个台站选址和落实用地协议签署工作；完成广东阳江地震监测卫星地面站基建、协助国家局和省局技术人员进行了仪器设备安装、调试和信号接收工作。

地震监测预报　2016年，阳江市加强地震监测预测日常工作，坚持特殊时期震情每天一报告制度，召开年中、年度地震趋势会商会。做好本年度有感地震速报、震情分析等工作。部署各县（市、区）地震工作主管部门加强全市的地震监测工作，加强震情跟踪。开展广东阳江地震监测卫星地面站试运行工作，全面开展群测群防工作，“三网一员”（地震宏观测报网、地震灾情速报网、地震科普宣传网和防震减灾助理员队伍）建设不断加强和完善。坚持在地震宏观异常、发生有感地震或特殊时段召开不同层次的会商会。依法加强地震观测环境保护工作。做好全市地震监测仪器、台站的维护检修工作。

灾害与应急　12月23日，举行了阳江市2016年地震应急综合应急演练活动。5月12日“防灾减灾日”，举行了为“减少灾害风险　建设安全城市”的防震减灾知识宣传咨询活动，宣传第五代《中国地震动参数区划图》。出版8期《防震与减灾》小报。开展好“千名志愿者下千村”宣传活动，利用大学生暑期“三下乡”社会实践活动组织地震应急志愿者深入到农村开展防震减灾宣传。抓好防震减灾教育“四个一”进校园年度工作，并根据调研结果，认定阳东区那龙学校为“阳江市防震减灾示范学校”。在各县（市、区）开展地震安全乡镇（街道）建设工作。开展创建防震减灾示范企业工作。继续开展防震减灾示范社区工作。建成了阳江市地震应急指挥视频系统。完成了阳江城区（二期）地震小区划。12月12日04时38分20秒在洋边海（北纬21.75度，东经111.81度）发生M3.0级地震，震源深度13km，阳江市积极迅速稳妥应对，维护社会稳定。

（阳江市科学技术局　黄　君）

湛江市

【概况】 2016年，湛江市以“实施创新驱动发展战略”为目标、打造“南方海谷”为抓手，扎实工作，开拓创新，科技创新工程取得新进展。全年共立项各类科技项目179项，其中省产学研合作项目3项、高新区及孵化育成体系建设领域1项，技术交易体系与科技服务网络建设领域2项，农村科技领域3项、农业科技园区基地可持续发展实验区建设领域4项，省级科技型中小企业技术创新专项资金项目1项，省自然科学基金8项，应用型科技研发及重大科技成果转化专项资金2项，产业技术创新与科技金融结合方向项目1个，市竞争性分配项目107项，获得扶持经费6 898万元。设立专项经费，增设高新技术企业培育工程专项，每个项目支持经费30万元，安排15个项目，扶持经费450万元。共组织实施省农业科技计划项目32项，市农业科技项目100项，引进新品种（系）12个，选育新品种（系）10个，举办农业技术人员培训2 251人次。组织实施医药应用基础和疾病防治技术研究30项。已通过专家评审并公示的高企达50家，全市高企数达79家，申报高企培育库企业40家。新增市级工程中心9家，省级工程中心13家，全市各类研发机构208家，其中企业设立研发机构162家，占比78%。已有科技企业孵化器和众创空间13家，全市现有孵化场地面积超2.6万m^2。已入驻企业230家，其中孵化年产值50万元以上企业29家，300万元以上企业8家，1 000万元以上3家，团队365个。全市省级专业镇18个，市级专业镇26个，专业镇总数占乡镇总数的35%。

【科技政策环境】

创新驱动发展千人大会 2016年5月19日，湛江市召开了创新驱动发展大会，各县（市、区）政府，市直和中央、省驻湛有关单位，市有关企业等近千人参加。市委领导在会上强调要把创新驱动发展作为核心战略和总抓手，让创新成为湛江未来发展的最强动力。为营造科技创新氛围，从创新驱动发展千人大会召开当天开始，《湛江日报》、电视台和网站等媒体开辟创新驱动发展专栏，整个创新系列报告历时3个月，刊登各类报道63篇，引起了广泛关注。

科技创新政策体系 2016年，湛江市制定了《湛江市高新技术企业培育扶持办法（试行）》、《湛江市科技局关于湛江市众创空间扶持办法（试行）》《湛江市科技企业孵化器产权转让管理办法（试行）》《湛江市科技创新券后补助实施办法》《湛江市科技局关于鼓励科技服务机构服务高新技术企业认定资助办法》等5个配套文件，截至2016年年底，湛江市共出台了13个科技创新政策文件，其中纲领性文件1个，扶持全市孵化器和众创空间的有4个，扶持人才的有3个，其余的5个分别涵盖科技园区、高新技术企业、科技创新券、知识产权等方面，初步形成了“1+N”科技创新政策体系。

2016年制定了《湛江市科学技术局湛江市财政局关于科技创新券后补助的实施办法》，鼓励中小微企业积极共享使用各类科技创新资源，激发中小微企业创新活力。

高企认定和培育 2016年出台了《湛江市高新技术企业培育扶持办法（试行）》，对企业申报高企、加大研发投入、获得专利、加快成果转化等方面予以资金支持，引导企业按照国家高新技术企业的标准发展，营造培育氛围。8月26日，湛江市召开全市培育高新技术企业工作会议，加快推进全市高新技术企业培育工作，印发了《2015年湛江市高新技术企业发展情况通报》，编制了《高新技术企业政策速查手册》，该政策已经下发800多册。增设高新技术企业培育工程专项，每个项目支持经费30万元，2016年安排15个项目，扶持经费450万元。制定了《领导带队分片帮扶高企申报工作方案》，由市科技局各分管领导带领业务科室深入了解企业申报认定工作进展情况及存在问题，指导企业解决存在问题。2016年已通过专家评审并公示的高企达50家，全市高企数达79家，较好地完成了省下达的计划目标。

【科技企业孵化器】 2016年先后出台了《湛江市科技企业孵化器认定和管理办法（试行）》等4个扶持全市孵化器和众创空间的专项政策。截至2016年年底，湛江市已有科技企业孵化器和众创空间13家，其中市级科技企业孵化器2家，国家级、省级众创空间（试点）4家。全市现有孵化场地面积超2.6万m^2，至2016年年底，已入驻企业230家，其中孵化年产值50万元以上企业29家，300万元以上企业8家，1 000万元以上3家，团队365个。

【企业技术进步】 实施规模以上工业企业研发机构全覆盖计划，继续支持具备条件的行业骨干企业、科技型企业建设一批高水平的国家级、省级和市级工程技术研究中心、重点实验室、企业研发机构。2016年，新增市级工程中心9家，省级工程中心13家，全市各类研发机构达到208家，其中企业设立研发机构162家，占比78%；强化金融对科技企业的支撑作用。

【科技金融】 为实现财政科技资金对金融资本、社会资本引导的放大效应，2016年2月12日，成立了广东省科技金融综合服务中心湛江分中心和科技金融协会、组建中国银行湛江科技支行，设立了20亿元湛江南方海谷股权投资基金和3 320万元（含省1 320万元补助）科技信贷风险准备金，科技金融体系初步建成，成效明显。是年，共向15家企业兑现创新券249.85万元。科技支行已提供授信支持的企业18家，授信金额达到1.66亿元。科技信贷风险准备金支持企业15家，授信金额1.8亿元。

【社会领域科技创新】 2016年，组织开展民生科技类技术攻关，围绕重大疾病预防、诊断、治疗、药物组织技术攻关，组织实施医药应用基础和疾病防治技术研究20项。组织开展水产品下脚料、地沟油的回收利用，实现变废为宝，提高资源利用率；实施专业镇培育工程。推动“一镇一品”优势特色产业发展，全市省级专业镇18个、市级专业镇26个，专业镇总数占乡镇总数的35%。

积极培育农业特色产业，大力促进农业产业转型升级。以建设国家和省的富民强县、星火计划、农业科技成果推广、星火技术产业带、健康农业科技示范基地等项目为载体，引导支持龙头企业+基地+农户、合作组织+基地+农户、专业市场+基地+农户等生产模式，2016年全市共组织实施省农业科技计划项目32项，湛江市农业科技项目100项，引进新品种（系）12个，选育新品种（系）10个，举办农业技术人员培训2 251人次，做大做强优势产品和特色产业带。

【“南方海谷”建设】 5月12日，湛江市召开了“南方海谷”战略研究，邀请了广东省科学院院长、上海交通大学副校长、清华大学安全与防护研究发展中心副主任等30多位来自全国海洋产业领域的专家学者参加，与会专家围绕南海战略发展、“南方海谷”建设、湛江的海洋发展出路等问题提出了建议和意见。

至2016年年底，“南方海谷”已经完成了战略研究、发展规划、策划方案、选址论证报告及修建性详细规划等；动工建设启动区。海洋产业孵化中心项目总用地面积约19.1万m^2，总建筑面积约28.57万m^2，计划分3期开发。一期施工设计、人防设计、广告围挡、清表、一标段土方工程等工作已完成，外围配套工程进展顺利。启动区已正常供电供水，配套道路的建设已全面启动，交通站点和指示牌也正逐步推进中；开展运营招商。4月29日，启迪（北京）科技园运营管理有限公司正式落地湛江，并注册成立了“湛江启迪科技园运营管理有限公司”。海洋产业孵化中心由广东海谷科创投资建设，清华启迪公司运营管理，本年已全面启动运营招商工作。

2016年组织完成了800m^2的海博会“南方海谷”展区的展览工作，共组织参展单位118家，其中入园单位25家，高校、科研院所9家，涉海科技企业15家，创业团队38个，创客团队49个，参展人员1 000多人；70家参展单位有展品展出，展板200多张。展出当天即吸引参展人员400多人次，“南方海谷”展馆从众多展馆中脱颖而出，荣获“最佳组展奖”。通过展板展示、视频展播、沙盘展演、发放“南方海谷”宣传册等方式，对“南方海谷”进行了全方位的宣传。

【科技园区建设】 组织科技局、海洋渔业局、徐闻县政府开展筹建徐闻县海洋种业科技园工作，积极打造湛江国家级农业科技园核心园区；积极谋划国家级农高区。组织专家对湛江建设国家级农高区的可行性进行了研究，为湛江市下一步申报国家级农高区做好前期准备工作；完成省级农业科技园区的结题验收工作。湛江市特色农海产品种养与深加工广东农业科技园区自获得省立项以来，选育新品种10个，开发新产品16项，获得专利授权31项，制定技术标准8个，建立示范基地约885hm^2，新增经济效益15.32亿元。累计出口创汇6.0426亿美元。5月26日，湛江市的省级农业科技园区项目通过了省科技厅组织的专家验收。1月18日，国家火炬计划湛江海洋特色产业基地通过科技部复核。湛江市申报的“十三五”海洋经济创新发展示范城市获得国家财政资金3亿元补助。

【第二届“南方海谷杯”创新创业大赛】 第二届中国（湛江）“南方海谷杯”海洋科技设立湛江、上海、深圳、青岛、北京和广州六大赛区，布局多达20个沿海地区和城市，启动大会于8月17日在北京清华科技园举行，共举办了34场宣讲会及创赛训练营，2 850余人接受了创新创业培训，共有994个项目报名参赛，其中企业组316个，团队组678个，相对于去年的报名情况，报名数量翻倍增长。总决赛及颁奖仪式分别于11月23—24日在湛江举行。新华社、中国经济网、《科技日报》、凤凰财经等全国数10家主流媒体和新闻网站对大赛进行全方位报道。

【产学研合作】 2016年，湛江市与省科学院、《科技日报》、北京科技大学、上海交通大学、武汉科技大学、广东医科大学等达成了合作意向，并签订了全面战略合作协议。本市已引进了蓝海材谷科技有限公司、深圳海力德油田技术开发有限公司、北京清芸阳光能源科技有限公司等4家外地企业、4家湛江分中心和7家湛江企业。该市企业与中国海洋大学、上海交通大学、中山大学、华南理工大学、北京科技大学等24所高校院所建立了紧密的产学研合作关系，科技特派员达到164人。

【科技成果及奖励】 组织申报2016年度广东省科学技术奖项目19项，有1项成果获得省科学技术奖一等奖、3项获得省二等奖、5项获得省三等奖。经评审，2016年度湛江市科学技术奖授奖项目共63项，其中：“南海西部油田稳产1 000万方勘探开发关键技术”获得2016年度湛江市科学技术进步奖特等奖；湛江市科学技术进步奖一等奖10项、二等奖15项、三等奖16项；专利金奖项目5项，专利优秀奖16项。

2016年度全市申报科学技术进步奖的42项项目中，属于原始创新的有38项，其中国际领先水平3项，国际先进水平4项，国内领先水平20项。42项报奖成果共取得自主知识产权115项，其中发明专利39件，实用新型专利58件，软件著作权5项。在申报专利奖的49个项目中，获奖的21个项目都是发明专利或实用新型专利，创新性强，体现了专利的核心竞争力。

在本年度科技进步奖成果中，工业类项目占据主导，经济效益显著。由企业独立承担或参与完成的项目有20项，占获奖项目的47.6%。这些项目涵盖了电子信息、先进制造、生物医药与医疗器械、新材料、新能源与节能、环境保护、海洋石油勘探、现代农业等高新技术领域，累计产生经济效益达180.7亿元。专利21个获奖项目中，工业类项目有12个，占全部的57%。20家获奖企业中获得发明专利27项，占获奖单位的69.2%、实用新型专利16项，占获奖单位的27.6%。农业类项目整体水平也大幅提高，半数以上项目技术水平达到国内领先水平，公共领域创新成果涌现。同时，获进步奖项目中，涉及医疗卫生、生态环境保护、民生工程类的共18项，占全部科技进步奖获奖成果的42.8%，让广大人民群众对科技进步有了更多的认同感。

本次获进步奖项目中，牵头或参与研究攻关的45岁以下中青年科技人员329人，占67.8%；46～55岁的133人，占27.4%；其他的23人，占4.8%。获奖科技人员主要集中在45岁以下年龄阶段，中青年人才成为科技创新的重要力量。一批从事基础研究、技术发明与创新、成果转化与产业化的中青年创新型科技人才已经在引领创新时代的潮流。

【知识产权工作】　2016年，湛江市知识产权工作积极贯彻实施国家、省知识产权战略纲要，发挥海洋资源优势，采取各种有效措施，有力推进全市知识产权促进创新驱动发展。截至2016年年底，湛江市共创建国家知识产权优势企业2家，国家企事业知识产权试点单位1家，广东省知识产权试点事业单位2家，广东省知识产权试点区域4个，广东省知识产权示范企业2家，广东省知识产权优势企业7家，广东省行业协会知识产权保护试点单位1家，广东省中小学知识产权教育示范学校1家，广东省中小学知识产权教育试点学校9家，广东省知识产权培训基地1家。强化知识产权宣传教育。开展多层面的知识产权培训活动，企业负责人、科研人员、管理人员、老师学生等2 000多人接受了培训。湛江市专利行政执法力度不断增强，本年以来由市科技局直接立案、查处侵权假冒案件18宗，办结17宗，正在处理1宗。

在加大知识产权能力建设、工作经费和专利资助等工作经费投入的同时，这两年在市财政资金竞争性分配中单列了创建“国家知识产权试点城市”计划专项，每年投入300万元以上资金，重点推动优秀专利技术转化和产业化示范项目；实施了一系列市级知识产权计划。培育认定了市级知识产权培训基地3家、示范企业4家，区域试点5个，示范学校1家；实施专利技术转化示范项目36项。

2016年为贯彻落实国家海洋发展战略和省委、省政府对湛江“全国海洋经济示范市”的新定位。5月12日，湛江市召开了海洋科技产业示范区战略研究会，完成了海洋科技产业示范区的顶层设计并动工建设海洋产业孵化中心。将在示范区内围绕海洋生物、海洋材料、海洋医药、海洋装备等相关产业建设个性化数据库和有效使用商业化数据库，为企业服务。

专利产出　2016年湛江市专利申请受理量6 726件，同比增长107.91%，增长率居全省第一。授权量2 564件，同比增长3.14%。2012年以来湛江市共评选出湛江市科学技术奖获奖项目264项，专利奖获奖项目67项；获得中国专利奖1项、广东省专利奖5项（其中专利金奖2项），国家专利奖、省专利金奖均实现零的突破。

知识产权管理　2016年制定了《湛江市高新技术企业培育扶持办法（试行）》《湛江市科技局关于湛江市众创空间扶持办法（试行）》《湛江市科技企业孵化器产权转让管理办法（试行）》《湛江市科技创新券后补助实施办法》等4个配套文件。此外为激励技术人员的研发积极性，对获得国家专利金奖和专利优秀奖的项目，对科研人员分别给予奖励50万元和30万元；对获得省专利金奖和专利优秀奖的项目，分别给予奖励20万元和10万元。为鼓励企业建立现代知识产权管理制度，积极开展“贯标”工作，对积极开展企业培育的服务机构给予资金扶持，对获得认证的企业奖励8万元；对获得国家级和省级知识产权示范企业，分别给予奖励20万元和10万元。

知识产权宣传、培训与交流活动　6月21日，在湛江市知识产权培训基地——岭南师范学院未来空间站，举办了湛江市高校院所和中职技校知识产权创新驱动对接座谈会暨中小微企业知识产权信息推送会。会议由市委组织部、市人力资源和社会保障局、市知识产权局联合主办。

7月28日，湛江市专利保护协会成立暨第一次会员大会在市科技局二号会议室召开。市知识产权综合保护监管分体系成员单位、各县（市、区）知识产权管理部门有关领导及成员单位代表、新闻媒体代表等100余人参加了会议。

12月16日，湛江市企业知识产权培训班在湛江市0759科技文化孵化基地举办。湛江市、县（市、区）两级知识产权管理部门领导，湛江市高校、企业、机构代表共130余人参加培训。

市科技局联合宣传、工商、版权、公安、质监、海关等部门，利用“3·15”保护消费者权益日、“4·26”世界知识产权日、“5·15”全国打击和防范经济犯罪宣传日、“12·4”全国法制宣传日，开展形式多样的户外宣传活动。4月26日，湛江市知识产权局牵头组织湛江市中级人民法院、湛江市公安局、湛江市文广新局（版权局）等11家单位，在湛江市霞山区商贸中心附近和赤坎区行政服务中心门前开展了联合宣传执法活动。“4·26”知识产权宣周期间，在霞山、赤坎、廉江、吴川以及岭南师范学院密集开展了知识产权培训活动，同时在省内率先开展了知识产权进军营和培训活动；开展形式多样的媒体宣传活动。在《湛江日报》《湛江晚报》、湛江人民广播电台、湛江电视台及《图读湛江》、市知识产权局官方微博等媒介，专题报道有关知识产权知识、专利资助、知识产权政策、知识产权相关活动；开展多层面的知识产权培训活动。组织并指导了部分县（市、区）知识产权局、广东海洋大学和岭南师范学院开展培训，共培训企业负责人、科研人员、管理人员、老师学生等2 000多人。此外开展了企业知识产权“贯标”内审员培训、中小微企业专利信息推送会、企业对接座谈会、专利质押融资和专利保险培训班等专题活动，印发知识产权法律法规宣传。翻印《中华人民共和国专利法》《广东省专利条例》上万册，在社会上广泛发放。

2016年，湛江市知识产权局与高校继续举办大学生外观设计大赛。与岭南师范学院举办大学生“新梦想”创意生活用品设计专利大赛，收到参赛作品244件，其中发明创造设计类作品15件。获表彰作品229件，其中金奖7件、银奖13件、铜奖23件，优秀奖186件，奖励优秀指导教师5人。与广东海洋大学举办“梦·生活——2016年创意观设计大赛”，收到参赛作品221件，其中评出一等奖5件、二等奖10件、三等奖15件、优秀奖15件。与广东省农工商学校举办2016年度外观创意设计大赛，收到参赛作品153件。评出优秀作品18件，其中一等奖3件、二等奖5件、三等奖10件，优秀指导教师7人，拟推荐100件作品申报国家外观设计专利。

知识产权保护　加强海博会执法，扩大知识产权保护宣传，2016年，市科技局派员全程参与中国海洋经济博览会，知识产权服务站点进驻海博会并且设立了知识产权保护办公室，在海博会期间，加大对知识产权保护政策法规的宣传力度，在现场向公众摆放宣传板、发放知识产权宣传资料等方式进行宣传，普及基本知识，形成尊重知识产权和保护知识产权的良好氛围；设置了知识产权投诉站，并在宣传引导册、地图等资料上做明显标识，对参展商发送了专利风险提示；执法人员全程驻会，并且市级和区级知识产权执法人员联动，共同巡查，维护展会秩序，期间未收到专利侵权投诉，也没有发现假冒专利行为，并且协助海博会组委会处理了1宗知识产权纠纷。本次驻会知识产权保护工作达到了提升服务意识，锻炼队伍的目的，树立了湛江市知识产权保护的良好形象。

【科普工作】　2016年，湛江市科协围绕科技进步活动月、全国科普日、科技文化卫生“三下乡”、食品安全周等活动，联合各县（市、区）科协、各市级学会（协会、研究会）等，开展各种主题科普活动达80多场次，参与人员和受益群众达40多万人次。联合廉江、遂溪、吴川、坡头等地的科协开展“急救培训及健康保健校园行”、花卉苗木种植与病虫害防治和节能减排知识培训班、校地合作研究开发橘红新产品、养生健康和心脏复苏培训乡镇巡回行等活动；联合海大、岭师的大学生开展暑期“三下乡”社会实践活动暨“科普惠农益民”行动；联合市国土资源局、湖光岩管理局、市茶叶协会举行纪念第47个“世界地球日”“三下乡”暨饮茶日和茶科普大讲堂等科普活动。

结合湛江市创文工作，积极推进赤坎九二一社区和霞山汉口社区等的科普社区建设，本年新建1个“全国科普示范社区”，获得国家奖补资金20万元。至2016年年底，湛江市已有3个“全国科普示范社区”，成功培育了2个省级科普示范社区。4月份挂牌成立了市科普中心，先后承办了一系列青少年科普教育活动，并承接市科协交办的机关科普档案整理项目、市科学素质纲要办、科技扶贫等工作。

湛江科技报社改制出路初见成效，按照将传统媒体与产业融合发展的思路，促成湛江科技报社与公司、学会合作，办了两份周刊：将科技报+健康养生知识普及+老年产品电商有机结合，与广州熟年公司合作开办了《湛江科技报·新老年周刊》，发行量已达8万份/周/期；将科技报+海洋产业+建设国家海洋示范市，与市海洋与渔业局、市水产学会合作开办了《湛江科技报·海洋与渔业周刊》，发行量已达1万份/周/期。至2016年年底，湛江市科协业务上指导9个县（市、区）科协，8个企业科协、58个市级学会和21个市级科普教育基地。

“十三五”湛江市全民科学素质纲要的实施　2016年，市科协牵头编制湛江市“十三五”全民科学素质纲要实施方案，经市政府批准，市政府办公室印发了《湛江市全民科学素质行动计划纲要实施方案（2016—2020年）》，明确“十三五”湛江市公民科学素质建设工作目标、重点任务及市直18个部门的工作分工和保障措施，提出到2020年湛江市公民科学素质要达10.5%以上的目标。10月17日，召开全民科学素质工作会议，总结了“十二五”湛江市实施全民科学素质工作情况，对“十三五”全民科学素质作了全面部署。市领导欧先伟代表市政府在会上对全市实施全民科学素质工作提出了要求，各县（市、区）、各成员单位领导参加了会议。

科普基础设施及信息化建设　2016年，市科普基础设施及信息化建设工作成绩显著，扶持廉江市科协向中国科协申请配置一辆科普大篷车；支持遂溪县科协在县气象局建设气象科普教育基地，实施好中小学生气象科普知识轮训计划；支持廉江茗上茗茶业有限公司增加制作一批科普宣传设施及展板，以完善科普教育基地设施配套建设，更好地提供科普教育服务；支持赤坎区科协抓好市森科组培公司的科普教育基地建设。大力推动“互联网+科普”行动，积极推广科普中国微信公众号，推进科普中国社区e站、乡村e站、校园e站示范建设。充分发挥市科协网站作用，开通了湛江市科普中心微信公众号。

青少年科普教育　2016年，市科协组织参加全省和全国青少年各类科技竞赛达3 000人次，在青少年科技创新大赛、机器人大赛、模拟飞行大赛、科普剧大赛等科技竞赛中，获全国一等奖1项、二等奖4项、三等奖10项；获省一等奖6项、二等奖23项、三等奖63项；市科协与省计算机学会联合邀请了教育部长江学者特聘教授、国家自然科学杰出青年基金主持人张军等10位教授、学者举办“风起云涌的新时代信息技术”中学系列科普报告活动，为湛江一中、市二中、岭南师范学院附中、市爱周高级中学等10所学校约4 000名中学生带来了10场科普专题报告。8月，市科协首次组织50名师生举办为期4天的航天航空知识普及科学营，提高了湛江市中小学老师和学生科学素质和实践能力；10月19—21日，市科协邀请“中国科学院老科学家科普演讲团”8位老科学家，为湛江市40所中小学校师生举办了40场科普报告会，受众约30 000人；在2016年全国科普日，市科协联合市教育局到各中小学学校开展流动科技展馆进校园、现场书画大赛、航模表演、3D打印等活动；邀请省科学馆的“科普大篷车”进10所中小学学校，开展航模、车模表演、科技书画、科技制作等科普活动，本年度被评为全省青少年科技教育工作优秀组织单位、广东省科普剧大赛优秀组织单位。

科普惠农　2016年，为实施“科普惠农兴村计划”，市科协配合市经信局、市科技局、市妇联、团市委开展电子商务下基层活动，对农村群众进行电子商务建站、经营、网络营销等电子商务培训，着力培养有文化、懂技术、会经营的新型农民；与广东海洋大学、南亚热带作物研究所等高校科研院所合作，引进和推广适合湛江市种植的粮食、蔬菜、水果等作物良种；至2016年年底，湛江市有3个项目获国家“基层科普行动计划”项目先进单位和个人；2个项目获得省“科普惠农兴村计划”项目先进单位和先进个人，争取到国家和省的奖补资金共75万元。市科协评出8个项目获市“科普惠农兴村计划”项目先进单位和先进个人，发放奖补资金32万元。

【科协与学会建设】

“千会万企金桥工程”实施　2016年，按省科协《关于学会建立科技服务站工作的意见》和市科协《学会科技服务站暂行管理办法》要求，湛江市深入实施“千会万企金桥工程”，至年底，共建市级科技服务站14个，省级科技服务站4个，院士专家工作站2个。

学会组织能力建设　在2016年学会工作会议上，对在2015年度学会工作中做出显著成绩的湛江市医学会等18个学会授予“学会工作先进集体”称号和对叶富良等19名同志授予“学会先进工作者”称号；积极推荐科技工作者参加市人大、市政协的旁听工作；做好全国先进科技工作者候选人、丁颖奖候选人、南粤科技创新奖候选人的推荐评选工作。

学会学术能力建设　2016年，组织搭建学术交流平台，实施“市级学会重点活动项目资助计划”，对2016年中国海洋经济博览会南海现代渔业发展论坛等14个重点学术活动项目，择优给予经费支持并跟踪进行绩效管理；坚持每季度召开所属学会（协会、研究会）理事长、秘书长联席会议。围绕专题交流新形势下学会工作经验，探讨学会创新发展的新思路、新办法和新途径，定期进行交流研讨。

学会服务能力建设　2016年，开展所属学会等级评估和承接政府职能转移工作，扶持和鼓励学会以会员能力提升、学科发展、经济社会发展为重心，依法办会、规范行为，加强党建工作，正确反映会员诉求，充分发挥积极作用，促进学会健康有序发展。目前，已有市船东协会等多家学会通过市民政部门的等级认证；为更好指导学会承接政府转移的科技奖励、成果评价、人才评价、专业技术资格认证、科技咨询等社会化服务职能，进一步拓展学会发展领域和空间，着力提升学会服务社会和政府的能力，市科协委托广东海洋大学组织专家开展了学会承接政府职能调研，经过一年多的调研，现已结题并提交了报告。同时，在市科协的协助下，市测绘学会、市气象学会正积极推进承接政府职能转移工作。

积极探索学会融合发展，在市科协指导下，市水产学会、市对虾种苗协会、市水生生物保健品行业协会成立学会创新联盟，积极协助市水产学会承办好中国海洋经济博览会南海现代渔业发展论坛等有关工作，邀请了麦康森院士等15名国内外知名专家作精彩演讲，全国主要沿海地方政府、科研院所、协会、企业、水产行业服务机构等300多名高管和技术人员参加论坛。

科技培训　2016年，为发挥学术交流助力企业创新，市科协与广东省知识产权文化研究院进行合作，围绕湛江市的家电行业转型升级、花卉产业创新发展、湛江农垦创新发展、中小企业创新、湛江糖业拉长产业链、大学生“三创”培训等内容，深入企业、高校举办6场“三创”培训专场。邀请了广东省知识产权文化研究院院长、教授唐善新，国家工信部品牌培育专家、中国品牌战略发展研究中心主任陈明和农业专家、广州市微量元素研究所副所长、健康管理师李喜贵来湛培训。2月，为加强对市政府承诺工作执行情况、实施效果和社会影响的跟踪评估，提高决策科学水平，提升政府治理能力，受市政府办公室委托，组织岭南师范学院、广东海洋大学专家对2015年度市政府11项承诺工作开展第三方评估，取得良好社会效果。

科技工作者状况调查及建言献策　2016年，为了解湛江市科技工作者工作生活情况，市科协委托广东海洋大学开展湛江市科技工作者状况调查研究。该项目已获得专家通过，并印发给900多名市人大代表和市政协委员作参政议政的参考资料。同时，为湛江市经济建设建言献策，市科协共征集到广东海洋大学《实施“海智计划”，推进“南方海谷”建设》和《湛江市学会承接政府转移职能调查报告》、市材料学会《湛江钢铁上下游产业发展对策研究》、市茶叶协会《湛江市茶业发展现状及可持续发展研究报告》、湛江农垦局《湛江地区农业循环经济发展调研报告》等7个优秀咨询课题和10项优秀建议，并分别给予了一定经费资助。

海智计划　2016年，市科协出台了《中国科协海智计划广东（湛江）工作基地工作站管理办法》，资助湛江科技企业孵化器、湛江经济技术开发区科技企业孵化器、湛江奋勇高新区科技企业孵化器等建立实施“海智计划”工作站；参加省科协组织赴日本、韩国开展国际科技交流合作；联同湛江市旅游投资集团有限公司举办首届《海峡两岸农业旅游论坛（湛江）暨台湾休闲农庄运营分享会》，邀请台湾4位农业旅游及休闲运营专家主讲休闲农业发展模式、创意理念和运营经验；发挥湛港科技工作者联谊会的作用，12月16—18日，邀请香港科学工作者协会、香港工商联、香港医学教育工作者、香港印尼华侨、香港大学等行业的52位香港科学工作者赴湛江访问交流；利用好“海智计划”广东（湛江）工作基地网络平台，继续收集湛江各行各业对海外科技人才、科技项目和技术的需求，充实“海智计划”广东（湛江）工作基地科技项目和人才、技术需求数据库。

第十四届广东省科协学术活动周开幕式、广东智能制造2025高端论坛暨第74期广东科协论坛　11月14日，由广东省科学技术协会、中国工程院环境与轻纺工程学部主办，湛江市科学技术协会、广东省机械工程学会、华南理工大学聚合物新型成型装备国家工程研究中心承办，广东省科普中心、广东科技报社、华南智能机器人创新研究院协办的第十四届广东省科协学术活动周开幕式、广东智能制造2025高端论坛暨第74期广东科协论坛在湛江海滨宾馆会议中心举行，中国工程院院士、广东省科协副主席、广东省机械工程学会理事长、华南理工大学聚合物新型成型装备国家工程研究中心主任瞿金平教授主持开幕式，广东省科协党组书记、常务副主席何真，湛江市委常委、宣传部部长陈云分别致辞，中国工程院院士、浙江大学谭建荣教授，加拿大工程院院士、汕头大学执行校长顾佩华教授，香港科技大学高福荣教授出席了会议，省直有关部门负责人、市直有关单位领导、省市级学会干部和科技人员、高校师生等500多人参加了会议。本届学术活动周主题为：创新发展，科技引领。研讨会主要围绕广东省经济社会发展及创新发展中的智能制造、特别是高端制造的重点、难点和迫切需要解决的重大问题的战略、方法和手段开展跨学科、跨行业的学术研讨，旨在通过不同学科的交叉与交流启迪思想，构建共识，推动相关领域与行业的创新发展。

【防震减灾】

地震应急能力建设　2016年，湛江市在广东省地震局的指导、协助下，启动地震应急指挥中心升级改造工作，对部分老旧设施设备进行了更换，并完成了软件更新、远程视频终端等设备的升级改造工作；强化县（市、区）地震部门应急指挥能力，为进一步加强与县（市、区）地震部门的联调协作机制，5月12日，湛江市首个县（市、区）级行政区域地震预警与应急指挥系统在赤坎区揭幕。该系统在县（市、区）地震部门的投入使用，有效推进了当地政府在震害预测、应急对策等各方面能力的提高，取得了很好的应急指挥效能；建立地震应急信息发布平台，该局与移动、电信等移动终端合作，在地震发生后第一时间向市民发布应急处置信息。扩建地震应急避难场所，把城市应急避难场所建设纳入城市建设和突发性公共事件应急体系建设规划，截至2016年年底，湛江市已在霞山霞湖公园、赤坎北桥公园等6处建设了地震应急避难场所；定期组织应急疏散演练，本年指导了湛江市第十中学、湛江市第十九小学、湛江市二十二中学、廉江实验中学、金城社区、录溪社区等学校、社区开展地震应急疏散演练。

地震监测和震情跟踪　2016年，湛江地震监测台站由原来5个增加到8个，加上共享周边地区7个监测台站数据，会市可用于分析处理的测震台站达15个，可有效监测该市境内1.0级以上地震，并实现5分钟快速测定地震三要素的目标。此外，湛江还完成了90个一般台站的宏观勘选任务和16个基本台、基准台站的建站用地意向书签订工作，并绘制全市预警与烈度基准台、基本台和一般台共106个勘选台址分布图，确保台站用地计划的顺利实施；持续推进前兆和深井台站建设，积极做好3个地震骨干测报点和20多个地震宏观测报点前兆资料收集和上报工作，确保前兆观测数据连续可靠，并依靠地震预测预报新技术，为湛江市开展震情跟踪和判定提供了新的依据。专群结合的地震监测体系已初具规模。完成了雷州唐家阶梯地温、罗屋水温水位前兆数字观测站设备安装和调试，完成了徐闻西连2 800m深井地磁前兆观测前期勘察工作；强化地震监测站维护维修，湛江市数字遥测地震台网中心技术人员开展地震监测台站常态化的检查维护保养工作，确保仪器设备的稳定、连续、高效运行。

优化群测群防工作体系，突出建设“三网一员”建设，夯实防震减灾基础。一是不断加大群测群防体系建设，已建起3个地震骨干测报点和18个地震宏观测报点，群测点遍布全市五县四区，并在每个观测点确定1名责任心强的观测员，开展地震宏观异常的观测记录及上报工作；二是加强对全市群测点工作人员的业务培训；三是健全防震减灾助理员工作制度，覆盖全行政区域乡镇、街道办基层组织，定期更新助理员名单。四是高度重视群测群防联络员及群众对宏观异常情况的报告。推进震情会商及粤西片区、粤桂琼区域联防，一是成功筹办粤桂琼交界地区第二十三届防震减灾联席会议；二是坚持季度、年中、年度震情会商制度，定期汇总分析测震和地震前兆观测资料，做好地震短临跟踪工作；三是积极参加粤西地区、粤桂交接地区地震趋势会商会及广东省地震趋势会商会，共同探讨和交换震情趋势资料，并就震情趋势作出综合研判，为2017年地震应急工作提供了重要的指导价值。

防震减灾科普宣传　2016年，市地震局着力做好地震知识科普宣传工作，与市邮政局联合在全市中小学校开展防震减灾科普知识竞赛活动，参与人数高达2万人；此外还与“平安中国组委会”联合，在廉江、雷州、霞山等县区播放十场防震减灾科普电影。是年，湛江市已建设完成湖光岩地震馆、东坡岭地震科普馆、湛江市第五中学防震减灾示范学校3个省级防震减灾科普教育基地。该局积极协助湖光岩地震馆进行升级改造，计划将湖光岩地震馆打造成国家级防震减灾科普教育基地。启动“关心下一代防震减灾教育基地”筹建工作，向青少年宣传防震减灾知识；创建地震科普公众服务平台，为一步拓宽地震科普宣传渠道，启动微信服务平台建设工作。微信服务平台建设完成后，将能够实现地震信息速报、宏观异常情况报告、在线科普知识宣传、灾情收集等多项功能。

震害防御基础建设　2016年，对全市主城区建筑物开展地毯式抗震性能普查，全面掌握市主城区建筑物及重点次生灾害源抗震性能和安全状况，建立了湛江市建筑物抗震性能基础资料数据库；扎实推进地震灾害风险点、危险源排查整治工作，为切实做好城市地震风险点、危险源排查整治专项工作，召开专题会议，研究制定了专项整治工作方案。结合湛江市防震减灾工作实际情况，确定了地震灾害风险点、危险源排查范围，并制定地震灾害风险点、危险源判别标准和排查整治活动的具体方法步骤。本年，完成了金沙湾社区、海宁社区、金城社区三个国家地震安全示范社区，桥兴社区、海昌社区、录溪社区等6个广东省地震安全示范社区的创建工作；完成17条示范村建设工作；完成了湛江市第十中学等五所学校的防震减灾示范学校的创建工作。至2016年年底，湛江市已建成市级防震减灾科普示范学校22所。

（湛江市科学技术局　莫　怡）

茂名市

【科技政策法规】 2016年6月13日，茂名市科技局出台了《茂名市科技企业孵化器认定和管理办法（试行）》，引导茂名市科技企业孵化器健康发展。8月17日，茂名市科学技术局出台了《关于支持新型研发机构发展的试行办法》，支持新型研发平台发展。2016年12月23日，茂名市人民政府出台了《茂名市人民政府关于加快科技创新的若干政策意见》，该政策提出了实施高新技术企业培育计划、开展创新券补助政策、加快推进研发机构建设、培育发展科技企业孵化器和众创空间等一系列支持企业创新发展的意见。

【科技计划项目】 2016年度，茂名市共受理市级科技计划社会发展类项目408项，完成了市科技计划项目立项工作，三批共立项300项。

【技术创新工程】 2016年，茂名市有9家企业获批创建省级工程技术研究中心，分别是广东省FFS重包装工程技术研究中心、广东省石化高分子材料工程技术研究中心、广东省环氧衍生物与工艺工程技术研究中心、广东省新型饲料开发工程技术研究中心、广东省林业微生物杀虫剂工程技术研究中心、广东省健康食品工程技术研究中心、广东省岭南水果提取天然香精香料工程技术研究中心、广东省石油化工腐蚀与安全工程技术研究中心、广东省南药化橘红种植与加工工程技术研究中心。2016年，茂名市新增24家市级工程技术研究中心。

【孵化育成体系】 2016年，茂名高新区科技企业孵化器被认定为国家级孵化器培育单位；五谷创业村、中团众创空间和信宜青年电子商务创业中心3个众创空间被认定为国家级众创空间；茂名高新区孵化器、中团茂南电子商务园、六韬科技孵化器、高州市创业孵化基地等4个孵化器和五谷创业村、中团众创空间、信宜青年电子商务创业中心、茂名高新区园梦创客、国信创谷众创咖啡等5个众创空间列入省级登记；茂名高新区孵化器、中团茂南电子商务园、六韬科技孵化器等3家被认定为市级孵化器。

【产学研结合】 2016年，茂名市与高校、科研院所进行良好的沟通互动，与四川大学、中国石油大学（北京）、广东工业大学等13家签约高校、科研院所保持沟通联系。

科技特派员　2016年，茂名市科技特派员工作形成常规化，全市共接纳科技特派员15名，分别来华南农业大学、广东工业大学、广东海洋大学、广东石油化工学院等高校科研院，分别进驻茂名市伟业罗非鱼良种场、茂名众和国颂精细化工有限公司、电白冠利达科技生物养殖有限公司等近10家企业。科技特派员参与企业的技术研发工作，提高了企业自主创新能力，培育了企业技术人才。

产学研重大专项　2016年，茂名市实施的“茂名石化产业链延伸关键技术研发及产业化”和“茂名罗非鱼产业链提升关键技术研发及产业化”进展顺利，项目的主要任务基本完成，很多项目成果达到国内领先水平。

产学研创新平台和基地建设　2016年，茂名市认定市级产学研结合示范基地 1 家，中山大学干细胞与组织工程研究中心产学研基地；新认定创新平台3家，分别是干细胞与组织工程国家重点实验室产学研基地、精细化工国家重点实验室茂名工程中心、深部岩土力学与地下工程国家重点实验室茂名创新中心。

产学研创新联盟　以茂名市茂南三高渔业发展有限公司牵头的罗非鱼产学研技术创新联盟于

2012年获得省科技厅批准组建，联盟主要发起单位有中山大学、中国水产科学院淡水渔业研究中心等5家高校、科研院所和茂名市茂南三高渔业发展有限公司、广东罗非鱼良种场等6家企业，高校、科研院所有20多名专家参加，建设了博士后工作站和多个创新平台，广泛开展罗非鱼产业链关键技术的研发及产业化，促进了罗非鱼产业发展和升级。

扬帆计划　2016年，茂名市金阳热带海珍养殖有限公司引进“茂名特色海洋经济鱼类开发创新团队”，列入省“扬帆计划”，获得300万元经费支持。该团队的主要是围绕茂名市特色海洋经济鱼类良种培育和产业可持续健康发展所要解决的“良种、苗种和水产科技人才”三大问题，重点开展马鲅优良种质创制、良种种苗规模化高效扩繁繁殖关键技术研究以及疾病调查及诊断防治技术研究，创建分子育种关键技术体系，培育出优质、抗逆新品种（系），并示范推广，同时建立水产科技人才培养体系，培养一批海水养殖科技人才，推动茂名市海水增养殖及科技人才水平的升级。本项目着眼于解决粤西欠发达地区海水养殖产业发展中亟待解决的重大科学问题，研究成果的应用前景十分广阔。

【科技金融】　2016年，茂名市科技局与中国银行茂名分行签订了科技金融战略合作协议。茂名市中国银行通过“科技通宝”和“集采通宝”共对9家科技企业贷款，贷款额达5 818万元。建立了广东省科技金融综合服务中心茂名分中心。有1家企业获得了中国银行茂名市分行350万元的知识产权质押融资贷款。

【科技成果及奖励】　2016年，组织申报2016年度广东省科学技术奖励24项，获省科技厅受理19项，获省科技奖8项，其中二等奖1项、三等奖7项。

2016年，茂名市评出市级科学技术奖项目46项，其中一等奖8项、二等奖9项、三等奖29项，一等奖的项目大部分都达到了国际先进水平。如广东石油化工学院、茂名臻能热电有限公司和东方电气集团东方锅炉股份有限公司共同完成的一等奖项目——热电厂多功能一体化烟气净化工艺关键技术与优化集成及应用。该项目针对目前热电厂燃煤锅炉的现状、燃煤的特性以及生产减排需求，将国内外先进脱硫、脱硝与除尘等净化技术有机地融合在一起并加以创新优化，开发了多功能一体化烟气净化集成工艺。该项目获授权发明专利1件，已获授权实用新型专利4件，发表论文4篇，成果整体上达到国际先进水平，其中3项技术具有国际创新性。

【高新技术产业】　2016年，茂名市新认定高新技术企业48家（含重新认定5家），总量达到70家，实现翻番目标，超额完成省下达的45家上限目标任务，与2015年的28家相比增长150%，增长率继续居全省前列。

高新技术产品情况　2016年，茂名市组织开展了广东省高新技术产品认定的申报工作。全年共组织申报广东省高新技术产品50个，获认定47个，申报和获认定数量是历年来最多的一年。

茂名高新区　至2016年年底，茂名市高新区累计引进项目141个，总投资186.05亿元，其中建成项目74个，总投资78.71亿元，在建项目62个，总投资97.08亿元，落地项目5个，总投资7.26亿元。列入省年度重点项目的项目5个，年度投资计划10亿元，完成10.97亿元，完成年度投资计划的100.97%。列入市重点项目的项目13个，年度投资计划16.7亿元，完成16.72亿元，完成年度投资计划的100.12%。其中，南海精细化工20万t/a环氧乙烷项目于3月动工建设，建成后将为高新区建成华南地区最大的环氧乙烷后加工基地奠定基础。粤桥矿业钛毛矿处理及配套深加工项目已开工建设，建成后将具备年处理30万t钛毛矿生产能力，是粤西地区最大的钛锆矿选矿加工项目。

【农业科技】　2016年，茂名市组织申报2016年省农业科技项目43项，科技部地方科技创新项目2项。有7个项目得到省科技厅立项，下达资金850万元。

2016年，茂名市与华南农业大学、广东省农科院、广东海洋大学等高校和科研院所积极开展项目合作，其中华南农业大学5项、广东省农科院4项、广东省海洋大学4项。

2016年，罗非鱼工厂化制种中心、罗非鱼生物工程育繁种中心、对虾及名贵鱼种苗现代化繁育中心、水产品深加工出口科技示范基地、水产品下脚料综合利用示范基地、对虾生态养殖及工厂化养殖示范基地和3个设施蔬菜种植示范基地等项目的建设基本完成。

2016年，茂名市科技局组织开展农村实用技术培训班7期，受训农民1 000多人次，农村科技特派员科技下乡咨询服务102人。

【专业镇及特色产业基地】 截至2016年年底，茂名市有茂南区山阁镇（高岭土）、公馆镇（罗非鱼）、新坡镇（石油化工）等省级技术创新专业镇16个，茂南区新坡镇（石油化工）、电白区羊角镇（石化产品后加工）、七迳镇（乙烯产品后加工）等市级技术创新专业镇11个。茂名市大力支持专业镇因地制宜发展特色主导产业，形成了以石化产品及后加工、矿产资源开发加工和农业种植、养殖及加工为主的专业镇群，通过组织实施一大批重大科技创新项目，取得一批产业关键技术突破，提高了自主创新水平，促进了产业优化升级。

【知识产权工作】 2016年，全市专利申请5 240件，同比增长48.11%，其中发明专利申请1 132件，增长74.15%；专利授权1 593件，其中发明专利授权142件，增长10.94%。

2016年，茂名市开展了第6届茂名市专利奖的评审工作，评出专利奖金奖项目1项、优秀奖项目16项、优秀发明人10人。

2016年，茂名市专利技术实施计划项目经公开组织申报及专家评审，有6个项目获得立项，每项支持6万元。

2016年，茂名市知识产权局与中国银行等金融机构对接，商讨共同推进茂名市知识产权质押融资工作。茂名云龙工业发展有限公司获得中国银行茂名市分行350万元的专利质押融资贷款。

10月18日，由广东省知识产权局主办，茂名市知识产权局和广东专利代理协会承办的企业知识产权管理体系内审员培训班暨百所千企知识产权服务对接活动在茂名举行。茂名市知识产权优势示范企业、高新技术企业、高企培育企业等70多家企业100多位代表及茂名市所辖区、县级市知识产权行政管理人员参加了这次活动。

2016年，茂名市依法查处各类知识产权案件，加大对知识产权案件打击力度，立案查处假冒专利案件8，专利侵权纠纷案件2件。

【科普工作】 2016年，全市800多名农村科技特派员主动深入企业和农村调研，有针对性经常组织乡镇科技集市活动和科技培训活动。全市举办各类咨询服务5次，开展技术培训班12期，受训农民1 000多人次。同时农村科技特派员有一部分深入企业和农村开展技术指导和田间课堂，推动一批农村实用技术的推广和进一步提高农民的科技种养水平。

2016年，罗非鱼工厂化制种中心、罗非鱼生物工程育繁种中心、对虾及名贵鱼种苗现代化繁育中心、水产品深加工出口科技示范基地、水产品下脚料综合利用示范基地、对虾生态养殖及工厂化养殖示范基地和3个设施蔬菜种植示范基地等项目的建设基本完成。

2016年，茂名市科技局组织开展农村实用技术培训班7期，受训农民1 000多人次，农村科技特派员科技下乡咨询服务102人。

【防震减灾】 2016年，茂名市地震监测台网全年正常运行，确保了地震观测数据传输记录的连续性、可靠性和准确性。继续开展地震安全农居示范工程建设，茂南区的西粤社区被省局评定为省地震安全示范社区。

5月12日，茂名市地震局联合信宜市科工商务局、信宜地震台、信宜市地震办等单位在信宜市淘金湾广场联合举办大型宣传活动。

（茂名市科学技术局　文　妙）

肇庆市

【科技政策环境】 5月，肇庆市出台了《肇庆市高新技术企业培育发展实施方案（2016—2020年）》，形成高企培育和发展工作常态化的财政投入机制，对首次通过认定、复审（或重新认定）的高企和省高新技术产品给予后补助资金支持；8月，出台了《肇庆市企业研究开发财政补助资金管理办法（试行）》，引导企业建立研发准备金制度，指导及督促企业建立研发费台账，每年设立研发后补助专项资金，补助企业研发支出；10月，出台《肇庆市科技孵化育成载体扶持试行办法》，设立孵化器扶持专项资金，扶持科技企业孵化器；12月，出台《肇庆市科技孵化育成载体认定和管理办法》，完善科技企业孵化器管理，推进科技企业孵化器建设。

【产学研结合】 2016年，肇庆市继续与清华大学、同济大学、广东省科学院、华南师范大学、华南理工大学、广东工业大学等加强合作，组织多家企业到电子科大、省科学院、武汉大学、中南大学开展产学研对接交流。2月1日，肇庆市人民政府与华南师范大学在肇庆高新区签订《肇庆市人民政府、华南师范大学共建“华南师范大学（肇庆）国际光电产业研究院”合作协议》，共同建设华南师范大学（肇庆）国际光电产业研究院。广东鼎湖山泉有限公司和中国工程院院士、广东省微生物所研究员吴清平签订首家全国包装饮用水行业院士工作站协议；广东亚太新材料科技有限公司和中国工程院院士陈蕴博签订广东省复合材料汽车零部件先进制造技术院士工作站协议；电子科技大学与端州区、广东风华高新科技股份有限公司就共建智慧城市、人才培养平台、双创孵化器建设等方面进行合作，共建协同创新平台。完善产学研用协同创新机制，依托市节能和循环协会共建产学研合作交流系统，搭建产学研用对接的网络数字化平台；推动肇庆学院与省科学院合作，共建环保产业大数据研究院等平台，支撑重点学科建设；广东理工学院与广工南海数控装备协同创新研究院联合共建肇庆（高要）智能制造研究院；广东工商职业学院与长春理工大学联合共建华南光电技术公共实验室。

组织了2家企业单位申报广东省技术创新技术联盟，广东德诚网络科技有限公司联合广东工业大学、广东理工学院等10多家高校院所共建的“广东省互联网+教育大数据产业技术创新联盟”；广东星湖生物科技股份有限公司联合华南理工大学、华南农业大学、南京工业大学、广东省微生物研究所等8家高校院所共建的“广东省微生物制造健康产业技术创新联盟”，均获得省科技厅认定。

【技术创新工程】 截至2016年年底，全市共有各级工程技术研究中心138家，其中省级75家、市级58家；全市拥有国家创新型企业1家，省创新型企业8家，省创新型企业试点6家。

【科技计划项目】 2016年，肇庆市设立创新驱动发展引导专项经费，设立高新技术企业认定、农业科技成果转化资金项目、节能环保研发与应用等12个专题，共资助科技项目181个，涉及金额983.5万元。全市获省级以上科技项目200个，获年度省科技专项扶持资金1.3亿元。

【科技成果与奖励及技术市场】 2016年，肇庆市有61项科研成果通过省、市科技成果鉴定，其中省级成果鉴定3项；办理市级科技成果登记58项、省级科技成果登记3项。全市获2016年度广东省科学技术奖三等奖2项。经各级科技行政部门登记技术合同登记9项，技术合同成交金额1.1亿元。

【高新技术产业】　2016年，肇庆市有90家企业参加高新技术企业认定和复审，其中54家企业被认定为高新技术企业。截至2016年年底，高新技术企业存量净增49家，总数为188家，比上年增长35.3%。列入省高新技术企业培育计划企业92家，比上年增加17家，获省高企培育专项扶持资金2 235.8万元。全市高新技术产品产值预计完成1 450亿元，增长10.2%，占规模以上工业总产值的34%。全年新认定高新技术产品398项，比上年（179项）增长了122.3%。

2016年，肇庆高新区不断优化创新创业环境，积极抓好研发平台、高新技术企业培训、知识产权等工作。对照国家自主创新示范区先行先试政策和省政府关于加快科技创新12条政策意见，研究制定了《肇庆高新区创新创业三年行动计划（2016—2018）》，出台了《肇庆高新区高新技术企业培育发展试行办法》和《肇庆高新区专利资助试行办法》等政策，极大激发了企业科技创新热情。新增5家省级工程中心、9家市级工程中心；新增高新技术企业17家，有效存量达61家。专利申请896件，其中发明专利307件；专利授权311件，其中发明专利45件。

【科技金融】　2016年，在肇庆高新区实施培育上市企业“科技贷”融资项目，探索建立“政府、银行、证券公司”联合对拟上市高新企业在上市辅导、融资发展上实施全方位服务平台，开展“科技贷”融资项目。

【专业镇】　2016年，全市省级专业镇工业总产值达671亿元，同比增长27%，特色产业产值412亿元，特色经济企业达4 000多家，在肇庆市县域经济发展中发挥了积极作用。截至2016年年底，肇庆市已拥有省级专业镇22个、市级专业镇34个。目前，搭建起较完善的服务平台，建立了特色产业网站34个，创新服务机构100多家；创新能力日益增强，专利申请量达1 274件，专利授权量达793件。

【知识产权工作】

肇庆市国家知识产权试点城市考核　3月22日，省知识产权局考核验收组到肇庆市，对肇庆国家知识产权试点城市建设情况进行考核验收。2012年起，肇庆市及肇庆高新区、高要区、四会市向国家知识产权局申报创建国家知识产权试点城市（园区），全部获批准。经过3年努力，肇庆市知识产权创造、运用、保护和管理能力明显增强，发明专利申请量年均增长29.4%，企业专利技术实施率超过70%，有10家企业被认定为国家、省级或市级知识产权优势（示范）企业，初步实现“宣传有重点、创造有核心、管理有办法、保护有效果、运用有载体、服务有体系”知识产权工作格局。验收组成员认为肇庆完成国家知识产权试点城市建设各项任务，达到建设方案既定目标，宣布通过验收。

专利申请与授权　2016年，肇庆市专利申请量3 579件，同比增长52.69%，其中发明专利931件，实用新型1 848件，外观设计800件。专利授权量1 945件，同比增长12.69%；其中发明专利210件，同比增长27.27%。PCT国际专利申请16件，同比增长23.08%。

专利执法与管理　2016年，肇庆市知识产权局受理涉嫌侵犯专利权的请求处理事项4件，其中2件经审查立案并进行现场勘验，1件案件结案处理。派出执法人员360多人次，查处假冒专利案件2件；查处“双打”（打击侵犯知识产权和制售假冒伪劣商品）案件37件。联合省知识产权局、广州市知识产权局在肇庆开展打击侵犯知识产权和制售假冒伪劣商品违法行为专项行动。

专利奖励　2016年，肇庆市获第十八届中国专利优秀奖2项，分别由广东鸿泰科技股份有限公司和肇庆市桥博设计研究院的两项发明专利获得。

【科普工作】　2016年，肇庆市举办重大科普活动次数达61次、各类科普专题活动120多次、科普讲座500多场次、市科技中心等科技场馆接待观众2万多人次。3—4月，参加了2016年广东省文化科技卫生“三下乡”暨“千会服务千村”活动。4月，参加了第31届广东省青少年科技创新大赛，共获得一等奖3个、二等奖9个、三等奖11个、专项奖4个。5月，开展了“防灾减灾日”系列科普宣传活动。10月，参加了第五届广东省创意机器人大赛，肇庆市中小学生代表队获一等奖

1个、二等奖3个、三等奖4个。11月，参加了第四届广东省青少年科技创新实践能力挑战赛，1支队伍获得一等奖、3支队伍获得二等奖、13支队伍获得三等奖。12月，举办了“第31届肇庆市青少年科技创新大赛”，共获得一等奖3个、二等奖9个、三等奖11个、专项奖4个。

5月14日，肇庆市科技进步活动月启动仪式暨大型科普集市活动在城区牌坊广场举行。活动由中共肇庆市委宣传部、肇庆市科技局、肇庆市科协和高要区政府联合主办，主题是“创新创业，科技惠民”。现场举行大型科普集市活动，市科技局、市科协、市公安局网络警察支队等有关部门和协会在现场开展科普宣传，为群众提供知识咨询服务。

2016年，肇庆市新增1家青少年科技教育基地（肇庆鼎湖山泉省级青少年科技教育基地）。截至2016年年底，全市共有青少年教育基地11家。

【防震减灾】 2016年，肇庆市继续推进“防震减灾示范城市创建”工作，在全省年度考核中，肇庆市地震局被评为地市优秀单位，高要区地震局获评县级先进单位。是年，顺利推进肇庆新区地震小区划工作；认定市级防震减灾科普示范学校21所；新建地震烈度观测站8个。肇庆市地震局和梧州市地震局签订《地震数据共享合作协议》，组建两市地震数据共享、震后趋势判定意见通报机制。积极应对“7·31”广西苍梧5.4级地震及鼎湖区永安镇高兰村连续地震小震群事件。开展“减少灾害风险，建设安全肇庆”防震减灾科普宣导系列活动。组织一次参与人数超15万人的跨部门的地震应急演练，增强应对地震事件的基础能力和实战能力。

【农业及民生科技】 2016年，肇庆市农科所开展“肇庆市区域农业科技示范基地”建设。引进省农科院茶叶研究所、果树研究所等，与广宁县鼎峰生态农业、怀集县下帅乡、封开县生产力促进中心等合作，联合开展当地特色农业科技成果转化项目，加快农业产业转型升级。

【科技人才队伍建设】 2016年，肇庆市出台了《肇庆市引进西江创新创业团队与领军人才实施方案》，加大对创新创业团队与领军人才的引进力度。推荐申报“珠江人才计划”创新创业团队2个，其中，由肇庆市华师大光电产业研究院引进的“光调控低维材料创新科研团队”成功入选“珠江人才计划”引进第六批创新创业团队。

（肇庆市科学技术局　岑欣燕）

清远市

【概况】　2016年，清远市继续完善“1+N”政策体系，在科技创新平台建设取得突破，清远华炬科技企业孵化器被认定为粤东西北第一家国家级孵化器，省市工程中心数量持续增长，高新技术企业数量创历史新高，探索开展了联合科技信贷工作，深化了创新券后补助方式探索，全面实施企业研究开发财政补助，专利申请和授权增长率居广东省前列。

【科技政策环境】　2016年，在《中共清远市委 清远市人民政府关于加快实施创新驱动发展战略的意见》文件指引下，清远市出台了《清远市联合科技信贷试点方案》《清远市科技创新券实施细则》《清远市市级企业研究开发财政补助资金管理办法（试行）》《清远市高新技术企业培育工作专项资金管理办法》《清远市科技企业孵化器认定和管理办法》《清远市科技企业孵化器专项资金管理办法》《清远市推进专利工作实施办法细则》《清远市创新创业科研团队实施方案》《清远市科技成果获奖者资助方案》等9份科技创新政策文件，已经形成了1+N的自主创新政策体系，加大对自主创新的激励，营造出科技创新的良好氛围。

2016年，清远市按程序和要求发放了市级科技创新券一般券2项、专项券13项，金额合计639万元；组织兑现了2015—2016年发放的科技创新券23项，其中一般券2项、专项券21项，兑现资金972.3万元，惠及企业19家，实际带动企业科研投入近5 000万元。2016年，清远市共获得广东省科技创新券后补助资金300万元。

【科技计划项目】　2016年，清远市企业获2016年度省级科技计划项目立项16项，其中省应用型科技研发专项1项，省科技发展专项资金（公益研究与能力建设方向）1项，省科技发展专项资金（基础与应用基础研究方向）3项，省科技型中小企业创新基金4项，省产学研合作项目4项，省孵化育成体系建设1项，省应用型科技研发专项2项。

2016年，清远市科技计划项目立项48项，共下达了项目资金1 305万元，其中产业技术研究与开发24项、成果转化应用7项、工业高新技术领域技术攻关14项、产学研结合创新平台1项、科技型中小企业技术创新资金2项。该市组织申报了2016年市级社会发展领域自筹经费科技计划项目，共受理项目199项，初审通过195项；组织申报了2017年度清远市科技计划项目，受理项目157项，经形式审查，符合申报要求127项；组织申报了2017年市级知识产权专项项目，共受理知识产权专项资金项目23项，经专家评审，拟定立项项目14项。

【科技成果及奖励】　2016年，清远市企业申报广东省科学技术奖7项，其中广东先导稀材股份有限公司、广东宏威陶瓷实业公司、广东佳纳能源科技公司、广东嘉博制药公司申报的4个项目均荣获2016年度广东省科学技术奖三等奖。

4月17日，清远市人民政府发布《关于表彰2014—2015年度清远市科学技术进步奖的决定》，授予“废弃电子产品外壳塑料（HIPS）的无害化回收及资源化利用关键技术开发”等5项科技成果为清远市科学技术进步奖一等奖；授予“靶材级超高纯钽金属用高纯氟钽酸钾的制取”等11项科技成果为清远市科学技术进步奖二等奖；授予“大规格全抛釉陶瓷饰面板的研究与应用”等23项科技成果为清远市科学技术进步奖三等奖。

【高新技术产业】 2016年，清远市着力开展高新技术企业的培育、认定和管理工作，高新技术企业数量平稳增长，截至2016年年底，清远市共有高新技术企业112家，同比增长47.4%。高新技术企业入库培育企业67家，同比增长36.7%，高新技术企业数量在粤东西北地区排名第2。获省科技厅对高新技术企业培育新入库企业奖补852.35万元，高新技术企业培育在库企业奖补437.41万元。该市2家企业获得2016年创新型企业认定，3家企业获得创新型试点企业认定，64家企业申报了177个高新技术产品，均获得认定。据统计，2016年认定的高新技术企业中，50%以上的企业申报过清远市的科技计划项目，产学研结合较为紧密，参加复审的15家高新技术企业均承担过省、市科技计划项目，有良好的产学研结合基础。

【技术创新平台建设】 2016年，清远市共组织12家企业申报2016年省级工程中心，12家均获得认定，通过率100%；组织20家企业申报2016年市级工程中心，11家获得认定。截至2016年年底，清远市共有国家、省工程技术研究开发中心33家，其中国家级工程中心1家、省级工程中心32家、市级工程中心52家，涵盖新材料、电子信息、生物医药等领域。据不完全统计，33家省级以上工程中心在“十二五”期间共计投入R&D经费逐年增长，达12.93亿元，共开展科技研发项目602项，取得专利授权457项，研发新产品263项，形成的新产品产值达89.12亿元，同时培养了一支1 300多人的专业技术人才队伍，工程技术研究开发中心已成为清远市科技创新的重要载体和力量。

【孵化育成体系】 2016年，华炬科技企业孵化器获批成为粤东西北地区首批国家级孵化器，并在2015年度广东省科技企业孵化器运营评价中，荣获A类评价。天安智谷智汇空间获批成为清远首家国家级众创空间。天安智谷、华大电商孵化园被认定为2016年度国家级科技企业孵化器培育单位，华炬科技企业孵化器、天安智谷科技企业孵化器和金创电商产业园2016年被认定为市级科技企业孵化器；天安智汇空间被认定为2016年度广东省众创空间试点单位。截至2016年年底，清远市共有国家级孵化器1家，国家级孵化器培育单位3家，市级科技企业孵化器3家；国家级众创空间1家，广东省众创空间试点单位2家。

【产学研结合】 2016年，清远市先后组织与澳门国际科技产业发展协会、浙江大学华南技术转移中心、华南理工大学材料学院以及贵阳、成都、重庆等地大学、研究机构和众创空间开展了产学研合作交流活动。推进市政府与广东省老教授协会的合作框架协议，组织了广东省老教授协会与广东家美陶瓷有限公司进行技术对接交流活动。清远市获省级企业特派员工作站立项1个，市级企业特派员工作站立项1个。

【科技金融】 4月11日，清远市出台了《清远市联合科技信贷试点方案》。在清远市信用担保基金项下设置初始规模为2 000万元的风险准备金，引导合作银行对企业提供不低于风险准备金10倍的授信额度，并且对风险准备金的定义、来源、运作机构职责和使用原则进行了明确，对风险准备金的支持范围、准入条件进行了界定，围绕风险准备金的运作程序、管理与监督等主要环节制订了清晰、规范的操作流程。该方案的出台将促进科技成果的资本化和产业化，发挥财政资金的引导和杠杆效应，推动科技、金融、产业的融合。

清远市信用担保基金项下设置了初始规模为2 000万元的风险准备金，引导合作银行对企业提供2亿元的授信额度。截至2016年年底，已有7家企业从中国银行清远分行获得授信额度共计7 450万元。其中，广东省埃力生高新科技有限公司、清远市精旺环保设备有限公司、清远市浩宇化工科技有限公司已分别获得贷款1 000万元、300万元和500万元。

7月19日，清远市联合科技信贷业务合作签约仪式在清远市人民政府金融工作局举行，市科技局、市金融局与中国银行清远分行、建设银行清远分行、广发银行清远分行、交通银行清远分行、清远农商行等合作银行分别签订了业务合作协议，推动清远主要金融机构积极开展联合科技信贷业务，改善科技型企业的融资环境。

【知识产权工作】　6月22日，清远市出台了《清远市推进专利工作实施办法细则》。该细则立足于清远实际，落实《清远市推进专利工作实施办法》，从10个章节细化了各类专利资助项目的资助对象、资助范围、资助标准、申请资助材料、受理期限、监督管理等具体要求，真正使专利政策落地生根，惠及企业。

2016年，清远市专利申请受理量3 080件，同比增长96.30%。其中发明专利申请量721件，同比增长108.38%；专利授权量1 572件，同比增长54.57%。专利申请量和授权量均超历史全年新高。获中国专利优秀奖1项、国家知识产权优势企业2家，通过《企业知识产权贯标规范》国家标准认证企业1家，引进专利代理分支机构2家，清远高新区获批国家知识产权试点园区。2016年，广东先导稀材股份有限公司的“一种火法氧化铋生产方法（专利号：201010548257.2）”发明专利荣获第十八届中国专利优秀奖。

4月26日，清远市在清城区举办了企业知识产权贯标工作推进会暨知识产权管理体系内审员培训班。来自全市知识产权优势企业、高新技术企业及有知识产权贯标、维权援助等需求的企业工作人员、各县（市、区）知识产权局代表等160多人参加了培训。

12月1日，清远市知识产权局联合工商局、公安局等单位执法人员到该市小市南埗市场开展知识产权联合执法检查。行动共检查商店（铺）40多家，现场检索专利信息，检查涉及专利的商品100多件，商铺有关人员配合积极，执法工作顺利进行。在执法检查过程中，执法人员同时对商家开展知识产权宣传，要求对销售的专利产品的合法性和有效性进行自查，自觉抵制侵犯知识产权行为，有效维护良好的知识产权环境。

【防震减灾】　2016年，清远市防震减灾工作认真贯彻实施《中华人民共和国防震减灾法》《广东省防震减灾条例》等法律法规，加强了地震监测预报、震灾预防、应急救援三大体系建设。围绕“减少灾害风险，建设安全城市”宣传主题，在“5·12防震减灾周”开展了一系列防震减灾宣传活动。推进国家地震烈速报与预警工程项目的实施。按照国家地震烈速报与预警工程项目整体布局和安排，需在阳山、连南、连山选址新建3个基本站（强震动观测站），在城区东城街道办事处、洲心街道办事处、清新鱼坝镇、石马镇建4个一般站（烈度仪观测站），已完成了新台站勘选和用地意向书签订。推进地震应急指挥中心建设，清远市地震应急指挥系统获市政府批准拨款建设，建成后的清远市地震应急指挥中心将实现与同级政府应急指挥中心和省级地震应急指挥中心互联互通，着力提升地震应急处置能力。

5月12日，市地震局选取了阳山县实验小学开展地震应急疏散演练，演练模拟发生5～6级地震的情景，学校多名师生共同参加，演练内容包括紧急避震和疏散，医疗求助和心理干预等。演练结束后，召开了全市地震工作会议，来自全市各县（市、区）地震部门分管领导、业务负责人和相关单位负责人参加了会议，总结交流了清远市防震减灾工作主要做法和成效，部署下一阶段的防震减灾工作。

10月11—12日，2016年珠江三角洲地区防震减灾工作联席会议暨2016年度珠江三角洲地区地震趋势会商会议在清远市召开。与会代表就各市的防震减灾工作情况进行了广泛的交流，认真分析珠江三角洲及周边地区近期地震活动情况，商讨了2017年珠江三角洲地区地震的趋势，形成了2017年度珠江三角洲地区地震趋势会商意见。

【科技交流与合作】　1月14日，在清远市委统战部的协调下，澳门国际科技产业发展协会、澳门大学、集中地科技有限公司一行10人到清远市开展科技合作交流。双方就科技人才团队引进、科技成果转化、科技服务、科技项目等合作方向、合作方式进行了沟通和探讨。

5月11日，浙江大学华南技术转移中心主任一行到清远市开展了科技合作交流。双方就科技成果转化、科研项目合作、人才团队引进等方面进行了沟通和探讨。双方表示要进一步加强科技合作交流，充分发挥浙江大学科技成果优势，积极推动清远产业转型和科技创新发展。

5月20日，石墨烯跨界高峰论坛在华南863科技创新园举行。此次论坛的召开标志着清远向石墨烯产业化时代的迈进，同时也代表着新材料产业未来将有机会成为清远经济快速增长的新引擎。

6月28日，寻乡记梦工场创新创业沙龙暨微天使投资俱乐部清远站活动顺利举行。微天使投资人和清远市各创业孵化器负责人考察了高新区华南863科技创新园、天安智谷、寻乡记创新谷和清远市农村电子商务产业园，围绕“如何做好创业服务生态共建”开展互动交流。来自各行各业的清远创新创业精英约100人在清远市农村电子商务产业园参加了创业讲座。

（清远市科学技术局　张　凌）

潮州市

【科技政策环境】　2016年，潮州市委、市政府对创新发展工作高度重视，成立了以市委书记为组长，相关重点部门为成员的潮州市全面深化改革加快实施创新驱动发展战略领导小组，加强对全市创新发展工作的组织领导。制订出台了《潮州市人民政府关于大力推进科技创新的若干意见》《潮州市推进“双创”生态系统建设实施意见》等文件，形成以创新为引领的经济体系和发展模式。

【高新技术产业】　2016年，为加速推进潮州市高新技术企业培育发展工作，潮州市印发了《潮州市加快高新技术企业培育认定三年行动计划（2016—2018）》《关于进一步大力培育高新技术企业的行动计划（2017—2020）》等文件，建立高新企培育发展体系，推动全市高企集聚及高新技术产业快速发展。2016年，潮州市超额完成省下达的高企认定与培育任务，20家企业通过高企认定，高企存量达历史最高的53家；同时，已有20家企业申请入库培育。

7月，省政府批准潮州市高新区扩区更名，认定凤泉湖高新区为省级高新区，高新区范围申请增加到520.02hm^2，高新区名称正式更改为凤泉湖高新区。

【科技计划项目】　2016年，共有5个省级项目获得立项，获资助经费580万元；组织申报广东省企业研究开发省级财政补助资金21项，获得补助经费1 649.82万元。组织实施市级科技计划项目，2016年共下达立项计划22项，安排资助经费254万元，组织申报2017年度省科技发展专项资金项目两批共23项。潮州三环（集团）股份有限公司和广东展翠食品股份有限公司等企业引进高校科研创新团队获省“扬帆计划”立项，获补助资金900多万元。

【科技企业孵化器与创新中心建设】　2016年，潮州市全面加快科技企业孵化器建设步伐，潮州市柏熹电子商务园投资有限公司建成潮州市首家科技孵化基地，在孵化企业有25家；潮州市大学生创业孵化基地建成投入使用，孵化面积超2 200m^2；潮州市众创空间建设项目获得2016年省科技厅立项，被认定为国家级众创空间和广东省众创空间试点单位。

2016年，全市工程技术研究中心认定累计83家，其中省工程技术研究中心39家。

【科技成果及奖励】　2016年，潮州市科技局组织省、市科技成果鉴定11项，其中省级鉴定3项。广东健诚高科玻璃制品股份有限公司实施完成的“高白度日用玻璃陶瓷制品的关键技术及产业化”项目获得2016年度广东省科学技术奖一等奖，潮州市创造连续两年获得一等奖的佳绩。

【专业镇创新发展】　2016年，潮州市全面加强专业镇的创新发展工作，成立了潮州市加强专业镇创新发展工作领导小组，印发了《潮州市人民政府办公室关于印发潮州市加快专业镇创新发展工作的实施意见》。2016年，潮州市7个专业镇上榜《广东省专业镇创新指数》，上榜数居粤东城市首位。截至2016年年底，全市累计拥有市级专业镇29个，其中省级专业镇20个。

【知识产权工作】　2016年12月，国家知识产权局批准潮州市成立中国潮州（餐具炊具）知识产权快速维权中心，将建设成为全国第17家国家级知识产权快速维权中心。

2016年，潮州市全市专利申请量5 626项，突破5 000项大关，专利授权量3 796项，分别较2015年同期增长63.03%和14.93%，均创潮州市历史新高，其中：发明专利申请量355项；授权量95项；每万人口发明专利拥有量2.0件，位居全省第10位。全市累计获评中国专利优秀奖14项，潮州凯普生物化学公司的“人乳头状瘤病毒基因分型检测试剂盒及其基因芯片制备方法”发明专利荣获第十八届中国专利金奖，取得历史性突破。

2016年，立案侵权案件27宗，结转案件14宗，经过该局调解工作的积极开展，共结案31宗；假冒案件立案3宗，均已结案。同时，根据潮州市专利行政执法实际情况及相关法律法规，研究制定《潮州市知识产权局行政处罚自由裁量权适用规则》和《潮州市知识产权局行政处罚自由裁量标准》，进一步完善了专利执法制度建设。

【产学研合作】 推动产学研融合发展，2016年，潮州市已有170多家企业与50多所高校及科研院所开展产学研合作，共有59个产学研合作项目获省立项，成立产学研合作示范基地3个。

（潮州市科学技术局　罗远鹏）

揭阳市

【概况】　2016年，揭阳市以合作型创新为主攻方向，积极培育创新主体，加快产业创新平台建设，深化产学研和国际合作，加强知识产权运用和保护，以新的发展理念驱动创新，推动全市科技创新事业加快发展，全面提升科技创新能力和产业竞争力，为社会经济加快发展发挥科技支撑引领作用。2016年新增国家高新技术企业14家，全市高新技术企业累计达到65家，同比增长27%；获国家科技计划项目支持立项3个；获省科技计划项目支持立项15个；新增院士工作站2个，累计8个；新增众创空间1家，科技企业孵化器（众创空间）累计达到6家；新增省级工程中心6家，累计42家；新增市级工程中心16家，累计90家；新增广东省产业技术创新联盟3家，累计3家；新增企业科技特派员26名，累计199名；荣获省级科技进步奖2项、广东专利优秀奖2项；2016年全市专利申请量4 846件，增长30.06%；专利授权量3 040件，增长8.3%。

【科技创新创业政策环境】　做好科技发展“十三五”规划，召开《揭阳市科技发展“十三五”规划》听证会和专家论证会，对规划（草案）进行全面修改，形成送审稿呈报市政府审核。制订促进科技创新的具体措施，印发《揭阳市科技企业孵化器（众创空间）后补助试行办法》，联合市财政局出台《揭阳市专利申请资助专项资金管理办法》。

【高新技术企业】　揭阳市科技局联合市国税局、市地税局和市高新技术企业协会举办“2016年高新技术企业政策宣讲会”，讲解高企认定新政策、申报注意事项和高企税收优惠政策等内容。对科技型企业进行重点培育，积极指导帮助企业做好高企认定和高企培育入库申报工作。共有25家企业开展高企申报，24家通过认定，通过率为96%；除到期重新认定外，全市新增高新技术企业14家，累计达到65家。组织28家企业申报省高新技术企业培育库入库企业。及时调整揭阳高新技术产业开发区区域布局，将中德中小企业合作区纳入揭阳高新技术产业开发区，向省申报揭阳高新区纳入国家开发区公告目录。组织21家企业申报2016年广东省企业研究开发省级财政补助资金。与市财政局联合开展2016年揭阳市科技创新券后补助申领、兑换工作，经专家评审并公示后，符合补助条件的项目共18个。

【科技计划】　2016年组织申报国家级项目5项，3项获支持立项；申报省级项目33项，15项获支持立项。下达2016年度市级卫生类科技计划项目28项，市级工业、农业类科技计划项目37项，孵化器后补助项目1项。推动百企科技攻关，征集2016年揭阳市科技攻关入库项目共166项。

【产学研合作和国际科技交流合作】　推动产学研协同创新。邀请华南理工大学广州学院马乐院长等专家教授一行莅揭考察调研，深入群星机械、义发机械等6家智能制造企业车间一线参观考察。组织该市企业到哈尔滨工业大学等高校、科研院所开展产学研对接活动。

推动对德（欧）科技合作交流，6月6日在第二届中德中小企业合作交流会开幕式上，广东省科技厅、揭阳市人民政府签订《共建中德国际产学研合作基地协议》，省市联动从构建中德国际产学研合作平台、共建新型研发机构、推动德（欧）先进技术转移转化等八方面推进中德科技合作。组织91个德国高新科技成果和先进设备在第二届中德中小企业合作交流会上展出交流。

【科技成果及奖励】 2016年完成省级科技成果鉴定1项，市级鉴定2项。广东佳隆食品股份有限公司完成的“一步法风味鸡粉生产关键技术及产业化”项目获得2016年度广东省科学技术奖三等奖。

【科技平台建设】 2016年，创建院士工作站2家，引进我国著名纺织新材料专家、东华大学俞建勇院士，组建广东柏堡龙股份有限公司院士工作站；引进美国康奈尔大学食品科学系教授、国际食品科学院院士、教育部长江学者刘瑞海院士，组建广东利泰食品药品研发院士工作站。截至2016年年底，全市有院士工作站8个。2016年，全市引进企业科技特派员26名；新增省级工程技术研究中心6个、市级工程技术研究中心16个，企业自主创新能力持续增强。推动特色产业公共创新服务平台建设，提升产业技术创新能力，“广东省青梅产业技术创新联盟”等3家创新联盟获认定为2016年度广东省产业技术创新联盟。

【科技企业孵化器建设】 2016年，新增众创空间1家，朝启众创空间被科技部认定为国家级孵化器备案单位，揭阳市科技企业孵化器被评定为国家级科技企业孵化器。

【科技金融融合创新】 设立揭阳市金融科技产业融合风险准备金，截至2016年年底，全市金融科技产业融合风险准备金总额达到7 240万元。引导金融机构开展科技金融信贷，从2015年至2016年年底，中行揭阳分行已累计为全市22家企业发放贷款15 835万元，切实缓解科技型企业融资难问题。

【知识产权工作】 加强知识产权宣传培训，印发“知识产权宣传周”活动方案，联合工商、文广新等部门开展执法宣传活动；开展“第十届中国专利周”走进企业、走进商场系列活动。举办揭阳市企业知识产权贯标培训班等培训3场次，参加257人次。

加强知识产权维权和保护工作，设立“广东省知识产权维权援助中心中德金属生态城工作站”。积极开展专利执法专项行动，立案查处假冒专利案件5宗，结案5宗。

推动全市专利申请增量提质，市科技局联合市财政局出台《揭阳市专利申请资助管理办法》，激发本市创新主体专利创造的积极性和主动性。2016年新增省知识产权示范企业、优势企业各1家，全市专利申请量4 846件，比增30.06%，发明专利申请245件，比增38.42%，PCT国际专利申请16件，比增60%；专利授权3 040件，比增8.3%，其中发明专利授权68件，比增3.03%，全市专利申请实现增量提质。

积极推动企业贯彻《企业知识产权管理规范》国家标准，引导和鼓励企业通过实施知识产权管理规范，提升知识产权管理水平和核心竞争力，截至2016年年底全市共有6家企业启动此项工作。

（揭阳市科学技术局　王壮豪）

云浮市

【科技政策环境】　2016年，云浮市科技局草拟并由市政府出台了《云浮市科技信贷风险准备金管理办法（试行）》《关于推进科技金融结合发展的实施意见》和《云浮市高新技术企业认定（培育）专项补助资金管理办法（试行）》，通过科技金融政策支持，引导金融资源向科技领域配置，助推金融机构加大放贷力度，缓解科技型中小企业融资难、融资贵问题，促进科技金融产业融合发展；通过促进全市高新技术企业培育入库和认定工作，带动产业升级和科技创新，发展壮大高新技术企业队伍，提升高新技术产业发展水平。同时，制定（修订）了《云浮市科技局关于市工程技术研究中心建设管理办法》《云浮市科技创新券资金后补助试行办法》和《云浮市促进科技企业孵化器发展后补助试行办法》。通过市工程技术研究中心的认定，促进技术创新、推动科技成果转化及产业化的示范和带动作用；通过创新券资金后补助，给市中小微企业营造良好的创新创业环境，引导广大企业持续加大研发（R&D）经费投入；通过对科技企业孵化器发展实施后补助，促进科技企业孵化器发展，优化全市创新创业企业成长环境，培养科技创业领军人才。

“科特杯”科技创新创业大赛　通过举办云浮市“科特杯”科技创新创业大赛与省和国家创新创业大赛对接，设立云浮分区赛，全市57个企业和9个团队报名参加省、市大赛，经过初赛、复赛，全市有5家企业和1个团队进入第五届中国创新创业大赛（广东赛区）暨第四届“珠江天使杯”科技创新创业大赛决赛，其中广东德磁科技有限公司获得新材料行业二等奖、罗定市丰智昌顺科技有限公司获得新能源及节能环保行业二等奖，云浮市科特机械有限公司、罗定星光化工有限公司和广东金樱子酿酒有限公司获得行业赛优胜奖，富硒免淘健康米团队获得团队组优胜奖。云浮市科技局被大赛组委会授予“大赛优秀组织单位”称号，云浮市金融·科技创新创业服务中心被大赛组委会授予“大赛优秀服务机构”称号。

云浮市“科特杯”科技创新创业大赛决出企业组一等奖1名、二等奖2名、三等奖3名、优胜奖4名，团队组决出金奖1名、银奖2名、优胜奖1名。

【科技计划项目】　2016年，全市共申报省级科技计划项目61项，其中：省协同创新与平台环境建设类42项、省公益研究与能力建设4项、省前沿与关键技术创新类8项、省应用型科技研发专项资金项目7项，共申请经费8 445万元，项目建设内容涵盖了新型机械产品、现代农业、电子信息、资源与环境、科技创新环境建设等技术领域。当年获得省级科技计划项目立项22项，获经费支持1 440万元。组织申报中央引导地方发展专项资金项目，获得立项3项，获经费支持100万元。受理各县（市、区）推荐市级项目32项，立项19个项目，获经费支持200万元，项目内容突出“四新一特”产业发展以及区域协调发展。组织实施2016年市级医药卫生科技计划项目共37项。同时，加强项目监督管理，完成省级、市级项目结题验收共7项。

2016年组织市级及以上科技计划项目共15项，项目覆盖了林业经济、生物有机肥、水稻高产、食品加工、花卉苗木、农业科技信息等，研究内容包括粤东西北科技创新环境建设、农业科技园区基地可持续发展实验区建设、现代农业产业关键技术集成示范、先进适用技术应用示范和推广等。

【农业科技园区建设】 完善和加强以禽畜养殖为主导产业的云浮市广东省农业科技园区建设，并按实施计划在年底完成项目建设，有效促进了区域农业科技创新，示范带动优势特色农业产业化发展。园区科技创新和转化、推广的主体广东温氏食品集团股份有限公司2016年实现年上市肉鸡8.19亿只、肉猪1 713万头，年销售收入593.55亿元。

【科技与金融】 云浮分中心在省科技厅、省生产力促进中心的关心支持下，坚持政府引导、市场运作的原则，统筹整合资源，加大财政投入力度，以“云浮市科技金融综合服务体系建设”为重点，完善“云浮市金融·科技创新创业服务中心”的各项制度，全面推进七大服务平台建设，有效推进科技、金融与产业的融合发展。

金融·科技创新创业服务中心建设　结合云浮产业发展特点，打造一个集金融服务、互联网金融、科技企业孵化及中介服务等多功能的“云浮市金融·科技创新创业服务中心”，并将“广东省科技金融综合服务中心云浮分中心”纳入其中统筹建设。中心于9月建成，由市科技局、市金融工作局等部门根据各自职责进驻开展业务。

加大财政投入、完善管理制度　市财政出资1 000万元设立“云浮市科技信贷风险准备金”，争取省660万元资金的配套支持，出台了《云浮市科技信贷风险准备金管理办法（试行）》，引导合作金融机构科技小贷公司为科技企业融资1 330万元，有效缓解科技型中小企业融资难、融资贵问题。

打造平台，完善科技金融综合服务体系

整合云城区征信中心数据，打造信用服务平台，为该市科技型中小企业提供信用评级及查询服务。引进云浮市众创投资管理有限公司等机构，组建投融资平台。完善“广东省科技金融综合服务中心云浮分中心”平台数据，打造政银企信息共享平台。组建政策性担保平台——“云浮市粤财普惠融资担保股份有限公司”，为小微企业提供融资担保11笔共1 586万元，转贷融资担保10 468万元。组建该市首个政府引导出资组建的投资基金——“云浮市粤科新兴产业投资有限公司（新三板股权投资基金）”，引进省内的深圳前海股权交易中心、广东金融高新区股权交易中心和广州股权交易中心3家区域性股权交易中心，搭建产权交易平台。为市科技型中小企业举办了7场次培训会，730人次参加培训，有效地发挥了人才培训平台服务科技企业的作用。引进“云浮市览众知识产权有限公司”和“广东言阳律师事务所”等机构驻点，为企业搭建专业中介服务平台。

【科普工作】 以贯彻落实《全民科学素质行动计划纲要》为行动指南，加大科普工作的力度。积极组织发动符合条件的单位申报省级科技项目，新兴县科学技术协会的“山区科普工作的拓展与创新”项目和云浮中专云浮市中等专业学校的“科技创新职业技能竞赛活动”项目获得立项。云浮市在科技计划项目中设立一个“科普创新发展领域示范项目”专项，支持当地发挥科普工作的主导作用，组织开展系列科普进学校、进社区（村）活动，云安区石城镇中心小学的“科普创新发展领域示范项目”以及云浮市邓发小学“‘绿意邓小’科普项目”获得立项。通过这些项目的立项，把科普工作的重心下移到社区、学校、机关，使云浮市科普工作再上新台阶、新水平。

【科技人才队伍建设】 2016年，广东益康生环保科技有限公司范卫朝获得“广东特支计划”科技创业领军人才的立项，得到80万元资金的支持。同年，云浮市共组织申报“扬帆计划”引进创新创业团队3项，经省专项办审核合格的有3项。

【高新技术产业】

科技企业孵化器　为贯彻落实《云浮市促进科技企业孵化器发展的试行办法》，加快培育科技型企业，鼓励创新创业，进一步促进云浮市科技企业孵化器的发展，加强财政专项资金管理，提高资金使用效益，云浮市科技局与市财政局联合出台了《云浮市促进科技企业孵化器发展后补助试行办法》。云浮高新区科技企业孵化器等3个创新创业载体在广东省科技企业孵化育成服务平台完成了登记。

高新技术企业及产品　2016年组织了3批共16家企业申报高新技术企业，共有14家企业顺利通过专家评审，其中广东友源电气有限公司等2家企业通过了第一批高企认定评审，广东伊诗德新材料科技有限公司等5企业通过了第2批高企认定评审，广东通力定造股份有限公司等7家企业通过了第3批高企认定评审。

2016年共组织了3批共19家次企业申报省高新技术企业培育入库企业，共有16家企业顺利通过专家评审。其中第1、2批有16家次企业申报，广东广云新材料科技股份有限公司等13家企业通过了专家评审；第3批广东雷允上药业有限公司等3家企业通过了专家评审。

2016年广东万事泰集团有限公司等15家企业申报的24个产品被认定为广东省高新技术产品。

【科技成果及奖励】　云浮市有2项获得2016年度科学技术进步奖三等奖。由广东温氏食品集股份有限公司、华南农业大学、中山大学、广东出入境检验检疫局检验检疫技术中心共同完成的“供港澳肉鸡生产关键技术研究与推广应用”项目通过改良提高培育适合屠宰冰鲜上市及综合抗病能力强的供港澳肉鸡品种2个，使用非常规原料，二段式笼养模式，建立药残监控体系等关键技术，并自主研发了肉鸡屠宰业务计算机应用软件系统，实现了生产过程、屠宰与物流追踪等数据采集的自动化与智能化，其推广应用有效确保了供港澳肉鸡产业的健康发展，同时对国内优质肉鸡屠宰生产模式具有良好的示范作用。由广东益康生环保科技有限公司、广东温氏食品集团股份有限公司共同完成的“畜禽尸体无害化降解技术及资源化综合应用”项目相对于传统的动物尸体处理方式（焚烧、深埋），是一种快速、防疫、绿色循环的综合性处理技术。

【产学研结合】

项目立项与管理　2016年云浮市产学研结合项目获得省科技厅支持6项，立项经费为550万元；积极组织申报市级产学研项目11个，立项5个，投入财政科技经费120万元，有效推动了市产学研全面合作；积极组织申报引导和扶持新型研发机构发展专项10个，立项8个，投入财政科技经费110万元，有效推动了市新型研发机构的发展。下基层一对一辅导，完成10个产学研项目验收和3家工程中心的验收工作。

省市县联动，校企产学研对接　2016年年初，由省科技厅带队，省市县联动在新兴县开展产学研业务交流，就云浮市产学研业务发展现状与存在的问题及省厅新的发展动向，进行了交流，并参观新兴县广东万事泰集团等企业。结合云浮市传统产业的转型升级和新兴战略重点产业发展，促进北京科技大学与广东万事泰集团有限公司联合共建企业研发中心，开创新校企合作模式。积极为广东省生物研究所科技成果转化牵线搭桥，分别与广东马林食品有限公司和罗定市桂之神实业有限公司开展对接，就食品健康、安全、营养、良用菌种等进行了广泛的交流，并与两家企业达成了合作意向。组织云浮市21家机械、模具及零部件制造重点企业、研发机构参加广东机械模具产业领导峰会暨广东机械模具产业创新成果展示交易会，对提升全市先进装备业发展，起到积极的促进作用。

企业科技特派员　2016年共有16个高校院所41名特派员进驻云浮市21家企业，涌现了一批优秀的企业科技特派员，对其中的崔爱莉教授等22名科技特派员进行补助，以奖励优秀企业科技特派员深入基层，服务企业，开展科技服务活动。

【创新平台建设】

新型研发机构　2016年，云浮市首次开展新型研发机构培育建设工作，佛山（云浮）氢能产业与新材料发展研究院获省级新型研发机构认定，也是云浮市首家获省认定的新型研发机构；广东省温氏集团研究院获市级新型研发机构认定。佛山（云浮）氢能产业与新材料发展研究院由佛山（云浮）产业转移工业园管委会、佛山科学技术学院以及广东国鸿氢能科技有限公司三方联合组建，重点围绕氢能源、新材料等相关领域，结合园区新兴产业培育和传统产业升级的需求，逐步建设若干个研发中心，着力开展具有区域特色的应用研究、产业技术工程化研发、科技成果产业化等工作，从而将研究院建设成为具有较强国际影响力、国内领先，具有鲜明云浮地域特色的“政、产、学、研、金、用”六位一体的新型研发机构。

院士工作站　2016年，广东省天宝生物制药有限公司规模化猪场疫病综合防控院士工作站获省级批准建设，进站院士为华中农业大学陈焕春院士。院士团队已获得授权“一种无痛增效阿莫西林粉针剂及其制备方法”发明专利1项，目前正在开展用于治疗母猪子宫内膜炎的三类新兽药制剂——聚维酮碘栓剂，现已完成聚维酮碘栓剂的处方筛选、生产工艺、检验方法、质量标准以及临床前药理学试验等。

工程技术研究中心　2016年，广东省现代电能综合治理工程技术研究中心获省级工程中心认定，云浮市新型环保电池工程技术研究中心等9家工程中心获市级认定。截至2016年年底，云浮市共有国家级工程技术研究中心1个、省级工程技术研究中心15个、市级工程技术研究中心23个。

【专业镇】　截至2016年年底，云浮市共有市级专业镇22个，占全市64个建制镇的34.4%；省级专业镇25个，占全市64个建制镇的39.1%。2016年实施了“泗纶竹制品加工产业升级示范建设”等3个专业镇建设项目。

2016年开展了专业镇与科技创新券政策巡回宣讲及业务培训会，全市32个专业镇领导及业务骨干及部分科技型中小微企业共110人参了此次培训，对充分发挥创新券资金后补助对科技型中小微企业开展科技创新活动的引导作用，加快相关科技政策在云浮的实施与推进，起到了促进作用。

【防震减灾】　在2016年度广东省市县防震减灾工作年度考核中，云浮市地震局被评为地级市“优秀单位”，罗定市地震局被评为县级“优秀单位”。

防震减灾科普宣传　3月15日，参加市有关单位在市人民广场开展的“3·15国际消费者权益日”宣传活动，向市民派发防震减灾知识宣传小册子、折页等。5月12日前后，组织各县（市、区）地震部门联合教育、科协等部门单位，开展“5·12防灾减灾日”宣传周活动，派发了近万份宣传资料。联合云城区地震局在云浮市田家炳中学开展避震应急疏散演练，联合云安区经济与信息化局、云安区石城镇政府等单位到石城中学开展防震减灾知识下乡宣传活动。10月，市科技局编印了20万份宣传折页派发给全市中学生，再一次组织学校、社区等开展地震基础知识和自救互救知识科普教育，以增强云浮市民众防震减灾意识和应对突发性地震灾害心理承受能力。

国家地震烈度速报与预警工程（云浮）台址勘选　按照中国地震局、广东省地震局国家地震烈度速报与预警工程建设部署，落实完成了云浮市行政区域内新建8个基本站和64个一般站的台站（台址）的勘选任务，对8个基本台台址的土地权属、使用方式以及用地可行性进行调研，与土地所有者签订了土地使用意向书。

云浮市地震应急指挥中心建设　云浮市地震应急指挥中心建设被市政府列为2016年云浮市十件民生实事之一。在省地震局的指导、支持下，市地震局如期完成了云浮市地震应急指挥中心建设，实现与省地震应急指挥中心互联互通，提升了云浮市地震应急处置能力。

抗震设防要求监督管理　3月，在市政府的统一部署下，对“重大建设工程抗震设防要求审核”行政审批中介服务事项进行了规范；6月，对照《广东省行政许可事项通用目录（2016年版）》，上报市编办取消“重大建设工程抗震设防要求审核”行政许可审批事项，加强事中事后监管；贯彻实施《中国地震动参数区划图》（GB 18306-2015）；配合市发改、规划等部门就《云浮市燃气发展规划（2016—2030）》《云浮市蟠龙洞风景区总体规划（2016—2030）》等提供相关防震减灾规划建议。

地震应对　7月31日广西苍梧发生5.4级地震，云浮市震感明显。9月6日凌晨云浮市新兴县发生3.1级地震。云浮市立即启动应急响应，迅速收集并及时上报灾情，组织人员到现场进行灾情调查，利用网络、微信等平台发布相关信息，消除突发地震对云浮市民众带来的影响。

城市地震灾害风险点危险源排查整治　根据广东省地震局《关于印发集中开展城市地震灾害风险点危险源排查整治专项行动的工作方案的函》和市政府有关领导批示精神，按照《云浮市集中开展城市风险点危险源排查整治专项行动方案》的统一安排，制定了《云浮市地震局关于开展城市地震灾害风险点危险源排查整治专项行动的工作方案》，会各县（市、区）人民政府、市教育局、市安监局、市经信局、市水务局等单位，组织开展了城市中大型化工厂、炼油厂及储存设施、大中型水库大坝及枢纽工程、中小学校舍等地震灾害风险点、危险源排查整治工作。各县（市、区）、有关单位每月报送的数据显示，云浮市暂未发现上述四类城市地震灾害风险点、危险源。

跨地区防震减灾工作合作共享和联席会议制度　为提高预防和处置地震灾害能力，有效地整合利用资源，9月30日，云浮市地震局和广西壮族自治区梧州市地震局签订了《广东省云浮市 广西壮族自治区梧州市地震数据共享合作协议》，建立了两市地震数据共享机制和年度地震趋势联合会商及震后趋势判定意见通报机制。11月22日，云浮市地震局又与广东阳江市地震局、广西梧州市地震局等广东、广西两省（区）8个市级地震局及信宜地震台、梧州地震台签署了《粤桂交界及邻近地市地震数据共享合作协议》，建立了两地区防震减灾工作合作共享和联席会议机制，加强了区域合作，提升了协同应对能力。

【知识产权工作】　2016年，全年共受理申请专利资助803件，专利奖励283件，审核发放专利资助及奖励金额合共112.17万元。鼓励各类单位和个人依法在云浮市成立公司制或合伙制专利代理服务机构。

专利产出　2016年，全市专利申请1 488件，同比增长62.45%，其中发明专利申请200件，实用新型专利申请832件，外观设计456件；专利授权807件，同比增长25.12%，其中发明专利授权31件，实用专利授权430件，外观设计专利授权346件。PCT（国际专利）申请5件。

打击侵权假冒　全市“两法衔接”信息平台全部实现网上互联互通，共计接入单位170家，录入案件2 700余件。各行政执法职能单位逐步建立和完善了网上行政处罚案件信息公开栏目。全市各级行政机关开展专项行动63场次，出动执法人员4万余人次，共查处案件656宗，涉案金额2 300万元。公安机关刑事侦查立案制假售假案件13件，抓获犯罪嫌疑人20人。

专利行政执法　2016年，主要加强重点领域、重点市场的监管，坚持日常执法与专项行动相结合、全面整治与突出重点相结合，切实加强对产品制造集中地、商品集散地、侵犯知识产权和制售假冒伪劣商品案件高发地的市场监管和巡查，规范市场经营秩序，提高知识产权保护水平。持续深入开展2016年“护航”专项执法行动和省局部署的专利代理专项整治工作，组建专项工作小组，结合本地实际，确定打击整治重点，同时，加强与工商、质监、公安、检察等部门的协调沟通，采取联合执法，加强对侵权假冒行为的打击力度。在下半年，先后对云浮市国际石材博览会、云浮市不锈钢展览会开展展会执法维权工作，巡查展会企业100多家，检查专利商品300多件，没有收到假冒侵权投诉。据统计，2016年共计组织开展知识产权保护宣传活动3场，专项执法活动3场，出动执法人员80多人次，检查企业、门店300多家，检查专利商品2 500余件，调处专利侵权纠纷案件1宗，未发生侵权投诉案件。

（云浮市科学技术局　黄子源　谭璘峰　何燕红
阮锦丽　傅小铃　李　罱　陈怡莹）

科技统计资料

全省科技统计指标

【科技人力】 2016年，广东省国有企业、事业单位专业技术人员达148.61万人，在国有企事业单位专业技术人员中，工程技术人员、农业技术人员、科学研究人员分别有15.19万人、1.67万人、0.73万人，分别占总体的10.22%、1.12%、0.49%，与2015年相比，科学研究人员、工程技术人员、农业技术人员和卫生技术人员数量均有所增长（见表10-1-1）。

表10-1-1 全省国有企业、事业单位专业技术人员数（2011—2016年）

指标	2011		2012		2013		2014		2015		2016	
	绝对人数（人）	比重（%）	绝对人数（人）	绝对人数（人）	比重（%）	比重（%）	绝对人数（人）	比重（%）	绝对人数（人）	比重（%）	绝对人数（人）	比重（%）
工程技术人员	151 700	10.48	151 998	10.42	139 807	9.61	155 964	10.45	139 817	9.65	151 883	10.22
农业技术人员	13 475	0.93	12 256	0.84	12 538	0.86	12 772	0.86	16 076	1.11	16 681	1.12
卫生技术人员	253 992	17.54	264 976	18.16	269 147	18.49	283 499	18.99	288 384	19.90	308 402	20.75
科学研究人员	5 260	0.36	5 021	0.34	3 813	0.26	5 850	0.39	6 139	0.42	7 340	0.49
教学人员	879 621	60.75	861 104	59.02	888 962	61.07	888 862	59.53	928 348	64.06	893 189	60.10
其他人员	151 700	10.48	163 663	11.22	163 663	9.71	146 148	9.79	70 491	4.86	108 587	7.31

注：其他人员含经济人员、财会人员、统计人员、文艺人员、外语翻译人员。

【科技经费】 R&D经费保持稳定增长。2016年全省R&D经费2 035.14亿元，比2015年增长13.2%；R&D经费占全省地区生产总值（GDP）的比例为2.56%，比2015年提高0.09个百分点；政府科技经费拨款742.97亿元，比2015年增长30.4%，占财政支出5.53%，比2015年提高1.09个百分点。（见表10-1-2）

表10-1-2 全省科技活动经费增长情况（2011—2016年）

指 标	2011	2012	2013	2014	2015	2016
R&D经费（亿元）	1 045.49	1 236.15	1 443.45	1 605.45	1 798.17	2 035.14
#占GDP比重（%）	1.96	2.17	2.32	2.37	2.47	2.56
政府科技经费拨款（亿元）	203.92	246.71	344.94	274.33	569.55	742.97
占政府财政支出的比重（%）	3.04	3.34	4.1	3.00	4.44	5.53

2016年，全省科研机构R&D经费投入73.74亿元，高等院校投入108.08亿元，企业投入1 825.93亿元，分别占总体的3.6%，5.3%，89.7%。按经费来源分，政府资金186.6亿元，占9.2%；企业资金1 795.78亿元，占88.2%；国外资金10.07亿元，占0.5%；其他资金42.70亿元，占2.1%（见表10-1-3）。

表10-1-3　全省R&D经费明细情况（2016年）

单位：亿元

项　目	合计
R&D经费	2 035.14
#政府资金	186.60
企业资金	1 795.78
国外资金	10.07
其他资金	42.70

【科技研究机构】　2016年，广东省科技研究机构增至14 311个，其中科研机构有202个，全日制普通高校科技研究机构有1 123个，工业企业科技研究机构有11 834个，其他类型科技研究机构有1 152个，分别占总数的1.4%、7.8%、82.7%和8.1%（见表10-1-4）。

2016年，全省共有科研机构202个，R&D人员1.75万人，R&D经费为73.74亿元。2016年，广东省有高等院校149所，拥有研究机构1 123个。高等院校科技机构共有R&D人员1.07万人，R&D经费为21.96亿元。2016年，工业企业办研究开发机构11 834个，机构R&D人员41.08万人。全年工业企业办研究开发机构R&D经费1 262.66亿元。

表10-1-4　科技研究机构概况（2016年）

指　标	合　计	工业企业	科研机构	高等院校	其　他
研究机构数（个）	14 311	11 834	202	1 123	1 152
R&D人员（万人）	466 399	410 776	17 452	10 720	27 451
R&D经费支出（亿元）	1 419.33	1 262.66	73.74	21.96	60.96

【科研课题与科技成果】　2016年，全省各类单位共开展R&D课题项目13.57万项，参与R&D课题项目人员47.67万人年，R&D课题项目经费1 902.05亿元。

2016年，全省科技执行部门共发表科技论文112 553篇，其中科研机构8 392篇，高等院校87 373篇，企业8 998篇。全省科技执行部门共申请专利19.01万件，其中科研机构、高等院校、企业分别申请专利2 739件、15 680件、169 938件。全省科技执行部门共出版科技著作2 750种，其中科研机构、高等院校分别出版260种、2 375种（见表10-1-5）。2016年，全省共获国家科技进步奖48项，获省级科技奖励成果246项，省级重大科技成果登记1 963项（见表10-1-6）。

表10-1-5　科研课题及科技产出情况（2016年）

指　标	合计	企业	科研机构	高等院校	其他
R&D课题项目数（项）	135 652	53 887	7 163	70 697	3 905
R&D课题人员（人年）	476 729.6	429 838	11 272.9	23 901.4	11 717.3

（续上表）

指　标	合计	企业	科研机构	高等院校	其他
R&D课题经费内部支出（亿元）	1 902.05	1 777.07	42.48	66.43	16.07
专利申请数（件）	190 137	169 938	2 739	15 680	1 780
发表科技论文（篇）	112 553	8 998	8 392	87 373	7 790
出版科技著作（种）*	2 750	–	260	2 375	115

*注：因企业出版科技著作无汇总数，合计数不包含企业的数据。

表10-1-6　国家及省级科技成果奖励情况（2011—2016年）

单位：项

指　标	2011	2012	2013	2014	2015	2016
国家科技奖励成果	34	26	28	46	32	48
省级科技奖励成果	272	280	262	249	237	246
省级重大科技成果	1 540	1 799	1 809	1 748	2 133	1 963

（广东省科技统计分析中心　幸　雯）

科技统计表

表10-2-1　全部县以上部门属科技机构（2016年）

10-2-1-1　主要指标

主要指标	单位	政府部门属科技机构					非政府部门属研究与开发机构和综合技术服务业有R&D活动的事业单位	转制机构
		县以上部门属研究与开发机构合计	自然科学和技术领域	社会与人文科学领域	科技信息和文献机构	县属研究与开发机构		
机构数	个	197	169	12	16	189	117	53
职工总数	人	22 848	21 143	779	926	17 985	1 838	11 030
单位在职从事科技活动人员	人	17 883	16 438	718	727	11 394	1 032	6 514
大学本科及以上学历	人	14 372	13 089	636	647	9 848	202	5 046
R&D人员折合全时工作量	人年	12 631	11 877	548	206	8 062	233	2 699
科技活动收入	千元	11 476 968	10 823 398	358 574	294 996	5 015 443	149 328	3 538 749
政府拨款	千元	7 969 417	7 455 798	339 092	174 527	4 085 729	146 230	44 200
科技经费内部支出	千元	10 398 411	9 866 121	285 165	247 125	5 038 213	133 096	1 232 936
资产购建支出	千元	2 390 346	2 346 959	8 183	35 204	2 102 373	12 599	102 080
R&D经费内部支出	千元	6 890 016	6 595 290	227 305	67 421	2 230 734	24 510	594 005
固定资产	千元	12 866 618	12 126 101	258 314	482 203	9 116 678	202 517	3 142 453
课题数	个	8 432	7 891	284	257	2 615	164	740
课题经费支出	千元	4 900 682	4 720 987	114 973	64 722	1 542 714	38 649	461 994
R&D课题经费支出	千元	4 112 910	3 965 296	103 213	44 400	1 400 683	17 069	437 290
课题投入人员	人年	13 276	12 380	550	346	7 845	409	2 595
R&D课题投入人员	人年	10 753	10 088	498	167	6 974	179	2 480
专利申请受理	项	2 478	2 473	2	3	1 696	5	471
专利授权	项	1 427	1 425	1	1	1 009	3	394
科技论文	篇	8 095	7 343	558	194	3 082	90	1 006
科技专著	种	249	163	81	5	43	2	4

注：以后各表的范围为县以上政府部门属研究与开发机构。即自然、社人、信息文献3个领域中的机构。

表10-2-2 全部县以上部门属科技机构、人员和经费概况（2016年）

10-2-2-1 按地域分布

地域	机构数（个）	从业人员总数（人）	单位在职科技活动人员	大学本科及以上学历	经费收入总额（千元）	政府资金	科技活动贷款（千元）	经费支出总额（千元）	科技经费支出
总　计	**197**	**22 848**	**17 883**	**14 372**	**14 961 070**	**8 651 367**	**65 963**	**14 188 339**	**10 398 411**
广州市	101	17 381	13 691	11 382	13 066 955	7 194 446	63 462	12 535 325	9 129 433
韶关市	7	210	169	94	64 490	47 855	0	63 445	50 310
深圳市	6	1 946	1 435	1 325	703 005	476 225	0	680 501	564 891
珠海市	7	291	220	201	170 177	151 456	0	76 652	60 096
汕头市	9	425	320	154	76 516	58 653	2 501	65 502	37 103
佛山市	3	117	94	55	65 871	47 312	0	64 457	48 246
江门市	3	81	49	39	22 078	17 536	0	17 111	13 156
湛江市	11	805	635	387	315 790	263 625	0	245 390	183 311
茂名市	8	160	132	60	31 520	29 022	0	30 999	23 413
肇庆市	5	111	101	42	28 057	27 269	0	22 161	18 129
惠州市	7	205	174	84	83 329	77 829	0	73 079	61 207
梅州市	5	177	152	80	57 534	55 682	0	45 519	38 205
汕尾市	3	16	16	6	2 182	1 992	0	2 167	1 646
河源市	2	18	17	6	968	807	0	3 728	3 480
阳江市	1	57	43	9	10 675	10 065	0	14 391	7 233
清远市	0	0	0	0	0	0	0	0	0
东莞市	8	460	339	287	169 660	128 707	0	153 353	97 692
中山市	3	105	80	65	45 595	29 873	0	45 445	21 832
潮州市	2	81	75	22	13 591	13 029	0	13 177	9 889
揭阳市	4	174	122	65	26 797	17 497	0	28 306	25 591
云浮市	2	28	19	9	6 280	2 487	0	7 631	3 548

10-2-2-2　按隶属关系分布

隶属关系	机构数（个）	从业人员总数（人）	单位在职科技活动人员		经费收入总额（千元）		科技活动贷款（千元）	经费支出总额（千元）	
				大学本科及以上学历		政府资金			科技经费支出
总　计	**197**	**22 848**	**17 883**	**14 372**	**14 961 070**	**8 651 367**	**65 963**	**14 188 339**	**10 398 411**
地方部门属	175	15 390	11 533	8 941	10 369 510	5 307 899	65 963	9 908 447	6 591 069
省级部门属	70	9 228	6 806	5 458	7 772 306	3 636 719	63 462	7 505 421	4 876 097
副省级城市属	22	2 549	1 844	1 633	1 506 581	859 395	0	1 473 174	1 041 613
地市级部门属	83	3 613	2 883	1 850	1 090 623	811 785	2 501	929 852	673 359
中央部门属	22	7 458	6 350	5 431	4 591 560	3 343 468	0	4 279 892	3 807 342
中国科学院	6	3 242	2 774	2 382	2 016 837	1 724 731	0	1 979 943	1 789 002

10-2-2-3　按服务的国民经济行业分布

行业	机构数（个）	从业人员总数（人）	单位在职科技活动人员		经费收入总额（千元）		科技活动贷款（千元）	经费支出总额（千元）	
				大学本科及以上学历		政府资金			科技经费支出
总　计	**197**	**22 848**	**17 883**	**14 372**	**14 961 070**	**8 651 367**	**65 963**	**14 188 339**	**10 398 411**
农、林、牧、渔业	76	4 781	3 611	2 395	2 181 443	1 671 662	53 963	2 043 849	1 543 658
农业	34	2 278	1 631	977	862 491	661 057	2 501	823 023	590 601
林业	15	850	627	410	351 950	278 255	0	319 267	239 891
畜牧业	8	423	317	225	179 576	107 934	0	156 380	124 744
渔业	5	557	531	429	442 287	342 814	0	452 581	388 770
农、林、牧、渔服务业	14	673	505	354	345 139	281 602	51 462	292 598	199 652
采矿业	1	128	76	52	66 244	47 671	0	39 740	35 094
有色金属矿采选业	1	128	76	52	66 244	47 671	0	39 740	35 094
制造业	16	1 776	1 583	1 180	935 714	688 111	0	885 661	709 945

（续上表）

行业	机构数（个）	从业人员总数（人）	单位在职科技活动人员		经费收入总额（千元）		科技活动贷款（千元）	经费支出总额（千元）	
				大学本科及以上学历		政府资金			科技经费支出
农副食品加工业	2	560	503	352	304 288	186 130	0	246 318	166 271
食品制造业	1	324	313	251	126 599	75 856	0	142 582	123 821
石油加工、炼焦和核燃料加工业	1	17	7	3	4 239	4 159	0	4 746	844
医药制造业	4	530	491	372	325 182	287 776	0	319 469	293 924
化学纤维制造业	1	26	19	12	17 531	16 010	0	15 361	6 250
专用设备制造业	5	284	228	182	148 066	109 117	0	154 973	117 581
铁路、船舶、航空航天和其他运输设备制造业	1	10	5	5	8 280	8 280	0	372	372
计算机、通信和其他电子设备制造业	1	25	17	3	1 529	783	0	1 840	882
交通运输、仓储和邮政业	2	180	171	161	150 730	43 789	0	103 503	76 294
道路运输业	1	155	148	143	139 482	36 175	0	92 727	69 546
水上运输业	1	25	23	18	11 248	7 614	0	10 776	6 748
信息传输、软件和信息技术服务业	3	285	280	235	164 448	119 444	0	129 020	113 937
电信、广播电视和卫星传输服务	1	165	165	136	94 339	83 183	0	68 661	57 761
软件和信息技术服务业	2	120	115	99	70 109	36 261	0	60 359	56 176
科学研究和技术服务业	68	11 467	8 815	7 741	6 475 857	4 190 550	12 000	5 984 801	4 712 053
研究和试验发展	36	6 010	4 877	4 395	3 499 569	2 415 947	12 000	3 128 549	2 585 253
专业技术服务业	24	4 645	3 245	2 752	2 704 167	1 631 092	0	2 610 883	2 003 364
科技推广和应用服务业	8	812	693	594	272 121	143 511	0	245 369	123 436
水利、环境和公共设施管理业	14	2 008	1 534	1 242	1 033 935	392 945	0	963 650	661 248
水利管理业	5	1 194	910	680	486 067	183 275	0	457 152	332 850
生态保护和环境治理业	9	814	624	562	547 868	209 670	0	506 498	328 398
教育	1	112	106	104	57 205	48 210	0	57 205	29 169
教育	1	112	106	104	57 205	48 210	0	57 205	29 169
卫生和社会工作	8	1 761	1 479	1 070	3 651 745	1 236 807	0	3 750 542	2 312 972

（续上表）

行业	机构数（个）	从业人员总数（人）	单位在职科技活动人员		经费收入总额（千元）		科技活动贷款（千元）	经费支出总额（千元）	
				大学本科及以上学历		政府资金			科技经费支出
卫生	8	1 761	1 479	1 070	3 651 745	1 236 807	0	3 750 542	2 312 972
文化、体育和娱乐业	5	262	215	182	145 921	114 350	0	133 710	110 077
文化艺术业	3	172	133	109	108 730	81 484	0	101 210	85 038
体育	2	90	82	73	37 191	32 866	0	32 500	25 039
公共管理、社会保障和社会组织	3	88	13	10	97 828	97 828	0	96 658	93 964
国家机构	3	88	13	10	97 828	97 828	0	96 658	93 964

表10-2-3 全部县以上部门属科技机构人员概况（2016年）

10-2-3-1 按地域分布

单位：人

地域	从业人员总数	单位在职科技活动人员		外来流动科技活动人员		离退休人员
			女性	外聘的流动学者	非本单位在读研究生	
总　计	**22 848**	**17 883**	**7 077**	**509**	**2 737**	**11 545**
广州市	17 381	13 691	5 302	334	2 259	8 368
韶关市	210	169	44			328
深圳市	1 946	1 435	830	107	296	11
珠海市	291	220	74	12	20	53
汕头市	425	320	140	0	0	448
佛山市	117	94	31	4	0	222
江门市	81	49	16	0	0	39
湛江市	805	635	224	21	36	933
茂名市	160	132	31	1	0	141
肇庆市	111	101	32	0	0	212
惠州市	205	174	43	0	0	123

（续上表）

地域	从业人员总数	单位在职科技活动人员		外来流动科技活动人员		离退休人员
			女性	外聘的流动学者	非本单位在读研究生	
梅州市	177	152	69	0	0	127
汕尾市	16	16	4	0	0	8
河源市	18	17	6	0	0	3
阳江市	57	43	7	2	0	21
清远市	0	0	0	0	0	0
东莞市	460	339	114	27	126	124
中山市	105	80	32	0	0	166
潮州市	81	75	32	0	0	55
揭阳市	174	122	40	1	0	83
云浮市	28	19	6	0	0	80

10-2-3-2　按隶属关系分布

单位：人

隶属关系	从业人员总数	单位在职科技活动人员		外来流动科技活动人员		离退休人员
			女性	外聘的流动学者	非本单位在读研究生	
总　计	**22 848**	**17 883**	**7 077**	**509**	**2 737**	**11 545**
地方部门属	15 390	11 533	4 650	165	552	8 668
省级部门属	9 228	6 806	2 738	71	339	5 055
副省级城市属	2 549	1 844	792	2	30	1 107
地市级部门属	3 613	2 883	1 120	92	183	2 506
中央部门属	7 458	6 350	2 427	344	2 185	2 877
中国科学院	3 242	2 774	1 216	267	1 905	1 247

表10-2-4　全部县以上部门属科技机构人员按工作性质分类（2016年）

10-2-4-1　按地域分布

单位：人

地域	单位在职科技活动人员	科技管理	课题活动	科技服务	生产经营活动人员	其他人员
总　计	**17 883**	**2 737**	**11 385**	**3 761**	**2 235**	**2 730**
广州市	13 691	1 771	8 994	2 926	1 626	2 064
韶关市	169	24	83	62	5	36
深圳市	1 435	460	914	61	239	272
珠海市	220	32	150	38	34	37
汕头市	320	57	189	74	57	48
佛山市	94	30	37	27	10	13
江门市	49	9	37	3	21	11
湛江市	635	121	374	140	104	66
茂名市	132	28	68	36	19	9
肇庆市	101	25	58	18	0	10
惠州市	174	47	76	51	1	30
梅州市	152	27	97	28	15	10
汕尾市	16	3	0	13	0	0
河源市	17	13	0	4	0	1
阳江市	43	6	29	8	12	2
清远市	0	0	0	0	0	0
东莞市	339	39	172	128	60	61
中山市	80	13	19	48	0	25
潮州市	75	14	48	13	0	6
揭阳市	122	13	34	75	31	21
云浮市	19	5	6	8	1	8

10-2-4-2　按隶属关系分布

单位：人

隶属关系	单位在职科技活动人员				生产经营活动人员	其他人员
		科技管理	课题活动	科技服务		
总　计	**17 883**	**2 737**	**11 385**	**3 761**	**2 235**	**2 730**
地方部门属	11 533	1 742	7 096	2 695	1 788	2 069
省级部门属	6 806	980	4 272	1 554	1 123	1 299
副省级城市属	1 844	248	1 152	444	307	398
地市级部门属	2 883	514	1 672	697	358	372
中央部门属	6 350	995	4 289	1 066	447	661
中国科学院	2 774	568	1 651	555	204	264

10-2-4-3　按机构所属学科领域分布

单位：人

学科领域	单位在职科技活动人员				生产经营活动人员	其他人员
		科技管理	课题活动	科技服务		
总　计	**17 883**	**2 737**	**11 385**	**3 761**	**2 235**	**2 730**
自然科学领域	2 935	326	1 896	713	112	267
农业科学领域	4 436	754	2 754	928	631	681
医学科学领域	1 980	212	1 230	538	0	320
工程科学与技术领域	7 233	1 153	4 741	1 339	1 417	1 340
社会、人文科学领域	1 299	292	764	243	75	122

表10-2-5　全部县以上部门属科技机构科技活动人员的资历和文化程度（2016年）

10-2-5-1　按地域分布

单位：人

地域	单位在职科技活动人员	学历					职称		
		博士毕业	硕士毕业	本科毕业	大专毕业	其他	高级	中级	其他
总　计	**17 883**	**2 958**	**5 342**	**6 072**	**2 203**	**1 308**	**5 192**	**5 383**	**7 308**
广州市	13 691	2 502	4 194	4 686	1 521	788	4 306	4 213	5 172
韶关市	169	0	18	76	34	41	27	60	82
深圳市	1 435	318	676	331	37	73	330	352	753
珠海市	220	40	75	86	19	0	76	85	59
汕头市	320	0	12	142	82	84	57	43	220
佛山市	94	0	26	29	23	16	19	30	45
江门市	49	0	10	29	5	5	13	22	14
湛江市	635	61	169	157	156	92	128	248	259
茂名市	132	1	6	53	34	38	31	40	61
肇庆市	101	0	10	32	27	32	11	33	57
惠州市	174	5	27	52	51	39	21	40	113
梅州市	152	0	17	63	51	21	48	43	61
汕尾市	16	0	0	6	9	1	0	2	14
河源市	17	0	2	4	9	2	3	3	11
阳江市	43	0	1	8	34		7	8	28
清远市	0	0	0	0	0	0	0	0	0
东莞市	339	29	78	180	27	25	57	69	213
中山市	80	2	14	49	6	9	25	26	29
潮州市	75	0	0	22	22	31	12	13	50
揭阳市	122	0	5	60	51	6	19	49	54
云浮市	19	0	2	7	5	5	2	4	13

10-2-5-2　按隶属关系分布

单位：人

隶属关系	单位在职科技活动人员	学历					职称		
		博士毕业	硕士毕业	本科毕业	大专毕业	其他	高级	中级	其他
总　计	**17 883**	**2 958**	**5 342**	**6 072**	**2 203**	**1 308**	**5 192**	**5 383**	**7 308**
地方部门属	11 533	1 188	3 232	4 521	1 708	884	3 151	3 173	5 209
省级部门属	6 806	922	1 958	2 578	900	448	2 085	1 916	2 805
副省级城市属	1 844	137	673	823	188	23	565	533	746
地市级部门属	2 883	129	601	1 120	620	413	501	724	1 658
中央部门属	6 350	1 770	2 110	1 551	495	424	2 041	2 210	2 099
中国科学院	2 774	1 215	719	448	119	273	967	975	832

表10-2-6　全部县以上部门属科技机构经费收入（2016年）

10-2-6-1　按地域分布

单位：千元

地域	科技活动收入	政府资金				非政府资金			生产经营活动收入	其他收入
			财政拨款	承担政府科研项目收入	其他		技术性收入	国外资金		
总　计	**11 476 968**	**7 969 417**	**3 974 069**	**2 545 102**	**305 352**	**3 507 551**	**3 364 577**	**14 796**	**1 881 815**	**1 602 287**
广州市	9 887 133	6 577 253	3 153 649	2 087 673	275 623	3 309 880	3 177 834	14 796	1 750 701	1 429 121
韶关市	54 950	41 786	37 532	2 722	0	13 164	13 056	0	1 427	8 113
深圳市	620 395	476 043	236 760	225 016	6 142	144 352	144 352	0	76 614	5 996
珠海市	148 514	148 514	92 898	31 657	0	0	0	0	7 698	13 965

（续上表）

地域	科技活动收入	政府资金	财政拨款	承担政府科研项目收入	其他	非政府资金	技术性收入	国外资金	生产经营活动收入	其他收入
汕头市	53 356	51 915	41 976	7 192	2 747	1 441	1 441	0	14 172	8 988
佛山市	34 153	34 153	32 739	0	0	0	0	0	0	31 718
江门市	15 637	15 308	5 424	9 426	458	329	329	0	3 085	3 356
湛江市	280 318	259 319	162 814	76 592	4 714	20 999	13 137	0	5 633	29 839
茂名市	28 276	26 491	23 112	2 548		1 785	0	0	0	3 244
肇庆市	27 347	27 031	21 681	5 220	51	316	316	0	0	710
惠州市	67 738	67 738	33 606	16 167	50	0	0	0	360	15 231
梅州市	54 530	53 265	30 032	20 281	70	1 265	448	0	1	3 003
汕尾市	1 956	1 956	1 956	0	0	0	0	0	0	226
河源市	807	807	807	0	0	0	0	0	161	0
阳江市	10 420	10 065	5 820	2 512	320	355	355	0	210	45
清远市	0	0	0	0	0	0	0	0	0	0
东莞市	129 802	124 448	43 645	57 916	11 850	5 354	4 998	0	19 996	19 862
中山市	21 608	21 608	19 827	0	1 581	0	0	0	0	23 987
潮州市	13 029	13 029	13 029	0	0	0	0	0	0	562
揭阳市	25 025	16 714	14 788	180	1 746	8 311	8 311	0	185	1 587
云浮市	1 974	1 974	1 974	0	0	0	0	0	1 572	2 734

10-2-6-2 按隶属关系分布

单位：千元

隶属关系	科技活动收入	政府资金				非政府资金			生产经营活动收入	其他收入
			财政拨款	承担政府科研项目收入	其他		技术性收入	国外资金		
总　计	**11 476 968**	**7 969 417**	**3 974 069**	**2 545 102**	**305 352**	**3 507 551**	**3 364 577**	**14 796**	**1 881 815**	**1 602 287**
地方部门属	7 338 606	4 797 148	2 367 742	1 502 561	46 865	2 541 458	2 450 719	2 569	1 763 569	1 267 335
省级部门属	5 431 060	3 284 598	1 399 854	1 162 246	25 898	2 146 462	2 062 630	2 569	1 575 288	765 958
副省级城市属	1 010 609	757 796	519 451	117 495	2 094	252 813	248 972		137 457	358 515
地市级部门属	896 937	754 754	448 437	222 820	18 873	142 183	139 117		50 824	142 862
中央部门属	4 138 362	3 172 269	1 606 327	1 042 541	258 487	966 093	913 858	12 227	118 246	334 952
中国科学院	1 827 852	1 627 375	872 402	544 401	179 887	200 477	158 100	10 609	16 163	172 822

10-2-6-3 按服务的国民经济行业分布

单位：千元

行业	科技活动收入	政府资金				非政府资金			生产经营活动收入	其他收入
			财政拨款	承担政府科研项目收入	其他		技术性收入	国外资金		
总　计	**11 476 968**	**7 969 417**	**3 974 069**	**2 545 102**	**305 352**	**3 507 551**	**3 364 577**	**14 796**	**1 881 815**	**1 602 287**
农、林、牧、渔业	1 717 158	1 512 352	894 991	425 566	17 916	204 806	184 927	349	160 394	303 891
农业	680 208	599 770	396 841	131 554	13 506	80 438	75 929	349	66 360	115 923
林业	272 326	251 167	138 565	89 124	2 304	21 159	17 787	0	25 487	54 137

（续上表）

行业	科技活动收入	政府资金				非政府资金			生产经营活动收入	其他收入
		政府资金	财政拨款	承担政府科研项目收入	其他	非政府资金	技术性收入	国外资金		
畜牧业	133 489	105 449	44 684	52 628	50	28 040	26 294	0	25 336	20 751
渔业	396 166	331 906	190 898	77 329	70	64 260	64 259	0	24 399	21 722
农、林、牧、渔服务业	234 969	224 060	124 003	74 931	1 986	10 909	658	0	18 812	91 358
采矿业	57 303	47 671	45 013	2 658	0	9 632	8 323	1 308	8 924	17
有色金属矿采选业	57 303	47 671	45 013	2 658	0	9 632	8 323	1 308	8 924	17
制造业	760 850	606 335	305 097	204 655	88 628	154 515	142 635	0	44 877	129 987
农副食品加工业	240 002	162 251	63 858	97 330	21	77 751	69 889	0	27 901	36 385
食品制造业	106 061	66 064	48 857	17 207	0	39 997	39 997	0	3 960	16 578
石油加工、炼焦和核燃料加工业	1 971	1 971	1 971	0	0	0	0	0	0	2 268
医药制造业	300 972	271 574	118 988	63 700	87 417	29 398	25 380	0	918	23 292
化学纤维制造业	6 087	6 087	2 580	3 507	0	0	0	0	1 521	9 923
专用设备制造业	96 694	89 325	60 413	22 911	557	7 369	7 369	0	10 390	40 982
铁路、船舶、航空航天和其他运输设备制造业	8 280	8 280	8 280	0	0	0	0	0	0	
计算机、通信和其他电子设备制造业	783	783	150	0	633	0	0	0	187	559
交通运输、仓储和邮政业	41 959	39 761	3 566	36 195	0	2 198	2 198	0	0	108 771
道路运输业	36 175	36 175	0	36 175	0	0	0	0	0	103 307
水上运输业	5 784	3 586	3 566	20	0	2 198	2 198	0	0	5 464
信息传输、软件和信息技术服务业	137 349	108 733	46 435	61 498	800	28 616	28 616	0	4 894	22 205

（续上表）

行业	科技活动收入	政府资金				非政府资金			生产经营活动收入	其他收入
			财政拨款	承担政府科研项目收入	其他		技术性收入	国外资金		
电信、广播电视和卫星传输服务	82 630	75 416	13 918	61 498	0	7 214	7 214	0	3 670	8 039
软件和信息技术服务业	54 719	33 317	32 517	0	800	21 402	21 402	0	1 224	14 166
科学研究和技术服务业	5 219 161	3 867 820	2 041 350	1 266 228	193 671	1 351 341	1 309 858	12 227	668 143	588 553
研究和试验发展	2 924 709	2 261 737	1 141 890	853 635	75 626	662 972	628 342	10 609	281 991	292 869
专业技术服务业	2 089 537	1 508 867	848 995	367 007	118 045	580 670	573 817	1 618	375 847	238 783
科技推广和应用服务业	204 915	97 216	50 465	45 586	0	107 699	107 699	0	10 305	56 901
水利、环境和公共设施管理业	786 274	367 875	207 077	110 714	0	418 399	412 431	912	99 272	148 389
水利管理业	475 391	180 268	114 007	34 179	0	295 123	293 794	0	0	10 676
生态保护和环境治理业	310 883	187 607	93 070	76 535	0	123 276	118 637	912	99 272	137 713
教育	29 169	29 169	29 113	56	0	0	0	0	0	28 036
教育	29 169	29 169	29 113	56	0	0	0	0	0	28 036
卫生和社会工作	2 506 614	1 189 754	215 180	423 832	4 337	1 316 860	1 255 281	0	888 938	256 193
卫生	2 506 614	1 189 754	215 180	423 832	4 337	1 316 860	1 255 281	0	888 938	256 193
文化、体育和娱乐业	123 303	102 119	88 419	13 700	0	21 184	20 308	0	6 373	16 245
文化艺术业	93 509	73 248	59 668	13 580	0	20 261	20 261	0	6 373	8 848
体育	29 794	28 871	28 751	120	0	923	47	0	0	7 397
公共管理、社会保障和社会组织	97 828	97 828	97 828	0	0	0	0	0	0	0
国家机构	97 828	97 828	97 828	0	0	0	0	0	0	0

表10-2-7　全部县以上部门属科技机构经费支出（2016年）

10-2-7-1　按地域分布

单位：千元

地域	科技经费内部支出	科技经费日常支出				科研基建	生产经营支出	其他支出
			人员劳务费	设备购置费	其他日常支出			
总　计	**10 398 411**	**8 952 380**	**3 074 339**	**944 315**	**4 933 726**	**1 446 031**	**2 037 228**	**1 678 461**
广州市	9 129 433	7 774 414	2 547 233	796 987	4 430 194	1 355 019	1 870 554	1 486 562
韶关市	50 310	48 541	27 708	3 642	17 191	1 769	1 442	11 693
深圳市	564 891	556 760	234 514	82 875	239 371	8 131	111 683	3 927
珠海市	60 096	36 137	15 333	14 826	5 978	23 959	5 374	11 182
汕头市	37 103	37 103	26 808	705	9 590	0	9 776	18 623
佛山市	48 246	46 832	17 480	1 379	27 973	1 414	0	16 211
江门市	13 156	13 156	6 613	77	6 466	0	291	3 664
湛江市	183 311	168 112	64 585	13 381	90 146	15 199	15 162	43 917
茂名市	23 413	22 582	11 804	894	9 884	831	1 201	6 385
肇庆市	18 129	18 050	8 666	152	9 232	79	0	4 032
惠州市	61 207	43 292	28 515	1 135	13 642	17 915	407	11 465
梅州市	38 205	35 323	12 936	16 889	5 498	2 882	181	7 133
汕尾市	1 646	1 646	1 070	12	564	0	0	521
河源市	3 480	3 480	1 962	0	1 518	0	0	248
阳江市	7 233	5 820	3 240	673	1 907	1 413	6 290	868
清远市	0	0	0	0	0	0	0	0

（续上表）

地域	科技经费内部支出	科技经费日常支出				科研基建	生产经营支出	其他支出
			人员劳务费	设备购置费	其他日常支出			
东莞市	97 692	80 472	34 754	3 212	42 506	17 220	12 396	20 802
中山市	21 832	21 632	9 381	881	11 370	200	0	23 613
潮州市	9 889	9 889	7 312	0	2 577	0	0	3 288
揭阳市	25 591	25 591	11 958	6 540	7 093	0	815	1 900
云浮市	3 548	3 548	2 467	55	1 026	0	1 656	2 427

10-2-7-2 按隶属关系分布

单位：千元

隶属关系	科技经费内部支出	科技经费日常支出				科研基建	生产经营支出	其他支出
			人员劳务费	设备购置费	其他日常支出			
总　计	**10 398 411**	**8 952 380**	**3 074 339**	**944 315**	**4 933 726**	**1 446 031**	**2 037 228**	**1 678 461**
地方部门属	6 591 069	5 438 573	1 767 668	483 403	3 187 502	1 152 496	1 910 867	1 339 946
省级部门属	4 876 097	4 033 248	1 133 699	333 986	2 565 563	842 849	1 610 906	989 316
副省级城市属	1 041 613	803 010	353 250	85 326	364 434	238 603	219 209	197 352
地市级部门属	673 359	602 315	280 719	64 091	257 505	71 044	80 752	153 278
中央部门属	3 807 342	3 513 807	1 306 671	460 912	1 746 224	293 535	126 361	338 515
中国科学院	1 789 002	1 734 775	616 540	275 983	842 252	54 227	11 210	179 731

10–2–7–3　按机构所属学科领域分布

单位：千元

学科领域	科技经费内部支出	科技经费日常支出				科研基建	生产经营支出	其他支出
			人员劳务费	设备购置费	其他日常支出			
总　计	**10 398 411**	**8 952 380**	**3 074 339**	**944 315**	**4 933 726**	**1 446 031**	**2 037 228**	**1 678 461**
自然科学领域	1 644 404	1 554 442	571 171	250 086	733 185	89 962	151 063	208 229
农业科学领域	1 939 639	1 738 179	635 387	174 652	928 140	201 460	138 377	441 352
医学科学领域	2 617 625	2 003 526	304 921	63 624	1 634 981	614 099	881 180	585 695
工程科学与技术领域	3 718 534	3 178 024	1 374 075	414 183	1 389 766	540 510	798 147	331 870
社会、人文科学领域	478 209	478 209	188 785	41 770	247 654	0	68 461	111 315

10–2–7–4　按服务的国民经济行业分布

单位：千元

行业	科技经费内部支出	科技经费日常支出				科研基建	生产经营支出	其他支出
			人员劳务费	设备购置费	其他日常支出			
总　计	**10 398 411**	**8 952 380**	**3 074 339**	**944 315**	**4 933 726**	**1 446 031**	**2 037 228**	**1 678 461**
农、林、牧、渔业	1 543 658	1 361 515	493 309	139 396	728 810	182 143	136 711	335 599
农业	590 601	526 224	187 136	42 760	296 328	64 377	62 646	144 895
林业	239 891	218 496	83 765	40 497	94 234	21 395	17 813	58 563
畜牧业	124 744	115 122	42 571	9 748	62 803	9 622	20 214	11 422
渔业	388 770	325 161	109 907	21 692	193 562	63 609	21 906	41 905

（续上表）

行业	科技经费内部支出	科技经费日常支出				科研基建	生产经营支出	其他支出
			人员劳务费	设备购置费	其他日常支出			
农、林、牧、渔服务业	199 652	176 512	69 930	24 699	81 883	23 140	14 132	78 814
采矿业	35 094	35 094	22 568	1 509	11 017	0	4 542	104
有色金属矿采选业	35 094	35 094	22 568	1 509	11 017	0	4 542	104
制造业	709 945	686 476	263 830	97 104	325 542	23 469	59 807	115 909
农副食品加工业	166 271	165 229	80 482	20 480	64 267	1 042	42 988	37 059
食品制造业	123 821	111 837	45 831	29 585	36 421	11 984	3 760	15 001
石油加工、炼焦和核燃料加工业	844	844	537	4	303	0	1 082	2 820
医药制造业	293 924	291 832	87 454	33 807	170 571	2 092	924	24 621
化学纤维制造业	6 250	6 087	2 546	239	3 302	163	716	8 395
专用设备制造业	117 581	109 393	45 956	12 989	50 448	8 188	9 649	27 743
铁路、船舶、航空航天和其他运输设备制造业	372	372	270	0	102	0	0	0
计算机、通信和其他电子设备制造业	882	882	754	0	128	0	688	270
交通运输、仓储和邮政业	76 294	76 294	40 751	720	34 823	0	22 747	4 462
道路运输业	69 546	69 546	36 962	538	32 046	0	22 747	434
水上运输业	6 748	6 748	3 789	182	2 777	0	0	4 028
信息传输、软件和信息技术服务业	113 937	98 169	63 043	9 202	25 924	15 768	4 928	10 155
电信、广播电视和卫星传输服务	57 761	41 993	30 975	3 715	7 303	15 768	3 670	7 230
软件和信息技术服务业	56 176	56 176	32 068	5 487	18 621	0	1 258	2 925

（续上表）

行业	科技经费内部支出	科技经费日常支出				科研基建	生产经营支出	其他支出
			人员劳务费	设备购置费	其他日常支出			
科学研究和技术服务业	4 712 053	4 153 984	1 673 587	595 502	1 884 895	558 069	734 703	506 687
研究和试验发展	2 585 253	2 349 358	980 411	322 975	1 045 972	235 895	295 010	248 286
专业技术服务业	2 003 364	1 682 361	639 276	270 836	772 249	321 003	399 786	176 375
科技推广和应用服务业	123 436	122 265	53 900	1 691	66 674	1 171	39 907	82 026
水利、环境和公共设施管理业	661 248	601 353	232 641	51 265	317 447	59 895	188 305	99 097
水利管理业	332 850	290 957	118 075	17 214	155 668	41 893	100 648	23 654
生态保护和环境治理业	328 398	310 396	114 566	34 051	161 779	18 002	87 657	75 443
教育	29 169	29 169	23 461	933	4 775	0	0	28 036
教育	29 169	29 169	23 461	933	4 775	0	0	28 036
卫生和社会工作	2 312 972	1 706 285	217 224	24 558	1 464 503	606 687	876 906	560 664
卫生	2 312 972	1 706 285	217 224	24 558	1 464 503	606 687	876 906	560 664
文化、体育和娱乐业	110 077	110 077	32 053	9 542	68 482	0	6 755	16 878
文化艺术业	85 038	85 038	22 073	6 157	56 808	0	6 755	9 417
体育	25 039	25 039	9 980	3 385	11 674	0	0	7 461
公共管理、社会保障和社会组织	93 964	93 964	11 872	14 584	67 508	0	1 824	870
国家机构	93 964	93 964	11 872	14 584	67 508	0	1 824	870

表10-2-8　全部县以上部门属科技机构基本建设与固定资产（2016年）

10-2-8-1　按地域分布

单位：千元

地域	基本建设投资实际完成额			科研基建					年末固定资产原价			
		科研仪器设备	科研土建工程		政府资金	企业资金	事业单位资金	其他资金		科研房屋建筑物	科研仪器设备	进口
总　计	**1 520 270**	**466 410**	**979 621**	**1 446 031**	**1 144 894**	**3 897**	**235 372**	**61 868**	**12 866 618**	**3 362 789**	**6 498 564**	**1 767 982**
广州市	1 403 795	429 592	925 427	1 355 019	1 060 308	3 752	229 091	61 868	10 938 879	2 784 884	5 485 623	1 590 415
韶关市	1 769		1 769	1 769	1 532	0	237	0	66 332	44 402	12 723	2 342
深圳市	8 131	6 491	1 640	8 131	8 125	0	6	0	682 593	0	639 559	23 094
珠海市	23 959	17 052	6 907	23 959	23 959	0	0	0	60 156	34 046	21 581	0
汕头市	0	0	0	0	0	0	0	0	79 377	56 049	14 750	2
佛山市	1 414	0	1 414	1 414	1 414	0	0	0	48 694	32 491	7 380	0
江门市	0	0	0	0	0	0	0	0	39 901	21 931	5 230	0
湛江市	18 199	9 560	5 639	15 199	15 199	0	0	0	485 957	145 042	199 734	119 973
茂名市	831	0	831	831	831	0	0	0	12 917	5 067	2 993	0
肇庆市	79	79	0	79	79	0	0	0	22 160	4 740	2 246	0
惠州市	17 915	703	17 212	17 915	17 915	0	0	0	44 595	27 111	10 866	0
梅州市	2 882	1 182	1 700	2 882	2 882	0	0	0	44 692	33 482	5 517	0
汕尾市	0	0	0	0	0	0	0	0	1 010	381	0	0
河源市	0	0	0	0	0	0	0	0	665	0	0	0
阳江市	1 413	50	1 363	1 413	1 413	0	0	0	13 585	10 605	1 560	0
清远市	0	0	0	0	0	0	0	0	0	0	0	0
东莞市	39 683	1 701	15 519	17 220	11 037	145	6 038	0	223 074	120 325	43 066	2 532
中山市	200	0	200	200	200	0	0	0	11 625	6 732	4 893	1 278
潮州市	0	0	0	0	0	0	0	0	8 602	3 624	701	0
揭阳市	0	0	0	0	0	0	0	0	78 351	31 607	39 834	28 196
云浮市	0	0	0	0	0	0	0	0	3 453	270	308	150

10-2-8-2　按隶属关系分布

单位：千元

隶属关系	基本建设投资实际完成额	科研仪器设备	科研土建工程	科研基建	政府资金	企业资金	事业单位资金	其他资金	年末固定资产原价	科研房屋建筑物	科研仪器设备	进口
总　计	**1 520 270**	**466 410**	**979 621**	**1 446 031**	**1 144 894**	**3 897**	**235 372**	**61 868**	**12 866 618**	**3 362 789**	**6 498 564**	**1 767 982**
地方部门属	1 219 061	381 085	771 411	1 152 496	879 980	3 897	208 789	59 830	7 015 575	2 115 159	3 096 119	485 493
省级部门属	871 951	291 945	550 904	842 849	696 600	3 752	82 667	59 830	4 354 045	1 281 670	2 297 344	312 831
副省级城市属	253 603	68 373	170 230	238 603	118 756	0	119 847	0	1 750 577	364 202	577 654	136 185
地市级部门属	93 507	20 767	50 277	71 044	64 624	145	6 275	0	910 953	469 287	221 121	36 477
中央部门属	301 209	85 325	208 210	293 535	264 914	0	26 583	2 038	5 851 043	1 247 630	3 402 445	1 282 489
中国科学院	54 227	646	53 581	54 227	30 685	0	22 919	623	3 002 526	322 831	1 941 905	947 644

表10-2-9　全部县以上部门属科技机构课题概况（2016年）

10-2-9-1　按地域分布

地域	课题数合计（个）	R&D课题	课题经费内部支出（千元）	政府资金	R&D课题经费	课题投入人员（人年）	R&D人员
总　计	**8 432**	**7 109**	**4 900 682**	**3 216 412**	**4 112 910**	**13 276**	**10 753**
广州市	7 418	6 396	4 363 657	2 861 883	3 677 123	10 990	9 347
韶关市	27	3	3 151	2 421	999	67	7
深圳市	460	440	374 327	223 813	349 900	856	789
珠海市	15	6	13 845	13 495	8 309	110	61
汕头市	56	21	12 520	10 520	2 681	180	36
佛山市	21	6	5 054	2 303	1 200	42	12
江门市	20	11	4 263	4 231	2 172	32	17

（续上表）

地域	课题数合计（个）		课题经费内部支出（千元）			课题投入人员（人年）	
		R&D课题		政府资金	R&D课题经费		R&D人员
湛江市	168	85	28 119	24 849	6 487	317	115
茂名市	12	4	2 941	2 910	1 221	33	14
肇庆市	26	9	3 410	1 705	1 908	56	24
惠州市	47	24	23 146	13 421	13 992	119	60
梅州市	28	13	4 793	4 793	2 032	96	35
阳江市	8	2	1 465	1 465	600	15	4
东莞市	87	62	52 486	43 177	38 930	231	151
中山市	9	8	1 679	1 679	1 579	32	22
潮州市	9	4	730	730	200	43	14
揭阳市	17	12	3 839	1 760	3 029	50	38
云浮市	4	3	1 258	1 258	549	9	8

10-2-9-2　按隶属关系分布

隶属关系	课题数合计（个）		课题经费内部支出（千元）			课题投入人员（人年）	
		R&D课题		政府资金	R&D课题经费		R&D人员
总　计	**8 432**	**7 109**	**4 900 682**	**3 216 412**	**4 112 910**	**13 276**	**10 753**
地方部门属	4 192	3 253	2 681 959	1 464 876	2 197 730	7 412	5 595
省级部门属	3 214	2 640	2 299 861	1 176 202	1 979 247	5 002	4 203
副省级城市属	516	387	188 195	141 579	92 252	947	674
地市级部门属	462	226	193 903	147 096	126 230	1 463	717
中央部门属	4 240	3 856	2 218 723	1 751 536	1 915 179	5 864	5 158
中国科学院	2 714	2 543	1 306 389	984 713	1 205 382	3 095	2 879

10-2-9-3　按课题活动类型分布

活动类型	课题数合计（个）	R&D课题	课题经费内部支出（千元）	政府资金	R&D课题经费	课题投入人员（人年）	R&D人员
总　计	**8 432**	**7 109**	**4 900 682**	**3 216 412**	**4 112 910**	**13 276**	**10 753**
基础研究	2 140	2 140	971 470	670 685	971 470	2 913	2 913
应用研究	2 199	2 199	1 147 936	728 567	1 147 936	3 139	3 139
试验发展	2 770	2 770	1 993 503	1 324 538	1 993 503	4 701	4 701
R&D成果应用	587	0	393 848	246 532	0	1 089	0
科技服务	736	0	393 924	246 090	0	1 434	0

10-2-9-4　按服务的国民经济行业分布

行业	课题数合计（个）	R&D课题	课题经费内部支出（千元）	政府资金	R&D课题经费	课题投入人员（人年）	R&D人员
总　计	**8 432**	**7 109**	**4 900 682**	**3 216 412**	**4 112 910**	**13 276**	**10 753**
农、林、牧、渔业	1 813	1 348	562 378	530 987	410 394	2 636	1 719
农业	736	485	260 751	244 274	178 551	1 115	627
林业	239	185	50 520	49 327	39 064	431	288
畜牧业	187	153	52 969	43 822	47 487	282	184
渔业	424	354	149 844	149 435	111 598	523	428
农、林、牧、渔服务业	227	171	48 295	44 131	33 695	285	192
采矿业	42	42	34 584	29 815	34 584	68	68
有色金属矿采选业	42	42	34 584	29 815	34 584	68	68

（续上表）

行业	课题数合计（个）		课题经费内部支出（千元）			课题投入人员（人年）	
		R&D课题		政府资金	R&D课题经费		R&D人员
制造业	819	750	365 532	320 263	348 494	1 236	1 114
农副食品加工业	139	118	36 382	33 961	29 434	274	215
食品制造业	193	187	65 694	60 423	63 235	242	234
石油加工、炼焦和核燃料加工业	1	1	541	541	541	8	8
医药制造业	376	361	227 124	197 042	224 506	551	540
化学纤维制造业	4	4	5 477	2 734	5 477	13	13
专用设备制造业	106	79	30 314	25 563	25 301	149	104
交通运输、仓储和邮政业	46	10	72 292	36 564	13 931	90	29
道路运输业	37	5	65 753	36 175	9 509	68	14
水上运输业	9	5	6 539	389	4 422	23	16
信息传输、软件和信息技术服务业	200	134	60 003	34 962	38 936	166	116
电信、广播电视和卫星传输服务	161	108	39 913	14 872	25 820	85	57
软件和信息技术服务业	39	26	20 090	20 090	13 116	81	60
科学研究和技术服务业	4 497	3 992	2 349 107	1 869 719	2 055 795	6 814	5 853
研究和试验发展	2 727	2 382	1 582 476	1 243 836	1 406 111	4 417	3 909
专业技术服务业	1 723	1 579	741 641	608 656	629 766	2 188	1 804
科技推广和应用服务业	47	31	24 989	17 227	19 919	208	140
水利、环境和公共设施管理业	548	420	434 241	285 013	295 724	1 013	734
水利管理业	88	54	228 062	117 143	129 098	414	249
生态保护和环境治理业	460	366	206 179	167 871	166 626	599	485
教育	42	42	360	360	360	86	86
教育	42	42	360	360	360	86	86

（续上表）

行业	课题数合计（个）		课题经费内部支出（千元）			课题投入人员（人年）	
		R&D课题		政府资金	R&D课题经费		R&D人员
卫生和社会工作	361	334	963 921	66 949	861 240	1 020	930
卫生	361	334	963 921	66 949	861 240	1 020	930
文化、体育和娱乐业	58	31	57 582	41 096	52 770	144	99
文化艺术业	52	26	57 382	40 896	52 650	129	90
体育	6	5	200	200	120	15	9
公共管理、社会保障和社会组织	6	6	683	683	683	4	4
国家机构	6	6	683	683	683	4	4

10-2-9-5　按课题所属学科分布

学科	课题数合计（个）		课题经费内部支出（千元）			课题投入人员（人年）	
		R&D课题		政府资金	R&D课题经费		其中：R&D人员
总　计	**8 432**	**7 109**	**4 900 682**	**3 216 412**	**4 112 910**	**13 276**	**10 753**
数学	7	6	724	724	662	6	6
信息科学与系统科学	169	126	326 992	325 612	277 736	637	502
力学	2	2	1 333	762	1 333	9	9
物理学	23	23	5 202	2 705	5 202	26	26
化学	81	73	37 331	30 980	30 038	151	124
地球科学	1 034	996	497 838	423 025	419 160	1 181	999
生物学	1 011	953	502 036	417 901	483 918	1 370	1 296
心理学	1	1	49	49	49	1	1
农学	1 351	942	424 981	392 797	296 982	1 842	1 114

（续上表）

学科	课题数合计（个）		课题经费内部支出（千元）			课题投入人员（人年）	
		R&D课题		政府资金	R&D课题经费		其中：R&D人员
林学	287	228	58 494	57 041	45 857	479	332
畜牧、兽医科学	192	160	44 178	39 365	39 712	286	186
水产学	461	378	158 567	157 178	119 062	564	460
基础医学	139	135	264 575	51 630	260 292	299	294
临床医学	195	183	692 427	39 628	612 690	553	505
预防医学与公共卫生学	172	164	111 333	44 496	92 386	428	397
药学	69	67	49 765	25 526	49 062	67	66
中医学与中药学	18	14	6 616	4 417	5 783	23	18
工程与技术科学基础学科	115	103	93 695	60 067	90 812	383	365
信息与系统科学相关工程与技术	60	49	33 921	19 518	28 475	136	103
自然科学相关工程与技术	66	61	30 689	27 459	29 945	141	128
测绘科学技术	10	9	4 299	4 133	4 216	5	5
材料科学	331	295	163 825	129 363	133 938	476	413
矿山工程技术	33	33	29 490	21 863	29 490	78	78
冶金工程技术	16	15	14 392	12 491	14 203	18	17
机械工程	81	67	83 302	63 552	68 619	184	142
动力与电气工程	37	29	16 606	6 700	14 892	28	23
能源科学技术	518	471	174 909	87 081	158 620	453	413
核科学技术	5	5	3 028	2 177	3 028	23	23
电子与通信技术	140	110	133 569	121 222	112 146	643	607
计算机科学技术	160	126	73 388	48 640	59 689	233	190
化学工程	36	29	19 467	8 482	18 543	70	62

（续上表）

学科	课题数合计（个）		课题经费内部支出（千元）			课题投入人员（人年）	
		R&D课题		政府资金	R&D课题经费		其中：R&D人员
产品应用相关工程与技术	12	10	422	382	410	12	9
纺织科学技术	6	6	6 577	2 924	6 577	18	18
食品科学技术	32	28	9 577	7 658	8 693	69	58
土木建筑工程	1	1	2 550	2 500	2 550	7	7
水利工程	99	81	196 805	102 747	127 271	319	255
交通运输工程	86	17	87 131	48 600	17 619	130	38
环境科学技术及资源科学技术	796	718	332 415	269 748	272 651	973	758
安全科学技术	14	10	20 429	2 705	19 263	32	23
管理学	162	67	54 120	41 888	36 303	154	101
马克思主义	1	1	164	164	164	0	0
哲学	3	3	672	672	672	4	4
宗教学	9	9	4 831	4 831	4 831	15	15
文学	2	2	1 140	1 140	1 140	12	12
艺术学	3	1	2 800	2 800	1 000	19	8
历史学	7	7	730	730	730	6	6
考古学	1	1	41 832	25 736	41 832	29	29
经济学	181	163	48 998	47 591	40 803	330	297
法学	8	6	2 121	2 117	1 292	15	12
社会学	53	47	15 060	9 910	13 883	75	65
民族学与文化学	14	14	5 264	5 264	5 264	20	20
新闻学与传播学	2	0	160	160	0	1	0

（续上表）

学科	课题数合计（个）		课题经费内部支出（千元）			课题投入人员（人年）	
		R&D课题		政府资金	R&D课题经费		其中：R&D人员
图书馆、情报与文献学	64	14	7 634	7 331	1 865	133	19
教育学	47	43	934	934	418	90	88
体育科学	7	6	588	588	508	15	10
统计学	2	1	711	711	638	9	4

10-2-9-6　按课题技术领域分布

技术领域	课题数合计（个）		课题经费内部支出（千元）			课题投入人员（人年）	
		R&D课题		政府资金	R&D课题经费		R&D人员
总　计	**8 432**	**7 109**	**4 900 682**	**3 216 412**	**4 112 910**	**13 276**	**10 753**
非技术领域	2 140	2 140	971 470	670 685	971 470	2 913	2 913
信息技术	2 199	2 199	1 147 936	728 567	1 147 936	3 139	3 139
生物和现代农业技术	2 770	2 770	1 993 503	1 324 538	1 993 503	4 701	4 701
新材料技术	587	0	393 848	246 532	0	1 089	0
能源技术	736	0	393 924	246 090	0	1 434	0

10-2-9-7　按课题来源分布

课题来源	课题数合计（个）		课题经费内部支出（千元）			课题投入人员（人年）	
		R&D课题		政府资金	R&D课题经费		R&D人员
总　计	**8 432**	**7 109**	**4 900 682**	**3 216 412**	**4 112 910**	**13 276**	**10 753**
国家重大科技专项	22	20	15 991	15 991	14 851	47	35
国家自然科学基金课题	1 311	1 311	673 418	322 637	673 418	1 598	1 598

（续上表）

课题来源	课题数合计（个）		课题经费内部支出（千元）			课题投入人员（人年）	
		R&D课题		政府资金	R&D课题经费		R&D人员
国家863计划课题	25	24	21 393	19 045	21 385	38	37
国家科技支撑（攻关）计划课题	54	50	49 466	46 363	43 146	110	100
国家重点研发计划课题	65	58	30 087	28 820	27 163	113	102
国家发改委产业化示范工程	2	2	3 836	3 836	3 836	2	2
国家973计划课题	81	81	49 733	48 267	49 733	133	133
国家公益性行业科研专项	131	106	81 311	79 298	67 522	215	161
国家社会科学基金课题	18	16	5 144	5 041	4 521	15	13
除上述国家计划外由中央政府部门下达的课题	622	518	789 230	689 809	711 860	1 678	1 397
地方自然科学基金课题	473	461	126 394	58 546	123 910	590	543
地方科技支撑（攻关）计划课题	1 522	1 288	1 101 817	490 424	933 972	2 236	1 824
火炬计划地方级课题	1	0	70	70	0	1	0
星火计划地方级课题	4	1	275	275	50	7	1
地方社会科学基金课题	21	17	12 722	11 789	12 199	48	32
除上述地方计划外由地方政府部门下达的课题	2 668	2 043	1 161 962	969 949	895 327	4 319	3 245
企业委托：各类生产企业委托课题	541	400	345 706	77 758	176 853	645	384
自选：本机构选定并支付费用的课题	228	199	111 535	67 085	103 031	496	435
国际合作课题	49	39	40 667	33 016	18 418	63	45
其他：不能归入前述各类的课题	594	475	279 926	248 393	231 713	923	667

10-2-9-8 按课题合作形式分布

合作形式	课题数合计（个）	R&D课题	课题经费内部支出（千元）	政府资金	R&D课题经费	课题投入人员（人年）	R&D人员
总　计	**8 432**	**7 109**	**4 900 682**	**3 216 412**	**4 112 910**	**13 276**	**10 753**
与境外机构合作	149	137	165 585	85 111	128 929	239	206
与国内高校合作	359	331	226 884	134 112	217 811	642	557
与国内独立研究机构合作	486	390	371 740	311 548	338 927	791	643
与境内注册的外商独资企业合作	7	4	7 241	6 235	1 678	7	3
与境内注册的其他企业合作	515	380	272 352	182 452	192 648	692	503
独立研究	6 740	5 740	3 648 511	2 433 090	3 064 127	10 512	8 572
其他	176	127	208 368	63 864	168 790	392	269

10-2-9-9 按课题的社会经济目标分布

社会经济目标	课题数合计（个）	R&D课题	课题经费内部支出（千元）	政府资金	R&D课题经费	课题投入人员（人年）	R&D人员
总　计	**8 432**	**7 109**	**4 900 682**	**3 216 412**	**4 112 910**	**13 276**	**10 753**
环境保护、生态建设及污染防治	906	774	429 894	315 247	295 341	1 250	930
环境一般问题	118	94	39 931	33 986	24 683	123	89
环境与资源评估	122	95	64 670	33 659	34 729	192	115
环境监测	236	206	103 261	86 577	83 120	300	210
生态建设	76	60	43 981	43 174	40 736	127	101
环境污染预防	133	123	36 702	29 236	31 929	157	131

（续上表）

社会经济目标	课题数合计（个）	R&D课题	课题经费内部支出（千元）	政府资金	R&D课题经费	课题投入人员（人年）	R&D人员
环境治理	191	169	134 290	81 603	74 092	324	257
自然灾害的预防、预报	30	27	7 059	7 012	6 052	28	24
能源生产、分配和合理利用	606	533	202 580	100 106	178 055	577	521
能源一般问题研究	467	423	148 124	71 577	133 172	409	374
能源矿产勘探技术	1	1	120	0	120	0	0
能源矿物开采和加工技术	2	2	1 213	1 213	1 213	2	2
能源转换技术	6	4	1 451	385	1 319	6	4
能源输送、储存与分配技术	7	6	3 557	2 045	2 977	9	7
可再生能源	46	36	17 295	8 841	12 157	59	52
能源设施和设备建造	6	5	8 242	4 919	8 159	8	8
能源安全生产管理和技术	20	14	4 173	1 884	2 414	12	9
节约能源的技术	37	28	17 317	8 971	15 436	64	56
能源生产、输送、分配、储存、利用过程中污染的防治与处理	14	14	1 088	271	1 088	10	10
卫生事业的发展	626	580	1 131 352	213 958	1 022 732	1 447	1 331
卫生一般问题	62	53	367 139	9 366	333 682	180	162
诊断与治疗	157	147	510 503	48 449	457 051	444	410
预防医学	54	53	16 965	9 247	16 419	149	141
公共卫生	93	87	75 180	29 472	63 891	219	199
营养和食品卫生	23	22	15 527	8 190	15 452	29	29
社会医疗	1	1	439	439	439	2	2

（续上表）

社会经济目标	课题数合计（个）		课题经费内部支出（千元）			课题投入人员（人年）	
		R&D课题		政府资金	R&D课题经费		R&D人员
卫生医疗其他研究	4	2	6 323	797	518	18	3
教育事业发展	232	215	139 276	107 998	135 282	407	385
教育一般问题	58	45	2 904	2 670	1 066	102	92
非学历教育与培训	41	41	853	853	853	86	86
学历教育	1	1	3	3	3	1	1
非学历教育与培训	2	1	506	272	6	3	2
其他教育	14	2	1 542	1 542	204	12	3
基础设施以及城市和农村规划	197	106	201 783	114 119	101 695	360	186
交通运输	130	53	119 954	74 259	39 573	196	89
通信	22	18	42 584	5 283	42 268	36	34
广播与电视	26	17	15 051	11 382	3 980	58	23
城市规划与市政工程	10	9	13 625	13 486	5 304	53	23
农村发展规划与建设	9	9	10 570	9 709	10 570	17	17
交通运输、通信、城市与农村发展对环境的影响	617	411	479 229	437 657	380 962	1 806	1 402
社会发展和社会服务	103	80	42 606	41 916	34 389	167	137
社会发展和社会服务一般问题	1	0	60	14	0	6	0
社会保障	68	52	104 198	83 366	87 714	273	209
公共安全	15	13	6 617	840	6 231	19	18
社会管理	8	8	531	531	531	8	8
就业	2	2	149	149	149	2	2

（续上表）

社会经济目标	课题数合计（个）		课题经费内部支出（千元）			课题投入人员（人年）	
		R&D课题		政府资金	R&D课题经费		R&D人员
法律与司法	1	0	597	597	0	2	0
政府与政治	2	2	1 625	1 625	1 625	4	4
遗产保护	3	3	260	260	260	3	3
语言与文化	2	2	223	223	223	2	2
文艺、娱乐	3	1	2 800	2 800	1 000	19	8
宗教与道德	4	4	4 629	4 629	4 629	10	10
传媒	2	2	323	162	323	3	3
科技发展	226	141	191 778	185 390	168 721	891	811
国土资源管理	5	0	14 022	13 795	0	57	0
其他社会发展和社会服务	172	101	108 811	101 361	75 167	342	187
地球和大气层的探索与利用	931	910	402 989	349 349	393 181	939	910
地壳、地幔、海底的探测和研究	287	286	110 226	80 213	107 701	277	270
水文地理	11	11	1 521	1 515	1 521	8	8
海洋	419	403	183 027	182 271	179 350	425	409
大气	49	45	25 253	11 249	21 647	85	78
地球探测和开发其他研究	165	165	82 961	74 101	82 961	145	145
民用空间的探测及开发	3	3	728	728	728	5	5
飞行器和运载工具研制	1	1	400	400	400	4	4
发射与控制系统	2	2	328	328	328	1	1
卫星服务	2 532	1 933	812 182	748 663	610 208	3 470	2 360
促进农林牧渔业发展	192	139	84 449	81 147	59 383	298	204

（续上表）

社会经济目标	课题数合计（个）		课题经费内部支出（千元）			课题投入人员（人年）	
		R&D课题		政府资金	R&D课题经费		R&D人员
农林牧渔业发展一般问题	703	483	206 407	185 728	143 140	1 149	660
农作物种植及培育	213	165	47 293	46 841	36 132	338	231
林业和林产品	97	75	23 502	18 886	19 426	188	101
畜牧业	442	362	153 189	151 536	112 695	537	429
渔业	712	563	206 016	175 260	158 984	771	587
农林牧渔业体系支撑	173	146	91 325	89 264	80 448	188	149
农林牧渔业生产中污染的防治与处理	855	717	654 703	484 524	555 603	1 597	1 320
工商业发展	65	52	23 382	20 882	11 362	84	63
促进工商业发展的一般问题	103	91	80 519	65 249	77 427	153	143
产业共性技术	88	78	20 425	16 503	18 465	104	86
非能源资源矿产的开采	8	7	6 202	3 317	6 198	20	18
食品、饮料和烟草制品业	23	22	5 480	2 280	5 280	44	41
纺织业、服装及皮革制品业	84	64	56 799	56 052	49 171	95	69
化学工业	66	52	44 449	35 560	35 969	141	102
非金属与金属制品业	21	18	28 904	28 729	28 605	31	29
机械制造业（不包括电子设备、仪器仪表及办公机械）	21	20	13 497	10 659	13 397	63	60
电子设备、仪器仪表及办公机械	1	1	276	276	276	1	1
其他制造业	3	2	489	360	293	3	2
建筑业	30	18	19 274	13 683	14 093	80	57
信息与通信技术（ICT）服务业	306	263	333 536	213 515	275 782	707	593

（续上表）

社会经济目标	课题数合计（个）	R&D课题	课题经费内部支出（千元）	政府资金	R&D课题经费	课题投入人员（人年）	R&D人员
技术服务业	9	7	7 339	5 195	6 999	25	22
金融业	14	10	2 922	2 419	1 121	23	12
商业及其他服务业	13	12	11 211	9 845	11 168	23	22
工商业活动中的环境保护、污染防治与处理	1 062	1 062	521 658	390 629	521 658	1 528	1 528
非定向研究	626	626	209 490	185 812	209 490	815	815
自然科学领域的非定向研究	142	142	67 774	40 375	67 774	202	202
工程与技术科学领域的非定向研究	33	33	3 902	3 618	3 902	46	46
农业科学领域的非定向研究	173	173	156 522	93 622	156 522	243	243
医学科学领域的非定向研究	22	22	6 898	6 226	6 898	29	29
社会科学领域的非定向研究	64	64	76 467	60 371	76 467	189	189
人文科学领域的非定向研究	2	2	605	605	605	6	6
其他	25	21	60 359	58 510	51 359	181	154
其他民用目标	14	14	322	254	322	14	14

表10–2–10　全部县以上部门属科技机构课题经费内部支出按活动类型分类（2016年）

10–2–10–1　按地域分布

单位：千元

地域	课题经费内部支出	基础研究	应用研究	试验发展	R&D成果应用	科技服务
总　计	**4 900 682**	**971 470**	**1 147 936**	**1 993 503**	**393 848**	**393 924**
广州市	4 363 657	848 451	976 068	1 852 604	341 068	345 466

（续上表）

地域	课题经费内部支出					
		基础研究	应用研究	试验发展	R&D成果应用	科技服务
韶关市	3 151	0	0	999	1 225	927
深圳市	374 327	120 848	163 511	65 541	19 525	4 902
珠海市	13 845	0	2 800	5 509	810	4 726
汕头市	12 520	0	341	2 340	5 210	4 629
佛山市	5 054	0	600	600	1 306	2 548
江门市	4 263	0	0	2 172	70	2 021
湛江市	28 119	2 172	1 604	2 712	12 740	8 892
茂名市	2 941	0	541	680	300	1 420
肇庆市	3 410	0	0	1 908	1 275	227
惠州市	23 146	0	0	13 992	4 693	4 461
梅州市	4 793	0	0	2 032	2 601	160
阳江市	1 465	0	0	600	235	630
东莞市	52 486	0	993	37 937	2 040	11 516
中山市	1 679	0	1 479	100	0	100
潮州市	730	0	0	200	370	160
揭阳市	3 839	0	0	3 029	380	430
云浮市	1 258	0	0	549	0	710

10-2-10-2　按隶属关系分布

单位：千元

隶属关系	课题经费内部支出	基础研究	应用研究	试验发展	R&D成果应用	科技服务
总　计	**4 900 682**	**971 470**	**1 147 936**	**1 993 503**	**393 848**	**393 924**
地方部门属	2 681 959	421 884	529 405	1 246 441	282 438	201 791
省级部门属	2 299 861	396 630	500 424	1 082 194	192 243	128 370
副省级城市属	188 195	9 465	20 576	62 212	64 621	31 322
地市级部门属	193 903	15 789	8 405	102 036	25 574	42 099
中央部门属	2 218 723	549 586	618 531	747 062	111 410	192 134
中国科学院	1 306 389	502 752	392 550	310 080	21 261	79 746

表10-2-11　全部县以上部门属科技机构课题投入人员按活动类型分类（2016年）

10-2-11-1　按地域分布

单位：人年

地域	课题投入人员	基础研究	应用研究	试验发展	R&D成果应用	科技服务
总　计	**13 276**	**2 914**	**3 139**	**4 701**	**1 089**	**1 434**
广州市	10 990	2 459	2 759	4 129	631	1 012
韶关市	67	0	0	7	49	11
深圳市	856	395	265	129	33	34
珠海市	110	0	47	14	10	39
汕头市	180	0	5	31	95	49
佛山市	42	0	6	6	6	24
江门市	32	0	0	17	0	14
湛江市	317	59	22	33	115	86

（续上表）

地域	课题投入人员					
		基础研究	应用研究	试验发展	R&D成果应用	科技服务
茂名市	33	0	8	6	6	13
肇庆市	56	0	0	24	11	21
惠州市	119	0	0	60	36	23
梅州市	96	0	0	35	54	7
阳江市	15	0	0	4	4	7
东莞市	231	0	8	144	17	64
中山市	32	0	19	3	0	10
潮州市	43	0	0	14	15	14
揭阳市	50	0	0	38	8	5
云浮市	9	0	0	8	0	1

10-2-11-2　按隶属关系分布

单位：人年

隶属关系	课题投入人员					
		基础研究	应用研究	试验发展	R&D成果应用	科技服务
总　计	**13 276**	**2 914**	**3 139**	**4 701**	**1 089**	**1 434**
地方部门属	7 412	1 197	1 480	2 917	798	1 019
省级部门属	5 002	985	1 051	2 168	358	440
副省级城市属	947	97	319	258	67	206
地市级部门属	1 463	115	110	492	373	373
中央部门属	5 864	1 716	1 659	1 783	291	415
中国科学院	3 095	1 364	965	550	33	183

表10-2-12　全部县以上部门属科技机构专利（2016年）

10-2-12-1　按地域分布

地域	专利申请受理数（件）		专利授权数（件）			有效发明专利数（件）	专利所有权转让及许可数（件）	专利所有权转让与许可收入（千元）
		发明专利		其中：发明专利	其中：国外授权			
总　计	**2 478**	**1 925**	**1 427**	**984**	**18**	**5 278**	**64**	**12 906**
广州市	1 352	977	796	496	12	3 731	41	11 188
韶关市	3	0	0	0	0	5	0	0
深圳市	979	855	520	429	6	1 255	22	1 598
珠海市	40	36	12	11	0	18	0	0
佛山市	5	2	1	1	0	3	0	0
江门市	2	2	1	1	0	2	0	0
湛江市	63	30	66	28	0	126	1	120
茂名市	1	1	1	1	0	3	0	0
惠州市	0	0	0	0	0	2	0	0
东莞市	31	21	30	17	0	132	0	0
揭阳市	2	1	0	0	0	1	0	0

10-2-12-2　按隶属关系分布

隶属关系	专利申请受理数（件）		专利授权数（件）			有效发明专利数（件）	专利所有权转让及许可数（件）	专利所有权转让与许可收入（千元）
		发明专利		其中：发明专利	其中：国外授权			
总　计	**2 478**	**1 925**	**1 427**	**984**	**18**	**5 278**	**64**	**12 906**
地方部门属	780	581	386	247	2	1 518	14	2 575
省级部门属	642	495	295	194	1	1 242	14	2 575

（续上表）

隶属关系	专利申请受理数（件）		专利授权数（件）			有效发明专利数（件）	专利所有权转让及许可数（件）	专利所有权转让与许可收入（千元）
		发明专利		其中：发明专利	其中：国外授权			
副省级城市属	38	12	29	11	1	77	0	0
地市级部门属	100	74	62	42	0	199	0	0
中央部门属	1 698	1 344	1 041	737	16	3 760	50	10 331
中国科学院	1 337	1 147	741	605	11	2 699	44	10 135

10-2-12-3 按国民经济行业分布

行业	专利申请受理数（件）		专利授权数（件）			有效发明专利数（件）	专利所有权转让及许可数（件）	专利所有权转让与许可收入（千元）
		发明专利		其中：发明专利	其中：国外授权			
总　计	**2 478**	**1 925**	**1 427**	**984**	**18**	**5 278**	**64**	**12 906**
农、林、牧、渔业	323	213	210	106	0	802	10	546
农业	112	95	63	43	0	290	2	120
林业	32	2	17	9	0	77	4	26
畜牧业	46	43	24	22	0	139	4	400
渔业	114	58	90	23	0	234	0	0
农、林、牧、渔服务业	19	15	16	9	0	62	0	0
采矿业	16	14	5	4	0	35	0	0
有色金属矿采选业	16	14	5	4	0	35	0	0
制造业	211	145	142	83	3	463	3	9 062
农副食品加工业	55	38	58	32	0	120	0	0
食品制造业	47	46	22	22	0	195	1	555
医药制造业	44	42	23	20	3	114	1	8 387

（续上表）

行业	专利申请受理数（件）	发明专利	专利授权数（件）	其中：发明专利	其中：国外授权	有效发明专利数（件）	专利所有权转让及许可数（件）	专利所有权转让与许可收入（千元）
化学纤维制造业	3	2	0	0	0	3	0	0
专用设备制造业	62	17	39	9	0	31	1	120
交通运输、仓储和邮政业	1	1	1	1	0	2	0	0
道路运输业	1	1	0	0	0	1	0	0
水上运输业	0	0	1	1	0	1	0	0
信息传输、软件和信息技术服务业	96	55	39	9	0	18	0	0
电信、广播电视和卫星传输服务	86	48	36	8	0	17	0	0
软件和信息技术服务业	10	7	3	1	0	1	0	0
科学研究和技术服务业	1 708	1 428	954	750	13	3 600	49	3 298
研究和试验发展	1 461	1 235	826	660	9	2 940	49	3 298
专业技术服务业	236	183	124	89	1	643	0	0
科技推广和应用服务业	11	10	4	1	3	17	0	0
水利、环境和公共设施管理业	109	61	65	25	2	299	2	0
水利管理业	44	13	39	10	0	112	0	0
生态保护和环境治理业	65	48	26	15	2	187	2	0
卫生和社会工作	12	6	10	5	0	54	0	0
卫生	12	6	10	5	0	54	0	0
文化、体育和娱乐业	2	2	1	1	0	5	0	0
体育	2	2	1	1	0	5	0	0

10-2-12-4 按机构所属学科领域分布

学科领域	专利申请受理数（件）	发明专利	专利授权数（件）	其中：发明专利	其中：国外授权	有效发明专利数（件）	专利所有权转让及许可数（件）	专利所有权转让与许可收入（千元）
总　计	**2 478**	**1 925**	**1 427**	**984**	**18**	**5 278**	**64**	**12 906**
自然科学领域	339	286	156	112	2	793	2	705
农业科学领域	466	296	292	155	1	1 078	13	666
医学科学领域	59	48	33	25	3	168	1	8 387
工程科学与技术领域	1 610	1 291	944	690	12	3 229	48	3 148
社会、人文科学领域	4	4	2	2	0	10	0	0

表10-2-13 全部县以上部门属科技机构论文、著作及其他科技产出（2016年）

10-2-13-1 按地域分布

地域	科技论文（篇）	国外发表	科技著作（种）	形成国家或行业标准数（项）	集成电路布图设计登记数（件）	植物新品种权授予数（项）	软件著作权数（件）	新药证书数（件）
总　计	**8 095**	**3 125**	**249**	**154**	**0**	**41**	**413**	**1**
广州市	6 297	2 095	222	99	0	38	354	1
韶关市	46	0	0	0	0	0	0	0
深圳市	1 156	957	11	19	0	0	24	0
珠海市	39	10	0	0	0	0	0	0
汕头市	23	0	0	0	0	2	0	0
佛山市	22	0	1	2	0	0	0	0
江门市	15	0	0	0	0	1	0	0
湛江市	265	56	6	2	0	0	0	0
茂名市	23	0	0	0	0	0	0	0

（续上表）

地域	科技论文（篇）		科技著作（种）	形成国家或行业标准数（项）	集成电路布图设计登记数（件）	植物新品种权授予数（项）	软件著作权数（件）	新药证书数（件）
		国外发表						
肇庆市	20	0	0	0	0	0	0	0
惠州市	28	2	2	1	0	0	0	0
梅州市	63	0	0	0	0	0	0	0
阳江市	8	0	0	0	0	0	0	0
东莞市	49	4	1	31	0	0	35	0
中山市	17	1	1	0	0	0	0	0
潮州市	4	0	0	0	0	0	0	0
揭阳市	15	0	5	0	0	0	0	0
云浮市	5	0	0	0	0	0	0	0

10-2-13-2　按隶属关系分布

隶属关系	科技论文（篇）		科技著作（种）	形成国家或行业标准数（项）	集成电路布图设计登记数（件）	植物新品种权授予数（项）	软件著作权数（件）	新药证书数（件）
		国外发表						
总　计	**8 095**	**3 125**	**249**	**154**	**0**	**41**	**413**	**1**
地方部门属	3 896	684	154	87	0	36	188	0
省级部门属	2 868	597	91	36	0	29	138	0
副省级城市属	545	53	53	13	0	4	10	0
地市级部门属	483	34	10	38	0	3	40	0
中央部门属	4 199	2 441	95	67	0	5	225	1
中国科学院	2 573	1 970	45	0	0	1	44	1

10-2-13-3　按国民经济行业分布 *

行业	科技论文（篇）		科技著作（种）	形成国家或行业标准数（项）	集成电路布图设计登记数（件）	植物新品种权授予数（项）	软件著作权数（件）	新药证书数（件）
		国外发表						
总　计	**8 095**	**3 125**	**249**	**154**	**0**	**41**	**413**	**1**
农、林、牧、渔业	1 680	365	49	10	0	38	6	0
农业	496	55	11	0	0	35	0	0
林业	357	56	8	3	0	2	0	0
畜牧业	199	65	2	0	0	0	2	0
渔业	501	168	20	7	0	0	4	0
农、林、牧、渔服务业	127	21	8	0	0	1	0	0
采矿业	45	8	0	0	0	0	0	0
有色金属矿采选业	45	8	0	0	0	0	0	0
制造业	450	202	5	16	0	2	22	1
农副食品加工业	179	35	1	15	0	2	3	0
食品制造业	138	90	2	0	0	0	1	0
医药制造业	86	75	0	0	0	0	4	1
化学纤维制造业	6	0	0	0	0	0	0	0
专用设备制造业	41	2	2	1	0	0	14	0
交通运输、仓储和邮政业	56	2	1	2	0	0	4	0
道路运输业	56	2	1	2	0	0	4	0
信息传输、软件和信息技术服务业	85	8	2	0	0	0	21	0
电信、广播电视和卫星传输服务	57	8	1	0	0	0	11	0
软件和信息技术服务业	28	0	1	0	0	0	10	0
科学研究和技术服务业	4 584	2 261	143	125	0	1	329	0
研究和试验发展	3 300	1 890	115	66	0	1	226	0

（续上表）

行业	科技论文（篇）		科技著作（种）	形成国家或行业标准数（项）	集成电路布图设计登记数（件）	植物新品种权授予数（项）	软件著作权数（件）	新药证书数（件）
		国外发表						
专业技术服务业	1 191	368	28	40	0	0	100	0
科技推广和应用服务业	93	3	0	19	0	0	3	0
水利、环境和公共设施管理业	491	104	15	1	0	0	28	0
水利管理业	251	18	7	0	0	0	24	0
生态保护和环境治理业	240	86	8	1	0	0	4	0
教育	101	2	11	0	0	0	0	0
教育	101	2	11	0	0	0	0	0
卫生和社会工作	513	140	9	0	0	0	3	0
卫生	513	140	9	0	0	0	3	0
文化、体育和娱乐业	84	33	14	0	0	0	0	0
文化艺术业	66	33	12	0	0	0	0	0
体育	18	0	2	0	0	0	0	0
公共管理、社会保障和社会组织	6	0	0	0	0	0	0	0
国家机构	6	0	0	0	0	0	0	0

10-2-13-4 按机构所属学科领域分布

学科领域	科技论文（篇）		科技著作（种）	形成国家或行业标准数（项）	集成电路布图设计登记数（件）	植物新品种权授予数（项）	软件著作权数（件）	新药证书数（件）
		国外发表						
总　计	**8 095**	**3 125**	**249**	**154**	**0**	**41**	**413**	**1**
自然科学领域	1 545	945	44	1	0	1	84	0
农业科学领域	2 039	465	54	13	0	38	21	0
医学科学领域	611	218	9	0	0	0	6	1
工程科学与技术领域	3 225	1 450	59	108	0	2	301	0
社会、人文科学领域	675	47	83	32	0	0	1	0

表10-2-14　全部县以上部门属科技机构R&D人员（2016年）

10-2-14-1　按地域分布

单位：人

地域	R&D人员	女性	按工作量分		按学历分			
			R&D全时人员	R&D非全时人员	博士毕业	硕士毕业	本科毕业	其他
总　计	**15 762**	**5 793**	**10 694**	**5 068**	**2 906**	**4 940**	**5 147**	**2 769**
广州市	13 251	4 835	9 190	4 061	2 553	4 183	4 462	2 053
韶关市	9	1	6	3		1	5	3
深圳市	1 573	685	850	723	275	527	264	507
珠海市	69	10	64	5	12	19	36	2
汕头市	74	25	29	45	0	8	45	21
佛山市	20	9	20	0	0	10	7	3
江门市	18	10	16	2	0	7	9	2
湛江市	170	43	128	42	33	70	46	21
茂名市	21	5	16	5	0	3	9	9
肇庆市	25	6	23	2	0	3	10	12
惠州市	91	20	91	0	2	16	24	49
梅州市	45	20	34	11	0	5	24	16
阳江市	20	2	0	20	0	1	6	13
东莞市	267	83	162	105	29	73	142	23
中山市	22	12	22	0	2	7	10	3
潮州市	14	2	14	0	0	0	6	8
揭阳市	64	22	23	41	0	5	38	21
云浮市	9	3	6	3	0	2	4	0

10-2-14-2　按隶属关系分布

单位：人

隶属关系	R&D人员	女性	按工作量分		按学历分			
			R&D全时人员	R&D非全时人员	博士毕业	硕士毕业	本科毕业	其他
总　计	**15 762**	**5 793**	**10 694**	**5 068**	**2 906**	**4 940**	**5 147**	**2 769**
地方部门属	8 172	3 191	5 258	2 914	1 117	2 426	3 058	1 571
省级部门属	5 856	2 264	3 835	2 021	908	1 646	2 093	1 209
副省级城市属	995	451	664	331	112	381	411	91
地市级部门属	1 321	476	759	562	97	399	554	271
中央部门属	7 590	2 602	5 436	2 154	1 789	2 514	2 089	1 198
中国科学院	4 544	1 564	3 217	1 327	1 306	1 290	1 133	815

10-2-14-3　按机构所属学科领域分布

单位：人

学科领域	R&D人员	女性	按工作量分		按学历分			
			R&D全时人员	R&D非全时人员	博士毕业	硕士毕业	本科毕业	其他
总　计	**15 762**	**5 793**	**10 694**	**5 068**	**2 906**	**4 940**	**5 147**	**2 769**
自然科学领域	3 445	1 181	2 343	1 102	1 004	896	1 213	332
农业科学领域	2 876	1 026	2 289	587	573	856	833	614
医学科学领域	2 139	941	1 198	941	304	566	712	557
工程科学与技术领域	6 374	2 224	4 235	2 139	860	2 297	2 034	1 183
社会、人文科学领域	928	421	629	299	165	325	355	83

表10-2-15　全部县以上部门属科技机构R&D人员折合全时工作量（2016年）

10-2-15-1　按地域分布

单位：人年

地域	R&D折合全时工作量				
		研究人员	按活动类型分组		
			基础研究人员	应用研究人员	试验发展人员
总　计	**12 631**	**9 064**	**3 582**	**3 581**	**5 468**
广州市	10 907	7 857	3 033	3 144	4 730
韶关市	7	4	0	0	7
深圳市	955	759	479	309	167
珠海市	64	51	0	50	14
汕头市	42	18	0	6	36
佛山市	20	14	0	10	10
江门市	17	12	0	0	17
湛江市	137	91	70	25	42
茂名市	19	7	0	8	11
肇庆市	24	13	0	0	24
惠州市	91	33	0	0	91
梅州市	38	27	0	0	38
阳江市	4	1	0	0	4
东莞市	221	134	0	10	211
中山市	22	18	0	19	3
潮州市	14	2	0	0	14
揭阳市	41	17	0	0	41
云浮市	8	6	0	0	8

10-2-15-2　按隶属关系分布

单位：人年

隶属部门	R&D折合全时工作量				
		研究人员	按活动类型分组		
			基础研究人员	应用研究人员	试验发展人员
总　计	**12 631**	**9 064**	**3 582**	**3 581**	**5 468**
地方部门属	6 478	4 354	1 358	1 650	3 470
省级部门属	4 775	3 234	1 090	1 181	2 504
副省级城市属	764	578	113	339	312
地市级部门属	939	542	155	130	654
中央部门属	6 153	4 710	2 224	1 931	1 998
中国科学院	3 611	2 729	1 818	1 170	623

10-2-15-3　按机构所属学科领域分布

单位：人年

学科领域	R&D折合全时工作量				
		研究人员	按活动类型分组		
			基础研究人员	应用研究人员	试验发展人员
总　计	**12 631**	**9 064**	**3 582**	**3 581**	**5 468**
自然科学领域	2 836	1 780	1 511	765	560
农业科学领域	2 519	1 624	483	494	1 542
医学科学领域	1 574	1 206	603	412	559
工程科学与技术领域	4 970	3 859	820	1 523	2 627
社会、人文科学领域	732	595	165	387	180

10-2-15-4 按服务的国民经济行业分布

单位：人年

行业	R&D折合全时工作量	研究人员	按活动类型分组		
			基础研究人员	应用研究人员	试验发展人员
总　计	**12 631**	**9 064**	**3 582**	**3 581**	**5 468**
农、林、牧、渔业	2 060	1 366	329	431	1 300
农业	781	493	142	87	552
林业	322	220	25	45	252
畜牧业	206	118	30	49	127
渔业	538	424	106	211	221
农、林、牧、渔服务业	213	111	26	39	148
采矿业	74	68	6	17	51
有色金属矿采选业	74	68	6	17	51
制造业	1 192	852	422	235	535
农副食品加工业	248	107	55	41	152
食品制造业	235	139	117	68	50
石油加工、炼焦和核燃料加工业	8	2	0	8	0
医药制造业	569	511	240	79	250
化学纤维制造业	13	6	0	0	13
专用设备制造业	119	87	10	39	70
交通运输、仓储和邮政业	30	13	0	4	26
道路运输业	14	5	0	0	14

（续上表）

行业	R&D折合全时工作量	研究人员	按活动类型分组		
			基础研究人员	应用研究人员	试验发展人员
水上运输业	16	8	0	4	12
信息传输、软件和信息技术服务业	133	89	0	8	125
电信、广播电视和卫星传输服务	73	29	0	6	67
软件和信息技术服务业	60	60	0	2	58
科学研究和技术服务业	7 067	5 324	2 241	2 315	2 511
研究和试验发展	4 751	3 708	1 538	1 725	1 488
专业技术服务业	2 096	1 488	585	555	956
科技推广和应用服务业	220	128	118	35	67
水利、环境和公共设施管理业	886	522	172	159	555
水利管理业	364	166	22	58	284
生态保护和环境治理业	522	356	150	101	271
教育	86	70	0	86	0
教育	86	70	0	86	0
卫生和社会工作	997	682	361	313	323
卫生	997	682	361	313	323
文化、体育和娱乐业	101	73	51	8	42
文化艺术业	92	65	50	0	42
体育	9	8	1	8	0
公共管理、社会保障和社会组织	5	5	0	5	0
国家机构	5	5	0	5	0

表10-2-16 全部县以上部门属科技机构R&D经费支出（2016年）

10-2-16-1 按地域分布

单位：千元

地域	R&D经费内部支出	按活动类型分			按来源分					R&D经费外部支出
		基础研究	应用研究	试验发展	政府资金	企业资金	事业单位资金	国外资金	其他资金	
总　计	**6 890 016**	**1 504 454**	**1 805 099**	**3 580 463**	**4 443 250**	**398 323**	**1 855 671**	**14 632**	**178 140**	**96 523**
广州市	6 294 384	1 352 677	1 568 251	3 373 456	4 055 477	358 074	1 692 745	14 495	173 593	93 832
韶关市	1 743	0	0	1 743	1 014	0	729	0	0	0
深圳市	456 767	148 403	220 599	87 765	261 404	36 881	157 806	0	676	1 719
珠海市	18 249	0	7 273	10 976	18 249	0	0	0	0	0
汕头市	3 196	1	508	2 687	3 196	0	0	0	0	0
佛山市	5 553	0	2 777	2 776	5 553	0	0	0	0	0
江门市	2 172	0	0	2 172	2 167	0	5	0	0	0
湛江市	15 504	3 371	2 591	9 542	14 904	0	0	0	600	0
茂名市	3 548	0	541	3 007	3 548	0	0	0	0	0
肇庆市	1 908	0	0	1 908	358	0	1 550	0	0	0
惠州市	20 905	0	0	20 905	20 905	0	0	0	0	0
梅州市	4 110	0	0	4 110	4 110	0	0	0	0	0
阳江市	3 860	0	0	3 860	3 310	0	550	0	0	530
东莞市	47 362	2	1 004	46 356	40 061	3 368	546	137	3 250	442
中山市	2 327	0	1 555	772	2 327	0	0	0	0	0
潮州市	2 000	0	0	2 000	2 000	0	0	0	0	0
揭阳市	5 170	0	0	5 170	3 409	0	1 740	0	21	0
云浮市	1 258	0	0	1 258	1 258	0	0	0	0	0

10-2-16-2　按隶属关系分布

单位：千元

隶属关系	R&D经费内部支出	按活动类型分			按来源分					R&D经费外部支出
		基础研究	应用研究	试验发展	政府资金	企业资金	事业单位资金	国外资金	其他资金	
总　计	**6 890 016**	**1 504 454**	**1 805 099**	**3 580 463**	**4 443 250**	**398 323**	**1 855 671**	**14 632**	**178 140**	**96 523**
地方部门属	3 877 698	696 200	885 948	2 295 550	2 113 003	123 080	1 470 312	2 530	168 773	21 648
省级部门属	3 301 009	593 726	724 623	1 982 660	1 672 001	107 708	1 361 755	2 393	157 152	20 676
副省级城市属	393 426	81 194	145 179	167 053	277 807	5 682	101 587	0	8 350	0
地市级部门属	183 263	21 280	16 146	145 837	163 195	9 690	6 970	137	3 271	972
中央部门属	3 012 318	808 254	919 151	1 284 913	2 330 247	275 243	385 359	12 102	9 367	74 875
中国科学院	1 640 681	704 182	525 795	410 704	1 292 645	102 735	233 320	11 051	930	55 544

10-2-16-3　按机构所属学科领域分布

单位：千元

学科领域	R&D经费内部支出	按活动类型分			按来源分					R&D经费外部支出
		基础研究	应用研究	试验发展	政府资金	企业资金	事业单位资金	国外资金	其他资金	
总　计	**6 890 016**	**1 504 454**	**1 805 099**	**3 580 463**	**4 443 250**	**398 323**	**1 855 671**	**14 632**	**178 140**	**96 523**
自然科学领域	1 185 929	560 144	305 624	320 161	986 299	27 357	157 529	7 123	7 621	65 477
农业科学领域	1 122 299	111 506	226 225	784 568	919 396	68 645	107 112	334	26 812	1 570
医学科学领域	1 887 145	441 563	409 651	1 035 931	660 402	33 629	1 141 523	3 596	47 995	0
工程科学与技术领域	2 402 273	308 145	717 524	1 376 604	1 622 930	248 931	432 906	3 579	93 927	25 602
社会、人文科学领域	292 370	83 096	146 075	63 199	254 223	19 761	16 601	0	1 785	3 874

表10-2-17　全部县以上部门属科技机构R&D经费内部支出（2016年）

10-2-17-1　按地域分布

单位：千元

地域	R&D经费内部支出	经常费支出	人员费用	设备购置费	其他	基本建设费	仪器设备费	土建费
总　计	**6 890 016**	**6 088 435**	**2 136 769**	**712 290**	**3 239 376**	**801 581**	**246 808**	**554 773**
广州市	6 294 384	5 515 536	1 860 870	625 769	3 028 897	778 848	229 058	549 790
韶关市	1 743	999	190	0	809	744	0	744
深圳市	456 767	449 890	199 983	77 414	172 493	6 877	5 693	1 184
珠海市	18 249	8 309	2 538	2 230	3 541	9 940	9 940	0
汕头市	3 196	3 196	2 713	14	469	0	0	0
佛山市	5 553	5 553	5 503	0	50	0	0	0
江门市	2 172	2 172	2 034	11	127	0	0	0
湛江市	15 504	14 259	8 328	2 919	3 012	1 245	1 162	83
茂名市	3 548	3 548	1 836	4	1 708	0	0	0
肇庆市	1 908	1 830	1 700	65	65	78	78	0
惠州市	20 905	20 350	15 655	335	4 360	555	555	0
梅州市	4 110	4 110	3 381	142	587	0	0	0
阳江市	3 860	3 310	2 330	50	930	550	50	500
东莞市	47 362	44 618	21 926	2 113	20 579	2 744	272	2 472
中山市	2 327	2 327	1 248	820	259	0	0	0
潮州市	2 000	2 000	1 399	0	601	0	0	0
揭阳市	5 170	5 170	4 341	366	463	0	0	0
云浮市	1 258	1 258	794	38	426	0	0	0

10-2-17-2 按隶属关系分布

单位：千元

隶属关系	R&D经费内部支出	经常费支出	人员费用	设备购置费	其他	基本建设费	仪器设备费	土建费
总　计	**6 890 016**	**6 088 435**	**2 136 769**	**712 290**	**3 239 376**	**801 581**	**246 808**	**554 773**
地方部门属	3 877 698	3 311 703	1 035 974	300 542	1 975 187	565 995	185 637	380 358
省级部门属	3 301 009	2 875 864	777 109	258 884	1 839 871	425 145	166 704	258 441
副省级城市属	393 426	271 815	164 602	22 785	84 428	121 611	8 038	113 573
地市级部门属	183 263	164 024	94 263	18 873	50 888	19 239	10 895	8 344
中央部门属	3 012 318	2 776 732	1 100 795	411 748	1 264 189	235 586	61 171	174 415
中国科学院	1 640 681	1 591 528	566 089	247 500	777 939	49 153	646	48 507

10-2-17-3 按机构所属学科领域分布

单位：千元

学科领域	R&D经费内部支出	经常费支出	人员费用	设备购置费	其他	基本建设费	仪器设备费	土建费
总　计	**6 890 016**	**6 088 435**	**2 136 769**	**712 290**	**3 239 376**	**801 581**	**246 808**	**554 773**
自然科学领域	1 185 929	1 119 774	410 258	196 356	513 160	66 155	16 609	49 546
农业科学领域	1 122 299	1 030 673	401 760	113 526	515 387	91 626	34 023	57 603
医学科学领域	1 887 145	1 570 588	219 161	45 793	1 305 634	316 557	114 021	202 536
工程科学与技术领域	2 402 273	2 075 030	979 478	348 055	747 497	327 243	82 155	245 088
社会、人文科学领域	292 370	292 370	126 112	8 560	157 698	0	0	0

10-2-17-4　按机构服务的国民经济行业分布

单位：千元

行业	R&D经费内部支出	经常费支出	人员费用	设备购置费	其他	基本建设费	仪器设备费	土建费
总　计	**6 890 016**	**6 088 435**	**2 136 769**	**712 290**	**3 239 376**	**801 581**	**246 808**	**554 773**
农、林、牧、渔业	920 560	843 088	325 893	85 066	432 129	77 472	33 043	44 429
农业	310 100	279 377	109 167	18 437	151 773	30 723	6 822	23 901
林业	133 291	115 107	49 356	30 952	34 799	18 184	7 678	10 506
畜牧业	102 381	94 178	33 005	8 729	52 444	8 203	7 099	1 104
渔业	284 248	274 273	105 272	20 889	148 112	9 975	5 095	4 880
农、林、牧、渔服务业	90 540	80 153	29 093	6 059	45 001	10 387	6 349	4 038
采矿业	35 094	35 094	22 568	1 509	11 017	0	0	0
有色金属矿采选业	35 094	35 094	22 568	1 509	11 017	0	0	0
制造业	573 333	550 549	201 869	82 813	265 867	22 784	9 331	13 453
农副食品加工业	105 051	104 071	48 591	15 092	40 388	980	980	0
食品制造业	118 229	106 245	43 539	28 106	34 600	11 984	0	11 984
石油加工、炼焦和核燃料加工业	541	541	537	4	0	0	0	0
医药制造业	281 985	280 516	84 710	28 522	167 284	1 469	0	1 469
化学纤维制造业	5 477	5 314	2 546	239	2 529	163	163	0
专用设备制造业	62 050	53 862	21 946	10 850	21 066	8 188	8 188	0
交通运输、仓储和邮政业	14 480	14 480	7 807	197	6 476	0	0	0
道路运输业	10 058	10 058	5 345	78	4 635	0	0	0
水上运输业	4 422	4 422	2 462	119	1 841	0	0	0
信息传输、软件和信息技术服务业	55 198	45 987	38 757	1 559	5 671	9 211	2 189	7 022

（续上表）

行业	R&D经费内部支出	经常费支出				基本建设费		
			人员费用	设备购置费	其他		仪器设备费	土建费
电信、广播电视和卫星传输服务	29 015	19 804	13 581	1 320	4 903	9 211	2 189	7 022
软件和信息技术服务业	26 183	26 183	25 176	239	768	0	0	0
科学研究和技术服务业	3 164 753	2 834 561	1 185 495	485 220	1 163 846	330 192	79 116	251 076
研究和试验发展	1 905 556	1 754 995	783 878	295 501	675 616	150 561	15 150	135 411
专业技术服务业	1 224 956	1 045 698	374 103	188 232	483 363	179 258	63 593	115 665
科技推广和应用服务业	34 241	33 868	27 514	1 487	4 867	373	373	0
水利、环境和公共设施管理业	435 383	383 229	177 202	38 023	168 004	52 154	14 428	37 726
水利管理业	204 568	170 117	78 352	5 856	85 909	34 451	9 899	24 552
生态保护和环境治理业	230 815	213 112	98 850	32 167	82 095	17 703	4 529	13 174
教育	28 069	28 069	23 352	0	4 717	0	0	0
教育	28 069	28 069	23 352	0	4 717	0	0	0
卫生和社会工作	1 596 166	1 286 398	133 910	17 312	1 135 176	309 768	108 701	201 067
卫生	1 596 166	1 286 398	133 910	17 312	1 135 176	309 768	108 701	201 067
文化、体育和娱乐业	66 297	66 297	19 416	491	46 390	0	0	0
文化艺术业	66 033	66 033	19 296	491	46 246	0	0	0
体育	264	264	120	0	144	0	0	0
公共管理、社会保障和社会组织	683	683	500	100	83	0	0	0
国家机构	683	683	500	100	83	0	0	0

大事记

2016年广东科技大事记

1月7日

全省科技四众平台建设推进工作会议在东莞召开。会上公布了获得国家和省认定的第一批众创空间单位名单以及《广东省科学技术厅关于在佛山、东莞开展“互联网+创新创业示范市”建设工作的通知》，进行了东莞市“互联网+创新创业示范市”启动仪式，人民大学法学院、粤科金融集团、36氪专家进行四众主题演讲。当天下午，召开了“众筹、众包、众扶政策解读及实践座谈会”和“省众创空间建设工作座谈会”。

1月15日

全省科技部门办公室工作会议在清远市召开。会上，通报了2015年科技工作的相关情况及2016年有关重点工作的安排，并就加强全省科技部门办公室的工作联系提出要求。

1月18日

中德金属生态城国际孵化器揭牌。

1月21日

由科技部、英国创新署和广东省科技厅共同举办、广东省对外科技交流中心和英国驻广州总领事馆承办的中英研究与创新桥合作计划对接会在广州举行。

1月27日

珠三角国家自主创新示范区建设工作座谈会在省科技厅召开。会议传达了全国科技工作会议精神和省政府领导关于珠三角国家自主创新示范区建设有关批示精神；高新技术发展及产业化处通报了珠三角国家自主创新示范区建设工作进展情况；珠三角九市分别就自创区建设工作进展、存在问题及相关建议作了交流。

1月28日

广东省科技金融促进会第一次会员大会在广州召开。

2月16日

省委、省政府在广州召开广东省创新驱动发展大会。会议颁发2015年度广东省科学技术奖，宣读《广东省人民政府关于颁发2015年度广东省科学技术奖的通报》；中共中央政治局委员、广东省委书记胡春华，广东省省长朱小丹为突出贡献奖获奖者颁奖；徐少华常务副省长就《广东省实施创新驱动发展战略2016年工作要点》作说明；周福霖院士，副省长、广州市市长温国辉，深圳市市长许勤，中山大学校长罗俊以及珠海赛纳公司负责人分别作交流发言。

2月22日

省科技厅在广州召开防控寨卡病毒病应急科技攻关专家座谈会，安排部署当前及今后一个时期寨卡病毒疫情科技防控攻关工作。

2月24日

广东省科学院产业技术创新联盟等18家创新联盟被认定为2015广东省产业技术创新联盟。

3月2日

由省科技厅指导、省科技企业孵化器协会主办的国际孵化器运营与管理高峰论坛在广州市番禺区节能科技产业园举行。论坛邀请了近10位来自国内以及美国、瑞典的优秀孵化器运营公司介绍经验，并与广东省科技企业孵化器进行了互动交流。

3月12日

广州、深圳、珠海、佛山、东莞等地市与清华珠三角研究院在北京清华大学签订重点科技合作项目协议。

3月14日

澳大利亚昆士兰科技大学（QUT）校长一行到访省科技厅，双方就2015年签订合作备忘录以来的合作进展和下一步合作模式和内容等问题进行深入交流。

3月16日

△中国科学院佛山产业技术创新与育成中心、佛山市高明区经济和科技促进局（科技）在佛山市召开广东省无机粉体功能材料工程技术研究中心第一届学术委员会暨佛山新材料化学与产业技术发展高层论坛。

△省科技厅与日本近畿经济产业局合作框架协议交换仪式暨中日环保节能技术洽谈会在广州举行。合作协议的签署为双方企业家和科研人员建立了长效合作机制，标志着广东省与日本关西地区的科技产业合作进入具体实施阶段。

3月23日

2016年广东省文化科技卫生“三下乡”活动暨“千会服务千村”行动和广东省“中国流动科技馆”巡展活动启动仪式在汕尾市举行。

3月29日

2016国际（广州）干细胞与精准医疗产业化大会在广州召开。

4月7日

广东省科技厅与荷兰国家科学基金委首次在广州共同召开广东省与荷兰先进材料科技创新合作交流会。来自荷兰新材料技术领域的10家科研机构、企业代表与中方知名科研机构、企业共31家机构代表介绍了各自的对接方向、优势以及合作意向，随后进行了“一对一”现场洽谈交流。

4月11日

在广东省科技厅和深圳市科技创新委的协助下，澳大利亚联邦政府、澳大利亚贸易委员会主办的中澳科技交流会在深圳召开。参会的澳大利亚科技创新代表团由该国主要的科研机构和风投企业、协会约100位高层代表组成，涵盖了先进制造、新材料、信息和数字技术、医疗和生物科技、金融科技、节能环保等领域。广东的参会单位包括省内各知名高校、科研院所和科技企业、风投企业的代表。

4月12日

由广东省科技厅与中国科学技术交流中心、以色列经济部首席科学家办公室有及产业研发中心共同主办的中以生命科学创新技术对接会在广州举行。12家以色列生命科学领域创新型公司带来了国际生命科学领域的前沿技术和项目，与广东省60多家研发企业和投资机构开展了近160场一对一的业务洽谈。

4月20日

省人大常委会召开《广东省自主创新促进条例》宣传贯彻实施座谈会。

4月21—22日

粤东西北地区和珠三角地区科技创新省市联动座谈会在广州召开。会上各地市科技局代表分别就“如何共同推动地方创新驱动‘一把手’工程”“阳光再造行动”“科技计划管理改革”“科技精准扶贫”“国家重点实验室建设”等议题深入开展讨论。

4月25日

捷克南摩拉维亚州州长哈谢克以及捷克共和国驻华大使一行到访省科技厅。

5月10日

省科技厅联合省科协邀请省法学会报告团在广东科学馆会堂共同开展“两学一做”南粤法治报告会第19讲。省科技厅、省科协、省法学会有关领导，省科技厅机关公务员与厅属单位领导班子成员和全体党员、省科协领导班子成员和全体党员等近600人参加了学习。

5月10—11日

科技部高新司一行对汕头高新区升级开展专家考察调研活动，参观了汕头高新区规划与成果展示馆、高新区金平科技园工业成果展，并考察了汕头高新区创业服务中心、广东航宇卫星公司及汕头超声电子公司。

5月11日

省政府召开珠三角国家自主创新示范区建设工作推进会议，总结前一阶段珠三角国家自主创新示范区建设工作推进情况，研究部署下一阶段工作。

5月16日

省政协社会和法制委员会专职副主任王少勇、一行来到省科技厅调研珠三角国家自主创新示范区进展情况、了解存在问题及听取意见建议，商洽开展专题调研的相关事宜。

5月17—18日

由省科技厅及中国（广东）自由贸易试验区办公室带队，省科技厅、省自贸办和省住房和城乡建设厅组成联合调研组调研苏南国家自主创新示范区、上海张江国家自主创新示范区以及中国（上海）自由贸易试验区的建设与发展，并就相关情况进行座谈与交流。

5月18日

科技部组织召开实施促进科技成果转移转化行动视频会议，在省科技厅设立广东分会场。广东省科技厅相关处室、厅属有关事业单位、华南理工大学、中国科学院广州能源研究所等高等院校和科研院所代表，中山市科技局等地市科技主管部门代表，国家高新区及有关企业代表约50人参加了此次视频会议。

5月30日

Mitacs总裁和加拿大驻广州总领事馆领事一行到访省科技厅，双方就具体的行动计划进行深入探讨。

6月4日

广东科技援疆成果研讨会在喀什召开。会上，广东省科技厅与喀什地区、农三师3家企业签订了项目合作协议；7名广东科技援疆项目负责人汇报了项目实施取得的成果；广东对口援疆前方指挥部向广东省科技厅、喀什地区赠送《广东科技援疆优秀论文集》。

6月6日

△广东省人民政府、工业和信息化部、德国工商大会在揭阳联合主办第二届中德中小企业合作交流会。会上，省科技厅和揭阳市人民政府签署《广东省科学技术厅揭阳市人民政府共建中德国际产学研合作基地协议》。

△第七轮中美人文交流高层磋商签约仪式在北京举行。广东省科技厅与中华创新与创业者联盟华盛顿大学分会签订合作谅解备忘录。

6月7日

全省科技型中小企业技术创新项目工作会议在广州召开。会上，省科技厅高新技术发展及产业化处通报了全省科技型中小企业技术创新项目整体执行情况，省生产力促进中心对全省生产力服务体系建设提出工作建议，广州、江门、汕头市作经验介绍，省科技厅高新技术发展及产业化处、省生产力促进中心相关负责同志作业务培训。

6月14日

比利时微电子中心（IMEC）中国总经理丁辉文一行到访省科技厅。

6月15日

省政府在东莞召开全省专业镇协同创新工作现场会，总结近年来广东省专业镇创新发展情况，推广东莞横沥镇等地区协同创新的经验做法，部署以协同创新为抓手，加快全省专业镇创新发展和转型升级。会上，朱小丹省长作讲话；袁宝成副省长宣读中共中央政治局委员、广东省委书记胡春华批示；黄宁生厅长作专业镇工作报告；专业镇协同创新中心建设、珠三角与粤东西北专业镇对接项目、专业镇产业技术创新联盟建设等重大项目进行签约。

6月15—18日

科技部基础司一行来粤调研科技基础条件平台及大型科学仪器开放共享工作。调研组考察省实验动物监测所、南方医科大学、中山大学、暨南大学、中科院南海所等单位，与相关科技人员进行座谈交流。由香港科技大学、澳门大学、中山大学、华南理工大学、广东工业大学、广州大学联合发起的“粤港澳高校创新创业联盟”在南沙区举行香港科技大学霍英东研究院成立大会。

6月20日

科技部调研组来粤调研评估“广佛莞”和深圳国家促进科技和金融结合试点工作。省生产力中心、粤科金融集团有关负责人分别就全省科技金融服务网络建设情况和政策性基金运作情况向调研组作汇报。

6月21日

袁宝成副省长到江门调研珠三角国家自主创新示范区建设工作情况。

6月22—24日

由国务院法制办和科技部政策法规与监督司、社会发展科技司组成的调研组来粤开展人类遗传资源管理立法工作调研。

6月29日

黄宁生厅长率相关处室主要负责同志到河源市东源县黄村镇三洞村调研“精准扶贫”工作，实地了解贫困户家庭情况，提出帮扶意见，指导厅驻村工作队落实帮扶措施，并慰问了村里的老党员。

7月4—12日

袁宝成副省长到珠三角九市调研，检查国家自主创新示范区建设进展情况。

7月4—6日

省科技厅会同省政协委员周永章以及省财政厅、省交通运输厅、省地税局、省知识产权局、省国税局、省城乡规划设计研究院等会办单位同志组成联合调研组，赴佛山、中山、东莞等地开展珠三角创新一体化建设进程调研活动。

7月4日

科技部、人力资源和社会保障部、农业部、教育部、国家林业局等十部委在北京召开深入推行科技特派员制度视频会议。广东省部分农村科技特派员派出单位、特派员代表等50多人参加了广东分会场的视频会议。

7月13日

省科技厅在广州组织召开2016年广东省高新技术企业认定工作首场培训会。

7月16日

由科技部、国家中医药管理局和广东省人民政府主办，广东省科技厅、广东省中医药局、广东省中医药科学院、广东省中医院承办的第二十届国家中医药发展会议在广州召开。会议以

“十三五”中医药科技发展规划与推进为主题，重点围绕“十三五”期间国家中医药科技创新专项规划的主要目标和重点任务、中医药现代化研究重点专项实施方案两个中心议题进行研讨。

7月19日

全国新材料高峰论坛暨广东聚航新材料研究院开业典礼在清远高新区举行。

7月20日

科技部社发司在珠海市召开内地和澳门节能与环保工作组会议。

7月24日

广东省政府、中国工程院深化推进产学研合作协议签约仪式暨“东莞制造2025”规划成果发布会在东莞举行。会上，中国工程院制造业研究室主任屈贤明发布了“东莞制造2025”规划研究报告；东莞市政府与华中数控、东莞劲胜、广东屯兴共同签署了《东莞市智能制造试点示范应用推广合作框架协议》；广东省副省长袁宝成与中国工程院副院长徐德龙分别代表广东省政府、中国工程院签署协议。中国工程院院长周济、工业和信息化部部长苗圩、广东省省长朱小丹、工业和信息化部副部长辛国斌出席活动并见证协议签署。

7月27日

浙江省科技厅一行到访省科技厅，双方还就创新创业、科技金融、高新区发展等进行交流。

8月22日

全省科技形势分析会在广州召开。会议总结回顾上半年全省科技工作，研判当前科技创新工作的新形势、新任务、新要求，部署下半年重点工作。

8月23日

全省推进珠三角创新驱动发展培育高新技术企业工作现场会在东莞召开。会上，中共中央政治局委员、广东省委书记胡春华，广东省省长朱小丹分别作讲话；省委常委、常务副省长徐少华通报省实施珠三角规划纲要2015年完成情况和评估考核结果，集中回应各市提出需省支持协调事项；副省长袁宝成通报全省2014年以来培育高新技术企业工作情况；珠海、佛山、东莞、中山市主要负责同志分别发言。与会人员前往东莞天安数码城、中科院云计算中心、易事特公司、生益科技等新型研发机构和高新技术企业参观考察。

8月24—25日

中国科技部—美国农业部农业科技合作第十四次联合工作组会议在珠海召开。

8月26日

△按照《关于加快推进珠三角国家自主创新示范区建设系列提案办理工作方案》的安排和要求，省科技厅会同省委办公厅、省政协提案委共同召开胡春华书记督办重点提案办理意见征求意见座谈会。共同办理胡春华书记督办重点提案的37家办理单位的代表以及提案代表，省委办公厅、省政协提案委、省科技厅相关负责同志参加了会议。

△2016年度NSFC—广东联合基金联席工作会议在北京召开。

8月30日

广东全面深化改革加快实施创新驱动发展战略领导小组、国家自主创新示范区建设工作办公室第一次会议在广州召开。会上，广东省副省长、广东自创办主任袁宝成作讲话；广东自创办常务副主任、广东省科技厅厅长黄宁生作珠三角九市国家自主创新示范区建设进行专题检查的工作报告；省科技厅就《珠三角国家自主创新示范区发展空间调整规划（2016—2025年）》编制工作方案、《珠三角国家自主创新示范区先行先试政策制定工作方案》等3个材料的起草和编制情况作汇报。

8月31日

西藏自治区科技厅党组书记一行到访省科技厅，双方就粤藏科技合作与交流以及下一步广东对口科技援藏工作进行深入探讨。

9月1日

沪粤科技创新工作座谈会在上海召开。会上，双方就分享两地改革创新先进经验与做法、科技资源开放合作和共享、产学研合作、科技成果供需对接与转化合作、人才培养和交流、对外科技合作等有关工作进行商讨，并就《上海市科学技术委员会及广东省科学技术厅“十三五”合作框架协议（初稿）》进行磋商。

9月4—5日

由中国农工民主党中央委员会和国家中医药管理局共同主办，中共惠州市委、惠州市人民政府承办的第三届中医科学大会在惠州召开。

9月12日

粤港高新技术合作专责小组第十三次会议在香港特区政府总部召开。

9月19日

△以色列驻广州总领事一行到访省科技厅。

△由科技部、中国亚太经合组织合作资金支持、广东省科技厅主办、广东省科技合作研究促进中心承办的APEC智慧医疗产业合作与发展研讨会暨技术推广会在广州召开。本次研讨会以亚太智慧医疗产业合作与发展为主题，重点针对加拿大、中国香港和广东本地的智慧医疗相关发展现状、趋势及最新技术动态展开深入的国际交流与研讨；会议并设技术展示，推介物联网、移动医疗、大数据与可穿戴设备等相关领域的创新技术与产品。

9月21日

广东发明协会第五次会员代表大会在广州召开。

9月23日

由广东省高新技术企业认定管理工作领导小组办公室即省科技厅、省财政厅、省国税局、省地税局4家单位联合主办，江门高新区管委会和江门市科技局承办的全省高新技术企业认定管理工作培训会在江门市召开。

9月26日

云南省第三届“科技入滇”调研团一行到访省科技厅。

9月29日

无人智能技术专题研讨会在广州召开。会上，省科技厅介绍了无人智能技术专题调研情况及推进工作思路；省标准化研究院介绍了对广东省无人智能技术前期跟踪研究情况；与会代表围绕产业共性技术、无人机、无人船、无人汽车等领域提出推进广东省无人智能技术发展的相关建议。

10月9日

省科技厅与省食品药品监督管理局就当前食品药品监督领域的科技现状和技术需求进行座谈，探讨如何贯彻落实国家、省关于仿制药质量和疗效一致性评价的改革政策，当前广东省药企对药品临床检测的需求状况以及临床检测机构的供给情况。

10月12—13日

省科技厅、省教育厅、省知识产权局、省金融办、省社科院、省科服院、省科技情报所相关人员到清华长三角研究院、浙江大学、杭州梦想小镇，就产学研合作及科技成果转化工作进行调研。

10月13日

由科技部、国家中医药管理局和广东省人民政府主办，广东省科技厅、广东省中医药局、广东省中医药科学院、广东省中医院承办的第二十二届国家中医药发展会议在广州召开。会议以中医理论传承与创新为主题，邀请有关方面专家，重点围绕中医理论传承创新的形势与需求、中医理论传承创新的重点领域与模式策略两个中心议题进行研讨，并结合落实《国家中医药管理局关于加强中医理论传承创新的若干意见》，深入探讨新时期中医理论传承创新的战略目标、重点领域、顶层设计与实施策略，为更好地指导中医药临床和产业实践提供重要思路。

10月28日

广东省科技企业孵化器协会众创空间专业委员会和创业投资专业委员会成立大会在广州召开。

10月31日

△新西兰驻广州总领事馆副总领事一行到访省科技厅，介绍了新西兰马拉格汉医学研究中心在免疫治疗领域的工作。

△加拿大不列颠哥伦比亚省政府驻亚洲特别代表一行到访省科技厅，双方就科技创新等领域的合作达成初步共识，就重启两省之间的科技合作谅解备忘录进行商讨。

11月1日

广东创新之夜——2016创新创业大赛颁奖典礼活动在广东科学中心举行。活动对第五届中国创新创业大赛（广东赛区）暨第四届“珠江天使杯”科技创新创业大赛和第五届中国创新创业大赛港澳台赛进行颁奖。

11月3日

全省科技创新平台体系建设工作会议在广州召开。会议由袁宝成副省长主持。会上，朱小丹省长作讲话。省科技厅黄宁生厅长通报了广东省科技创新平台体系建设情况。与会代表参观了广东省科技创新平台体系建设成果展。

11月10日

△德国弗劳恩霍夫协会IZM（微集成和可靠性）研究所副总裁一行到访省科技厅，双方就相关产业与技术领域开展合作进行深入交流。

△至11日，2016年度国家自然科学基金委员会（NSFC）—广东省人民政府联合基金评审会暨管委会议在广州召开。

△省编办同意设立省科技厅自主创新示范区建设协调处，主要职责是联系、争取国家有关部委对广东省自主创新示范区建设工作的支持，指导推动相关政策的实施；协调省有关部门、相关地市推进广东省国家自主创新示范区建设工作；负责组织实施省委、省政府有关自主创新示范区建设的决策部署；承担珠三角国家自主创新示范区建设办公室日常工作。

11月12日

教育部、广东省人民政府在广州签署《教育部广东省人民政府“十三五”产学研合作协议》，袁宝成副省长与教育部郝平副部长代表省部双方签署了合作协议。中共中央政治局委员、广东省委书记胡春华，教育部部长陈宝生，省长朱小丹出席签约仪式。

11月14日

比利时微电子研究中心（IMEC）全球战略合作执行副总裁及中国区总经理一行到访省科技厅，双方就IMEC与广东省合作建设研究院深入交换了意见。

11月15日

芬兰驻华大使馆（芬兰国家技术创新局TEKES北京办公室）科技创新参赞一行到访省科技厅，双方就广东与芬兰开展创新科技合作进行交流。

11月18日

△广东省产学研合作促进会、广东省生产力促进中心在广州国际采购中心举办2016广东国际应用科技交易博览会开幕式。

△内蒙古自治区科技厅厅长李秉荣一行到广东省科技厅调研科技服务业情况。

△广东省产学研合作促进会、广东省生产力促进中心在广州国际采购中心举办2016广东国际应用科技交易博览会。

11月19日

科技部就广东省新型研发机构建设情况在广州与广东省有关地市科技部门及新型研发机构代表召开座谈会。

11月21日

在加拿大艾伯塔省与广东贸易投资论坛开幕式上，省科技厅与加拿大艾伯塔省政府签署了合作谅解备忘录。

11月22日

△由广东省科技厅、广东省人民政府金融工作办公室、佛山人民政府联合主办的“信用为本·跨界共享”——广东金融高新技术服务区金融创新发展大会在佛山南海召开。会上有关单位签署广东省征信体系示范区建设备忘录，签约了一批金融创新类项目，启动了金融联合执法机制。

△广东省首个科创小镇群——佛山高新区科技创新小镇群建设启动仪式在佛山举行。

11月29日

△广东工业大学和广东省物联网信息技术与产业化产学研创新联盟在广州举行第二届大数据产学研高峰论坛开幕式。

△由广东省科学技术厅、广东省科学学与科技管理研究会、韩国科学技术人才资源开发院、韩中科技合作中心联合主办的2016中韩（广东）科技发展战略与管理创新研讨会在广州召开。韩国未来创造科学部国家科技人才开发院院长柳龙燮先生率19位来自韩国国家研究基金会、韩国国家科技政策研究院、韩国工业技术研究院、韩国标准科学研究院、韩国生命生物科学与生物技术研究院等科研机构的规划管理专家，省科技厅相关处室、厅属单位的主要负责人以及广东省60多个高校科研院所、高新技术企业及各地科技管理部门的代表200多人参加了会议。

11月30日

省科技厅与省新闻办、省外办、省港澳办以午餐会形式共同在香港外国记者俱乐部举办“外国记者沙龙”活动。路透社、彭博社、《纽约时报》、《瑞士金融报》等世界主流媒体约80名驻港记者参加了此次活动。

12月2日

第十一届健康与发展中山论坛暨2016年吴阶平医学奖颁奖大会在中山市召开。

12月6日

第十四次“泛珠三角”区域科技合作联席会议在福建省福州市召开。会议主题是“共享科技创新资源，共同推进‘一带一路’科技创新合作”。

12月8日

广东省政府与中国科学院在广州签署“十三五”全面战略合作协议并召开省院全面战略合作领导小组会议。会上，袁宝成副省长与中科院张亚平副院长分别代表广东省政府、中科院签署《“十三五”全面战略合作协议》，中共中央政治局委员、广东省委书记胡春华见证双方签约；中科院白春礼院长、朱小丹省长分别作讲话；省院合作领导小组办公室主任、省科技厅厅长黄宁生进行省院全面战略合作工作情况汇报。

12月9日

△2016中国（东莞）国际科技合作周在东莞国际会展中心开幕。省科技厅与奥地利研究促进署签署了《关于开展2016—2021奥地利—广东研究合作计划的合作谅解备忘录》。来自美洲、欧洲、中东、中亚、东亚、南亚、东南亚、独联体等29个国家政府科研机构、驻穗领事馆、企业代表，国家部委、国内各省区、泛珠三角地区、香港、台湾等地区科技部门，企业代表，广东省内科技系统、科技企业代表共800多人参加了活动。

△中国南方电网在广州举行“智慧能源引领未来”电网国际技术论坛。

12月15日

广东省科技援疆工作座谈会在广州召开。广东省科技厅、广东省援疆前方指挥部和新疆建设兵团第三师签署“广东省科技援疆框架协议”。

12月16日

广东省政府与科技部在北京签署“十三五”战略合作框架暨工作会商制度议定书并召开2016年部省工作会商会议。根据协议和会商议题，部省双方将共同推进珠三角国家自主创新示范区建设与发展，系统推进广东全面创新改革试验，共同推动国家重大科研任务实施，全面深化部省产学研合作，引导更多创新要素和资源向广东集聚，加快广东提升产业竞争力，加快建设国家科技产业创新中心。同时，进一步完善部省会商制度，成立部省合作委员会，加强会商任务的跟踪落实。

12月20日

△日本贸易振兴机构广州代表处所长一行到访省科技厅，双方就开展科技创新驱动发展合作进行交流，达成初步共识同意我厅作为2017年中日中小企业论坛的支持单位。

△省科技厅通过广东省省级机关绩效考核协调领导小组考核并获得2014、2015年度省级机关绩效考核二等奖。

12月22日

广东省高新技术企业工作座谈会在广州召开。会上，省科技厅高新技术发展及产业化处通报了2016年全省高企认定、培育工作总体情况；各地市参会代表汇报了2016年高企工作的开展情况，并围绕高企培育、高企认定质量保证及企业的跟踪监测服务等进行讨论；省国税局、省地税局、省财政厅通报了2016年全省高企所得税减免情况，分析了政策执行过程中发现的问题。

12月26日

在科技部和云南省人民政府在云南省昆明市举办的第三届“科技入滇”对接会上，广东省科技厅与云南省科技厅签署两省科技交流合作协议。

12月28日

省科技厅与省经济和信息化委员会在中山召开2016年广东省科技成果与产业对接会。会上，袁宝成副省长作讲话。省直有关部门负责人，珠三角各地级以上市市长、分管副市长，全省各地级以上市经济和信息化主管部门、科技主管部门负责人，省内外高校、科研院所、新型研发机构及相关创新团队负责人，省内有关企业、风投机构负责人以及省科技厅相关负责同志约500人参加了会议。

表格索引

主题索引

说　明

1. 本索引采用主题分析法，按主题词汉语拼音字母顺序排列。

2. 索引的主题词后面的数字表示内容所在页码，数字后面的英文字母（a、b）表示该页自左至右的栏别。

C

D

F

G

H

J

K